东盟公共政策问题研究丛书

丛书主编：许晓东　黄　栋

东盟国家应对
气候变化政策分析

黄　栋/著

科　学　出　版　社

北　京

内 容 简 介

由于自身独特的地理位置以及经济结构特征，东盟国家表现出很高的气候脆弱性，气候政策对于东盟国家有效应对气候变化至关重要。本书对东盟气候政策进行系统性的梳理，分析东盟应对气候变化政策的背景、演变和实施效果，对东盟与主要发达国家的气候合作进行总结，探讨东盟和中国在气候变化领域的合作机制、合作内容及未来的合作趋势。在此基础上，对东盟的几个典型国家，如印度尼西亚、马来西亚、泰国、新加坡、菲律宾和柬埔寨等的气候政策进行深入分析。

本书适合科研机构科研人员、高校教师和学生、政府相关部门管理人员阅读和参考。

图书在版编目（CIP）数据

东盟国家应对气候变化政策分析/黄栋著. —北京：科学出版社，2017.10
（东盟公共政策问题研究丛书）
ISBN 978-7-03-055716-2

Ⅰ.①东…　Ⅱ.①黄…　Ⅲ.①气候变化-政策分析-东南亚国家联盟
Ⅳ.①P467

中国版本图书馆 CIP 数据核字（2017）第 294150 号

责任编辑：徐　倩/责任校对：胡小洁
责任印制：吴兆东/封面设计：无极书装

科 学 出 版 社 出版
北京东黄城根北街 16 号
邮政编码：100717
http://www.sciencep.com

北京虎彩文化传播有限公司 印刷
科学出版社发行　各地新华书店经销
*
2017 年 10 月第 一 版　开本：720×1000　1/16
2017 年 10 月第一次印刷　印张：20
字数：402 000

定价：**142.00 元**
（如有印装质量问题，我社负责调换）

作 者 简 介

　　黄栋，男，1972 年出生，安徽人，华中科技大学公共管理学院副教授，博士。曾在国有工业企业、国有商业银行和证券公司任职。2002 年在华中科技大学管理学院获得管理学博士学位，于 2006～2007 年在美国宾夕法尼亚州立大学地球与地质科学学院从事博士后研究，2008 年获得澳门基金会资助赴澳门从事城市发展研究。目前在华中科技大学公共管理学院工作，并担任华中科技大学东盟研究中心主任。兼任湖北荆门市发展战略委员会咨询专家、广西钦州市发展战略咨询专家、广东佛山市政府顾问（第二届）、湖北武汉市低碳经济专家委员会委员、澳门人力资源协会顾问。研究领域包括：东盟国家公共政策问题；技术创新与低碳经济；能源与气候政策。

前　　言

气候变化危及地球生态安全和人类社会生存与发展，已经成为世界各国面临的最具挑战性的全球性议题。为应对气候变化带来的挑战，国际社会通过谈判开展了大量的合作，并取得诸多有益的成果。

多年来，中国作为主要的排放大国，在气候变化的谈判进程中发挥着非常重要的作用。中国将坚定不移维护气候治理国际机制，坚定不移推进气候变化国际合作。中国在气候治理理念和合作方式上展现出不同于美国、欧盟的新型领导力和引领作用，越来越被世界大多数国家所认同。在人类命运共同体和生态文明理念指引下，中国积极加强与发展中国家的气候合作，宣布设立气候变化南南合作基金，推动气候变化对外合作与援助，引领全球气候治理走上公平公正、合作共赢的轨道。

东盟地区是气候脆弱性很严重的地区。一方面，东盟大部分国家社会经济发展落后，贫困人群庞大，经济活动集中在沿海地区，适应气候变化的能力明显薄弱。另一方面，随着近年东盟国家宏观经济的快速增长，东盟国家的能源消耗不断攀升，并且能源结构的主体是煤炭、石油等传统化石能源，未来东盟国家也将不可避免地面临控制和减少排放的问题。基于此，东盟国家近年也加强了气候变化制度和机制建设，包括制定气候变化的总体战略方针和具体行动方案，设立了应对气候变化的各级政府机构，制定减缓和适应措施，同时积极参与全球气候变化谈判，开展气候变化国际合作，争取气候变化技术和资金援助，等等。东盟越来越成为全球气候治理的重要组成部分。

东盟国家自古以来就是中国的友好近邻，郑和的舰队和《真腊风土记》的记叙都是中国与东盟国家友好交往的明证。中华人民共和国成立以后，尤其是改革开放以来，中国与东盟关系发展良好，东盟是中国周边外交的优先方向。习近平总书记在 2013 年 10 月访问印度尼西亚时，提出与东盟国家共同建设 21 世纪海上丝绸之路。在"一带一路"背景下，为推进中国与东盟命运共同体和利益共同体建设，气候领域的合作无疑是中国与东盟战略合作的一个重要组成部分。

为了更好地推进中国与东盟的气候合作，促进中国与东盟共同为全球气候治理发挥重大的作用，需要对东盟国家的应对气候变化的现状和气候政策做一个系统、深入的分析和梳理，对东盟国家气候政策的演化在理论层面做出一些总结。这便是本书写作的一个初衷。

本书从两个方面来研究东盟气候变化的问题。一方面，是以东盟作为一个整体对象来加以考察，重点分析东盟的能源消费结构、二氧化碳排放情况以及气候变化的影响，研究东盟气候变化的制度安排、政策实施效果，探讨东盟一体化后未来的气候变化政策走向，也对中国与东盟的气候变化合作状况以及未来的气候变化合作趋势进行研判。另一方面，是从国别的角度选取印度尼西亚、马来西亚、泰国、新加坡、菲律宾以及柬埔寨等东盟国家，既考虑这些国家之间的共性，更考虑它们之间的差异性，从气候变化减缓、适应，资金和技术援助以及公众意识等方面分析和总结这些国家的气候变化政策。

本书的出版得到华中科技大学自主创新基金项目（交叉项目）"'一带一路'倡议下环境政策协调与支持研究：以东盟为例"和国家社会科学基金项目 "中国东盟气候合作政策研究"（编号：16BZZ091）的支持。许晓东教授、潘家华教授、徐晓林教授以及许利平教授对本书的写作给予了宝贵的指导和鼓励。研究生章星、吴学丽、黄菲、赵雨晴、袁志航、周若诗、董长英以及张雯雁等参与了本书的数据搜集和文字校对等工作。在此，对他们的支持和帮助表示衷心的感谢！

囿于作者学识水平，书中疏漏之处在所难免，恳请广大读者批评指正！

黄　栋

2017 年 6 月

于华中科技大学东盟研究中心

目　　录

第1章 东盟基本状况概述

东南亚国家联盟（Association of Southeast Asian Nations，ASEAN），简称东盟，成立于 1967 年 8 月 8 日，成员国有马来西亚、印度尼西亚、泰国、菲律宾、新加坡、文莱、越南、老挝、缅甸和柬埔寨（ASEAN Secretariat，2016a）。截止到 2015 年，十国陆地总面积为 449 万 km²，人口总数已达到 6.29 亿人，国内生产总值（gross domestic product，GDP）总量达到 2.43 万亿美元（现价）（ASEAN Secretariat，2016b）。其中，缅甸、老挝、越南与中国接壤，老挝、缅甸、泰国、柬埔寨、越南和中国云南省同属于大湄公河次区域。

东盟国家政治制度和文化形态多样，是世界上社会文化差异性最大的地区之一。就政治制度来看，东盟国家存在着半民主、绝对君主制、社会主义等类型，而且泰国、缅甸、柬埔寨、印度尼西亚、马来西亚、菲律宾等国的政治多元化日趋明显（周方冶，2017），部分国家的政治体制处在转型期。就宗教信仰来看，东南亚国家宗教信仰差异较大。北部中南半岛的大部分国家主要信仰佛教，马来群岛的绝大部分国家主要信仰伊斯兰教，菲律宾主要信仰天主教，而新加坡则是儒、道、释等宗教较为混合的信仰。东盟部分国家国内若干种宗教信仰共存，这说明东盟国家宗教文化具有多样性。

1.1 东盟国家的自然条件

1.1.1 地理概况

东盟十国连接亚洲和大洋洲，沟通太平洋与印度洋，地理位置极其重要。东盟区域面积南北延伸超过 3300km²（11°S～30°N），东西跨度则超过 5600km²（92°E～142°W），北邻中国，西北邻印度和孟加拉，东邻东帝汶，东南邻巴布亚新几内亚（ASEAN Secretariat，2009a）。表 1-1 展示了东盟十国的地理概况。根据地理位置，东南亚可以被分为大陆部分和海洋部分，前者主要由柬埔寨、老挝、缅甸、泰国、越南以及马来西亚半岛组成，后者通常被称为马来群岛，主要包括文莱、印度尼西亚、马来西亚的沙巴和沙捞越、菲律宾以及新加坡。东盟国家领土面积中，印度尼西亚、缅甸以及泰国国土面积位列前三，是东盟面积最大的三个国家，文莱、新加坡是国土面积最小的两个国家，如图 1-1 所示。

表 1-1 东盟各国地理概况

国家	地理概况
印度尼西亚	位于亚洲东南部太平洋和印度洋之间，横跨赤道，南北跨度 1888km，东西跨度 5110km。陆地边界 2774km，东部与巴布亚新几内亚、北部与马来西亚接壤，南部与东帝汶毗邻，与澳大利亚隔海相望。由太平洋和印度洋之间 17 508 个大小岛屿组成，其中约 6000 个有人居住，是世界上最大的群岛之国（中华人民共和国驻印度尼西亚共和国大使馆经济商务参赞处，2010）
泰国	位于中南半岛中南部。与柬埔寨、老挝、缅甸、马来西亚接壤，东南临泰国湾（太平洋），西南濒安达曼海（印度洋）
马来西亚	位于东南亚，国土被南中国海分隔成东、西两部分。西马来西亚位于马来半岛南部，北与泰国接壤，南与新加坡隔柔佛海峡相望，东临南中国海，西濒马六甲海峡。东马来西亚位于加里曼丹岛北部，与印尼、菲律宾、文莱相邻。全国海岸线总长 4192km
新加坡	位于马来半岛南端、马六甲海峡出入口，北隔柔佛海峡与马来西亚相邻，南隔新加坡海峡与印度尼西亚相望。由新加坡岛及附近 63 个小岛组成，其中新加坡岛占全国面积的 88.5%。地势低平，平均海拔 15m，最高海拔 163m，海岸线长 193km
文莱	位于加里曼丹岛西北部，北濒南中国海，东南西三面与马来西亚的沙捞越州接壤，并被沙捞越州的林梦分隔为不相连的东西两部分。海岸线长约 162km，有 33 个岛屿，沿海为平原，内地多山地
老挝	位于中南半岛北部的内陆国家，北邻中国，南接柬埔寨，东临越南，西北达缅甸，西南毗连泰国，边界线长度分别为 508km、535km、2067km、236km、1835km。湄公河在老挝境内干流长度为 777.4km，流经首都万象，作为老挝与缅甸界河段长 234km，老挝与泰国界河段长 976.3km
柬埔寨	位于中南半岛南部。东部和东南部同越南接壤，北部与老挝交界，西部和西北部与泰国毗邻，西南濒临暹罗湾。海岸线长约 460km
菲律宾	位于亚洲东南部，北隔巴士海峡与中国台湾省遥遥相对，南和西南隔苏拉威西海、巴拉巴克海峡与印度尼西亚、马来西亚相望，西濒南中国海，东临太平洋。共有大小岛屿 7000 多个，其中吕宋岛、棉兰老岛、萨马岛等 11 个主要岛屿占全国总面积的 96%。海岸线长约 18 533km
缅甸	位于中南半岛西部。东北与中国毗邻，西北与印度、孟加拉国相接，东南与老挝、泰国交界，西南濒临孟加拉湾和安达曼海。海岸线长 3200km
越南	位于中南半岛东部，北与中国接壤，西与老挝、柬埔寨交界，东面和南面临南海。海岸线超过 3260km

资料来源：中华人民共和国外交部. 2016. 国家和组织. http://www.fmprc.gov.cn/web/gjhdq_676201/gj_676203/yz_676205/.

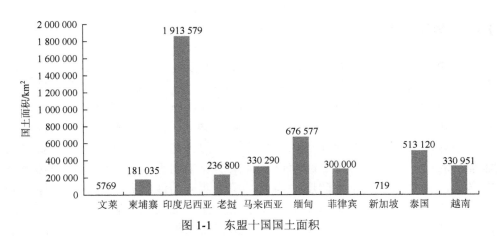

图 1-1 东盟十国国土面积

资料来源：ASEAN Secretariat，2017. ASEAN Coonmunity in figures. http://www.aseanstats.org/wp-content/uploads/2017/01/25 content-ACIF.pdf.

在地形上，大陆部分和海洋部分呈现出不同的形态。就大陆部分来看，其地形呈现出从南到北由山地高原向海岸平原过渡的特征，湄公河自西北向东南流动，海岸平原上河网密集。在马来群岛部分，由于低地和沿海平原被中央自南向北的平行山脉阻断，地形基本呈现出中间高、两边低的特征，此外，马来群岛的大部分岛屿都沿着亚欧板块、印度洋板块以及太平洋板块的交界地带分布，部分岛屿由火山喷发形成。

1.1.2　气候条件

东盟所处的东南亚地区大部分在北回归线以南，赤道附近，纬度较低，常年气温为 25～34℃。受季风影响，大部地区一年只分为旱季和雨季，降水也随季节发生着变化。11～次年 3 月，东北季风为越南沿海山区和马来群岛带来东北风和丰富的降水；5～9 月，西南季风则带来较为强劲的干风和降雨，这种情况经常发生在 2000m 左右的高度（ASEAN Secretariat，2009a）。在季风交替的 4～10 月，此地区会感受到轻微的风以及气温上细微变化。

如表 1-2 所示，东盟不同国家和地区的气候条件呈现出不同的特征，但总的来看，基本上可以分为两种主要类型：中南半岛北部和菲律宾北部地区，属于热带季风气候，年降雨量 1500mm 以上；赤道附近地区，马来群岛大部分地区属于热带雨林气候，年降雨量在 2000mm 以上。总的来看，东南亚地区全年降雨量保持在 1000～4000mm，平均湿度则保持在 70%～90%（ASEAN Secretariat，2009a）。

表 1-2　东盟各国气候情况

国家	气候条件
印度尼西亚	属热带雨林气候，年平均气温 25～27℃。每年 5～10 月为旱季，11～次年 4 月为雨季。年平均降雨量 2000mm 以上，湿度为 70%～90%（中华人民共和国驻印度尼西亚共和国大使馆经济商务参赞处，2010）
泰国	属热带季风气候。全年分为热、雨、凉三季。年平均气温 27℃
马来西亚	属热带雨林气候。内地山区年均气温 22～28℃，沿海平原为 25～30℃
新加坡	属热带海洋性气候，常年高温潮湿多雨。年平均气温 24～32℃，日平均气温 26.8℃，年平均降雨量 2345mm，年平均湿度 84.3%
文莱	属热带雨林气候，终年炎热多雨。年均气温 28℃
老挝	属热带、亚热带季风气候，5～10 月为雨季，11 月～次年 4 月为旱季，年平均气温约 26℃。老挝全域雨量充沛，近 40 年来年降雨量最少年份为 1250mm，最大降雨量达 3750mm，一般年份降雨量约为 2000mm
柬埔寨	属热带季风气候，年均气温为 24℃。在 2012 年版"气候变化和环境风险地图"确定的 30 个处于极度风险的国家中，柬埔寨位列前十，存在着极强的气候风险

续表

国家	气候条件
菲律宾	属季风型热带雨林气候，高温多雨，湿度大，台风多。年均气温27℃，年降雨量2000～3000mm。在2012年版"气候变化和环境风险地图"确定的30个处于极度风险的国家中，菲律宾位列前十，存在着极强的气候风险
缅甸	属热带季风气候，年平均气温27℃
越南	地处北回归线以南，属热带季风气候，高温多雨。年平均气温24℃左右。年平均降雨量为1500～2000mm。北方分春、夏、秋、冬四季。南方雨旱两季分明，大部分地区5～10月为雨季，11～次年4月为旱季

资料来源：中华人民共和国外交部. 2016. 国家和组织. http://www.fmprc.gov.cn/web/gjhdq_676201/gj_676203/yz_676205/.

此外，由于特殊的地理位置，"厄尔尼诺"和"拉尼娜"现象经常影响本地区，导致季节性的季风循环发生改变，造成天气模式的大范围改变，由此带来高频率、高强度的季节性洪涝灾害或旱灾。

1.2 东盟国家政治经济概况

1.2.1 政治概况

东盟地理位置特殊，除泰国外的东盟其他国家都经历过西方国家的殖民统治，这使得东盟地区的历史、文化、人口、宗教情况十分复杂，其政治生态也具有相应的复杂性。在449万km^2的土地上，存在着多种不同的政治体制。如表1-3所示，在东盟国家中，政体类型表现出多样化的特征，主要的政体有共和制、总统制、君主立宪制、君主制以及人民代表大会制度，既有资本主义国家，又有社会主义国家。就执政党外的其他政党来看，印度尼西亚、泰国、马来西亚、菲律宾、缅甸等国家的非执政党数量较多，而新加坡、文莱、老挝、越南等国则几乎不存在其他的政党。

表 1-3 东盟各国政治情况

国家	政体	执政党	主要其他政党
印度尼西亚	总统制	民主斗争党	民主斗争党、专业集团党、大印尼运动党、民主党、国家使命党
泰国	君主立宪制	—	为泰党、民主党、泰国发展党、自豪泰党、为国发展党
马来西亚	君主立宪联邦制	以巫统为首的执政党联盟国民阵线	反对党：人民公正党、民主行动党和伊斯兰教党联合组成"人民联盟"

续表

国家	政体	执政党	主要其他政党
新加坡	议会共和制	人民行动党	工人党
文莱	君主制	—	文莱国家团结党
老挝	人民代表大会制度	老挝人民革命党	—
柬埔寨	君主立宪制	柬埔寨人民党	奉辛比克党
菲律宾	总统制	自由党	基督教穆斯林民主力量党、民族主义人民联盟、摩洛伊斯兰解放阵线、菲律宾共产党
缅甸	联邦制 总统制	全国民主联盟	联邦巩固与发展党、民族团结党 掸邦民族民主党、若开民族发展党
越南	议会制 共和制	越南共产党	—

注："—"表示无数据。

资料来源：中华人民共和国外交部. 2016. 国家和组织. http://www.fmprc.gov.cn/web/gjhdq_676201/gj_676203/yz_676205/.

　　人民网. 2016. 各国政局板块. http://world.people.com.cn/GB/191609/index.html.

1.2.2　经济总量情况

东盟是世界上经济快速增长的地区，截止到 2015 年，东盟十国的 GDP 总量达到 2.438 万亿美元（现价），相比 2005 年的 9103 亿美元，增长近 168%。如表 1-4 所示，虽然东盟国家的经济总量都实现了较为快速的增长，但其经济规模存在着明显的差异。截止到 2015 年，GDP 超千亿美元的国家有印度尼西亚、泰国、马来西亚、新加坡、菲律宾和越南，东盟第一大经济体印度尼西亚的 GDP 已达到 8619 亿美元，而经济总量最少的老挝却只有 124 亿美元，两者的差距达到近 70 倍。

表 1-4　东盟国家 GDP 变化情况（美元现价，单位：亿美元）

国家	2005 年	2006 年	2007 年	2008 年	2009 年	2010 年	2011 年	2012 年	2013 年	2014 年	2015 年
印度尼西亚	2859	3646	4322	5102	5396	7551	8930	9179	9125	8905	8619
泰国	1893	2218	2629	2914	2816	3409	3706	3973	4199	4043	3952
马来西亚	1435	1627	1935	2308	2023	2550	2980	3144	3233	3381	2963
新加坡	1274	1478	1800	1922	1924	2364	2752	2893	3003	3063	2927
文莱	95	115	122	144	107	137	185	190	181	171	129
柬埔寨	63	73	86	104	104	112	128	140	154	168	180
菲律宾	1031	1222	1494	1742	1683	1996	2241	2501	2718	2848	2926
越南	576	664	774	991	1060	1159	1355	1558	1712	1862	1936
老挝	27	35	42	54	58	71	83	94	112	117	124
缅甸	120	145	202	319	369	495	600	597	601	658	626

资料来源：世界银行. 2016. GDP. http://data.worldbank.org.cn/indicator/NY.GDP.MKTP.CD? view=chart.

　　此外，如图 1-2 所示，东盟国家的经济总体上保持着较快的增长速度，近年来，虽然受到全球经济下行的影响，经济增长速度所有放缓，甚至部分国家在某些年份 GDP 的增长速度为负，但整体上来看，基本上保持着平稳或波动增长。绝大部分国家在 2009 年经济危机期间都出现经济增长下滑的情况，新加坡、泰国、文莱、马来西亚四国甚至呈现负增长，而 2010 年开始则出现较大幅度的回升。具体到国家来看，印度尼西亚 10 年来始终保持平稳、快速的增长，在东盟国家中排名第三；泰国 GDP 增长率起伏较大，2009 年、2011 年、2014 年出现三个低谷，年均增长率排名第七；马来西亚除受 2008 年金融危机影响，2009 年出现负增长之外，其余年份增长率比较稳定，年均增长率排名第八；新加坡经济增长率起伏较大，2009 年出现低谷后 2010 年奇迹回升，创造了 10 年间东盟各国 GDP 增长率的峰值，年均增长率排名第六；菲律宾在 2009 年和 2011 年出现增长率低谷，总体来说较为平稳，年均增长率排名第五；越南 10 年来经济增长平稳，未出现较大起伏，年均增长率排名第二；缅甸发展情况不甚理想，近两年均出现负增长，这与其政局不稳定有着较为密切的关系；柬埔寨 2009 年前增长率下降明显，其后逐渐恢复，增长情况趋于稳定，年均增长率排名第四；文莱情况不容乐观，增长率一直较低且起伏较大，多个年份出现负增长，年平均增长率排名最末；老挝一直保持高经济增长率，年平均增长率排名首位。

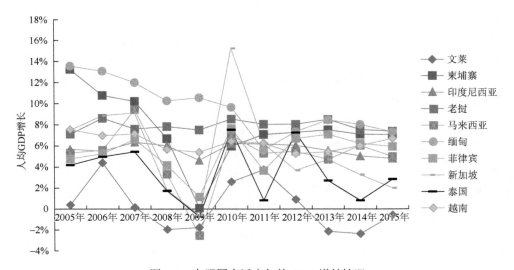

图 1-2　东盟国家近十年的 GDP 增长情况

资料来源：世界银行. 2016. GDP 增长率. http://data.worldbank.org.cn/indicator/NY.GDP.PCAP.KD.ZG？view=chart.

　　从人均 GDP 来看，各国基本保持着较快的增长速度，2014 年和 2015 年附近出现的数量下降与美元的升值走势有着很大的关系。如表 1-5 所示，新加坡、文莱、马来西亚、泰国人均 GDP 数量位居前列，老挝、缅甸、柬埔寨人均 GDP 数量排在各国末位，人均 GDP 最多的国家新加坡是人均 GDP 最少的国家柬埔寨近 46 倍，差距巨大。

表 1-5　东盟国家十年人均 GDP 变化情况（美元现价，单位：美元）

国家	2005 年	2006 年	2007 年	2008 年	2009 年	2010 年	2011 年	2012 年	2013 年	2014 年	2015 年
印度尼西亚	1 263	1 590	1 861	2 168	2 263	3 125	3 648	3 701	3 632	3 500	3 346
泰国	2 874	3 351	3 963	4 385	4 231	5 112	5 539	5 915	6 225	5 970	5 815
马来西亚	5 564	6 195	7 241	8 487	7 312	9 069	10 428	10 835	10 971	11 306	9 766
新加坡	29 870	33 580	39 224	39 721	38 578	46 570	53 094	54 451	55 618	56 007	52 889
文莱	26 338	31 158	32 708	37 798	27 726	34 852	46 378	46 974	43 971	41 024	30 555
柬埔寨	472	538	629	743	735	783	879	946	1 025	1 095	1 159
菲律宾	1 197	1 395	1 679	1 929	1 837	2 145	2 372	2 605	2 786	2 873	2 904
越南	699	797	919	1 165	1 232	1 334	1 543	1 755	1 908	2 052	2 111
老挝	476	591	711	900	948	1 139	1 298	1 445	1 701	1 755	1 811
缅甸	240	288	398	624	718	958	1 151	11 137	1 135	1 127	1 161

资料来源：世界银行. 2016. 人均 GDP. http: //data.worldbank.org.cn/indicator/NY.GDP.PCAP.CD? view=chart.

如图 1-3 所示，东盟国家人均 GDP 年增长与 GDP 增长基本保持一致，增长较快且增幅差距较大，波动性明显。东盟国家中，除文莱外，其他国家人均 GDP

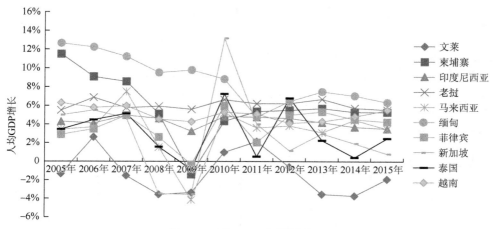

图 1-3　人均 GDP 年增长情况

资料来源：世界银行. 2016. 人均 GDP 增长. http: //data.worldbank.org.cn/indicator/
NY.GDP.PCAP.KD.ZG? view=chart.

增长速度都较快，柬埔寨、缅甸人均 GDP 增速甚至达到两位数，大部分国家都保持在 3%～7%的增长范围内，而文莱则在众多年份出现负增长。受 2008 年美国次贷危机的影响，东盟国家经济增长波动明显，大部分国家在 2009 年增长速度降低甚至出现负增长，2010 年则迅速回升，2011 年则再次出现下降，自 2012 年开始则保持较为平稳的增长速度。

1.2.3　产业结构情况

总体来看，如表 1-6 所示，在东盟国家的三次产业中，大部分国家农业所占比重较小并持续降低，工业的比重较大但同样呈现出不断降低的趋势，服务业的比重在几乎所有的国家中所占的比重都比较大，且不断上升。就具体的产业来看，农业方面，老挝、柬埔寨、越南农业所占的比重较大，新加坡、文莱农业所占的比重最小，但值得注意的是，文莱农业所占比重虽然很低，但却有增长的势头；工业方面，文莱、泰国、印度尼西亚、马来西亚、越南所占的比重都较大，而且越南工业所占的比重呈现不断上升的趋势，这些国家工业占 GDP 的比重较高主要与其丰富的石油矿产资源有关，除越南外，柬埔寨、菲律宾等工业发展落后国家的工业产值也不断增加；就服务业来看，除泰国、新加坡、柬埔寨服务业占比呈现波动外，其他所有国家的服务业占比都表现出明显地上升趋势，尤其是新加坡、菲律宾、马来西亚的占比都已经过半，而印度尼西亚、文莱、泰国等国家的占比都已逐渐接近 50%，东南亚国家服务业的快速发展与其丰富的旅游资源有着十分密切的关系，工业水平的落后某种程度上倒逼着服务业的发展。

表 1-6　东盟国家三次产业占 GDP 的比重（美元现价）

国家	农业			工业			服务业		
	2006 年	2010 年	2013 年	2006 年	2010 年	2013 年	2006 年	2010 年	2013 年
印度尼西亚	14.2%	13.2%	12.3%	43.7%	41.1%	39.9%	42.1%	45.7%	47.8%
泰国	9.0%	8.3%	8.3%	47.2%	48.7%	46.0%	43.8%	43.0%	45.8%
马来西亚	8.4%	7.7%	7.2%	43.7%	38.6%	36.9%	48.0%	53.8%	55.9%
新加坡	0.1%	0.0%	0.0%	33.2%	33.6%	28.0%	66.8%	66.3%	71.9%
文莱	1.1%	1.2%	1.3%	60.3%	53.0%	51.0%	38.6%	45.8%	47.8%
柬埔寨	29.5%	29.4%	26.0%	30.1%	28.6%	32.2%	40.4%	42.0%	41.9%
菲律宾	13.1%	11.6%	10.4%	32.5%	32.6%	32.8%	54.4%	55.8%	56.8%
越南	20.9%	18.9%	17.6%	38.2%	38.2%	38.6%	40.8%	42.9%	43.9%
老挝	35.4%	31.6%	—	27.4%	27.7%	—	37.2%	40.7%	—
缅甸	—	39.9%	—		22.6%	—		37.5%	—

注："—"表示无数据。

资料来源：东盟官网. 2016. ASEAN-Yearbook. http://www.asean.org/wp-content/uploads/images/2015/July/ASEAN-Yearbook/July%202015%20-%20ASEAN%20Statistical%20Yearbook%202014.pdf.

1.3 东盟国家的能源情况

1.3.1 东盟国家的能源探明量与产量

如表 1-7 所示，东盟国家化石能源储量较大，尤其是石油、天然气、煤炭等化石燃料储存量十分丰富。英国石油公司（BP）发布的《世界能源统计年鉴 2016》显示，马来西亚、印度尼西亚、越南等国的石油资源储量位居东盟国家前列；印度尼西亚、马来西亚等国的天然气资源储量较为丰富；印度尼西亚、泰国等国的煤炭资源储量较为丰富。就各类能源储量的变动情况来看，马来西亚、印度尼西亚石油探明储量出现较大幅度的降低，与此同时，越南的石油探明储量则出现上升；印度尼西亚、越南的天然气探明储量出现一定幅度的上升，马来西亚和泰国则出现不同程度的下降。

表 1-7　东盟部分国家化石能源探明情况

国家	石油/十亿桶		天然气/万亿立方米		煤炭/百万吨
	2005 年	2015 年	2005 年	2015 年	2015 年
文莱	1.1	1.1	0.3	0.3	—
印度尼西亚	4.2	3.6	2.5	2.8	28 017
马来西亚	5.3	3.6	2.5	1.2	—
泰国	0.5	0.4	0.3	0.2	1 239
越南	3.1	4.4	0.2	0.6	150

注："—"表示无数据。

资料来源：BP 世界能源统计年鉴. 2016. BP 世界能源统计年鉴 2016. http://www.bp.com/content/dam/bp-country/zh_cn/Publications/StatsReview2016/BP%20Stats%20Review_2016 中文版报告.pdf.

在东盟国家的化石能源生产中，如表 1-8 所示，总体来看，绝大部分国家石油产量呈现不断下降的趋势，而天然气和煤炭的产量则基本上升。东盟主要的产油国，如印度尼西亚、马来西亚、文莱、越南等国的石油产量不断降低，而泰国则出现较大幅度的增长。与此同时，天然气和煤炭的产量则出现平稳或上升的趋势，如马来西亚、泰国、越南、文莱的天然气产量不同程度地上升，而印度尼西亚则几乎保持稳定，煤炭产量上，印度尼西亚、越南出现上升的趋势，泰国的煤炭产量与其石油、天然气产量则呈现出相反的增长态势。

表 1-8　东盟部分国家化石能源的产量情况

国家	石油/万桶		天然气/十亿立方米		煤炭/百万吨	
	2005 年	2015 年	2005 年	2015 年	2005 年	2015 年
文莱	206	127	12	12.7	—	—
印度尼西亚	1096	825	75.1	75	93.9	241.1
马来西亚	757	693	63.8	68.2	—	—
泰国	297	477	23.7	39.8	6.1	4.4
越南	389	362	6.4	10.7	19.1	23.3

注："—"表示无数据。

资料来源：BP 世界能源统计年鉴. 2016. BP 世界能源统计年鉴 2016. http：//www.bp.com/content/dam/bp-country/zh_cn/Publications/StatsReview2016/BP%20Stats%20Review_2016 中文版报告.pdf.

东盟拥有丰富的可再生能源，如表 1-9 所示，可再生能源的发电数量可以很大程度上体现出可再生能源的数量及随时间的变化情况。2000 年前，东盟国家在前期并未对可再生能源进行充分开发、利用，这与其传统能源供应较为充足、新能源技术发展滞后有着密切的关系，但随着其经济发展对能源需求的增加、可再生能源开发技术的成熟，可再生能源的开发利用出现大幅度的增长。东盟国家可再生能源主要用于满足国内发电的需求，除老挝无法获得数据外，2004～2014 年，各国可再生能源的发电量有大幅度的提升，尤其是文莱、柬埔寨、越南、缅甸等国的发电量增长达到 2 倍及以上。

表 1-9　东盟国家可再生能源发电情况（单位：GWh）

年份	印度尼西亚	泰国	马来西亚	新加坡	文莱	柬埔寨	菲律宾	越南	老挝	缅甸
2004	16 350	7 322	5 831	958	0	41	18 875	17 818	—	2 408
2014	26 154	15 771	14 316	1 451	2	1 869	19 744	58 690	—	8 829

注："—"表示无数据。

资料来源：IEA. 2016. Renewables. http：//www.iea.org/statistics/.

1.3.2　东盟国家能源供给与消费情况

按照能源获取和生产方式，能源可被划分为一次能源和二次能源两种类型。一次能源是指自然界中以现成方式存在的，未经过任何改变或转换的自然资源，换句话说，就是从自然界中直接取得并不改变其形态和品位的能源，主要包括原煤、原油、天然气、风能、太阳能、地热能、生物质能以及海洋能等；二次能源是指将一次能源直接或间接加工转换产生的其他类型和形式的人工能源，主要包括原煤加工产出的洗煤，由煤炭加工产出的焦炭、煤气，由原油加工产出的汽油、煤油、柴油、燃料油、液化石油气、炼厂干气以及由煤炭、石油、天然气转换产出的电力等（天津统计信息网，2006）。鉴于绝大部分二次能源主要由一次能源直接或间接转换而成，本书仅统计东盟国家一次能源的供给、消费及各种类型所占比例的情况。

2004～2014 年，如表 1-10 所示，东盟国家一次能源的供给基本上呈持续增长的态势，各种类型的一次能源供应同样呈现上升的趋势。2014 年主要一次能源供给总量达到 621.2Mtoe[①]，相较 2004 年的 442.43Mtoe 增长近 40.4%。除了天然气、传统生物质能的增长表现出波动外，其他类型的能源都保持持续增长，其中煤炭供给增长达到 153%，增长速度最快，天然气、石油的供给量则分别增长 32.5%、17.5%，远低于煤炭供给的增长速度。

表 1-10　东盟国家主要一次能源的供给情况（单位：Mtoe）

类型	2004 年	2006 年	2008 年	2010 年	2012 年	2014 年	总计
煤炭	51.4	62.02	83.8	91.6	112.41	130.02	531.25
石油	181.15	171.5	185.97	197.31	209.59	212.8	1158.32
天然气	110.17	113.38	123.83	145.74	146.65	145.97	785.74
传统生物质能	45.65	49.67	49.17	49.49	46.92	48.85	289.75
其他可再生能源	54.06	60.03	64.54	66.65	66.65	83.56	395.49
总计	442.43	456.6	507.31	550.79	582.22	621.2	3160.55

资料来源：ACE. 2016. Total Energy Supply. http: //aeds.aseanenergy.org/total_energy_supply/.

2004～2014 年，如表 1-11 所示，随着东盟国家经济保持较为稳定增长，一次能源的消费总量逐年攀升。东盟 2014 年主要一次能源的消费总量达到 345.59Mtoe，相较 2004 年的 263.71Mtoe 增幅达到 31.0%，增幅小于此时间段内供给的增长幅度。粗略来看，东盟每年一次能源的供给总量接近消费总量的两倍，这说明其拥有较为充足的能源剩余。就各种具体的能源类型来看，天然气、其他可再生能源基本保持增长态势，煤炭的消费量在 2014 年出现大幅度的下降，这与其供给表现出的增长形势形成较为强烈的反差，石油消费量同样出现一定程度的下降，传统生物质能源的消费则几乎保持稳定的状态。

表 1-11　东盟国家主要一次能源的消费情况（单位：Mtoe）

类型	2004 年	2006 年	2008 年	2010 年	2012 年	2014 年	总计
煤炭	21.91	27.52	42.36	41.43	41.97	26.18	201.37
石油	137.28	132.3	145.39	164.82	192.33	173.02	945.14

---

① Mtoe 表示百万吨油当量。

续表

类型	2004 年	2006 年	2008 年	2010 年	2012 年	2014 年	总计
天然气	24.4	21.84	25.5	29.8	38.53	42.6	182.67
传统生物质能	36.76	39.93	38.96	38.95	37.83	37.84	230.27
其他可再生能源	43.36	49.21	51.96	53.96	54.86	65.95	319.3
总计	263.71	270.8	304.17	328.96	365.52	345.59	1878.75

资料来源：ACE. 2016. Total Eergy Supply. http://aeds.aseanenergy.org/total_energy_ consumption/.

如图 1-4～图 1-6 所示，在东盟国家一次能源的消费结构中，石油、煤炭、天然气、可再生能源等都占有重要的比例，尤其石油甚至超过一半。在 2004～2014 年，东盟能源消费结构变化较小，石油的消费量始终占据主要位置，超过 50%的比例，其主导地位在未来短期内仍将持续存在，其他可再生能源的消费所占比例位居第二，这与东盟国家鼓励可再生能源发展政策的实施有关。煤炭和传统生物质能则呈现不同程度的小幅度下降，煤炭消费量的下降与全球煤炭需求疲软的情况基本一致。

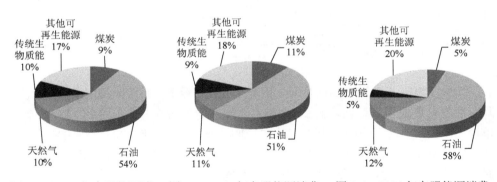

图 1-4　2004 年东盟能源消费结构　　图 1-5　2009 年东盟能源消费结构　　图 1-6　2014 年东盟能源消费结构

图 1-4～图 1-6 中各类能源的单位均为 Mtoe
资料来源：ACE. 2016. Total Energy Supply. http://aeds.aseanenergy.org/total_energy_consumption/.

东盟国家目前经济的发展较为依赖能源的使用，能源利用效率较低。较低的能源利用效率与该地区化石燃料发电厂不能及时更新技术设备有很大的关系，相关研究表明东盟国家化石燃料发电厂的利用效率为 21%～34%，平均比经济合作与发展组织国家低了 20 个百分点（郑慕强，2010）。在 2003～2013 年，如表 1-12 所示，东盟绝大部分国家的单位 GDP 能源消耗都呈现上升的趋势，尤其是印度尼西亚、菲律宾、新加坡、缅甸等国，其 2013 年单位 GDP 能源使用量相较 2003 年分别增长 66.2%、76.3%、125.7%、180.4%。这种能源密集型的经济发展模式不仅对国家能源安全提出较高的要求，而且会产生大量的二氧化碳等温室气体。

表 1-12　东盟国家单位 GDP 能源消耗量（单位：2011 年不变价购买力平价美元/千克石油当量）

国家	2003 年	2008 年	2013 年
文莱	10.1	8.4	10.9
柬埔寨	4.3	9.4	7.7
印度尼西亚	7.1	9.5	11.8
老挝	—	—	—
马来西亚	6.2	7.1	8.0
缅甸	5.1	9.8	14.3
菲律宾	8.0	11.5	14.1
新加坡	7.4	12.4	16.7
泰国	6.4	7.5	7.8
越南	5.9	6.9	7.9

注："—"表示无数据。

资料来源：世界银行. 2106. GDP 单位能源消耗. http://data.worldbank.org.cn/indicator/EN.ATM.GHGO.KT.CE? view=chart.

1.4　东盟国家温室气体排放情况

通过将东盟各国主要温室气体的排放数量加总，如表 1-13 所示，我们可以发现，东盟国家主要温室气体的排放量近年来都保持着快速增长的态势。相比于 2001 年，2013 年二氧化碳的排放量增幅达到 63.8%，2009 年甲烷和其他温室气体（HFC、PFC 和 SF_6 等）增速分别达到 28.8%、81.8%，控制温室气体排放的增速对东盟国家来说十分必要。

表 1-13　东盟国家主要温室气体排放情况

种类	2001 年	2005 年	2009 年	2013 年
二氧化碳/千吨	823 215.8	988 065.8	1 189 138.427	278 150 817.6
甲烷/千吨二氧化碳当量	565 279.3	697 454.4	728 199.1	—
其他温室气体/千吨二氧化碳当量	348 574	620 976.1	633 717.3	—

注："—"表示无数据。

资料来源：世界银行. 2016. 二氧化碳、甲烷以及其他温室气体排放量. http://data.worldbank.org.cn/indicator/EN. ATM.GHGO.KT.CE? view=chart.

联合国政府间气候变化专门委员会（Intergovernmental Panel on Climate Change，IPCC）的第五次评估报告认为，有95%以上的把握认为气候变化是人类的行为造成的，温室气体会造成地表温度上升有充分的科学依据。如图1-7所示，东盟国家二氧化碳的排放量差距较大，增长幅度同样有所不同。印度尼西亚、泰国、马来西亚、越南等新兴市场国家二氧化碳排放量数量较大、增长速度较快，其余东盟国家的排放量较低且基本保持平稳。印度尼西亚是东盟国家中二氧化碳排放量最高的国家，其二氧化碳排放量在2012年达到峰值599 539.8千吨，2013年则有所下降；泰国和马来西亚的二氧化碳排放量紧接其后，呈现平稳增长的趋势，与印度尼西亚的排放量差距较大；越南的二氧化碳排放量在2006年后超过10千吨并且开始较大幅度增长，2011年后增速有所缓解，排放量开始下降；菲律宾自2006年后其二氧化碳排放量也呈现出较快的增长态势。

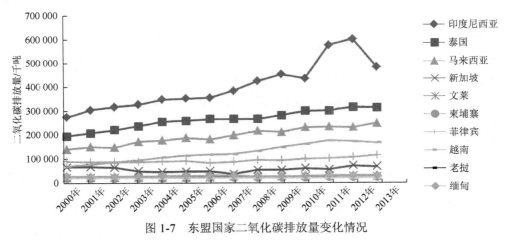

图1-7　东盟国家二氧化碳排放量变化情况

资料来源：世界银行. 2016. 二氧化碳排放量. http://data.worldbank.org.cn/indicator/EN.ATM.GHGO.KT.CE? view=chart.

总体来看，东盟绝大部分国家的人均二氧化碳排放量较低，基本保持着平稳的增长态势。如图1-8所示，文莱、新加坡人均二氧化碳排放量处于高位状态，波动状况明显，马来西亚、泰国排放量虽不及文莱和新加坡两国，但始终保持着平稳的增长速度，其余东盟国家的人均二氧化碳排放量水平较低且较为平稳。文莱的人均二氧化碳排放量一直位居东盟国家前列，并在2006年开始大幅增长，虽然2009年、2010年和2013年有所下降，但仍然处于最高水平，这与文莱高密度的化石能源消费有关；新加坡的人均二氧化碳排放量自2000年开始基本保持平稳下降的趋势，并在2007年出现最低值，但从2008年开始，其排放量出现较大幅度的回升，并再次超过马来西亚的人均排放量，人均排放量仅次于文莱。马来西亚的人均二氧化碳排放量虽然不高，但上升趋势明显。

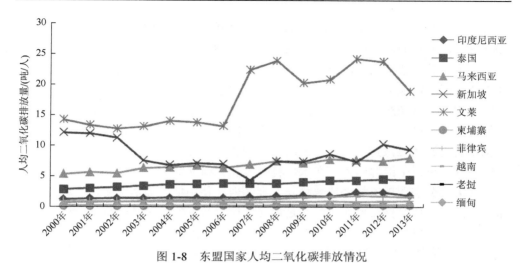

图 1-8　东盟国家人均二氧化碳排放情况

资料来源：世界银行. 2016. 二氧化碳排放量（公吨）. http：//data.worldbank.org.cn/indicator/
EN.ATM.GHGO.KT.CE？view=chart.

如图 1-9 所示，东盟国家中，单位 GDP 二氧化碳排放量存在明显的差异，除少数国家外，大部分国家的单位 GDP 二氧化碳排放基本上保持着较为稳定甚至下降的状况。越南、泰国、马来西亚、印度尼西亚、文莱五国的单位 GDP 二氧化碳排放量位居前五，越南排放量总体上升，于 2011 年达到峰值，此后逐步下降，是目前东盟国家单位 GDP 二氧化碳排放量唯一超过 1 千克的国家。文莱的单位 GDP 二氧化碳排放量总体上呈现大幅度上升的状况，柬埔寨排放虽然较小，但同样保

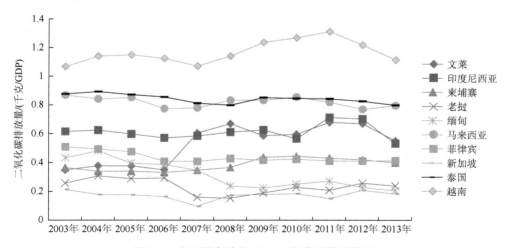

图 1-9　东盟国家单位 GDP 二氧化碳排放情况

资料来源：世界银行. 2016. 二氧化碳排放量. http：//data.worldbank.org.cn/indicator/
EN.ATM.GHGO.KT.CE？view=chart.

持着持续上升的趋势。缅甸、老挝的单位 GDP 排放总体上保持着较低的水平，并逐渐下降；而新加坡的单位 GDP 排放则在低水平的状况下保持着稳定。

综上来看，东盟国家能源资源储量较为丰富，近几年人口的快速增长和社会经济的发展不断加大对能源的需求，为确保国家能源安全，发挥能源资源优势，各国持续加大能源产量，因而能源的供给和消费数量不断增加。石油、煤炭等化石能源在能源结构中始终保持着较大的比例，可再生能源的消费数量在能源消费结构中所占比例虽然持续增加，但所占比例较小。随着开发和利用技术的成熟，东盟国家对可再生能源的使用在未来将有可能大幅度增加。

在大部分东盟国家经济快速增长、能源效率使用低下的情况下，东盟国家温室气体总体排放量持续增加，尤其是人均碳排放和单位 GDP 排放强度不断增加，这种状况在印度尼西亚、马来西亚、越南、文莱等国家表现得尤其明显。

如何提高能源使用效率、减少化石燃料等不可再生能源的使用，遏制温室气体排放持续增长的趋势，对于东盟国家实现"千年发展目标"（millennium development goal，MDG）、建立"绿色东盟"显得十分重要。

第2章　东盟应对气候变化的政策

2.1　气候变化对东盟国家的影响

2.1.1　东盟国家气候变化脆弱性的表现

IPCC 发布的第五次评估报告指出，气候变化对人类和生态系统的影响是普遍的、不可逆的，同时是非均衡的，对不同发展水平国家中的弱势群体与社区会产生更大的危害（IPCC，2014a）。东盟国家气候变化的脆弱性主要从东盟国家自身的地理暴露度和社会经济脆弱性等两个重要的指标来衡量。其中，地理暴露度主要是指，人员、生计、物种或生态系统、环境功能、服务和资源、基础设施或经济、社会或文化资产有可能受到不利影响的位置和环境；社会经济脆弱性是指易受不利影响的倾向或习性。社会经济脆弱性内含各种概念和要素，包括对危害的敏感性或易感性以及应对和适应能力的缺乏（IPCC，2014b）。

亚洲开发银行的报告显示，预计到 2050 年全球地表平均气温将上升 1.32～2.32℃，到 2100 年将上升 4.8℃；降水量逐年减少，海平面每 10 年升高 1～8mm；极端气候事件发生的频率和危害程度上升。而这一变化在东南亚地区表现极为明显，该地区平均气温在 1951～2000 年每 10 年增加 0.1～0.3℃，海平面每年上升 1～3mm，1960～2000 年降水下降趋势明显，热浪、干旱、洪水和热带气旋变得更加激烈和频繁（ADB，2009）。更为严重的是，海平面上升将导致东盟部分城市，如雅加达、曼谷和马尼拉等出现重大问题，数百万人可能需要重新安置以及需要大量资金来保护沿海城市免受破坏（ASEAN Cooperation on Environment，2016a）。

近年来，气候变化问题层出不穷，随着全球表面平均温度上升，高温极端事件的发生频率将增加，热浪将会更为频繁，持续的时间将会更长，偶发性冬季极端低温将会持续发生（IPCC，2014b）等，这都会给东南亚国家的自然和社会生态系统以及人们的生产生活带来破坏性。另外，东南亚各国对气候变化具有高度敏感性和脆弱性，这加剧了这种损害。气候变化引起的极端天气事件，诸如海平面上升、热浪、洪涝、干旱等，将会使河流、海岸线受到侵蚀，农业、渔业和旅游业等关系居民生计的行业受到重创，水供应更加不足，基础设施和居民点遭到大范围破坏，发病率、死亡率增加，最终人类健康和幸福将受到极大阻碍。极端气候事件本身具有突变、不定期以及无规律可循的独特属性，这使得东南亚一些地区极度干旱而另一些地区降雨量又过多，此外，大部分东盟国家气象预测技术落后，无法及时采取有效的预防应对措施，这常常使公众在极端天气事件面前处于极度被动的地位，使得东南亚各国的政治、经济、社会以及人身财产安全得不到有效保障。亚洲开发银行（Asia Development Bank，ADB）发布《东南亚与全球稳定经济学报告》预计，在基准情景下，如表 2-1 所示，如果不采取遏制措施，气候变化对东南亚地区的影响将会比之前预估的更为严重，农业、渔业、旅游业、劳动力生产、人民健康以及生态系统都将遭受巨大的破坏。

表 2-1　东南亚气候变化危害热点地区以及主要危害

气候变化危害热点地区	主要危害
越南西北部	干旱
越南东部沿海地区	飓风、干旱
越南湄公河区域	海平面上升
泰国曼谷和周边地区	海平面上升、洪水
菲律宾全境	飓风、滑坡、洪水、干旱
马来西亚沙巴州	干旱
印度尼西亚爪哇岛东、西部地区	干旱、洪水、滑坡、海平面上升

资料来源：侯佳儒，王倩. 2012. 东盟地区应对气候变化的区域性合作考察. 民商经济法评论: 1-8.

2.1.2　东盟国家气候变化脆弱性的主要原因

气候变化具有多维度、综合性和跨界性的特征，引发一系列严重危及社会经济和生态系统的安全问题，对全球各地都产生了或多或少不同程度的影响，尤其对有着独特地理位置以及落后产业结构的东盟国家产生了重大的危害。

从地理暴露度的第一个方面来看，东盟地处亚欧板块和印度洋板块的交界地带，地壳运动活跃，东临太平洋、印度洋和中国南海，拥有长达 173 000km 的海岸线，占世界海岸线总长的 14%，居世界第三（季玲，2016）。地理位置导致其易受台风、洪涝、干旱、火灾、海啸等自然灾害的频繁侵袭，其中，泰国、马来西亚、印度尼西亚、新加坡、文莱、柬埔寨、菲律宾、越南、缅甸等东盟国家都属于临海国家，一旦气候变化导致海岸线受到侵蚀，将会使各国的领土缩小以及沿岸居住地居民生产生活、沿岸旅游业、渔业发展都将受到严重的破坏。另外，各国位置相邻，境内河网较多，河海相连，自然灾害次生灾害容易演变成跨界问题。

从地理暴露度的第二个方面——气候层面来看，东盟国家属于热带雨林和热带气候区，气温偏高，年平均气温高达 20～27℃，降雨丰富。气候变化引起气温大幅度升降或者降雨量季节性突变都会使得东南亚各国的经济社会发展受到重创，使得农业的产量受到极大制约，患病率以及死亡率上升，人民的健康缺乏基本的保障，由此可能造成政治恐慌，发生气候暴力冲突事件。

其次，从社会经济结构脆弱性上看，首先，东南亚地区人口众多、密度大，449 万平方公里的土地上却拥有 6.29 亿人口，而且从 1980 年开始，东盟地区人口增长率一直以 1.5%以上的速度持续迈进，预计到 2020 年，东南亚人口将达到 6.5 亿。东盟单位面积人口密度持续提高，从 1980 年的 79 人/km^2 到 2008 年中期的 130 人/km^2 再到 2015 年的 139 人/km^2，是世界上人口密度最高的地区之一，并且随着农村涌入城市人口的持续增加和城市化的快速推动，雅加达和马尼拉等大城市人口密度变得特别高，约 10 000 人/km^2。2005 年，东盟地区 44%的人口居住在城市地区，预计到 2020 年将增加到 55%（ASEAN Secretariat，2016c）。人口空间的极度紧密，使得极端天气事件在东南亚地区造成的危害更大。

其次，从人均生活水平层面上看，东南亚国家大多属于贫穷落后的发展中国家，社会不平等现象普遍存在。按照日常每天 1.25 美元的标准，生活处在贫困线下的人口平均占到 16%（Trevisan，2013），其中在老挝、柬埔寨、菲律宾分别高达 31%、28%、23%。而如果按照日常生活 2 美元的最新标准来衡量，东盟国家贫困线下的人口则相当惊人，老挝、印度尼西亚、菲律宾、越南、柬埔寨等均达到一半左右（ASEAN Secretariat，2015a）。高比例的贫困人口，加剧了东盟国家的气候危机。

最后，从经济结构上看，东盟各国的产业结构比较单一，属于资源型经济，主要以农业为主。从事农业生产活动的人口在越南、泰国、印度尼西亚和菲律宾占比最高，分别达到了 48.4%、38.9%、35.1%和 32.2%。众所周知，农业对气候具有高度依赖性和敏感性，一旦气候变化异常发生，会使农作物遭遇病虫害进而导致产量下降甚至不育，给东南亚地区农业造成严重的损失。

此外，在技术层面上，大多数东盟国家技术水平落后，智能设备、气象预警预测技术使用率低下、精确度不高以及人力资源结构欠优，对气候变化的预警预测以及预防措施适应性不强，这些都加大了气候变化给东盟各国带来损失的可能性。

紧凑的人口密度、居高不下的贫穷人口占比、单一的产业经济结构和落后的技术水平以及气候人才匮乏等种种因素，使得东盟各国的社会经济结构在面对气候变化时表现出了明显的脆弱性。

2.1.3　气候变化对东盟国家的影响

1. 气候变化对东盟国家环境领域的影响

首先，气候变化对东盟国家生物多样性产生了深刻的影响，未来大部分物种都将面临着气候变化造成的更大灭绝风险，很难快速地转换其生存的地理范围，无法适应当前预估的高速气候变化，海洋生物将面临氧气含量逐渐下降、大幅度的海洋酸化、海洋温度极端事件上升等风险。东盟国家地处热带气候区，拥有数量众多的自然资源、海洋生物和矿产资源，生物多样性丰富独特，可以为该地区和世界各地维持基本的生命活动提供支持，推动石油勘探、商业、小型渔业、旅游等重要经济活动发展。除了提供水、粮食和能源等物资外，这些自然资源在维持广泛的经济活动和生计方面都发挥着重要作用（Letchumanan，2010）。同时湄公河流域、下龙湾和多巴湖等多种独特的生态系统为地球上 40%的物种提供了自然栖息地，东盟海岸线长度约为世界的 14%，沿海海域拥有世界上 34%的珊瑚礁，庞大的海草种群囊括了世界大约 20%的已知植物、动物和海洋生物（Trevisan，2013），这些物种对于气候变化，尤其是气温和降雨具有非常高的敏感性和脆弱性。在全球气候变暖以及近年来频发的"厄尔尼诺"天气型态等综合因素的影响下，东盟附近海洋温度不断上扬，这给东南亚各国敏感的珊瑚礁带来了极大的压力。1998 年，在气候变暖以及人为的破坏下，全世界损失了将近 16%的珊瑚礁。印度洋和太平洋沿线国家包括泰国、马来西亚、越南、柬埔寨和印度尼西亚在内的等整个东南亚都面临着珊瑚礁持续白化的风险。自 2010 年以来，受全球气候变暖和生态系统失衡的影响，泰国一直引以为傲的深海珊瑚礁面临着巨大的白化和死亡风险，西海岸安达曼海以及东海岸泰国湾一带的海域海水温度居高不下，平均气温高达 30℃以上，这使得 80%的珊瑚礁出现了白化现象，20%已经死亡；2010 年 5 月，在印度尼西亚苏门答腊岛海岸的珊瑚礁中，有 80%已经白化，4%已经死亡，在雅加达海滨北部，海面下 25m 有 90%～95%的珊瑚被白化；柬埔寨同样面临着珊瑚礁白化的风险，在 2010 年，Koh Rong 和 Koh Rong Semloon 岛海岸 90%～100%的珊瑚礁被白化。

不仅如此，从生物链的角度来看，珊瑚礁的疾病、白化和死亡会引发一系列的连锁反应，对以珊瑚礁作为其生存必需条件的海葵、蛤蚌和软珊瑚来说，随着珊瑚礁的逐渐白化、死亡，这些生物物种将失去它们赖以生存的共生藻，逐渐走向衰亡，这种连锁效应对于东南亚国家生物多样性的可持续发展将会是一个毁灭性的打击。

其次，气候变化对水资源的影响方面，气候变化将会引起气温持续升高、河流沉积物增多，大雨带来的污染物超负荷、干旱导致的污染物浓度上升以及洪水期间排水设施被破坏等，都将降低水源水质，给饮用水水质带来威胁（IPCC，2014a）。IPCC 预测，到 2080 年，全球或许会有 11 亿～32 亿人口面临饮水短缺。东南亚地区拥有红河、湄公河、湄南河、萨尔温江等四大河流水系，具有丰富的内陆自然水系，充裕的淡水资源哺育着东南亚各国居民。伴随着气候变化，气温升高、海平面上升、海水蒸发加剧等问题，东南亚地区淡水资源的数量和质量严重下降，给人民的生产生活带来了深刻的影响。

气候变化引发的降水紊乱导致水资源系统适应性不强，蓄水、排水的时间规律被打破，致使东南亚地区洪涝和干旱频频交替发生。"拉尼娜"到来时，过度的降水量导致海水倒灌、河沙积淀、河流洪水泛滥，河岸受到侵蚀，这严重损害了人们的生命财产安全。"厄尔尼诺"是太平洋东部和中部热带海洋的海水温度持续异常升高导致的全球气候异常，这使得一些地区极度干旱而另一些地区又出现洪水泛滥的状况，"厄尔尼诺"现象滞留时间过长，易导致东南亚地区水资源系统遭受极大破坏，面对这种异常的天气现象，大部分地区的日常用水模式被打破，生活饮用水和工业用水供应不足，农业灌溉用水紧缺，水力发电受到极大影响。2016 年 3 月，泰国经历了历史上最强干旱，3 月滴水未下的地区占国土面积将近 50%，而面临干旱威胁的地区更高；2015 年，在"厄尔尼诺"现象的影响下，菲律宾大岷和邻近省份局部地区极度干旱，用水压力增大，大约 35 万户家庭每天会面临长达 12 小时的停水危机；在柬埔寨和印度尼西亚，无法获得安全饮用水的人口占全国人口的近一半。如果仍由气候变化保持这样一种态势持续发展，预计到 2050 年，整个东南亚地区将会有 1.8 亿人口面临用水压力（ADB，2009）。"拉尼娜""厄尔尼诺"的相继来袭，让东南亚各国承担着巨大的水资源系统修复压力，极大威胁着各国的生活用水、农业用水和工业用水安全。

最后，在气候变化对森林资源的影响方面，东南亚地处热带地区，气候变化引发的高温天气导致森林火灾频繁发生。东南亚地区将近一半的土地是热带森林，受高温干旱天气影响，森林火灾的发生率增加。森林火灾增加，将会产生一系列连锁反应，给东南亚经济、动物栖息地以及人民的生存带来危机。

2. 气候变化对东盟国家经济安全和人类发展领域的影响

从经济发展角度看，受到独特地理位置、薄弱的科学技术等多种因素的影响，东南亚大部分国家产业结构单一、经济欠发达，尽管各国的经济都以较高的增长速度迈进，但是仍然以资源密集型产业为主，高度依赖自然资源，农业和旅游业是东盟大部分国家的重要支撑产业。缅甸、老挝和柬埔寨的农业产出占 GDP 的 1/3，印度、泰国、越南这三个国家的大米产量占全球供应的 60%，泰国、印度、马来西亚的天然橡胶生产占全球比重高达 61%。极端天气事件一旦发生，就有可能给东盟各国的经济乃至世界经济带来重创。研究显示，地表平均温度每增加 1℃，水稻产量将会下降 10%，小麦产量将会下降 10%～12%（卢风，2008）。气候变化还会导致农作物的品质下降，病虫害（小麦锈病、白粉病、稻瘟病）爆发频率增加。粮食安全关乎世界绝大部分人口的生存问题，一旦粮食供应链被破坏，将会在世界范围内产生一系列的连锁反应。如果不及时采取有效的措施应对气候变化，遭受极端天气事件综合影响的人数将有可能突破 1 亿人，由此约需 40 亿美元来满足由此产生的人道主义需求，其中将近 80%是粮食需求。

泰国是世界上最重要的稻谷和天然橡胶出口国，全国可耕地面积占全国国土面积的41%，农业出口支撑着泰国的外汇收入。2011年，受"拉尼娜"影响，泰国气温突降、暴雨成灾，清迈2000头牛死亡，渡船停摆、游客滞留，大大影响了泰国旅游业的发展。2015年泰国发生极端干旱天气事件，全国有14个府面临干旱风险，居高不下的气温导致稻米产量下降约4%，成为10多年来的最低水平，出口量也随之大幅下降，占比降至约18%。2016年，"厄尔尼诺"和"拉尼娜"持久滞窒，扰乱了全球气候，泰国面临20年以来最恶劣的天气，经济增长下降0.6%～0.8%，大米产量减少30%，谷物出口由2013年的40Mt下降至今年的19Mt吨，粮食供应不足威胁着民众的生命安全。

农业对印度尼西亚国内生产总值贡献率高达14%，持续时间超长的"厄尔尼诺"极端事件使得印度尼西亚20个省遭遇严重旱灾，导致2015年印度尼西亚稻米减产约210Mt、下降2.9%。2016年印度尼西亚的咖啡产量下降10%，罗斯塔咖啡豆产量从0.6363Mt下降到0.57Mt，棕榈油产量下降至32.10Mt。粮食产量下降使印度尼西亚出现了严重的粮食危机，而经济作物产量减少则损害了经济的稳定增长。

2010年，菲律宾迎来史上最强"厄尔尼诺"，85%的国土面积遭受干旱摧残，农作物损失超过37.7亿比索，其中玉米损失20亿比索，稻米损失17亿比索，高价值的经济作物产量损失130亿比索。2013年底的台风"海燕"摧毁了菲律宾大片椰林，给菲律宾的经济发展带来沉重的打击。

气候变化引起持续高温天气加上降雨量季节上不均衡，都将给东南亚的农作物生产、渔业、旅游业带来沉重的打击，引发相关市场波动。面对频繁发生的极端气候变化事件，如果各国不及时采取强有力的政策措施，在基准情景下，到2100年，东南亚国家的国内生产总值将可能减少11%，比亚洲开发银行2009年预期的损失增加60%，而每年遭受的损失则将达2300亿美元，这些损失都将是无法挽回的（ADB，2015a）。

从人类发展领域看，气候变化降低经济发展速度，使扶贫脱贫更加困难，延长脱贫期限并产生新的贫穷群体。东盟各国经济发展相对落后，发展基础薄弱，在气候变化的预警预测以及灾后重建方面，无论从科技层面还是资金层面，都存在明显不足。2015年，受极端天气事件影响，印度尼西亚作为东南亚最大的经济体同样陷入了萎靡不振的局面，经济增长率创六年来新低，这让众多印度尼西亚民众的生活跌入贫困线下，贫困人数从2014年的2770万人增至2015年3月份的2860万人；在泰国，以农作物种植为生计的农民，在这场气候灾难中负债率高达100%，这给泰国的减贫工作带来了严峻的考验；在东盟，大约有4亿人居住在沿海地区100km以内（ADB，2015a），气候变化带来的风暴潮、极端降水、海平面上升、海岸洪水等极端天气事件造成海岸线侵蚀，使得海洋生物资源消失。这对于主要依赖自然资源并将其作为唯一生计来源、缺乏必要防范保护设施、居住在暴露地区的沿海群体来说,他们将面临更大的风险(IPCC,2014a),这些都将给东盟国家的可持续发展带来负面影响。

3. 气候变化对东盟国家居民健康状况领域的影响

气候变化会影响人民健康,主要是不断加剧已有的健康问题,导致许多地区特别是低收入发展中国家的居民健康状况进一步恶化。气候变化引起的气温升高会使人的身体产生头晕、疲乏、恶心,严重情况下甚至导致死亡的危险。由于农作物歉收、水质污染、洪涝灾害等,世界上低收入国家每年大约有 15 万人死于气候变化引起的饥饿、腹泻、疟疾、登革热等问题和疾病。东南亚各国大多经济比较落后,拥有世界上 26% 的人口,贫穷人口占比高达 30%,这些国家卫生条件、科学技术、疾病传播检测和控制、应急防备方案等极为不足。人口密度大、贫困群体众多、应对条件不足等,为传染疾病的传播提供了十分有利的时空条件,致使东南亚居民易受这些疾病的肆虐。

4. 气候变化对东盟国家灾害管理领域的影响

气候变化引发的极端天气事件导致海平面上升、土地沙漠化、耕地面积缩小,粮食产量大幅度下降,易形成严重的粮食安全、环境难民、社会冲突和国际冲突等威胁。2001 年,大约有 2500 万人沦为环境难民,占世界难民总数的 58%(徐军华等,2011),到 2050 年则将有可能达到 1.5 亿人之多,这意味着每天将有 8500 多人沦为环境难民(Stefania,2016)。气候变化会加剧人类迁移,增加诸如贫困和经济冲击等诱因,从而间接增加暴力冲突的风险(IPCC,2014a)。

东南亚各国地处热带雨林气候区和沿海地区,地势低洼、降雨丰富,加上农业生产结构单一、生物技术落后,适应气候变化的农作物品种的培育能力有限,气象灾害保险体系不完善,这些使得东盟国家在极端天气事件面前显得能力不足,一大批环境难民由此产生。2004 年,东南亚各国遭受洪涝灾害的严重侵袭,大批稻田被摧毁,其中泰国 12.5%、菲律宾 6%、柬埔寨 12%、老挝 7.5%、越南 0.4%,这给各国的农作物生产带来了巨大的损失,让原本以农作物增收为主要经济来源的农民受到了极大的威胁,众多农民被迫沦为气候难民。当自身的生存环境遭受迫害、经济来源阻断时,这批农民就很有可能自发地形成移民潮,向富裕城市地区迁移,引发城市冲突,甚至会造成难民对城市居民以及商业中心的偷、抢、砸等暴力行为,此种情况下社会秩序将难以得到有效的维持。2007～2008 年,由于粮食危机引发粮价上涨,泰国、菲律宾、印度尼西亚和新加坡等国的居民纷纷涌上街头反抗,出现粮食抢购风潮;2016 年,在“厄尔尼诺”的影响下,菲律宾因大米库存不足引发暴力冲突,为维护秩序,安全部队不得不枪杀 3 名要求释放更多大米库存的手无寸铁的农民。此外，气候变化引发的粮食安全以及水资源匮乏问题也是一个具有相互性、跨界性的问题，不仅会导致国内动乱和冲突，同时会引发国际战争与骚乱，为了保护有限的资源，各国的友好合作局面将会被打破。

2.2　东盟应对气候变化政策的历史演进

2.2.1　东盟应对气候变化政策的起源

气候变化问题作为一个典型的全球公共性问题，是国际社会所面临的跨国界、跨地区的，甚至关乎整个人类社会生存与发展的共同问题，需要我们全人类的共同努力、协同合作。《联合国气候变化框架公约》（*United Nations Framework Convention on Climate Change*，UNFCCC）第十三次缔约方会议在巴厘岛召开，气候变化由科学议程正式进入东盟政治议程。在国际层面上，近几年来，应对气候变化相关的国际会议正在不断地开展，从 UNFCCC 第一次会议召开到标志着气候变化问题开始进入国际政治议程的《京都议定书》的签订；从《人类环境宣言》到美国因为发展中国家不同时承担限制减排继而拒绝签订《京都议定书》；从没有法律效力的《哥本哈根协议》到《巴黎路线图》强化发展中国家的责任，同时削弱发达国家的区别责任原则；等等，种种迹象都明显地表现出在通过碳减排应对气候变化方面，虽然各个国家争议不断，但积极寻求国际合作、减缓气候变化成为绝大部分国家的共同信念。

在应对气候变化问题上，由于自身独特的地理位置以及经济结构特征，东盟国家表现出更大的敏感性和脆弱性、面临更大的危害，为此，东盟各国亟需在减缓和适应气候变化上采取政策措施，寻求发达国家的资金和技术援助。从争取外援到发挥自身能力来降低气候变化所造成的损失，从刚开始的反对承担减排责任到自愿承担减排义务，这些体现了东盟国家对气候变化问题的认识逐步深入，认识到应对气候变化合作的重要性。

东盟应对气候变化起源于对区域环境问题的关注，与 UNFCCC 和《京都议定书》的签署密切相关，可以说后者是前者的必然结果，东盟各国积极响应《京都议定书》，并且促进了《京都议定书》的生效。2007 年 11 月 20 日，东盟峰会召开，东盟各国政府签署了《东盟环境可持续宣言》和《东盟有关 UNFCCC 第十三次缔约方会议及京都议定书第三次缔约方会议的宣言》，这是东盟对环境保护和减缓气候变化具有前瞻性的文件，强调东盟各国要积极采取激励措施，信守和执行多边和区域的可持续发展与环境承诺，支持 UNFCCC 和《京都议定书》及其确定的清洁发展机制（clean development mechanism，CDM）。东盟还与中国、印度、韩国、澳大利亚、日本、新西兰等共同签订了《气候变化、能源和环境新加坡宣言》，积极采取行动控制温室气体排放（皮军，2010），这是东盟国家对减缓气候变化需要国际共同努力的积极响应。

2.2.2　东盟应对气候变化政策的形成与发展

随着气候变化对东盟国家造成的威胁越来越大，东盟国家已认识到制定气候变化政策迫在眉睫。近年来，东盟在国际会议上逐渐表明自己在应对气候变化问题上的政治立场并且积极参与到应对气候变化的行动中，成立的环境政策制定机构主要有东盟首脑会议、东盟环境部长会议、东盟环境部长非正式会议、东盟环境高官会议等。

东盟应对气候变化的决心还体现在东盟国家举行的一系列会议活动中。1997 年，在东盟成立 30 周年会议上，东盟国家共同发表了《东盟愿景 2020》，指出将东盟建设成为一个"清洁、绿色"的东盟目标，并决定"建立一套完善的机制来保证本地区的环境保护、自然资源的可持续性以及人民生活的高品质"（胡薇，1995）。这时候的东盟并没有应对气候变化的实质性政策，但已经有了一个比较基本的理念，即东盟国家目前以发展经济和消除贫困为主要目标，对于气候变化的治理，东盟国家不可能置身事外，在"共同但有区别责任原则"的指导下，东盟各国实行自愿减排，实现气候变化下的可持续发展。例如，柬埔寨的《可持续电力行动计划 2002—2012》、马来西亚的《国家可持续发展政策与行动计划 2010》以及《可持续能源法 2011》、印度尼西亚的《能源法》与《电力法》等应对气候变化的相关文件在不断地制定和实施。但由于东盟国家自身经济技术、资金不足，人口资源、自然环境等种种因素的制约，东盟各国利用可再生能源和清洁能源的能力仍然不足，化石等污染能源在东盟国家的发展当中仍然占据着主要的地位。为了实现应对气候变化和经济发展的双重目标，虽然东盟国家的碳排放依然较高，而且有时会补贴高污染、高耗能的工业，但我们并不能够否认东盟国家所做的努力。

2003 年 10 月，东盟领导人会议发表了《东盟协调一致第二宣言》，开始了建立东盟共同体的进程。东盟共同体主要由三大支柱组成，包括东盟政治安全共同体、东盟经济共同体、东盟社会文化共同体，环境保护和应对气候变化主要包含在社会文化共同体当中，这表明东盟国家主动应对气候变化问题的决心。应对气候变化正式进入东盟一体化议程则始自 UNFCCC 第十三次缔约方会议的召开。从 2007 年开始，东盟在应对气候变化问题上更是表现出前所未有的积极性，发表了一系列的文件、宣言和声明，积极采取应对措施，这表明东盟国家在气候变化问题上基本达成了一致共识。从 2007 年开始东盟国家发表了一系列应对气候变化的相关文件，如表 2-2 所示。

表 2-2 东盟应对气候变化的相关文件

年份	会议	文件	会议文件主题
1981	东盟环境部长级会议	《东盟环境马尼拉言》	环境保护和自然资源的可持续利用
1987	东盟环境部长级会议	《可持续发展雅加达决议》	坚持可持续的发展方式，以一体化的方式将可持续利用自然资源与环境管理结合起来
1990	东盟环境部长级会议	《环境与发展吉隆坡协定》	联合国环境与发展大会对于促进环境管理与可持续发展作用重大，积极筹备并参与国际合作
1992	东盟环境部长级会议	《环境与发展新加坡决议》	加强可持续发展和环境管理领域的国际和区域合作，强调发达国家的资金援助和技术转让支持
2003	东盟环境部长级会议	《可持续发展仰光决议》	统筹协调环境保护、经济增长和社会文化的发展，基于共同但有区别责任原则来加强国际和区域合作
2006	东盟环境部长级会议	《可持续发展宿务决议》	气候变化议题作为环境宣言的组成部分，《宿务决议》特别关注气候变化对生态系统，特别是水资源的影响，意识到减排和适应措施对减轻水灾、旱灾、滑坡及其他相关灾害的作用
2007	第十三届东盟首脑会议	《东盟环境可持续宣言》《东盟有关 UNFCCC 第十三次缔约方会议及京都议定书第三次缔约方会议的宣言》	所有国家应按照平等、灵活、有效和共同但有区别的责任原则并根据各自的能力，在不同的社会经济条件下采取单独行动和集体行动相结合，发达国家应在此方面继续发挥带头作用
2007	第三届 EAS	《气候变化、能源和环境新加坡宣言》	各国将采取具体措施减少温室气体排放，改善大气环境，提高能源使用效率，到 2030 年使本地区的能耗在 2005 年基础上减少 25%，并在保护森林资源和海洋生态等领域加强合作
2009	第十五届东盟首脑会议	《东盟有关加强教育合作和气候变化的联合声明》以及《东盟社会文化共同体蓝图》	强调东盟应对气候变化的战略目标、原则和 11 条具体措施；围绕推进东盟建设、应对金融危机、加强能源和粮食安全、应对气候变化和加强灾害管理，以及推进地区合作进行了深入讨论
2010	第十六届东盟首脑会议	《东盟有关经济复苏和可持续发展的联合声明》以及《东盟应对气候变化的联合声明》	达成一致的谈判立场，抢占气候变化谈判的先机；强调东盟是受气候变化影响最为严重的地区之一，发达国家必须为应对气候变化作出更大的努力，履行《联合国气候变化框架公约》等法律文件的规定；东盟各国将为在坎昆峰会成功推出具有法律约束力的文件而作出努力
2011	第十八届东盟首脑会议	《东盟共同粮食安全框架》以及《东盟互联互通总体规划》	讨论东盟一体化进程中如何应对能源及粮食安全、自然灾害、经济复苏及可持续发展、气候变化等东盟以及全球共同面对的挑战

续表

年份	会议	文件	会议文件主题
2012	东盟环境部长会议	《东盟共同应对气候变化的行动计划》	制定应对气候变化行动目标、计划及实现机制
2014	第二十五届东盟领导人会议	《东盟2014年气候变化联合声明》	确定"团结一致，迈向和平繁荣的共同体"主题；强调可持续发展，需要更多的关注低碳社会、电力安全、粮食安全、森林退化以及可持续生计问题；东盟要在国家、地区和全球层面加强应对气候变化的努力，加强灾害管理
2015	第二十七届东盟峰会及系列会议	《有关东盟2015年后环境可持续和气候变化议程的宣言》以及《东盟共同体愿景2025》	"我们的人民、我们的共同体、我们的愿景"的主题；东盟与其他国家合作解决雾霾等环境问题、共同应对自然灾害和移民危机等议题；平衡经济增长、社会发展与环境可持续，为促进2015年后发展议程和可持续发展目标的实现付出更大的努力

资料来源：ASEAN Environment on Cooperation. Statement & Declarations. 2016. http://environment.asean.org/statements-and-declarations/.

2.2.3　东盟应对气候变化的政策创新

从 UNFCCC 到《京都议定书》的签署，应对气候变化已经纳入东盟一体化的政治议程中，东盟各国也积极采取相应的措施。2002 年柬埔寨筹备《国家适应气候变化行动纲领》，减缓气候变化；2006 年，新加坡环境和资源部制定了《应对气候变化计划》，实施《国家气候变化战略》，争取到 2012 年，新加坡在 1990 年的基础上实现减排 25%的目标，并且争取在 2012 年开展"绿色计划"；菲律宾在 2007 年成立气候变化总统工作队，2009 年制定《最终环境评估报告》，提出适应气候变化措施的四个环节，即加强环境对气候的适应、应对自然灾害的措施、开展灾害防控项目试点、加强灾害风险管理的监督工作；2007 年泰国相继成立国家气候变化委员会、温室气体公共管理组织等机构或组织，负责实施 CDM 项目，以应对气候变化的脆弱性（汪亚光，2010）；2007 年越南成立执行 UNFCCC 和《京都议定书》的筹划指导委员会，负责为应对气候变化提供支持，同时建立了应对气候变化的国家目标计划，争取在气候变化的情况下能够保证粮食安全、能源安全、人员安全、水源安全、经济安全，最终消除贫困的目标。东盟国家所实施的一系列应对气候变化的政策措施是与 UNFCCC 和《京都议定书》的签订以及 UNFCCC 第十三次缔约方会议上欧盟等发达国家通过的《巴厘岛路线图》有着紧密联系的，是东盟在气候变化问题上的一次政策创新和发展。

　　然而，共同应对气候变化的进程并不是一帆风顺的，美国为了自身利益，从拒绝签订《京都议定书》，到以贸易保护的形式对承担减排义务的国家征收碳关税，这些行为深刻影响到各国参与应对气候变化的决心。美国认为实施减排计划会影响其经济发展，反对将发展中国家不承担减排义务纳入条约当中，而欧洲国家以及发展中国国家则坚持"共同但有区别责任"以及"污染者付费"的原则，认为美国、日本等发达国家在应对气候变化问题上应当承担更大的责任，这就引起了美国、日本等国家的反对。对此，东盟国家根据自身的发展情况表明了一致立场，即反对美国提出的征收碳关税的决议，考虑到东盟国家目前的经济状况，当前的首要目标还是要以发展经济以及消除贫困为主，如果在这个时候实施大量的碳减排计划，各国很难摆脱经济困境，人们的生存权也将很难得到保障。在此种情况下，国际社会主要形成了欧盟、美国以及发展中国家的三方争议。为打破僵持局面，在美国承诺到 2020 年，温室气体的排放量将比 1990 年的排放量减少 40%，并对发展中国家提供技术援助的条件下，发展中国家做出根据自身情况进行自愿减排的承诺，这对于东盟国家是一次政策上的创新。

2.3　东盟制定气候政策的原则

2.3.1　共同但有区别责任的原则

　　共同但有区别责任的原则认为，鉴于发达国家和发展中国家对造成全球环境退化的贡献不同，发达国家和发展中国家在共同应对全球环境、发展和气候变化问题上应承担不同的历史责任，并强调两者在经济和技术能力方面的差异，它反映出发达国家与发展中国家在共同承担国际责任中客观存在的历史和能力不同，因此所要承担的责任也不同（叶江，2015），进而提出了一个各国在应对全球气候变化中所应该遵循的一个基本原则。

　　不同学者对共同但有区别责任原则提出不同的见解。王曦（1998）认为共同但有区别的责任原则是指"由于地球生态系统的整体性和全球环境退化的各种因素，各国对保护全球环境负有共同但是又有区别的责任"；韩德培（1998）认为共同但有区别责任的原则是"解决全球的环境问题，保护和改善全球环境，是世界上各个国家的共同责任，但是，在对国际环境应负的责任上，发达国家和发展中国家各自的责任是有区别的"；周训芳（2000）指出共同但有区别责任原则是指"在保护和改善全球环境方面，包括发达国家和发展中国家在内的所有国家负有共同的责任，但责任的大小必须有差别，即发达国家应当比发展中国家承担更大的责任，或者是由发达国家承担主要的责任"。

综合上述学者对共同但有区别责任原则的定义，我们可以归纳出其共同观点，即共同但有区别责任原则是基于地球生态系统的整体性与导致环境恶化因素的错综复杂性，国际环境法中的各主体均应携手承担起保护并改善全球环境并最终解决环境问题的责任。但考虑到各国在经济、政治等能力上的差异，在责任的范围、大小、手段以及承担责任的时间先后顺序等方面又必须是有区别的，应当结合各主体的基本情况予以区别对待，具体而言就是发达国家相对发展中国家而言应承担更多的或者是主要的责任（王小钢，2010）。

共同但有区别责任的原则主要体现在共同性和区别性上。其思想是，由于地球气候的变化及其不利影响是人类共同关心的问题，事关全人类的共同利益，要求所有国家在公平的基础上，根据其共同但有区别的责任原则和各自的能力及其社会和经济条件，为人类当代和后代的利益而保护气候系统，尽可能开展最广泛的合作，并参加有效和适当的应对行动，参加全球环境保护事业，必须在保护和改善环境方面承担义务。它首先强调的是责任的共同性，即在地球生态系统的整体性基础上，国家无论大小、贫富，各国对保护全球都负有共同的责任（吕忠梅，2000）。其次是从区别性的角度考虑，发达国家和发展中国家在国际环境保护中所要承担的责任的范围、时间、方式、手段等方面是有差异的，对于各国的具体责任的确定，应当兼顾公平，统筹考虑各种因素。受到历史条件、经济发展水平和当前的人均排放的情况等现实原因限制，要求各个国家都承担一样大小的责任，这是不可能的，对发展中国家而言也是不切实际的，因为无论从历史发展还是从现在的排放量来看，发达国家都是全球温室气体的最大制造者。大气中的二氧化碳存量主要是西方近 200 年工业化残留下来的，而不是当前发展中国家快速的经济发展带来的，当前发展中国家的温室气体总排放量仅占全球的 1/3，而发达国家则占了 2/3。因此，制定共同但有区别责任的原则是公平、实际的，是双方博弈的结果，更易于被广大发展中国家认可。

总而言之，共同但有区别责任原则是各国应本着全球伙伴精神，为维护、保护和恢复地球生态系统的健康与完整进行合作，鉴于导致全球环境退化的各种因素不同，各国负有共同但有区别的责任。在应对气候变化中，发达国家的义务是率先采取减排行动，使温室气体排放水平减少到 1990 年的排放水平，并且向发展中国家提供技术和资金援助，这种资金和技术转让，应有别于官方发展援助和商业技术转让。发展中国家的义务是编制《国家信息通报》，制定并执行减缓和适应气候变化的国家计划，上述义务的履行程度取决于发达国家的资金和技术转让程度（庄贵阳等，2005）。

2.3.2 发达国家承担领跑者作用的原则

经历了 200 多年的工业化，发达国家已经全面进入发展的新阶段。发达国家不仅拥有雄厚的经济实力以及先进的技术水平，同时是历史上温室气体排放的主体，气候变化问题主要是发达国家工业化的历史遗留问题。无论从历史责任还是从现实条件上考虑，发达国家都应该积极主动承担起更大的减排责任，为发展中国家起表率和先锋作用，而不应该为了贸易保护主义，以环境保护为名，行贸易保护之实，拒绝承担减排责任，对不实施量化减排的发展中国家征收碳关税和设置环保技术贸易壁垒，限制发展中国家出口贸易发展，发达国家更不应该企图利用减排来给发展中国家的发展权戴上枷锁，封杀发展中国家的生存空间。相反，发达国家应该在应对气候变化行动中应该主动承担起领跑者的角色，认识到自身的历史责任，凭借本国的经济实力和成熟的低碳技术，制定坚定的温室气体减排计划来承担减排责任，同时加大对发展中国家的资金援助和技术转移，帮助发展中国家提高应对气候变化的能力，进而促进各个国家的经济可持续发展。

2.3.3 根据自身情况确定减排目标的原则

发展中国家由于自身经济发展情况以及受气候变化的严重程度不一样，所应该承担的目标和所要承受的压力也是有差异的。目前，对广大发展中国家而言，首要目标是经济社会发展和消除贫困，不能为了应对气候变化、实行减排而阻碍脱贫、限制发展，但应对气候变化具有紧迫性，这就要求各国要根据自身的情况确定减排目标。大多数东盟国家都属于比较落后的发展中国家，经济发展以及资金技术方面相比发达国家存在着很大的差距。由于各个国家的经济实力、发展水平以及受气候变化威胁程度的差异，东盟各国在应对气候变化问题上所采取的措施也是不一样的。

《东盟共同应对气候变化的计划》体现了东盟国家根据自身情况确定措施的原则。印度尼西亚是世界上海岸线最长的国家之一，拥有诸多岛屿，也是世界上受气候变化影响最大的国家之一，在应对气候变化问题上，印度尼西亚承诺将温室气体排放量减少 26%，最大限度地利用可再生能源资源，努力控制森林火灾，做到资源信息共享，互相帮助、互相借鉴；越南为了提高谈判技巧，应对气候变化和海平面上升，提出包括提高气候变化监测、自然灾害预警能力等 10 项措施和任务（南博网，2013）；新加坡认为本国的碳排放量占全球不到 0.2%，对全球气候变化影响甚微，但其也在应对全球气候变化方面做出了自己的努力，不仅公布了各领域的减排量，把握绿色经济机会，同时与国内民间、私人企业通力合作。此外，东盟国家还积极主动与联合国、世界银行和 ADB 等组织制定气候合作战略，关注有关气候变化的政府官员和专家培训。

2.3.4　东盟方式的原则

东盟自成立以来，经过不断地发展，已经成为东南亚地区一体化程度较高的组织。尽管东盟各国在地理位置上属于一个区域，但是彼此间的历史文化背景和发展模式都存在很大程度上的差异，国家之间也存在着一定的分歧与矛盾，这意味着东盟背后有着复杂国家利益，因此，决策的制定与执行过程中不能靠强制，只能靠协商与谈判。为给各国的发展创造一个良好的环境，实现共同繁荣，东盟在发展过程中坚持尊重各国的独立、主权、平等，不干涉成员国的内政，坚持和平解决争端，不使用武力的基本原则。为了让东盟成为一个有着共同利益、平等协商、相互合作的国家集团，东盟各国在长期的政策决议过程中摸索出了一个比较可行的决策方式——东盟方式。东盟方式是在东盟内部互动和社会化过程中形成的，是关于冲突与和平管理问题的长期态度和习惯（许光达，2011），其主要特点是相互尊重、协商一致，协商一致并不是一味地全部赞成，而是没有反对意见的普遍赞成，这对差异较大的东盟国家而言，是一个极其可行的决策方式。

东盟方式既是东盟成员国处理内外事务的基本制度原则，也是其主要决策方式和运作方式，主要包括三大决策原则：绝对平等原则、协商一致原则、"10—X"原则。绝对平等原则，顾名思义就是无论成员国的大小，各国的主权是平等的，这是东盟国家一直坚守的传统主权观念；而协商一致原则就是在决议时，各国不能秉持一个人的仲裁思想，而是要征求广大的意见；"10—X"原则是在"5—X"原则的基础上逐步演化而来的，就是说，如果东盟的几个少数成员国既不支持某一项决策，不参与这项决策当中的某一个具体的行动计划，又不反对这个决策，而其他成员国则支持这一决策并参与到这一集体行动计划中，那么这项决策就可以作为东盟决策而顺利通过。这种决策方式不仅可以保证东盟有关决议顺利通过，同时缓和了东盟各国在政策制定以及执行过程中所产生的矛盾。但这一方式具有的非对抗协商一致和非正式性的特点，削弱了东盟有关协议的强制性和约束力，不利于协议的贯彻实施。

在应对气候变化问题上，东盟方式原则也发挥了重要的作用，深刻影响了东盟国家环境治理以及应对气候变化的相关政策决议。1985 年《东盟保护自然资源协议》、2003 年《东盟协调一致第二宣言》（亦称《巴厘第二协约宣言》）、2007 年制定的《东盟宪章》《东盟社会文化共同体行动计划》《东南亚友好与合作条约》《东盟气候变化倡议》等，都将协商一致原则作为达成协议的准则。东盟方式原则对在发挥应对气候变化问题上制定出符合各国利益，获得各国积极响应发挥着关键性的作用。

2.4 东盟与其他国家和地区的合作

2.4.1 东盟与欧盟气候变化合作

1. 东盟与欧盟气候变化合作的理论分析

（1）共同的经济战略利益驱动。"冷战"结束后，欧盟一体化进程加快，希望构建亚欧美三级世界秩序，与美国争夺经济话语权和政治主导权，提升自身的国际地位，增强与美国抗衡甚至超越美国的力量，因此环境外交成为欧盟扩大国际影响力，在世界上占据主导地位的重要外交突破口。伴随着"大东盟"的实现和东盟一体化进程的加快，东盟国际地位和影响力逐渐上升，在亚太地区占据核心地位，成为亚洲地区主义发展的促进点和中心联结点（韦红，2004），这就决定了东盟成为欧盟走向亚洲，通向亚洲其他国家的优先选择对象。东盟各国经济快速发展，经济和政治影响力不可小觑，与亚洲国家以及欧盟的经济伙伴或者竞争者中的大多数国家都建立起了亲密的合作伙伴关系，诸如"中国—东盟自贸区"、东盟和日本全面经济伙伴关系、"东亚自由贸易区"等，为使自身保存现有的市场优势，欧盟不得不重视加强与东盟各国在包括经济等各个领域上的合作。

对东盟各国而言，首先，欧盟是其第三大贸易合作伙伴，是东盟主要的商品出口市场、技术和资金来源地。美国和日本经济低迷引起东盟各国的经济受创，致使东盟更加重视多方位的国际合作，为防止过度依赖某个单一国家和地区经济体带来本地区的经济敏感脆弱性，欧盟自然成为东盟理想的合作对象。其次，美国的单边主义政策一直让东盟国家备感担忧，而欧美间日益加剧的矛盾让东盟寻得契机，东盟希望借助发展与欧盟的关系减轻来自于美国的压力，提升东盟的国际竞争力。

（2）共同的安全利益驱动。气候变化合作是一个全球性议题，它不只是一个国家和民族所面临的狭隘问题，而是与全人类生存发展休戚相关的共同问题。气候变化所引起的一系列极端气候事件威胁到了东南亚人民的生命财产安全，倒使人们不得不采取合作的方式共同应对气候变化。东南亚作为世界上森林覆盖率最高、生物多样性最丰富的地区之一，一旦遭受气候变化破坏，其影响将会是全球性的。为了削减气候变化的影响，欧盟国家倾向与东盟国家在气候变化问题上展开合作，以改善该地区的环境保护。在东盟与欧盟建立关系的30 周年纪念大会上，欧盟委员会主席巴罗佐再次强调东盟与欧盟双方合作关系的重要性，他指出，东盟不仅是欧盟的第五大贸易合作关系伙伴，而且在应对气候变化、能源安全等问题上对欧盟国家而言都具有极为重要的作用。欧盟各国经济发达、环境状况良好，政治上环保势力较强，清洁能源在本国能源构成中比例较大，并拥有先进的环保技术和较充足的资金，欧盟由此极力要求立即采取较激进的减、限排温室气体措施（袁静，2006），主动寻求发展中国家特别是东盟国家的支持，力图主导气候变化国际谈判的走向，巩固其在气候变化问题上的主导地位。

对东南亚国家而言，IPCC 第四次气候变化评估报告预测，从现在起到 2080 年全球平均气温将升高 2～4℃，到时候将会有 11 亿～32 亿的人口面临着饮水的问题，2 亿～6 亿的人口将面临饥饿的威胁，2 亿～7 亿的人口将遭受干旱洪涝的威胁。面对这样的预测报告，作为易受气候变化威胁的地区之一，东盟国家更会迫切寻求帮助，加强应对自然灾害的风险防控，以减少危机。因此，东南亚国家希望寻得欧盟等发达主体在应对气候变化问题上的资金技术援助，共同应对气候变化的风险，这又与欧盟国家的积极应对态度不谋而合，应对气候变化是双方共同利益所在。

2. 东盟与欧盟气候变化合作的阶段分析

东盟与欧盟的气候变化从无到有、从小到大，合作进程并非一帆风顺，总体呈现出阶段化、曲折化的特征，主要经历了初步合作、合作加深、合作中断、新型伙伴关系以及多层次全面合作五个阶段，每个阶段都表现出不同的特点。

（1）双方气候变化合作初步启动，处在非对称性的冷淡阶段。1977～1992 年，东盟与欧盟的合作保持着非对称的冷淡关系，欧盟凭借特有的政治经济优势，占据着领导地位，对东盟国家采取施压措施，这是一种不平等的伙伴关系。1972 年，为减少对日本、美国、苏联的依赖，东盟在布鲁塞尔成立东南亚国家联盟布鲁塞尔委员会，负责与欧共体展开对话联系，开启非正式的对话关系。同年 6 月，第一次人类环境会议通过《人类环境合作宣言》，号召各国政府、地区合作组织、联合国机构等就应对环境问题等方面进行合作。1975 年，东盟—欧共体联合研究小组成立，东盟与欧共体开始正式接触。1977 年 2 月，东盟外长特别会议召开，这标志着东盟与欧盟之间合作关系的正式确立。1978 年，双方的合作关系上升到部长级层面，双方展开长期对话，东盟与欧共体部长级会议成为双方交流合作、长期对话的重要机制和协调平台。此段时间内，东盟与欧共体的交流合作初步开启。然而这段时期中，欧共体的对话关系主要集中在欧洲、非洲、美国和加勒比等国家和地区，对东盟的关注较少，双方关系处于比较浅的层次。

20 世纪 80 年代末 90 年代初，"东欧剧变"后，欧共体对东盟国家的热情下降、投资减少，双方关系陷入微妙的冷淡时期。随着国际政治格局的改变和权力扩张的驱动，扩大地区主义和地区间主义成为欧盟各国整体权力扩大的手段，欧盟与东盟原本的经济对话合作关系被赋予了浓厚的政治色彩。而且除泰国外，东盟国家历史上都曾经是欧盟国家的殖民地，欧盟某种程度上延续着过去对东盟的态度，仍将东盟国家视为其政治傀儡，利用自身的经济优势以及国际地位，将"欧洲价值观"加给东盟国家，不断向其灌输欧洲的人权、民主等政治理念，并以"公平贸易"为借口，在东盟国家抢占政治主导权。在此种情况下，东盟国家对欧共体的分歧加大、忧虑加深，欧洲国家的强势态度阻碍着双方伙伴关系的进一步发展。这一时期欧盟与东盟合作伙伴关系初显，但总体上呈现出不平等的特点。

（2）1993～1997 年，地区间合作关系加深，平等伙伴关系建立。20 世纪 90 年代"冷战"结束后，在世界政治格局重构以及经济全球化快速推进的背景下，欧盟与东盟加快区域一体化进程。在此时期，欧盟高度重视环境问题，积极寻求在环境保护和可持续发展上的国际合作。1993 年《马斯特里赫特条约》正式生效，由"欧共体"演变成的"欧盟"开始把环境问题纳入欧盟全球化战略中，在同年的《迈向可持续性》报告中，欧盟将可持续发展的环境目标积极向全球扩展。

在环境全球战略的背景下，欧盟逐渐认识到环境外交对欧盟占据气候领域话语权的重要性，因而加大对发展中国家在环境发展上的资金和技术援助，主动调整对东盟国家的外交态度，将东盟作为其走向亚洲战略的优先选择。1994 年，欧盟发表《走向亚洲新战略》，表明欧盟将改变两者原来控制与被控制的关系，逐渐发展一种平等的伙伴关系，强调欧盟与东盟的关系是"一种平等伙伴而非施主和接受者的关系"（European Commission，2004）。1996 年，欧盟委员会发表《建立具有新活力的欧盟—东盟关系》报告，重申欧盟的"新亚洲战略"，即把"加强与东盟的关系"作为落实其亚洲政策的关键因素之一，将东盟视为重要的政治对话者和新亚欧对话的动力（杨宝筠，2007）；同年，亚欧会议（the Asia-Europe Meeting，ASEM）的召开为东盟与欧盟在气候变化上的合作提供一个新的对话平台。1997 年，随着《阿姆斯特丹条约》和《京都议定书》的通过，欧盟在环境问题上加快寻求全球合作伙伴的进程，承认包括东盟在内的发展中国家现阶段无法与发达国家承担一致的减排责任，东盟国家对欧盟的态度和立场表示强烈的支持与欢迎。在这一时期，东盟与欧盟初步建立起互相尊重、相互理解，平等互利、求同存异的新型伙伴关系。

（3）1997～2000 年，双方合作进入冷淡低潮期，对话关系中断。1997 年，东南亚金融危机沉重打击了东盟各国的经济发展，而中国经济的崛起在一定程度上吸引了欧盟的关注，从而削弱了东盟与欧盟的对话交流。欧盟和东盟在国家利益、人权民主等问题上的分歧矛盾使得双方摩擦不断，东帝汶和缅甸问题成为双方合作的主要障碍，特别是 1997 年东盟顶住欧盟的压力接纳缅甸入盟，致使双方关系一度处于低潮，原拟定召开的欧盟与东盟共同合作委员会曼谷会议及欧盟与东盟部长级会议相继搁置，欧盟随后冻结了对东盟所有的技术援助与合作，双方政治对话中断（何军明，2008）。东盟国家认为是否接受缅甸入盟是东盟的内部问题，应由东盟国家集体讨论决定，欧盟作为区域外势力不应该过度干涉。欧盟为了获取自身的便利和长期利益，采取干涉东盟各国内政的政策，导致东盟国家极度不满，最终双方以中断伙伴合作关系收场。

（4）2001～2005 年，双方关系走向正常化，出现新的发展势头。东盟国家为了解决经济危机、促进经济恢复，逐渐加强与中日韩三国间的合作，共同创建了东盟"10+3""10+1"的多边、双边的新型合作模式，东盟的地位上升到一个新的台阶。随着气候变化问题持续引起国际社会的关注，东盟与其他国家间的合作日渐紧密，欧盟感受到来自各方的压力，不得不重新审视与东盟的合作关系。2001 年，在双边关系中断三年后，东盟与欧盟再次共同举办了东盟—欧盟部长会议并签订了《万象宣言》，本着"真诚、相互理解和相互信任"的精神，双方的对话合作取得了富有意义的成果，东盟与欧盟的关系重新走上轨道并呈现出新的势头，合作关系开始迈入新的时期（人民网，2000）；同年 3 月，东盟—欧盟高官会议发布的《与东南亚的新型伙伴关系》强调，要拓宽双方在气候、能源和环保技术等领域的合作，将环境保护领域置于合作的优先地位（European Commission，2004）；2003 年 7 月，欧盟发表《与东南亚的新型伙伴关系》战略报告，再次强调东盟伙伴关系的重要性，寻求与东盟在维护区域稳定、贸易和投资、消除贫困等诸多领域加强对话与合作（杨宝筠，2007）；2004 年，第五届 ASEM 的召开标志着气候变化合作正式进入双方地区间合作领域；2005 年，第十五届东盟—欧盟部长级会议召开，双方表示在气候变化上拥有共同的利益导向，将努力推动双方关系出现新的发展势头。

（5）2006 年至今，东盟与欧盟的合作关系持续向前发展，呈现多层次、全方位合作趋势。欧盟签署的《东盟友好合作条约》提到，除了要加快启动欧盟与东盟的自由贸易区建设，还要共同合作，加大力度推动后京都协议的谈判。欧盟提出，在应对气候变化问题上，发展中国家要承担减排义务，但以自愿减排的方式来实施，这一决策得到东盟国家的普遍认同。在此决策符合双方利益、得到双方认可的情况下，东盟与欧盟开启了全方位、多层次的合作。

3. 东盟与欧盟气候变化合作的制约因素

（1）发展模式及理念的差异。"欧洲模式"与"东盟道路"的差异是影响双方深入合作的关键瓶颈。"东盟道路"下，民族主义特征突出，东盟国家间相互依存、互利互惠，各国以互不干涉内政作为合作的前提条件，严格遵守互不干涉原则，这与"欧盟模式"倡导普遍一体化、国家主权观念淡化和超国家的联邦三义，将传统主权让渡给联邦的理念存在显著差异（宿亮，2011）。在两种不同理念的指导下，东盟与欧盟在"人权""主权"等价值观上冲突明显，再加上"冷战"后，欧盟以一副居高临下的施教者面孔向东盟国家灌输自身政治理念和价值观，由此遭到东盟国家的强烈抵制（韦红，2004），双方的合作受到了明显的阻碍。

（2）美国"重返亚太"战略的影响。为了应对金融危机、制衡中国在亚洲的崛起，美国提出"重返亚太"战略。鉴于东盟在亚太地区的重要战略地位，美国把东盟看做其实施"重返亚太"战略、实现亚太力量再平衡的关键合作伙伴。对东盟国家而言，有了美国作为强大"后援"，就具备了多方讨价还价、多种力量间搞平衡的资本，由此分散了同欧盟等单个国家或地区合作的风险（朱天祥，2011）。

（3）欧盟内部存在分歧。欧盟在共同外交政策和安全外交政策等方面遵循全体一致同意的表决方式，这在一定程度上加大了欧盟与东盟合作的难度。欧盟国家间在气候变化问题上的利益差异化导向，决定了它们在气候变化问题上倾向不同，一致通过某一决定困难重重，这对于促进双方的紧密合作是一大障碍。

（4）欧盟合作重心倾斜。欧盟国家与东盟国家无论在经济上，还是在低碳技术的应用上都存在着显著差异，东盟成员国间经济发展同样存在较大差距，这就加大了双方在气候变化问题上实施减排行动的认识差异。气候变化问题上，欧盟国家虽然认识到与东盟国家合作的重要性，但随着"金砖国家"的崛起，其重心逐渐偏向以中国和印度等为主体的"金砖国家"，并未进一步深化与东盟国家在气候变化减缓方面的合作，因此欧盟与东盟国家的合作还局限于发展框架下的初级合作（任林，2015），欧盟合作重点对象的转移阻碍着东盟与欧盟国家在气候变化问题上的深入合作。

2.4.2　东盟与美国气候变化合作

1. 东盟与美国气候变化合作的理论分析

（1）经济战略利益驱使。就美国而言，20 世纪 70 年代，美国在联合国环境会议上扮演着举足轻重的角色，是多边环境治理的领导者，在多边国际环境协议的达成和生效过程中发挥了领导作用。而这一时期的欧盟在气候变化问题上则处于从属地位，只能接受美国的领导，甚至遭受美国的压制。然而 90 年代以来，美国在环境问题上的态度逐渐趋于保守，成为环境问题的消极参与者，有时甚至是阻碍者，美国不仅怀疑气候变化是否属实，认为气候变化是一个阴谋，而且以发展中国家不承担减排义务而拒绝签订《京都议定书》。与此相反，欧盟国家则开始在全球环境治理中承担起先锋者、引领者、推动者角色，不但主动承担量化减排义务，而且加大对发展中国家的资金技术援助，欧盟借此契机逐渐取代美国，成为应对气候变化问题的领导者，在气候变化治理上发挥着越来越重要的作用。在此种情况下，包括东盟国家在内的越来越多的国家，开始与欧盟在应对气候变化方面建立密切的合作关系，而且随着中国的快速崛起、中国与东盟国家合作的加强，以美国为首的现存世界秩序被逐渐打破，美国在国际舞台上核心地位受到威胁。此外，布什政府发动的阿富汗战争和伊拉克战争使美国在国际社会上遭到极大的抨击和指责，这引起国内政治势力和民众的极度不满，美国亟需转变其外交政策。东盟具有巨大的经济价值，是美国的第四大贸易伙伴国，对美国经济恢复发展意义重大，而且东盟地理位置得天独厚，对美国军舰航行和航运贸易意义非凡。

为了夺回美国在东南亚地区的战略优势，美国制定"重返亚太"和"亚太再平衡战略"，以此围堵、遏制新兴大国尤其是中国在东南亚地区的影响力。为巩固全球霸权地位、抢占战略制高点，美国亟需以气候变化为新的契机，通过技术、资金援助等方式，寻求在东南亚甚至亚太地区全方位合作的伙伴，牵制中国在此地区的崛起，重树在亚太地区的国际影响力。

对东盟国家而言，美国经济、军事实力强大，是东盟最大的出口市场和投资国，其在亚太地区的军事存在能给东南亚国家提供安全感，东盟国家需要美国来平衡其他国家在东南亚地区的力量存在，开展应对气候变化的合作不仅将为东盟国家提供大量的资金、技术援助，而且将以此为契机深化同美国在其他方面的合作。西方散播的"中国威胁论"使东盟国家产生了某种程度的"危机"意识，出于对地区大国"权力一家独大"的忧虑，东盟国家决定推行"大国平衡"政策，即通过大国间的互相制衡，使东盟在地区事务中始终处于中心地位，这种平衡政策实质上是对美国的一种偏斜（马燕冰，2007），为东盟与美国的合作起到关键推动作用。具体到气候变化问题上，东盟各国担心美国会实行贸易保护主义，针对东盟出口到美国的产品设立关税贸易壁垒，对美国向东盟提供环保技术实施壁垒保护。因此，某种程度上来讲，迫于美国强大的经济影响力，东盟各国是被迫与美国开展合作关系的，当然，寻求来自美国的资金和技术援助，提高国家国际竞争力也是东盟国家与美国合作的主观原因（赵行姝，2008）。

（2）安全利益的直接带动。就美国而言，"9·11"恐怖事件给美国带来了沉重的打击，美国认为恐怖主义对其安全利益构成了现实的威胁，是最直接、最危险、最现实的敌人（张锡镇，2005）。美国以反恐为契机和借口重返东南亚，强化其在反对恐怖主义方面与东盟国家的合作，在推翻阿富汗政权后，美国宣布将在东南亚开辟第二条反恐战线。2002年，美国与东盟十国签署了《合作打击恐怖主义宣言》（以下简称《宣言》），《宣言》强调美国要同东盟一道通过双边、地区和全球合作，打击恐怖主义的蔓延，维护东南亚地区的和平稳定（张锡镇，2005），美国防止恐怖主义在东南亚地区蔓延、维护东南亚国家国内稳定的出发点，契合东盟国家维护国内稳定的合作愿望。此外，气候变化问题具有复杂性和系统性，需要国际社会通力合作才能减缓其影响，通过帮助东盟国家降低温室气体排放、维护生物多样性，美国也将从中间接受益。

对东盟国家而言，依托美国开展反恐和应对气候变化，成为双方合作的重要出发点。一方面，"基地组织"和"伊斯兰祈祷团"等恐怖组织早在20世纪80年代后期就已经深入到东南亚地区（张锡镇，2005），对东南亚地区的政治、经济、社会安全构成极大威胁。美国一直热衷开展反对恐怖主义并有着丰富的经验，寻求与美国的反恐合作成为东盟国家应对危机的重要手段。另一方面，东盟地区深受气候变化影响，该地区湄公河流域在气候变化的影响下，雨季时泛滥风险持续增大，成为沿线居民生命财产安全的重要隐患，旱季时水资源短缺概率大大提高，时刻威胁着沿线居民的生产生活用水。同时，海平面上升导致的下游河流盐碱化，将威胁到东盟地区的农业生产，居住在该地区的居民百姓都将面临粮食减产、收入锐减的风险，其生存和发展将受到某种程度的威胁。另外，有证据显示，地区冲突的产生与气候变化呈现某种程度的联系，而产生地区冲突的地方很容易发展成为恐怖主义的策源地。在此种背景下，东盟国家加强了与美国的合作，利用美国提供的资金和技术援助，开展应对气候变化和反对恐怖主义的行动。

2. 东盟与美国气候变化合作的阶段分析

（1）合作伙伴关系开始，冲突矛盾并存。美国长期以来本着"人权标准"寻求合作伙伴，对其认为的人权状况较差、经济落后封闭、政治自由欠缺的国家，一直采取孤立抨击的态度。美国认为这些国家是没有发展前途的国家，在未来的发展中不可能出现重大突破，在美国眼中的东盟国家正是这类国家，因此美国一直以消极、自负的态度与东盟国家开展合作，且这些合作主要停留在商贸方面。

1977年，东盟与美国第一次会议在马尼拉召开，双方约定定期进行磋商交流，此次会议后双方对话关系进展顺利。美国认识到东盟在东南亚地区和平、发展、繁荣等方面的积极作用，同意设立联合工作组，负责双方合作领域内项目方案的制定和资金筹备。此次会议双方除了就政治安全事宜交换意见外，还提出要在商品贸易、市场准入、技术转让、人力资源开发、能源开发、航海运输和粮食安全等一般性问题上优先开展合作（ASEAN Secretariat，2012a），此次会议标志着东盟与美国开始建立起正式的合作伙伴关系。1978 年，东盟—美国第二次会议在华盛顿召开，会议进一步肯定东盟与美国间合作关系的重要性，宣布美国与东盟将在东盟植物保护计划、东盟流域保护和管理、建立东盟农业发展规划中心和东盟药物预防教育研讨会等四个方面开展合作，双方还同意在食品、能源、疾病预防等方面开展广泛合作，此外，双方将共同建立能源联合工作组，通过工作组向东盟提供双边和多边援助（ASEAN Secretariat，2012b），这次会议的召开进一步强化了双方的合作伙伴关系，在涉及气候变化的多个领域开展了切实的合作。1992 年，双方签署《东盟—美国环境改善项目谅解备忘录》（以下简称《备忘录》），环境合作被提到重要的合作位置，《备忘录》指出，美国将增加向东盟环境技术等方面的贸易和投资，双方将就环境技术援助与培训、转让和商业化以及气候变化融资等方面开展商讨，共同促进双方的环境合作。

　　这一时期，东盟与美国的对话合作中伴随着潜在的矛盾冲突，其合作并非表面上的亲密，分歧主要表现在具体利益点以及人权方面。"冷战"后期，即 20 世纪 90 年代初期，亚洲与美国在"亚洲价值观"上产生了强烈的争论。1997 年东南亚金融危机爆发期间，美国对受金融危机重创的东南亚国家援助不力，美国不仅没有向泰国、菲律宾及时伸出援助之手，反而趁火打劫，否定亚洲国家的经济发展模式，抨击东南亚领导人提出的"亚洲价值观"，要求东南亚国家加大市场开放程度。美国在危机时刻仍以对东南亚国家进行胁迫，使得东南亚各国对美国的质疑和失望情绪不断加深，双方的合作伙伴关系隐藏着危机。

　　（2）相互尊重理解和共同利益承诺阶段，合作伙伴关系进一步发展。1998 年，美国—东盟第十四次对话会议召开，双方就经济、跨国安全等问题交换了意见。双方重申加强对话机制关系和决心的承诺，同意有必要重振合作伙伴关系。美国表示支持东盟建立区域经济监测机制《马尼拉亚洲区域合作框架》。在环境方面，双方都指出，东盟是受"厄尔尼诺"现象影响最大的地区之一，并重申加强国际社会合作，共同解决与环境有关的疾病威胁、森林火灾、森林砍伐、生物多样性丧失、食物和淡水供应危机等问题。

　　美国表示其大力支持东南亚环境倡议，将加大对东盟国家资金、技术等方面的援助，这恰恰满足了东盟迫切渴望美国协助和支持，以提升其应对气候变化和环境问题能力的需要。美国强调，在应对全球气候变化问题上，发达国家应负更多的责任，加大对发展中国家的资金和技术转让。东盟国家呼吁工业化国家制定明确可靠的减排目标，切实履行 UNFCCC 给发达国家规定的责任，加大对受气候变化影响明显的发展中国家的援助（ASEAN Secretariat，2012c）。此外，双方还在地区环境治理方面加大了合作。2001 年，双方重申东盟和美国在谋求经济发展的同时，要重视的对环境的保护，坚持可持续的发展方式，双方将在控制地区烟雾雾霾污染等环境事务方面加强沟通合作，并约定于 2002 年在约翰内斯堡召开世界可持续发展首脑会议（ASEAN Secretariat，2012d）。总体来看，东盟与美国在这一时期开始实现环境和气候变化问题上的相互理解、相互尊重，平等伙伴关系也逐渐开始发展。但作为应对气候变化的不同阵营，双方在应对气候变化的某些方面仍然存在较大分歧，如美国要求包括东盟国家在内的发展国家要制定符合自身发展情况的温室气体减排计划，而东盟国家则认为发达国家应该关注对发展中国家的援助，而不是一味地要求发展中国家承担责任和义务。

（3）伙伴关系深化，但合作与冲突并存。2005 年 11 月，时任美国国务卿赖斯与东盟国家外长签署了《美国—东盟增进伙伴关系行动计划》，双方将共同应对全球性、跨国性挑战。2006 年 11 月中旬，时任美国总统布什访问新加坡、印度尼西亚，与东盟国家领导人确定将经济、健康、留学、信息技术、运输、能源、灾难处理、环境管理等八个方面作为重点合作领域，与此同时，美国还积极寻求参加东亚峰会（East Asia Summit，EAS）的可能性（马燕冰，2007）。

然而双方的伙伴关系却伴随着冲突，东盟的人权、民主理念与美国式的价值观存在着较大差异，美国经常以此为借口横加指责、干涉东盟国家的事物，这成为双方矛盾的导索。美国往往以"正义"的审判者自居，以东盟国家的民主、人权等价值观念违背"普世价值"的美国式民主，随意批评东盟国家政府在人权等方面的政策，在众多方面拒绝与东盟国家开展合作。2005 年 7 月，赖斯缺席东盟地区论坛会议；同年 9 月，美国打破惯例，未派代表出席东盟经济部长年会。在中国、俄罗斯、日本等主要国家相继加入《东南亚友好合作条约》后，美国仍拒绝加入该条约（马燕冰，2007）。2007 年，时任美国总统布什推迟对新加坡的访问，取消新加坡举行的首届"美国—东盟峰会"，接着，时任美国国务卿赖斯缺席东盟后续部长会议和马尼拉东盟地区论坛会议，助理国务卿希尔缺席东盟—美国对话会议（张云，2010）。这种种迹象表明，东盟与美国的对话合作关系存在很难克服的冲突。

（4）全方位合作关系阶段，伙伴关系走向繁荣。自 2008 年奥巴马执政以后，美国政府先后抛出"重返亚洲""转向亚洲"等概念，将东盟视为其"亚太再平衡策略"的核心支柱（澎湃国际，2016）。此后，美国与东盟国家的合作不断深化，合作的领域也不断扩展。美国十分看重东盟对于美国经济、军事、政治安全的重要作用，强调东盟与美国合作的重要意义，更加积极参与东盟地区论坛、EAS 等与东盟有关的一系列协商会议。2010 年，时任美国国务卿希拉里在出席东盟地区论坛会议时，发表了"湄公河下游行动计划"，将应对气候变化作为介入东盟地区事务的首要选择。2012 年，奥巴马出席东亚峰会，与东南亚各国领导人共同探讨东盟各国目前所面临的诸多挑战，并就双方的合作方式深入交流。美国将在能源环境、经济发展、应对灾害、风险防控以及气候变化等方面与东盟国家展开全方位合作，向东盟国家应对气候变化提供一定的技术和资金支持，并承诺 2012 年美国在东盟地区的投资中超过 9500 万美元将用来减少灾害风险。在《美国—东盟行动计划》中，美国强调要支持东盟加强自然灾害防控、完善早期预警系统，帮助东盟国家开展适应气候变化的教育活动。在《美国—东盟加强伙伴关系行动计划 2011—2015》中，美国承诺，将履行在环境和气候变化上向东盟国家提供技术资金、项目培训、设立奖学金制度、学术研究和交流项目的承诺，支持东盟实施《东盟气候变化倡议》。2015 年 11 月，美国宣布与东盟国家建立新的战略伙伴关系，东盟与美国的合作关系呈现出全面繁荣态势，而美国与东盟地区在气候变化上的合作也将迈上新的里程碑。

3. 东盟与美国气候变化合作的制约因素

"冷战"结束后，东盟在地区事务上的主导权持续增强，与美国的关系既有合作又有竞争，双方的合作关系不可能是直线型的发展态势，而是在曲折中向前发展，制约东盟与美国气候变化合作的因素也来自多方面。

（1）政治价值观差异。美国与东盟国家在人权、民主以及贸易等多方面的矛盾冲突是制约双方合作的关键性因素。"人权外交"是美国外交所奉行的一贯原则，所谓"人权外交"，就是以人权问题作为制定国家外交政策、处理国家间关系的根本出发点和基本原则。在此原则的指导下，美国对与东南亚国家的合作一直持有排斥态度，这阻碍了东盟与美国合作关系的进一步发展。美国一直以自己的经济优势干涉东盟各国的内政外交，不断以人权、民主为借口干预东南亚事务，激起东南亚各国的强烈不满。

（2）美国的区别对待态度。对比美国与欧洲、拉美等地区签订的协议，美国在与东盟签署的协议中，对东盟国家所承担的义务远远不能与其他国家、地区相比，这就使得东盟各国对于美国的合作意愿持质疑的态度。东盟部分国家认为，美国与东盟国家的合作虽然表面上是一种双边、多边合作的形式，但其中包含着强烈的单边主义色彩，美国的主要目的在于维护自身的经济安全利益，并未真正考虑东盟各国的利益，美国意图利用东盟进入东南亚地区，遏制中国在此地区的影响，这容易造成东南亚地区形势的紧张。另外，美国片面夸大东盟国家的恐怖威胁，使得东盟各国吸引外资以及旅游业的发展受到重挫，经济发展因此受到一定影响和冲击，而这进一步阻碍了双方关系的发展。

（3）美国分权政体的影响。美国属于多元主义政体国家，国家权力相对分散，各政治力量处于一种相对均势与相互制约的状态。在政治决策过程中，各政治集团为实现自身利益诉求，竞相对政府决策施加压力，力图使政府决策能够偏向于其政治集团的利益。在气候变化问题上，各个集团的利益诉求不同，对待气候变化问题的态度存在显著差异，造成美国内外气候政策出现反复，阻碍了东盟与美国气候合作的进程（赵行姝，2008）。

2.4.3　东盟与日本气候变化合作

1. 东盟与日本气候变化合作的理论分析

（1）共同的经济利益。就日本而言，第二次世界大战后，日本战败投降，面临巨额战争赔款和战争的重创，为谋求战后恢复，亟需开拓国外资源和市场。一直以来作为日本"后方保障"的中国长期处于内战状态，而且中华人民共和国成立后长期实行向苏联"一边倒"的战略，直到 1972 年，中、日两国才实现邦交正常化。同样作为保障基地的朝鲜半岛正面临着分裂的局面，而且由于对日本的仇恨情绪，朝鲜和韩国断绝了日本资源能源的来源（白如纯，2015）。东盟地区自然成为日本在亚洲外交的重点地区，是其亚洲外交政策的核心区域。东盟地区拥有世界上最重要的海上要道和丰富的自然资源，这为日本提供了商品、原材料运输的重要通道，成为日本经济赖以生存和发展的重要资源能源供应地。对资源匮乏的日本而言，在经济上对东盟国家进行援助成为全面恢复和东南亚国家之间关系的强有力手段，有利于谋取东南亚地区丰富的自然资源和巨大的潜在市场。

对东南亚国家而言，一方面，东盟战后经济严重受损，面临经济萧条、政治动乱等多方面问题困扰，亟需外国的技术资金援助。在与日本展开战争赔款交涉的过程中，日本通过提供服务和劳务的方式，带动了东南亚国家和日本的双边经济合作关系。另一方面，日本作为东盟国家曾经最大的贸易伙伴，对东盟国家实施信贷支持、企业投资等各种形式的经济援助，成为东盟最大的外资来源国，这使得东盟国家在经济上对日本存在很大的依赖，双方经贸关系进一步增强。

（2）政治战略利益相关。对日本而言，20 世纪七八十年代，经济发展达到很高水平，但是其国际地位与经济地位极不相称。日本一直以来都有着迈进大国行列的梦想，渴望摆脱美国的压制，迫切希望成为联合国安全理事会常任理事国。环境外交成为日本扩大其政治影响力、提升国际地位、树立国家形象的重要突破口。一方面，随着东盟各国经济实力增强、在亚太地区战略地位日益凸显，日本认识到东盟国家在其崛起中的重要作用，亟需东盟国家的支持，将东盟作为其实现大国梦想的重要的载体和垫脚石。正如小泽一郎在《日本改造计划》一书中指出的，日本现在最重要的合作伙伴关系一个是美国，一个是东盟。东盟是日本构建多边合作关系的"试验场"，是日本的政治"后院"。另一方面，中国对东南亚各国的战略投入持续加大，并逐渐与东盟国家建立了亲密伙伴关系，这引起了日本的恐慌与不安，日本担心其在东南亚地区的"主导梦"破碎，害怕出现被边缘化的窘境（白如纯，2015）。为确保日本在东南亚地区的地位和影响，日本亟需扩大与东盟各国的联系，因此日本全面加强其与东盟在政治、经济、安全和文化方面的联系。另外，日本认为东南亚在相当长的时间内不会出现对其构成战略挑战的对手，同时考虑到日本在东南亚经济上固有的联系与影响力，因此对东南亚的战略由经济优先为主、政治兼顾为辅向经济、政治并重转变（黄晓岚，2009）。

对东盟而言，"冷战"结束后，美国和苏联相继淡出东南亚地区，造成了东南亚"力量真空"的局面。中国、印度和日本经济实力与地位的上升，东盟个别国家与中国在南海问题上的纠纷，以及西方国家在东南亚地区不断散播"中国威胁论"，这给本来就很敏感的东盟各国带来巨大忧虑。基于维护地区安全、制衡大国地区影响力的考虑，东盟提出"大国平衡"的外交战略，希望借助日本与中国的竞争和潜在的对抗情绪，制衡中国在此地区的影响力，双方相关性较强的政治战略倾向促进了东盟与日本的进一步合作（许梅，2006）。

共同的气候安全威胁。20 世纪六七十年代，日本深受环境恶化的威胁，曾是世界上污染最严重的国家之一。1961 年，三重县四日市发生空气污染导致哮喘病发生，水污染造成鱼类大面积死亡的事件。随后，熊本县水俣病、新潟县水银中毒、富山县痛痛病等环境污染事件给日本人民造成了严重的生命财产威胁。根据国际权威测量，2007 年极地冰比 1979～2000 年平均减少 39%，比 2005 年同期锐减 23%，按照这个速度，日本的东京等多个城市将会受到威胁。如果极地冰全部融化，全球海平面将会上升 6m，作为岛国的日本将面临灭顶之灾，为此，日本迫切需要加大力度治理环境，转移本国的污染企业，亟需寻求环境合作伙伴，共同应对全球环境危机（张玉来，2008），在此情况下，加强与东盟国家在内的发展中国家在环境气候领域的合作就变得非常重要。

对东盟国家而言，东盟地理位置独特、对资源的高度依赖、生物多样性脆弱及贫困人口众多等因素，使得其对气候变化具有较强的敏感性和脆弱性，加上各国资金技术和治理经验缺乏，寻求国际社会的援助成为必要选择。日本对东盟国家的环境外交以非约束、偏好灵活、松散的合作机制和激励机制为指导，提供资金为主的多元援助方式，这符合东盟国家的利益诉求。同时，日本具备世界领先的环境治理"软实力"，拥有先进的环保技术和成熟的环保经验，并承诺对东盟国家提供资金、技术援助。东盟国家与日本开展环境气候领域的合作，有助于东盟国家获取先进的灾害管理与防灾领域的知识和技术（董亮，2017）。

2. 东盟与日本气候变化合作的阶段分析

（1）20 世纪 50 年代初期至 70 年代中期，日本与东盟国家战后初步合作阶段。1941～1945 年，日本的大肆入侵给东南亚国家带来严重打击，引发东盟国家的抵制，致使第二次世界大战结束后双方长期陷入无邦交的局面。1950 年，朝鲜战争的爆发给日本带来"特需经济"机遇，东南亚丰富的资源为日本经济复苏提供了强大的资源保障。1951 年，随着《旧金山和约》的签订，东南亚国家和日本的外交关系出现转机。1953 年，日本确立"东南亚经济合作"方针，通过技术人员的交换和培养、进出口银行对东南亚国家进行投资以及税收等方式，推进双方关系的正常化。1954 年，日本与缅甸签订《日缅和平条约》《日缅间的赔偿及经济合作协定》，这些协议的签订标志着日本和缅甸开始正式建立外交关系。1958 年，日本、印度尼西亚共同签署《日本和印度尼西亚和平条约》《日本印度尼西亚赔偿协定》，双方关系开始走向正常化。

日本通过双边、多变关系，逐渐改善并加强同东盟国家的关系。1954 年，日本加入"科伦坡计划"，巩固并增强了日本在东南亚地区的影响力，随后日本相继加入亚洲和远东经济委员会、亚太委员会、亚洲会议联盟，这是日本与东盟建立外交关系的开始，经济外交开始成为双方外交关系建立的支柱。1957 年，岸信介首相出访东南亚，表明日本重视与东南亚各国外交关系，这为双方关系的发展奠定了良好的基础。1958 年，日本颁布《经济合作白皮书》（以下简称《白皮书》），指出阶段性推动与东南亚各国经济合作关系的重要性，但《白皮书》在还未发挥实质性作用前，就被 1960 年的《日美安全保障条约》扼杀。1966 年，日本举办了东南亚开发部长级会议，以此作为与东盟合作的平台，借机展示其地区外交的"自主性"，希望通过加大对东南亚国家的援助，博取其好感（白如纯，2015）。1973 年，日本与东盟建立了非正式的对话关系，双方正式恢复外交关系。随后，1977 年 3 月召开的东盟—日本论坛主要以双方的经贸交流为主，双方处于一种平淡浅层的伙伴关系。

（2）20 世纪 70 年代中后期至 80 年代末，双方关系改善和发展阶段。在美国实施"尼克松主义"（由时任美国总统尼克松提出，旨在呼吁其盟友运用自身力量来对抗"共产主义侵略"，彻底改变前任总统们的干涉主义政策）的背景下，日本开始强化与东南亚国家的伙伴关系，除了以贸易、投资、援助"三位一体"的方式帮助东南亚各国发展经济外，还实施"全方位的和平外交"并力图将其制度化，因而双方关系得到进一步改善。1977 年，日本的"福田主义"指出，要改善与东南亚的关系，建立一种"心心相印"、平等合作的相互信任伙伴关系，此后东盟与日本的关系进入迅猛阶段。1978 年，日本在解决柬埔寨和平问题上发挥了重要的作用，这标志着日本与东盟的经济外交合作逐渐向政治领域延伸。此外，日本还通过文化、教育等领域的援助，加强与东盟国家全方位的外交关系。

在气候变化问题上，20 世纪 80 年代，日本在成功解决国内环境问题后，开始把目光转向外部，特别是对东盟国家的环境外交上。1984 年，日本主持成立"世界环境与发展委员会"，表明其对环境问题的重视。1989 年，全球首脑环境会议发表了《地球环保技术开发计划》和《外交蓝皮书》，日本开始将环境问题纳入其对外战略框架，并向发展中国家尤其是东盟国家提供环保技术和资金支持，这是日本第一次将"环境外交"作为外交课题，为日本与东盟的合作关系进一步向环境安全领域扩展奠定了基础。

（3）1990～1997 年，新型双边关系，双方合作扩展到政治与安全领域阶段。1991 年，"东盟外长扩大会议"强调，要加强双方在安全保障方面的政治对话。1992 年，"21 世纪亚太与日本"恳谈会报告指出，要利用现有的双边多边关系，加深对安保问题的认识。1993 年，《亚洲太平洋新时代及日本与东盟的合作》发表，报告呼吁各国"制定未来和平与安全秩序的长远设想"，强调日本要积极参加亚太地区"安全对话机制"的建立进程，促进日本与东盟国家的安全保障联系。1994 年，《日本安全保障与防卫力量的应有状态——展望 21 世纪》报告提出，要运用经济、外交和防卫等所有的政策手段，积极推动包括东盟国家在内的多边安全对话。1995 年，双方提出"促进同亚太各国尤其是东南亚各国进行安全对话与防务交流，以减少地区不稳定因素"的基本方针（孙伟，2012）；1997 年，"桥本谈话"提出了"日本援助为主""相互协调合作为主"的新型双边关系，侧重东盟与日本之间政治与安全的全面合作。

在气候变化问题上，日本与东盟通过联合国环境与发展大会等多边、双边框架开展合作。1991 年，日本丰田汽车公司发布《地球环境宪章》，呼吁企业重视环境问题。1992 年，在联合国环境与发展大会上，日本强调要在环境治理中发挥积极主导作用，为环保事业提供自己的技术援助。随后的《地球再生计划》通过"环保与债务互换"，减免东南亚国家债务，扩大环保援助以及"阳光计划"等方式，向东盟国家转让太阳能、风能、海洋能和生物质能技术，这些都极大促进了东盟与日本在环境问题上的合作。

（4）1998～2009 年，全面经济伙伴关系阶段。1997 年亚洲金融风暴后，东南亚各国经济陷入衰退，希望日本能够帮助其摆脱困境。日本以此为契机，希望通过以对东盟国家提供大量援助的方式，全面加深双方间的合作关系。1998 年，日本先后发布《亚洲援助方案》《新宫泽构想》，以巨额信贷支持为主要手段，积极参与以东盟为中心的区域经济合作，推进双方向全面经济伙伴关系发展。自此，日本与东盟合作关系快速向前推进，环境与气候变化逐渐成为合作的重要方面。2000 年，"21 世纪日本的构想"恳谈会指出，日本将通过推动多边合作和遵循 UNFCCC 的形式，促进国际环境安全的改善。2001 年，时任日本首相小泉纯一郎相继出访菲律宾、马来西亚、泰国、印度尼西亚、新加坡，提出加强双边合作、促进共同进步，建立东亚共同体的构想。随着中国与东盟在 2002 年签署《中国—东盟全面经济伙伴联合声明》，2003 年 10 月签署《东南亚友好条约》，日本在东南亚地区的地位受到严峻挑战，在此背景下，日本于 2003 年 12 月正式加入《东南亚友好条约》，并在同年 12 月日本—东盟特别首脑会议上，双方发表了《东京宣言》和《行动计划》，强调推动和创建"东亚共同体"的目标，这是日本与东盟合作关系的重大跃进。2005 年，第九届东盟—日本首脑会议召开，双方发表了《深化与扩大日本—东盟战略伙伴关系》的声明，呼吁双方强化在环境、能源安全等方面国际合作。在 2007 年召开的巴厘岛会议上，日本试图要求发展中国家承担相应的减排责任，这与东盟国家一贯坚持的"共同但有区别责任"的原则迥异，使得东盟国家对日本在短时间内的态度转变感到十分震惊，对日本的气候变化合作诚意产生了严重的质疑，双方关系陷入了短暂的紧张时期。2008 年，日本在八国集团峰会上强调，要倡导日本在国际环境与气候合作上中的主导地位，充分发挥自身环保理念、技术优势、援助外交等方面的作用，获取外交效果，实现日本大国战略的理想（邵冰，2011）。这一时期，日本和东盟各国在政治、军事、安全、能源、环境上实现了全方位的合作，双方伙伴关系进一步深入发展。

（5）2010 年至今，双方伙伴关系繁荣发展。自 2010 年开始，日本借助美国"重返亚太"和"亚太再平衡战略"，加强与东盟国家在海洋安全领域的合作。同年，日本众议院环境委员会通过《气候变暖对策基本法案》，试图通过经济援助和技术转让等手段，加大东盟国家对其依赖程度。2013 年，日本相继发布《东京宣言》《东京战略 2012》《新东京战略 2015》，重申日本对东盟伙伴关系的重视（白如纯，2015）。随着东盟共同体的初步建成以及《东盟 2015 年愿景》的出台，日本指出，要继续深化和加强与东盟的伙伴关系，建立平等、互利、有意义的对话关系。与此同时，东盟领导人鼓励日本继续支持东盟实施《东盟共同体路线图（2009—2015）》，为《东盟共同体 2015 年后工作愿景》和《东盟共同体巴厘宣言》的实施作出贡献，东盟期望在日本等国家的支持下，到 2022 年，使东盟共同体成为全球议程讨论平台变为现实（ASEAN Secretariat，2013a）。《东盟—日本行动计划（2011—2015）》的落实，推动着日本—东盟伙伴关系的繁荣稳定发展。

3. 东盟与日本气候变化合作的制约因素

（1）日本"经济动物"的特质。日本在对东盟国家的经济援助中一直展现出一副傲人的姿态，对东盟国家的民众持傲慢与偏见的态度，只注重商业利益，而不与本地人沟通。一方面，日本将自己定位为发挥地区领导作用的国家，认为东南亚国家是天然的"追随者"和优秀的"门生"，只有自己可以帮助和教导东南亚国家如何发展，这让东南亚深感日本是无法超越的导师（任慕，2012），自身只能作为日本的附属物。另一方面，日本在东盟国家的垄断式经营和过度开发，对当地民族企业的生存造成了威胁，由此招致当地民众的强烈反感和抵制。日本将东南亚国家当作其"政治后院"，作为日本树立大国形象的武器，这在一定程度上激化了双方合作的潜在矛盾。

（2）身份定位的偏差。"冷战"初期，东盟对日本一直持有一种较为排斥的态度，但在接受日本的援助后，东盟国家渐渐认识到日本在地区经济发展和维护安全方面的作用，希望通过与日本达成战略合作伙伴关系，借助日本力量制衡中国与美国等国家在东盟地区的影响力，形成一种大国均势的局面，日本因而成为东盟"大国均衡"战略的重要选择。虽然日本在东南亚地区话语权不断增强，并在东盟国家的经济发展、政治安全中发挥了举足轻重的作用，但是一旦涉及话语领导权问题，东盟不可能把原本属于自己的权力拱手相让，维护东盟的地区中心地位成为东盟开展一切合作的前提，这就一定程度上阻碍了东盟与日本的合作关系。

（3）地区外部势力的影响。第二次世界大战后，日本一直依附于美国，是美国的半附属国，其安全领域的主导权掌握在美国手中，外交上唯美国马首是瞻。两者的结盟对于日本在东南亚地区开展独立自主的政策是一个很大的牵制，这使得日本在与东盟各国的合作中不可能为所欲为，必定会受到美国的牵制。基于此种考虑，东盟国家对与日本的合作保持着警惕和质疑的态度，担心一旦美国与东盟国家存在争执，出于对两者盟友关系的维护，美国会强令日本无视甚至损害东盟国家的利益。美国与日本亲密的盟友关系，使得东盟国家在与日本的合作中有所顾虑、保留，这在很大程度上限制了双方的深入合作。

第 3 章　东盟应对气候变化政策的实施和效果

3.1　东盟应对气候变化政策的实施

3.1.1　东盟应对气候变化政策实施的市场机制

气候变化问题作为全球性问题，要求包括发达国家和发展中国家在内的所有的利益相关者采取行动，对气候变化做出及时有效的反应。东盟绝大部分国家属于发展中国家，无需承担量化减排的责任，但是，为了有效应对气候变化所带来的不利影响，同国际社会共同应对气候变化问题，并在最大程度上将气候变化带来的负面影响转化为机遇，解决国内的环境问题和贫困问题，东盟国家积极引入市场机制，利用市场的力量来促进相关减排和适应项目的发展。目前，东盟国家积极利用的减排机制主要有清洁发展机制（clean development mechanism，CDM）和减少森林砍伐及森林退化引起的温室气体排放（reducing emissions from deforestation and degradation，REDD）机制，此外，东盟国家近年来也越来越注重建立灾害保险机制，尤其是利用农作物保险来实现农民灾害损失的补偿，从而有助于利用商业资金提升适应能力。

1. CDM

CDM 是《京都议定书》为了降低减排成本而建立的三个碳交易机制之一，另外两个机制是国际排放贸易机制（ET）、联合履行机制（JI）。在三个灵活机制中，唯有 CDM 是由发展中国家和发达国家合作的减排项目。鉴于发展中国家不承担量化减排的责任，CDM 使全球温室气体减排幅度大于《京都议定书》规定的减排目标（刘洪霞，2011）。从本质上来说，CDM 是通过项目合作的方式，由发达国家无偿或优惠地向发展中国家提供先进的技术、设备以及丰富的资金。发达国家在发展中国家共同实施有助于减缓气候变化的减排项目，由此获得"经核证的减排量"，作为其履行《京都议定书》规定的减排承诺的一部分贡献（崔大鹏，2003）。

CDM 是一种双赢机制，其产生与存在的基础是经济学中的成本-收益分析与国际贸易中的比较优势理论（刘洪霞，2011）。作为 CDM 项目发起方的发达国家，拥有先进的技术、设备以及管理经验，尤其是可再生能源、清洁能源技术等的方面经验，已经走在世界前列。但是，正由于发达国家环保及科技水平高，其减排成本要比发展中国家高出几十倍（中国商网，2005），此外，虽然其经济转型多年，但其经济发展模式仍然高度依赖能源，居民消费是典型的奢侈消费，温室气体的控制在短期内具有不可逆性，难度较大，造成减排成本高。因此，CDM 可以协助发达国家以较低成本履行减排承诺（吕建华，2010）。发展中国家科技水平低、能源利用效率低、环境污染严重，减少二氧化碳等温室气体排放的空间很大，弹性很强，减排成本较低，尤其是在接受发达国家资金、技术援助后，减排成本将进一步降低。发达国家通过 CDM 可以降低其减排成本，在正向激励的作用下切实履行减排承诺，并将技术、设备及观念输入发展中国家，通过承担责任而树立起良好的国际形象。发展中国家通过 CDM 既可以承担应对气候变化应尽的责任，又可以获得更多的技术、资金和经验，保证项目的实施和开展，推动本国低碳经济和绿色经济的发展，最终实现可持续发展的目标。

CDM 为东盟成员国争取了自身发展需要的资金和技术，为其建设可持续发展设施提供了条件，对优化能源结构、减少温室气体排放、发展绿色经济和低碳经济，促进社会经济可持续发展作用重大。为了深化东盟各国对 CDM 的理解，推动 CDM 在东盟各国的实施，东盟峰会多次在应对气候变化宣言中倡导利用 CDM。在 2007 年的《东盟环境可持续宣言》中，东盟表示要加强各国间的合作，加强对温室气体排放和碳汇问题的理解（ASEAN Secretariat，2007a）。同年发表的《东盟有关 UNFCCC 第十三次缔约方会议及京都议定书第三次缔约方会议的宣言》强调《京都议定书》规定的 CDM 作为必不可少的机制，有利于加速投资与开发气候友好型技术，同时协助实现可持续发展目标（ASEAN Secretariat，2007b）。随后 2009 年、2010 年以及 2011 年的应对气候变化宣言和声明多次重申 CDM 的重要性。在 2012 年发布的《东盟共同应对气候变化的行动计划》中，针对减缓措施，提出要通过研讨会和其他活动，分享关于推广和发展 CDM 活动的信息与经验（ASEAN Secretariat，2011a）。《东盟气候变化倡议》规定了东盟发展 CDM 项目的侧重点，即东盟国家要增强在 CDM 市场的全球议价能力，为 CDM 的实现创造有利的政策，建立与实行 CDM 政府机构的工作网络以及东盟层面的碳排放额交易清算所，同时，在 CDM 的执行董事会中要有代表东盟利益的专家（ASEAN Secretariat，2008a）。这些会议以及倡议推动了东盟国家对于 CDM 的认识，便于各成员国分享有关发展 CDM 的有益经验。

东盟由于其独特的地理位置和自然环境条件，其 CDM 的实施主要集中在两个领域，即水电资源和生物质能源，其中以水电资源的开发为主，其次是生物质能源的开发。两种资源的开发，对满足东盟成员国日益扩大的能源需求，减少二氧化碳的排放，确保能源安全作用重大。

1）水电资源

东盟位于热带地区，以热带季风气候和热带雨林气候为主，全年降雨较多，平均年降雨量可达 1000～4000mm（彭宾等，2012）。东盟以山地、高原和平原等地形为主，北部地区山脉海拔较高，高原和山脉交错分布，地形相对落差较大，水能资源丰富。丰富的降水和有利的地形条件，给东盟带来丰富的水电资源。东盟年发布的《东盟成员国第二次环境报告 2000》显示，水电资源主要分布于缅甸（108 000MW）、印度尼西亚（75 652MW）、老挝（26 500MW）、马来西亚（250 000WM）、越南（17 566MW）（ASEAN Secretariat，2000）。随着东南亚各国经济的快速发展和水电资源开发能力的提高，东盟主要成员国对水电资源的需求呈增长态势。表 3-1 展示了东盟各成员国水电资源和水电消费状况。

表 3-1　东盟各成员国水电资源潜能和消费状况

国家	水电潜能/MW	水电消费量/Mtoe		
		2005 年	2010 年	2015 年
文莱	—	—	—	—
柬埔寨	10 000	—	—	—
印度尼西亚	75 652	2.4	3.9	3.6
老挝	26 500			
马来西亚	25 000	1.2	1.6	3.3
缅甸	108 000			
菲律宾	9 150	1.9	1.8	2.2
新加坡	0	—	—	—
泰国	N/A	1.3	1.2	0.9
越南	17 566	3.7	6.2	14.4

注："—"表示无数据；"N/A"表示数据无法获取。

资料来源：ASEAN Cooperation on Environment. 2016. Second ASEAN State of the Environment Report 2000. http：//environment.asean.org/second-asean-state-of-the-environment-report-2000/；BP. 2016. Statistical Review of World Energy2016. http：//www.bp.com/en/global/corporate/energy-economics/statistical-review-of-wowor- energy.html.

越南、菲律宾和马来西亚对水电的需求量呈现出较快的增长趋势，尤其是越南 2015 年对水电的消费量相较于 2010 年增长了 123%。此外，印度尼西亚水电消费在东盟国家中也占据了较大的比重。

水电资源作为可再生能源，发展潜力大，环境污染程度较小，对其开发利用是 CDM 资助的项目之一。东盟各国经济的高位发展和人口的迅速增长，给各国电力等能源的供给造成巨大的压力。大多数国家虽然拥有丰富的水电资源，但由于技术水平有限，资金不足，对水电资源的开发利用程度较低，但在发达国家资金援助和技术转让力度逐渐加大的背景下，CDM 的创立为发展中国家申请水电资源项目，推动本国水电资源开发提供了平台和条件。截止到 2016 年 6 月，在东盟各国申请 CDM 项目中，水电资源开发项目的申请情况如表 3-2 所示。

表 3-2 东盟国家 CDM 水电资源开发项目申请情况

国家	数量/个
柬埔寨	4
印度尼西亚	20
老挝	22
马来西亚	5
缅甸	2
菲律宾	10
新加坡	0
泰国	6
越南	201
文莱*	—

注:"*"表示 UNEP DTU CDM/JI Pipeline Analysis and Database 无文莱的数据。

资料来源:UNEP DTU CDM/JI Pipeline Analysis and Database. 2016. CDM Pipeline. http://www.cdmpipeline.org/.

从表 3-2 中可以看出,东盟国家申请 CDM 水电资源开发项目呈现较大的不平衡性,越南、老挝和印度尼西亚三国申请的 CDM 水电资源开发项目较多,占到项目总数量的 90%,其中越南申请的项目占到总比例的 74.4%,远超过其他水电资源更加丰富的国家,如马来西亚和缅甸申请的项目数。数据说明东盟国家对 CDM 水资源开发项目的申请还有巨大的空间,东盟国家不仅需要提高水电资源开发的意识,同时水电资源开发技术相对落后的国家还要积极争取发达国家的技术转让和资金支持。

2)生物质能源

在东盟各国申请的 CDM 项目中,生物质能源占据很大比例。农业在东盟成员国的经济产业结构中占有重要比例,农业的废弃物可以成为生物质能源的重要原材料来源。作为世界上部分重要农产品,如油棕、水稻和橡胶等产品的主要生产区域,东盟各国拥有众多的椰子种植园和水田,每年产生的农业副产品和废弃物,如棕榈油废弃物(空果壳、谷粒以及藻类)、甘蔗废弃物(甘蔗渣和废弃物)、稻谷废弃物(稻草和外壳)等,高达数百万吨,而这些废物都有被作为生物能原材料的潜能(Lim et al.,2011)。表 3-3 反映了东盟各国生物资源产量情况,印度尼西亚、马来西亚、菲律宾以及泰国等四个国家的总产量占到 90.2%,丰富的生物质能资源为生物质能源项目在东盟各国的推广创造了有利条件。

表 3-3　东盟国家生物资源产量情况（单位：Mt/年）

国家	种类	生物废弃物产生	总产量
柬埔寨	玉米	1.68	2.38
	水稻	0.70	
印度尼西亚	水稻	8.13	96.65
	油棕	84.03	
	橡胶	4.49	
老挝	水稻	0.68	0.68
马来西亚	油棕	55.73	57.93
	橡胶	1.65	
	水稻	0.55	
缅甸	水稻	8.51	8.51
菲律宾	水稻	4.06	17.50
	椰子	10.40	
	甘蔗	3.04	
新加坡	—	—	—
泰国	水稻	4.13	16.50
	橡胶	2.37	
	甘蔗	10.00	
越南	水稻	8.97	8.97
文莱	—	—	—

注："—"表示无数据。

资料来源：IEA. 2016. Energy statistics electricity for Southeast Asia. http://www.iea.org/.

　　东盟国家发挥生物资源丰富的优势，依托发达国家的资金支援和技术转让，在 CDM 下，申请了众多的生物质能源项目。截止到 2016 年 6 月，各国的项目申请情况如表 3-4 所示。

表 3-4　东盟国家 CDM 生物质能源开发项目申请情况

国家	数量/个
柬埔寨	1
印度尼西亚	15
老挝	0
马来西亚	41
缅甸	0

国家	数量/个
菲律宾	5
新加坡	2
泰国	29
越南	16
文莱*	—

注："*"表示 UNEP DTU CDM/JI Pipeline Analysis and Database 无文莱的数据。

资料来源：UNEP DTU CDM/JI Pipeline Analysis and Database. 2016. CDM Pipeline. http://www.cdmpipeline.org/.

从表 3-3 中可以看出，东盟国家中，马来西亚、泰国、越南以及印度尼西亚等国生物质能源项目申请数量较多，占到申请项目总数量的 92.7%。除菲律宾以外，东盟国家项目申请量与其生物资源的丰富程度基本相吻合。此外，掌握着成熟的生物质能源的开发技术和知识，对印度尼西亚、马来西亚和菲律宾等国的生物质能源的开发同样发挥了重要的作用（Lim et al.，2011）。

2. 减少森林砍伐和森林退化引起的温室气体排放机制

REDD 机制是指发达国家向发展中国家给予资金补偿，以减少发展中国家为生计而毁林的行为，从而达到鼓励发展中国家保护森林和减少毁林引起的温室气体排放的双重目的。REDD 机制于 2005 年由"雨林联盟"在蒙特利尔气候大会上提出，在 2007 年巴厘岛气候大会上获得通过，并在 2009 年的哥本哈根气候变化大会上进一步发展为 REDD+机制，即在原有 REDD 机制基础上添加了森林保护、森林可持续管理和增加碳储量三项内容。

如表 3-5 所示，东盟国家森林面积广大，覆盖率很高，如老挝、马来西亚以及印度尼西亚等国，不仅森林面积广大，而且森林占陆地面积的比例在东盟国家中居于前列。在这些森林中，很大部分是原始森林，然而 CDM 在排放贸易中仅允许考虑造林和再造林项目，将此作为第一承诺期内合格的林业碳汇项目（Adhikari，2009），这对拥有大面积原始森林且毁林导致温室气体排放量较大的东盟国家来说，实施 CDM 很难发挥自身的优势，在 CDM 资助的林业碳汇项目中，东盟国家只申请到两个项目（老挝和越南各 1 个再造林项目）（UNEP DTU PARTNERSHIP，2016）就是明证，同时甚至有可能产生逆向选择和道德风险行为，如间接性鼓励当地居民的毁林行为。基于对类似东盟国家情形的考虑，2007 年在印度尼西亚举办的巴厘岛气候变化大会引入了 REDD 机制，此机制主要就是针对拥有大面积原始森林的国家开发的一项减排项目，它的实施可以帮助东盟成员国获得更多来自发达国家的收益。作为最大的排放来源，林业部门对成功减排发挥着关键作用，采取 REDD 机制,减少二氧化碳等温室气体的排放具有巨大的潜力(ADB,2009)。通过将能够提供巨大社会和环境利益的 REDD 机制纳入国际气候政策制度中,社会和自然将长期受益(Adhikari,2009)。截止到 2016 年 7 月,东盟国家有 7 个国家(新加坡、文莱、泰国除外)参与了由联合国粮食及农业组织、联合国开发计划署(United Nations Development Programme,UNDP)和联合国环境规划署(United Nations Environment Programme, UNEP)共同设立的 UN-REDD 项目机制,接受来自这一机制的资助和投资。

表 3-5 东盟国家森林面积和森林占土地面积百分比情况

国家	森林面积/km^2	森林占土地面积的百分比
柬埔寨	94 570	53.574 665 76%
印度尼西亚	910 100	50.238 191 18%
老挝	187 614.1	81.288 604 85%
马来西亚	221 950	67.554 405 72%
缅甸	290 410	44.467 752 8%
菲律宾	80 400	26.964 483 35%
新加坡	163.5	23.125 884 02%
泰国	163 990	32.098 886 26%
越南	147 730	47.644 080 37%
文莱	3 800	72.106 261 86%

资料来源:世界银行. 2016. 森林面积. http://data.worldbank.org.cn/indicator?tab=all.

鉴于 REDD+机制的优势,近年来东盟越来越重视发挥其对于保护森林和温室气体减排的作用。从 2009 年开始,东盟在各种声明和行动规划中不断提出要加强对 REDD 机制的理解和实施。2009 年的《东盟有关 UNFCCC 第十五次缔约方会议及京都议定书第五次缔约方会议的宣言》指出,东盟强调要在加强生物多样性保护和自然资源的可持续利用,以及支持当地居民的可持续生活理念指导下,努力增进 REDD+机制在发展中国家的了解和有效实施(ASEAN Secretariat,2009b)。这一建议在 2011 年的《东盟有关 UNFCCC 第十七次缔约方会议及京都议定书第七次缔约方会议的领导人声明》(以下简称《声明》)中得到重申,《声明》指出利用 REDD+机制融资的具体建议,即敦促发达国家通过多边和双边渠道,支持发展中国家利用 REDD 机制融资选择进行具体行动,以实现森林的可持续管理和保护以及森林碳储藏的增加,并确保所有东盟国家可以受益于 REDD+机制,从而改善当地居民的生活,使其获得可持续发展的权利(ASEAN Secretariat,2011b)。

2014 年发布的《东盟 2014 年气候变化联合声明》显示东盟各国对于 REDD 机制的重视程度达到了前所未有的高度，以往声明只强调 REDD+机制的重要性，而本次声明还具体提出了实施 REDD+机制的六条建议。此次声明开篇提到森林保护和森林可持续管理对于减少极端天气灾害与实现原住民可持续发展具有重要作用。此外，还具体提出了实施 REDD+机制的建议：增强 REDD+机制对绿色发展作出贡献的潜力，通过保护剩余的全球森林碳储藏和生物多样性资源，增强森林碳储藏，从而扭转土地退化，通过维持森林管理提供绿色产品，提高农村贫困人口的生计；鼓励东盟成员国加强现有的区域协作，包括做好实施 REDD+机制项目准备活动，在未来国际气候制度下利用好 REDD+机制，识别不同成员国的国情和 REDD+机制在个别东盟成员国相关的项目；鼓励 UNFCCC 各缔约方，确保可持续的 REDD+融资机制的制定和贯彻，以提高 REDD+机制为全球减排目标作出显著贡献的潜力；充分考虑有关森林保护和改善当地土著生存权利的关系，支持当地社区、政府阻止森林砍伐；重申需要增加来自发达国家的持续能力建设援助，帮助发展中国家尤其是最不发达国家实现 REDD+机制项目；发达国家在进行有关土地利用、变更和林业利用的谈判时，应全方位的考虑森林和湿地生态系统所发挥的作用（ASEAN Secretariat，2014a）。

在 2015 年的《东盟有关 UNFCCC 第二十一次缔约方会议的联合声明》中，东盟领导人再次承认森林可持续管理在整个东盟境内发挥着减少森林砍伐和森林退化，增加温室气体沉降能力的重要作用，这将减缓全球气候变化，减少极端气候事件以及其他由气候导致的灾难，提供可持续经济生计机会（ASEAN Secretariat，2015b）。各国领导人号召"绿色气候基金"的相关主体加快确认适应和减缓基金，尤其是通过"绿色气候基金"与 REDD+机制相关的融资。

3. 开发保险机制和损失补偿机制

除了利用 CDM 和 REDD 机制应对气候变化带来的不利影响，东盟国家还积极利用农作物保险机制和损失补偿机制来降低气候变化给农业造成的损失。农业在东盟国家，尤其是柬埔寨、老挝等最不发达国家所占的比重较大，同时农业高度依赖自然条件，受到气候变化及其带来自然灾害的影响较大，再加上东盟国家农业技术和水平偏低，对气候变化的抵御水平有限，适应能力不足，气候变化给严重依赖农业的农民造成巨大的损失，对他们的生存和发展造成重大不利影响。

为了增强农业和农民对气候变化的适应，应对极端天气事件，东盟国家积极引进保险和损失补偿机制应对气候变化。2014 年发布的《东盟 2014 年气候变化联合声明》指出，确定具有可操作性的损失补偿机制是当务之急，并欢迎东盟地区在发达国家支持下实施保险导向的财政机制，如农作物保险等（ASEAN Secretariat，2014a）。这项建议透露出，东盟计划建立农作物灾害保险和损失补偿机制，期望利用市场的力量，更好地应对气候变化不利影响，提高东盟国家的适应能力。此外，加快保险和损失补偿机制的可操作化进程在 2015 年发布的《东盟有关 UNFCCC 第二十一次缔约方会议的联合声明》中进一步得到重申，与会领导人承认发达国家对损失机制的最终确认和操作实施是东盟迫切优先考虑的事情，尤其是以金融机制为导向的保险的实施，如农作物保险（ASEAN Secretariat，2015b）。

目前来看，保险机制和损失补偿机制在东盟国家仍处于探索性试验状态，并未真正投入到大规模的实践应用中，尤其是农作物保险仍处于计划和讨论阶段。正在试点的保险机制和损失补偿机制主要有两种：一种是基于指标的保险（index-based insurance）；另一种是天气保险（weather insurance）。作为气候变化适应、可持续发展以及减少贫困等战略必不可少的组成部分，基于指标的保险目前已在泰国和越南等地开展试点。这种保险存在众多优点：首先，它不用考虑被保险方遭受的损失就可以直接接受赔偿；其次，由于不需要评估或核实实际的损失，交易成本较低，赔款的速度得到有效改善；然后，基于同公共可用的信息的比较，与传统的保险密切相关的不对称性减少，极大地鼓励了公众的参与；最后，基于指标的保险将在更大程度上激励天气模式的测量和复杂模型的发展，这种工具将有效地推动资源和适用的经验在私人部门的流动，是补充政府和个体适应气候变化影响的重要努力（ADB，2009）。天气保险在美国、中国以及意大利等国家使用较为普遍，而天气保险在东盟国家中仍处于实验状态。天气保险是一种帮助农民减缓气候变化不利影响的金融创新努力，它能够帮助农民应对极端天气变化造成的灾难性损失，这方面的初步尝试一直由世界银行在泰国开展（ADB，2013）。

东盟国家目前所采取保险和损失补偿机制仍处于试点阶段，并未大规模的实施，这主要是因为这些机制利润空间小，商业和社会资本不愿投入过多成本，因此实施这些机制的责任绝大部分落到政府身上，但由于东盟大部分国家经济发展水平较低，财政对农业部门资金投入较少，资金倾斜和支持力度不够，造成保险机制和损失补偿机制尤其是农业保险的建设与实施几乎处于停滞状态。但从长远来看，随着气候变得加剧，极端天气和自然灾害给农业造成的损失也逐渐加重，粮食供应将面临更大的威胁，同时东盟经济快速发展，财政收入不断增加，东盟各国政府对保险机制和损失补偿机制建设速度将加快，支持力度将加大，保险机制和损失补偿机制将得到不断的健全和完善。

3.1.2　东盟应对气候变化的具体行动

为了给东盟应对气候变化的行动提供战略目标，东盟发布了众多声明和行动方案，如《东盟社会文化共同体蓝皮书》、《东盟共同应对气候变化行动计划》以及《东盟联合声明》，这些声明、计划和方案为东盟应对气候变化提供了基本的方向。同时制定专项规划，确定各个领域的政策执行计划，确保方案计划的可操作性，并落到实处。

1. 东盟应对气候变化的声明与方案规划

从气候变化进入东盟的议程开始，东盟就高度重视气候变化问题。为了提高成员国对气候变化的认知程度，显示东盟国家应对气候变化的决心，同时为了间接引导并影响国际气候谈判议题，推动国际气候谈判进程，保证自身在国际气候谈判中处于有利地位，从而争取自身利益，从 2007 年开始，东盟国家就气候变化发布了多项声明和方案计划，第 2 章对东盟应对气候变化的声明与方案规划进行了系统的梳理和总结，这里不再赘述。

这些声明很多都是在 UNFCCC 缔约方会议和《京都议定书》缔约方会议召开期间或前后发布的，这显示了东盟国家对在国际气候谈判中发挥重要作用，推动国际气候谈判进程的决心和努力。此外，在东盟峰会上，各国领导人也共同发表了若干共同声明，以统一各国在应对气候变化方面的立场和协调各方的合作。

2. 东盟应对气候变化的专项规划

气候变化具有复杂性，其中一个表现就是气候变化涉及社会政治经济的各个方面，影响对象具有广泛性，这些影响又会加重目前尚未解决的社会经济问题，形成"叠加效应"，从而增加问题的解决难度和复杂程度。因此，应对气候变化带来的影响需要从全方位着手，在气候变化的大背景下，综合考虑气候变化对社会经济各方面的影响，在相关领域制定应对气候变化的政策和措施，统筹协调，全面发力，以协同的方式应对气候变化。

东盟国家在众多气候变化声明与行动计划的指导下，在社会经济的众多领域制定了相应的方案和规划，形成了一系列的专项行动计划，对专项领域提出了比较具体的措施，这些专项规划的实施对减少气候变化对东盟国家各领域的影响产生了积极的效果和作用。这些规划主要涉及农林渔资源可持续利用、能源保护与能源效率提高、生物多样性保护、跨界烟雾污染治理、水资源的利用和保护、气候变化与环境教育、城市可持续发展以及交通运输管理等领域（ASEAN Secretariat，2009c）。同时东盟在其他间接受到气候变化影响的行业，如卫生健康等，也制定了较为具体的行动计划。

此外，东盟还根据成员国在各专项领域的技能和擅长情况，对成员国在气候变化背景下的任务进行了分工。泰国主要负责多边环境协定，自然保护和生物多样性，菲律宾负责水资源的可持续利用和管理，越南负责海岸线和海洋保护，文莱负责环境和气候变化教育，印度尼西亚负责环保型城市的可持续发展，而泰国则负责具体的气候变化政策和措施（Lian et al.，2011）。

3. 农林渔资源的可持续利用

东盟国家人口快速增长给各国粮食安全造成巨大压力，而气候变化给东盟国家的农业带来巨大损失，造成主要农作物减产，日益威胁着国家的粮食安全，同时气候变化带来的极端天气事件减少了高度依赖农业生产的农民的收入。构成农民部分收入的林业和渔业，很大程度上受到了气候变化的影响（Mekong River Commission，2014），尤其是林业，气候变化引起的森林火灾以及人类的森林砍伐活动造成东盟林业面积不断缩减。如表 3-6 所示，大部分东盟国家在 1990～2012 年森林面积及其占陆地面积的比例出现了不同程度的下降。

表 3-6　东盟国家森林面积概况

国家	总面积/(1 000hm²)			森林面积占陆地总面积的比例			年变化率（1990～2012 年）
	1990 年	2000 年	2012 年	1990 年	2000 年	2012 年	
文莱	413	397	376	78.4%	75.3%	71.4%	−0.4%
柬埔寨	12 944	11 546	9 839	73.3%	65.4%	55.7%	−1.2%
印度尼西亚	118 545	99 409	93 062	65.4%	54.9%	51.4%	−1.1%
老挝	17 314	16 532	15 595	75.0%	71.6%	67.6%	−0.5%
马来西亚	22 376	21 591	20 282	68.1%	65.7%	61.7%	−0.4%
缅甸	39 218	34 868	31 154	60.0%	53.4%	47.7%	−1.0%
菲律宾	6 570	7 117	7 775	22.0%	23.9%	26.1%	0.8%
新加坡	2	2	2	3.4%	3.4%	3.3%	−0.2%
泰国	19 549	19 004	19 002	38.3%	37.2%	37.2%	−0.1%
越南	9 363	11 725	14 085	28.8%	37.7%	45.4%	2.1%

资料来源：ASEAN Secretariat. 2016. ASEAN Statistical Yearbook 2014. http：//www.asean.org/storage/images/2015/July/ASEAN-Yearbook/July%202015%20-%20ASEAN%20Statistical%20Yearbook%202014.pdf.

除菲律宾和越南的森林面积逐渐增加，新加坡的森林面积保持不变外，东盟其他国家的森林面积都在不同程度的减少。从年变化率来看，除了菲律宾和越南，其他国家的年变化率都出现负增长，尤其是柬埔寨和印度尼西亚的森林变化率负增长程度较明显，分别达到−1.2%和−1.1%，森林面积减少幅度较大。可见，采取措施遏制森林面积减少，成为东盟国家的当务之急。

此外，农业由于受到干旱和台风等极端气候的影响，泰国、菲律宾的甘蔗等经济作物产量都出现了不同程度的下降，菲律宾 2015 年一季度咖啡豆产出减产

12.2%，橡胶减产 21.6%，甘蔗减产 2.9%（中国—东盟博览会，2015），泰国的甘蔗由于受到干旱天气的影响，不仅减产，而且其蔗糖产量也明显降低（中华人民共和国驻泰王国大使馆经济商务参赞处，2015）。由于"厄尔尼诺"现象发生频率加剧，东南亚海岸的鱼类产卵量出现了明显下降的趋势，随着气候变化导致的海平面上升、海水温度增加以及海水盐分的增加，东盟作为世界上鱼类和海洋产品最大出口国的地位将受到挑战（ADB，2009）。

为了应对气候变化对东盟国家农林渔业部门的影响，提高农林渔业部门对气候变化的适应能力，以保证食品安全，东盟国家制定了若干指导框架和行动规划。2009 年 5 月，东盟—世界粮农组织区域食品安全大会在曼谷举行，会议提出要采取多种方式，增强农业对气候变化的适应，共同应对食品安全（ASEAN Secretariat，2013b）。会议提出要建立更具有包容性和参与性的机制，以增强东盟秘书处监控和执行协调响应的能力，为此，东盟制定了《气候变化和粮食安全多部门框架》的概念性文件（ASEAN Secretariat，2013c）。在此框架指导下，东盟通过了《迈向食品安全的农业、渔业和林业协定》（以下简称《协定》）（International Center for Climate Governance，2015），《协定》通过将农业、渔业以及林业纳入全面综合战略考量中，以期降低气候变化的风险和危害，促进土地、森林以及水产资源的持续和有效使用，提高食品安全（International Development Law Organization and the Centre for International Sustainable Development Law，2011a）。此外，在《气候变化和粮食安全多部门框架》的指导下，东盟国家还制定了有关食品安全的若干框架和战略规划，如《东盟食品安全综合框架》《东盟地区食品安全行动战略规划 2009—2013》。

农林部门深受气候变化的影响，东盟国家在这两个部门采取了众多具体措施，以稳定农民收入和确保食品安全，促进农业和森林部门的温室气体减排，推动其可持续发展。ADB 在其报告《东南亚气候变化的经济学：区域评估》中称，土地利用的改变是东南亚地区温室气体排放的主要来源，其排放量占到总排放量的75%，同时农业部门的排放占到总量的 8%（ADB，2009）。因此，农业部门和林业部门的可持续管理与利用，不仅对实现东盟温室气体减排，而且对提高农林部门对气候变化的适应能力、保证粮食安全作用重大。为此，东盟发布的战略框架和行动规划尤其强调农业部门及林业部门的可持续利用与管理，指出了两个部门可以采取的潜在措施。在农业部门，东盟各国要采取各种政策和项目的结合，包括基于市场的项目（对氮肥使用征税、改革农业扶持政策）、管制措施（限制氮肥使用和农业扶持协作）、自愿协定（更有效的农场管理行为和绿色产品标签）、支持国际范围内的农业技术转移项目；此外，还要实现"三减"，即减少含氮化肥的使用，减少稻田的甲烷排放，减少土地使用改变的排放，同时还要在农业生态系统内实现碳沉降等。在林业部门，监测和控制非法伐木；识别并尊重本地团体的权利和利益，保证他们参与到 REDD 政策的设计和执行中；通过再造林和退耕还林等措施，维持或增加森林面积；通过森林管理和保护，火灾管理以及病虫害防治等措施，维持或增加碳密度；增加木制品中脱碳物品的存货，增加产品和燃料替代率。

4. 能源保护与能源效率提高

气候变化与人类活动有着密切的关系。IPCC 第五次评估报告中的《综合报告》认为，1951～2010 年所观测到的全球地表平均上升温度中，极有可能一半以上的温度是由人类活动造成的，自 1970 年以来，化石燃料和工业过程的二氧化碳排放量约占到温室气体总排放增量的 78%（IPCC，2014a）。因此，应对气候变化要着重控制温室气体的排放量，减少化石能源的使用（庄贵阳等，2001），调整和改造能源生产结构（张海滨，2007），提高能源生产、转换和利用各个环节的技术水平，提高能源使用效率，发展少排甚至不排的替代能源技术（齐晔等，2007）。东盟国家的社会经济发展高度依赖化石燃料的使用，其基础能源消费情况如图 3-1 所示，化石燃料能源消耗占总量的百分比如表 3-7 所示。

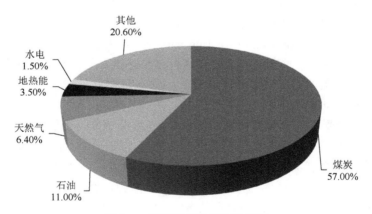

图 3-1　东盟基础能源消费情况

资料来源：ACE. 2016. Fourth ASEAN State of the Environment Report of 2009. http://environment.asean.org/wp-content/uploads/2015/06/Fourth-ASEAN-State-of-the-Environment-Report-2009.pdf.

表 3-7　东盟国家化石燃料能源消耗占总量的百分比

国家	1995 年	2000 年	2005 年	2010 年
柬埔寨	18.024 648 71%	20.336 288 47%	27.289 488 75%	29.465 236 32%
印度尼西亚	60.604 967 78%	61.957 361 77%	64.983 641 99%	66.697 208 9%
老挝	—	—	—	—
马来西亚	91.130 962 64%	93.167 497 73%	95.005 140 06%	94.833 318 14%

续表

国家	1995 年	2000 年	2005 年	2010 年
缅甸	21.445 389 98%	27.182 740 82%	29.529 031 86%	21.308 554 09%
菲律宾	55.371 050 66%	53.068 607 3%	57.812 589 36%	60.111 169 76%
新加坡	98.927 922 29%	98.917 809 33%	98.171 127 37%	97.688 032 86%
泰国	75.982 363 01%	78.743 464 74%	81.813 303 76%	79.993 056 69%
越南	37.037 081 7%	46.273 487 4%	60.532 860 4%	70.328 177 5%
文莱	100%	—	100%	—

注："—"表示无资料。

资料来源：世界银行. 2016. 化石能源消费（%of total）. http: //data.worldbank. org/indicator/EG.USE.COMM. FO.ZS？view=chart.

从图 3-1 可以看出，煤炭和石油消费占东盟基础能源总消费量的 68%，尤其是煤炭，而煤炭和石油都是温室气体排放的主要来源。东盟经济发展高度依赖化石燃料，如表 3-7 所示，印度尼西亚、马来西亚、新加坡、泰国以及文莱等国家化石燃料能源消费所占的比例非常高，尤其是新加坡和马来西亚将近高达 100%，而文莱则是完全依赖化石燃料，经济快速发展的菲律宾和越南对化石燃料的消费也呈现快速增长的态势，尤其是越南 2000～2005 年的化石燃料消费占比增长了近 14%。快速增长且高比例化石能源消耗导致东盟国家二氧化碳排放量迅速增长。

表 3-8 中，印度尼西亚、马来西亚和泰国的二氧化碳排放量在东盟国家中位居前列，处于高位增长态势，尤其是在 2005～2010 年，印度尼西亚二氧化碳排放量陡然上升。越南由于人口快速发展，经济高速运行，其二氧化碳排放量同样在 2005～2010 年呈现"爆发式"增长。东盟国家中，除了新加坡的二氧化碳排放量呈现较为明显的下降趋势外，其他国家二氧化碳的排放量都显著增长或波动上升。

表 3-8　东盟国家二氧化碳排放量（单位：千吨）

国家	1995 年	2000 年	2005 年	2010 年
柬埔寨	1 551.141	1 976.513	2 775.919	4 187.714
印度尼西亚	224 941.114	294 907.474	341 991.754	436 981.722
老挝	377.701	971.755	1 433.797	1 272.449
马来西亚	121 132.011	126 603.175	177 372.79	224 589.082
缅甸	6 959.966	10 087.917	11 613.389	8 987.817
菲律宾	60 710.852	73 306.997	74 832.469	81 700.76

续表

国家	1995 年	2000 年	2005 年	2010 年
新加坡	47 109.949	49 005.788	30 359.093	13 479.892
泰国	167 585.567	188 355.455	256 169.286	298 141.768
越南	29 090.311	53 644.543	98 143.588	153 148.588
文莱	5 097.13	6 105.555	4 620.42	8 602.782

资料来源：世界银行. 2016. 二氧化碳排放量. http://data.worldbank.org/indicator/EN.ATM.CO2E.KT？view=chart.

为了减少化石燃料能源的消费，东盟国家在能源领域出台了众多行动规划。在以"推动政策落到实处，迈向更清洁、更有效和可持续的东盟共同体"为主题的东盟能源部长级会议上，与会领导采纳了《东盟能源合作行动规划 2010—2015》（以下简称《行动规划》）（ASEAN Secretariat，2009c）。在环境和气候变化问题日益凸显的情况下，《行动规划》着重强调能源效率与保护、清洁煤技术、可再生能源三个核心方面。在能源效率与保护方面，东盟提出，要通过可行的管制和市场方法，提高一次能源使用效率；要关注东盟区域内能源效率技术的发展和服务提供者，增强制度和人力能力；要鼓励私人部门参与，尤其是金融机构支持能源效率和保护的投资及实施；通过以上措施的实施，东盟期望到 2025 年实现区域能源强度在 2005 年的基础上减少 8% 战略目标。在清洁煤技术方面，要促进和增加清洁煤的使用和交易，保护区域能源安全；鼓励通过区域合作，实现清洁煤技术的使用，此外，同样要关注区域内能源效率技术的发展和服务提供者，增强制度和人力能力；强化清洁燃料作为清洁煤技术产物的感知。在可再生能源方面，增强可再生能源和多种能源包括电力和生物能源发展的区域合作；推动区域可再生能源研究和开发中心的发展。通过以上政策措施的实施，东盟期望到 2015 年实现区域可再生能源总的能源装机容量达到 15% 的总体目标（ACE，2010）。

2015 年 10 月，第三十三届东盟能源部长级会议在马来西亚吉隆坡举行，各国部长就能源合作达成了新的协议，通过了《东盟能源合作行动规划 2016—2025》，补充即将到期的《东盟能源合作行动规划 2010—2015》，继续为东盟能源合作提供行动指导。此外，东盟通过调查研究，还对其能源前景进行了展望，截至目前，东盟共发布了四次《东盟能源展望》，通过采用科学的模型和方案，《东盟能源展望》将帮助政策制定者理解本区域内的能源趋势和面临的挑战，同时将各成员国纳入整个过程中。针对可再生能源的发展，东盟制定了《东盟可再生能源发展 2006—2014》（以下简称《发展》），《发展》主要监测东盟地区电力装机容量的发展。

为了协调东盟成员国间的能源合作，共享能源利用和保护信息，东盟于1999 年 1 月成立了东盟能源中心（ASEAN Centre for Energy，ACE）。东盟能源中心在以下三个方面发挥了重要的作用：作为东盟能源智库，通过识别并为东盟的能源政策、法规框架以及技术等挑战提供创新方案；作为催化剂，通过执行能源相关的能力建设项目，帮助东盟成员国发展期能源部门，团结并增强东盟的能源合作与整合；作为东盟能源数据和知识中心，为东盟成员国提供知识库（ACE，2016）。

5. 生物多样性保护

东盟地区生物多样性丰富，在全球 17 个生物多样性国家中，东盟地区就拥有印度尼西亚、马来西亚以及菲律宾 3 个国家（彭宾等，2012）。联合国《千年生态系统评估》（以下简称《评估》）（MEA）认为，气候变化可能在 21 世纪末成为地球生物多样性消失的主要推动力量（MEA，2005）。《联合国政府间气候变化专门委员会第四次评估报告：气候变化 2007》指出，气候变化将在未来的多年内对人类生活和系统造成巨大影响，到 21 世纪末，世界上 30%的已知物种将面临灭绝的风险，在未来的 30 年里，50%的亚洲生物多样性将面临风险（IPCC，2007）。

东南亚地区作为世界上最易受到气候变化影响的地区，在气候变化大背景下，人类的毁林开荒造成大面积的森林、湿地以及泥炭地等被开垦成耕地，动物偷猎走私行为则加速了珍贵野生动物的灭绝，这些行为放大了气候变化的影响，加速了生物多样性的消失。《评估》指出，在 2002～2004 年，濒危鸟类的种类，印度尼西亚由 114 种上升至 121 种，菲律宾则由 67 种上升到 79 种，越南由 37 种上升到 41 种，泰国由 37 种上升到 42 种，缅甸则由 35 种上升到 41 种。在由世界银行发布的《GEF 生物多样性效益指数（0=无生物多样性潜力，100=最大）》中，如表 3-9 所示，东盟大部分国家生物多样性指数十分低，2005～2008 年的指数出现了下降的趋势。

表 3-9　东盟国家 GEF 生物多样性效益指数

国家	2005 年	2008 年	变动率
柬埔寨	3.883 430 662	3.478 137 422	−0.405 293 24%
印度尼西亚	89.953 638 6	80.962 521 29	−8.991 117 31%
老挝	5.385 269 433	5.011 357 183	−0.373 912 25%
马来西亚	14.845 363 81	13.855 763 77	−0.989 600 04%
缅甸	10.623 964 58	10.022 714 37	−0.601 250 21%
菲律宾	33.748 881 8	32.325 383 3	−1.423 498 5%

续表

国家	2005 年	2008 年	变动率
新加坡	0.148 243 189	0.127 768 313	−0.020 474 876%
泰国	7.980 662 584	8.021 010 789	0.040 348 205%
越南	11.662 068 8	12.052 810 9	0.390 742 1%
文莱	0.099 984 059	0.127 768 313	0.027 784 254%

注：GEF 生物多样性指数是根据各国代表性物种、其受威胁状况及其各国栖息地种类的多样性所得出的各国相对生物多样性潜力的综合指标。该指数实行了规范化，因此其数值从 0（无生物多样性潜力）直至 100（最大生物多样性潜力）。

资料来源：世界银行. 2016. GEF 生物多样性收益指数. http://data.worldbank.org.cn/indicator/ER.BDV.TOTL.XQ? view=char.

　　表 3-9 中，东盟国家中除印度尼西亚和菲律宾外，其他国家的生物多样性指数非常低，同时两个国家的生物多样性指数都出现了较为明显的下降，尤其是印度尼西亚三年间的指数下降了 8.99 左右，说明其生物多样性日益减少。此外，除了泰国、越南以及文莱三个国家的生物多样性指数出现微弱的增长外，其他国家的生物多样性指数都呈现或多或少的下降趋势，这说明其生物多样性日益恶化，对东盟各国来说采取措施保护生物多样性。

　　为了减缓气候变化对生物多样性造成的潜在威胁，延缓东盟生物多样性减少的趋势，东盟国家从制度设计中的规划方案着手，制定了若干涉及生物多样性的专项规划。鉴于生物多样性分布在各种类型的自然生态环境中，涉及森林、土地以及海洋等生态要素，为了全面综合推进生物多样性保护工作，东盟从与生物多样性密切相关的森林、土地以及海洋等领域出发，规划了若干方案和项目。

　　泥炭地在生物多样性保护方面有着十分重要的作用，泥炭地有多种木材树种和药用植物以及鸟类、动物群及其他生物群落的栖息地（ASEAN Secretariat，2013d），但由于火灾、管理不善以及过度开发等因素，泥炭地大面积减少。为了保证泥炭地的可持续利用和管理，第二十次东盟环境—烟霾技术高官工作组会议采纳了《东盟泥炭地管理方案》（以下简称《方案》），《方案》为东盟的泥炭地管理制定了四个目标：增强对区域泥炭地管理问题的理解和能力建设；减少泥炭地火灾和烟雾事件；支持国家和地方层面的泥炭地管理和预防火灾实施活动；开发推动泥炭地可持续管理的区域战略和合作机制（Haze Action Online，2016）。在《方案》指导下，会议还通过了《初始行动方案（2003—2005）》，在初始方案到期后，作为方案升级版本的《东盟泥炭地管理战略 2006—2020》（以下简称《战略》）在第十二届东盟环境部长级会议上获得批准，《战略》主要关注以下四个目标：增强泥炭地保护意识和知识；应对跨边界烟雾污染和环境恶化；推动泥炭地可持续管理；推动并强化泥炭地问题的区域共同合作。

此外，为了推动战略方案和行动计划可操作和实体化，东盟还实施了具体的项目，即《东南亚泥炭地森林恢复和可持续利用项目》（ASEAN Secretariat，2016d），从制度能力和框架强化、泥炭地退化率减少、泥炭地综合管理和恢复场地论证以及私人部门和地方社区参加等四个方面出发，推动东南亚地区泥炭地的可持续管理和利用。

婆罗洲是世界第三大岛屿，它丰富的热带森林包含了全球生物多样性的6%，然而其丰富的生物多样性如今正受到威胁，仅过去的 30 年间，婆罗洲 1/3 的森林消失了（WWF Global，2016）。印度尼西亚、马来西亚与文莱共同合作，制定了促进森林多产地可持续管理和土地可持续利用的《婆罗洲核心方案》（ASEAN Secretariat，2009c），推动受保护地区得到有效保护。覆盖印度尼西亚、菲律宾、马来西亚、巴布亚新几内亚、所罗门群岛以及东帝汶六个国家部分或全部领域的珊瑚三角洲，同样受到气候变化的影响，其生物多样性日益减少。珊瑚三角区域虽然仅占海洋面积的 1.6%，但它却是世界上珊瑚多样性最丰富的地方，拥有占世界已知珊瑚种类76%的 600 种珊瑚，同时包含了星球上最丰富多样的岩礁鱼类，种类达到 2500 种，全世界 37%的岩礁鱼类都集中在这个区域，同时，它也是六种受威胁海龟、濒临灭绝鱼类以及鲸类物种，如金枪鱼和蓝鲸的产卵和繁殖场所，此外，它丰富的海洋和海岸资源还为接近 3.63 亿人提供了生存资源（Coral Triangle Initiative on Coral Reefs，2016）。为了应对气候变化此区域生物多样性的破坏，六国制定了《珊瑚三角洲方案》，通过实施不同的干预措施，保护覆盖六个参与国的海洋多样性和海岸资源，阻止此区域生物多样性的进一步恶化（ASEAN Secretariat，2009c）。

东盟地区生物资源丰富，生物资源呈现以种类和区域集中分布的情况，通过设立保护区，能够为植物提供稳定的生长环境，为动物提供安全的活动场所，防止林木非法砍伐以及动物偷盗贩卖，保护区域内的动植物资源。为保护生物多样性，东盟国家共同实施了《东盟遗产公园项目》（以下简称《项目》），《项目》在东盟区域内选择具有独特生物多样性和生态系统，荒原和独特价值的区域作为保护对象，并给予这些保护区最高的重视程度（ASEAN Secretariat，2009c）。东盟希望通过实施此《项目》，维持生态过程和生命支持系统；保护遗传多样性；确保物种和生态系统的可持续利用；维护风景优美的、有文化的、教育的、研究的以及娱乐和游览价值的原生性（ACB，2016a）。

为了更有效地推动与协调东盟国家间的生物多样性合作，东盟还成立了东盟生物多样性中心（ASEAN Center for Biodiversity，ACB）。东盟生物多样性中心旨在创造、促进并发展公共部门、私人部门、公民社会以及国际发展组织和赞助团体间的联系，通过战略性地构建协作体和伙伴关系，最大化地调动资源以增加保护项目，同时推动知识管理，推动生物多样性的可持续利用（ACB，2016b）。

6. 跨界烟霾污染治理

虽然烟霾污染并不是由气候变化直接导致的，但从根本上说，气候变化导致的温度上升、降水减少等问题，从而造成了森林和泥炭地等森林火灾爆发，导致了烟霾的跨界污染，烟霾污染给东南亚人民的身体健康和交通出行造成了极大的影响。作为跨边界的公共性问题，东南亚国家必须通力合作，应对跨边界烟霾污染。东盟国家跨边界烟霾污染治理的合作始于 1997～1998 年的印度尼西亚森林火灾。这次火灾及其引发的烟霾污染给东盟国家的农业生产、林业土地、交通运输、旅游等领域所造成经济损失估值有 90 亿美元（ASEAN Cooperation on Environment，2016b），自此，东盟国家开始了针对跨边界烟霾污染治理的合作。东盟国家先后通过并批准了《区域烟霾行动计划》和《东盟跨边界烟霾污染协定》，为跨边界烟霾污染治理提供法律框架和行动指南。

在 1997 年召开的东盟环境部长级会议上，东盟各国批准了《区域烟霾行动计划》（以下简称《计划》）。《计划》由三个主要部分组成，即预防、减缓和监测，同时每个部分由一个国家来负责，马来西亚负责预防，印度尼西亚负责减缓，新加坡则负责火灾和烟霾的监控（ASEAN Cooperation on Environment，2016b）。通过预防、减缓和监测等措施的实施，要实现以下三个主要目标：通过制定更好的管理政策并执行，预防土地和森林火灾；建立监控土地和森林火灾的操作机制；利用减缓措施强化区域土地和森林火灾努力（ASEAN Secretariat，2013d）。

为了将东盟国家间的合作以法律的形式确定下来，并为跨边界烟霾治理提供法律框架，并在一定程度上约束东盟国家的行为，在 2002 年的东盟首脑会议上，东盟国家领导人签署了《东盟跨边界烟霾污染协定》（以下简称《协定》）。《协定》主要包括预防、准备、共同应急反应，跨边界人力、材料以及设备的调度程序，以及技术合作与科学研究等方面，并于 2003 年生效，到目前为止，如表 3-10 所示，所有的东盟国家都已经签署和批准了《协定》。为了增强《协定》的连贯性和一致性，并对跨边界烟霾污染治理过程中出现的新问题进行战略和措施调整，东盟借鉴了 UNFCCC 缔约方会议的形式，于 2003 年建立了每年召开《协定》缔约方会议的机制，与此同时，为了协助缔约方会议实施《协定》，东盟还建立了每年会面的《协定》缔约方会议委员会。

表 3-10　东盟国家签署和批准《协定》的具体情况

国家	签署和批准时间	东盟秘书长接收到批准和赞成文书的日期
文莱	2003/02/27	2003/04/23
柬埔寨	2006/04/24	2006/11/09
印度尼西亚	2014/10/14	2015/01/20

续表

国家	签署和批准时间	东盟秘书长接收到批准和赞成文书的日期
老挝	2004/12/19	2005/07/13
马来西亚	2002/12/03	2003/03/17
缅甸	2003/03/05	2003/03/17
菲律宾	2010/02/01	2010/03/04
新加坡	2003/01/13	2003/01/14
泰国	2003/09/10	2003/09/26
越南	2003/03/24	2003/05/29

资料来源：Haze Action Online. 2016. ASEAN Agreement on Transboundary Haze Pollution. http://haze.asean. org/? wpfb_dl=32.

为了推动成员国在处理由火灾造成的烟霾污染和土地退化等问题的影响中协同合作，在《协定》的指导下，东盟成立了东盟跨边界烟霾污染控制协调中心。同时，为了规范东盟跨边界烟霾污染控制协调中心和各国监测中心或各国联络点间常规数据交流的程序，协调援助要求和提供报告资源的联动，东盟还建立了监测、评估与应急共同响应操作程序标准。除了加强《协定》实施机构和程序建设，还需要对实施效果行为和灾害影响进行评估，为此东盟在新加坡建立了东盟专业气象中心（ASEAN Specialised Meteorological Centre，ASMC），依靠东盟专业气象中心对执行行为进行监控，并评估土地和森林火灾以及造成的烟霾污染。

在《计划》和《协定》的指导下，东盟国家同样开展了有关跨边界烟霾污染的次区域合作。东盟的北部区域（包括老挝、柬埔寨、缅甸、泰国以及越南的湄公河地区）和南部区域（包括文莱、印度尼西亚、马来西亚、新加坡以及泰国）分别建立了湄公河次区域跨边界烟霾污染部长级指导委员会（the Sub-regional Ministerial Steering Committee on Transboundary Haze Pollution in the Mekong Sub-region，MSC Mekong）和次区域跨边界烟霾污染部长级指导委员会（the Sub-regional Ministerial Steering Committee on Transboundary Haze Pollution，MSC），以负责指导委员会负责处理发生在相关区域内的烟霾污染问题。东盟通过签订区域协议处理由森林火灾导致的烟霾污染问题在全球尚属首例，因此被称为"解决跨边界污染问题的全球典范"（何纯，2009）。

7. 水资源的保护和利用

东盟地区水资源基本上能够实现自给自足，但人口增长，工业和农业用水的急剧增加，给东盟的水资源供给造成了巨大的压力，一些国家出现季节性的缺水状况。如表 3-11 所示，东盟发布的《第四次东盟国家环境报告 2009》（ASEAN Secretariat，2009a）以文莱、印度尼西亚、马来西亚、新加坡以及泰国为例，对五国目前的用水情况以及其随着时间变化的需求情况进行统计。

表 3-11　　东盟五国目前用水及未来预期用水情况（单位：Mt/天）

国家	2005 年	2006 年	2007 年	2008 年	2009 年	2010 年	2015 年	2020 年
文莱	—	—	—	—	—	862	978	1 139
印度尼西亚^	591 090	630 693	672 949	718 037	766 145	817 477	1 130 571	—
马来西亚#	7 359	7 628	8 025			15 285	—	20 338
新加坡	138	1 423	1 462	1 506				
泰国（首都）	1 880	1 857	1 884					

注："—"表示出版时不可获取；"^"表示印度尼西亚资料包括农业需水量；"#"表示包括国内和非国内用水；

资料来源：ASEAN Secretariat. 2016. Fourth ASEAN State of the Environment Report 2009. http: //environment. asean.org/wp-content/uploads/2015/06/Fourth-ASEAN-State-of-the-Environment-Report-2009.pdf.

　　虽然数据缺失较为严重，但从现有的数据看来，五国目前的用水量都呈现快速增长的趋势，尤其人口众多的印度尼西亚。印度尼西亚 2010 年的用水量相较于 2009 年用水量增长了近 7%，2015 年的用水量相较于 2010 年的用水量则增长了 38%左右，用水量的快速增长对东盟目前和未来的水资源供给提出重大挑战。此外，城镇化、工业化的快速推进及城市人口的爆炸式增长，以及废弃物排放量增加等都在一定程度上造成水资源质量下降。在气候变化大背景下，东南亚地区气温上升，使蒸发量增加，同时降水出现明显的不稳定状况，造成干旱洪水频繁，水资源量紧缺问题更加严重。

　　为了应对气候变化对水资源，尤其是水资源质量和数量造成的影响，推动水资源的可持续利用，保证用水公平，东盟在《水资源综合管理》和《流域水资源综合管理》等框架的指导下（ASEAN Secretariat，2015c），制定了针对水资源保护和可持续利用的行动计划和方案。在 2002 年召开的东盟环境部长级会议上，《东盟水资源管理长期战略规划》（以下简称《长期战略规划》）获得批准。《长期战略规划》确定了东盟水资源管理的愿景，即保证水资源的可持续性，确保拥有足够有质量保障的水资源，满足东南亚人民在健康、食品安全、经济和环境方面的需求（ASEAN Secretariat，2016e）。此外，在《长期战略规划》中，东盟还从改善安全饮用水和卫生设施可用性、更有效地管理水资源、迈向流域水资源综合管理、推动意识向政治意愿和能力转变以及拥有充足的水服务等五个方面提出具体措施，以期实现东盟水资源愿景。

　　为了加强对水资源问题的关注，东盟还制定了《东盟水资源管理行动战略规划》（ASEAN Secretariat，2005），以识别水资源可持续发展治理原则，水资源可持续管理主要挑战和问题，水资源综合管理改善长期化的主要行动以及水资源综合管理能力和知识构建的一系列项目活动为主要目标，提出了在气候变化和极端天气事件频发背景下潜在的水资源管理行动，即开发指示影响的洪水识别和预测系统，分析气候变化对农业、人口、基础设施以及食品安全的影响和风险，开发并实施强化国家、区域规划以及管理过程中的冲积平原管理和区域工具，与政府机构共同构建知识和能力，以便非结构性减缓措施的利益能够从经济上得到体现。

　　作为水资源重要组成部分的海洋水资源，可以沉淀并分解来自陆地的废弃物，直接或间接地为东盟的数百万人民提供包括食物在内的生计，保证水循环，并维持复杂的海洋和海岸生态系统平衡。但在气候变化的背景下，海洋水资源污染和质量下降等问题进一步加剧，并对整个生态环境平衡和沿岸居民生产生活造成影响。为了缓解气候变化背景下海洋水资源质量恶化等问题，东盟于 2002 年采纳了东盟海洋水资源质量标准（ASEAN Marine Water Quality Criteria，AMWQC），采用 17 个参数作为关键污染物，东盟国家能够对海洋水资源进行监测，并对其质量进行评估，以采取行动应对海洋水资源的污染。在澳大利亚提供的资金和技术的援助下，东盟于 2008 年出版了《东盟海洋水资源质量标准：管理方针和监测指南》（以下简称《管理方针和监测指南》），进一步将指标明晰化和具体化。《管理方针和监测指南》作为国家层面共同协调措施的区域机制，通过提供管理方针，构建监测和分析能力，推动信息和经验共享，维护海洋水资源的质量。

8. 气候变化与环境教育

　　气候变化与个体息息相关，会影响人们的生产生活，其带来的极端天气事件甚至会造成生命财产损失。除了企业等温室气体排放大户，个体在生产生活中同样也会产生温室气体，因此对气候变化负有不可推卸的责任。实施气候变化政策和措施是一个由上到下的过程，需要全社会成员来执行这些具体行动措施，东盟区域和国家层面制定的政策规划及具体行动只有落实到地方层面每个人的实际行动中，应对气候变化才能取得成效。

　　从根本上讲，气候变化很大程度上是由环境恶化造成的，气候变化问题源于环境问题，但其解决远比环境问题的解决复杂，而气候变化与环境教育是应对气候变化的重要措施。气候变化与环境教育，不仅能够将应对气候变化的知识和技能告知公众，增强公众应对气候变化的适应能力，减少气候变化对公众生产生活的影响，将生命和财产损失降到可控范围内，同时能引导公众主动关注气候变化，将应对气候变化纳入日常的生产生活中，真正将应对气候变化的措施融入实践行为中，保证气候变化的政策措施和具体行动落到实处，真正有效地应对气候变化。因此，东盟在《东盟社会文化共同体蓝图 2025》中提出，地方政府和部门要在执行温室气体存盘、脆弱性评估和适应方面加强努力，同时，在减缓和适应气候变化的影响中，要将居民的努力和知识纳入考虑中（ASEAN Secretariat，2016c）。

东盟大部分国家经济发展水平较低，各国普遍以经济发展为重心，社会各阶层普遍处在追求生存权和发展权的阶段，对气候变化问题的关注较少，气候变化很难进入公众的视野。同时，东盟国家贫困等边缘群体数量庞大，应对气候变化的知识和能力不足，气候变化适应能力弱。此外，东盟目前对气候变化的研究较少，现有研究不够深入，加上国家对气候变化的宣传力度不够，公民对气候变化的感知不足，普遍将气温升高、干旱洪涝等灾害视为普通的自然灾害，将其归结为自然环境的恶化，并未将其上升到气候变化的层次中。但政府间气候变化委员会发布的若干次评估报告指出气候变化的确存在，东南亚地区的台风气旋、旱灾洪涝等灾害发生频率将加剧，并将东南亚地区归入气候变化脆弱性最高的国家类别中（IPCC，2001）。台风"海燕"和强气旋风暴"海燕"等极端天气事件给菲律宾和缅甸造成巨大损失的事实，在某种程度上印证了政府间气候变化委员的结论：东南亚地区的气候正在发生着重大变化，并将受到气候变化越来越大的影响。

为了加强东盟国家人民对气候变化和环境的认知，加强知识和能力建设，提升公众对气候变化的适应能力，东盟将增强公民气候变化的认知，通过具体措施应对气候变化的行动纳入若干环境教育规划中。东盟起初制定了《东盟环境教育行动计划 2000—2005》（AEEAP 2000—2005），其延长版本 AEEAP（2008—2012）在东盟环境部长级非正式会议上通过。AEEAP（2008—2012）到期后，AEEAP（2014—2020）在 2013 年东盟第十四次环境部长非正式会议上获得通过。AEEAP（2014—2020）继承了 AEEAP（2000—2005）和 AEEAP（2008—2012）的目标，致力于通过环境教育和公共参与等措施，培养有环境认知、有道德、有意愿并且有能力应对气候变化的公民，从而创建清洁、绿色的东盟，保证区域的可持续发展，此外还要关注正式部门和非正式部门，人力资源能力建设，协同、合作与沟通等三个方面（ASEAN Secretariat，2015d）。

以《东盟环境教育行动计划》作为开展环境教育的框架和指导方针，东盟为作为开展环境教育前言阵地的各类学校制定了《东盟生态校园指导方针》（ASEAN Secretariat，2015e），以此作为东盟建设生态学校，开展环境教育的具体行动指南。在《东盟生态校园指导方针》的引领下，东盟实施了《东盟生态校园奖项目》和《"东盟+3"可持续生产和消费领导力项目》，举办"东盟+3"青年环境论坛。此外，东盟还积极发挥和利用网络传播环境教育知识，建设生态学校信息共享平台，设立生态学校门户网站，编制环境教育详细目录，并将其公布在网站上，供师生查阅。

为了响应《东盟生态校园指导方针》的具体规划，东盟国家同样制定和开展了针对师生环境教育意识的规划和行动，开展了针对环境教育的项目，并将环境教育纳入到基础、中等以及高等阶段的正规课程中。各国生态校园活动开展主要从绿化、能源、水资源保护、资源保护、清洁和健康、恢复与复原、环境学习或意识、创新与激励八个方面出发，以推动环境保护。

虽然文莱和缅甸没有制定开展环境教育的专项规划，但文莱在其《国家环境战略》中，从八个方面着手，确定了环境教育的目的和行动领域，并向学生传授有关资源、全球变暖、污染、森林砍伐、个体健康以及水资源保护等方面的课程，建立了环境俱乐部、能源俱乐部、绿色俱乐部等多种俱乐部，以开展针对环境意识教育的活动；缅甸指定教育部和环境保护与林业部合作，共同执行环境意识教育项目，学校权威部门或社区组织环境保护研讨会，联邦政府开展环境保护方面的征文竞赛，并组织每年的植树活动。东盟其他八国都制定了开展环境教育的专项规划，实施了具体项目并开设了相应的环境教育课程。

柬埔寨制定了《气候变化教育行动规划》，对开展气候和环境教育的具体措施和行动进行了整合，以实现《气候变化教育行动规划》的目标（Ministry of Environment of Kingdom of Cambodia，2016），同时在各阶段开设了普通环境概念、自然资源、环境污染、生物多样性、气候变化以及水资源等方面的课程生态课程，还开展了儿童友好型校园项目、生态俱乐部以及"生活技巧"等项目和活动。

印度尼西亚在教育部 2006 年的《毕业生能力标准 23 号法令》中规定，小学和中学的毕业生必须掌握环境方面的知识，为了帮助学生们掌握环境方面的知识，提高他们的环境意识，印度尼西亚教育部于 2006 年实施了由教育部和环保部共同合作的"Adiwiyata 项目"，在学校中建立了环境俱乐部、能源俱乐部以及绿色俱乐部等俱乐部，希望通过该项目和活动的开展，鼓励师生参加到环境教育的活动中来，预防环境变化的消极影响。

老挝在《老挝环境教育和意识战略 2020》制定了"绿色、清洁和高品质学校项目"，将涉及环境的众多领域整合到正规和非政府教育中，环境教育被纳入地理、生物以及人口学等课程中。

马来西亚根据《国家环境政策》的规划，开展了"Sekolah Lestari-环境奖项目""WiraAlam 项目"等以及"环境意识露营""跨大学环境研讨会"等活动，同时针对学前教育，还开发了"学前可持续环境意识模块"，将人与自然和谐的理念通过动植物与人类互动、环境管理等课程传到给学生。

菲律宾针对环境教育制定了众多法案，其中最有名的是《国家环境意识和教育法案 2008》，也被称为《共和国 9512 法案》（以下简称《法案》），《法案》规定了基础教育和中高等教育的课程，基础教育主要教授科学与健康，公民与文化，地理、历史与公民，价值观教育，技术和生计教育等课程，中高等教育主要教授科学，社会研究，价值观教育，技术与生计教育，音乐、艺术、物理以及健康等方面的知识和课程。

新加坡高度重视正规教育和非正规教育中的环境教育开展，在《新加坡可持续蓝图》中，新加坡制定了诸如总统环境奖、生态友好奖、水印奖以及新加坡环境理事会学校绿色审计奖等奖项，奖励在环境教育中表现突出的学校和个人，同时还成立教育部卓越环境教育中心，指导并监督学校环境教育的开展，此外，新加坡还开展了针对环境教育的若干项目，如"学习旅途项目"、"社区参与项目"、"环境冠军项目"以及"青年特使项目"等项目，并于 2011 年确定了"青年环境日"，让青年重温他们致力爱护环境的决心，同时国家环境局还组织了全国清洁绿色新加坡校园嘉年华，为学校和其合作伙伴提供展示每年环境项目和成就的平台。

泰国针对环境教育，制定了《国家教育 B.E.2542 号法案》、《基础教育课程 B.E.2544 号法案》和《可持续发展环境教育法》等法案和规划，并在相关法案和规划中将 8 个学习领域（泰国语言、数学、科学、社会研究和宗教以及文化、健康和物理学习、艺术、职业和技术、外国语言）和学者发展项目（辅导活动、学生活动、社会和公益活动）作为环境基础教育的核心课程。

越南成立了国家可持续发展委员会，负责《可持续发展战略导向》的执行和监督工作，《可持续发展战略导向》建议在越南各层次的正规教育中推动环境教育的研究议题，并将其纳入各层次的教育中。

除了要求成员国定期提交《东盟国家环境报告》外，东盟还开展面向社会的各类环境教育活动和项目，如"东盟环境年"（ASEAN environment year，AEY）和"东盟环境可持续发展电影节"，以推动东盟公众环境意识的提高。自 1995 年以来，东盟每三年都会举行一次"东盟环境年"庆祝活动，到目前为止共举行了七次，通过举行活动，东盟旨在提升社会各界环境意识，强调东盟的环境成就，增强东盟同对话伙伴、私人部门、公民社会以及非政府组织的关系，共同应对区域环境问题的挑战。

9. 城市可持续发展与交通运输管理

东盟城市化进程快速向前推进，城市人口增长迅速，大量农村人口不断涌入城市，城市建设规划不够完善、合理，给不堪重负的城市公共服务和基础设施带来巨大的压力，居民生活垃圾、机动车尾气和工业生产废弃物不断增加，造成城市生态环境不断恶化。在城市化过程中，老人、小孩等社会弱势群体和失业及低收入等边缘群体数量逐渐庞大，成为最易受环境污染影响的群体，给城市治安和管理造成巨大的威胁。这些城市化过程中产生的问题在气候变化的情境下不断加剧，城市排涝、流行疾病传播等新问题逐渐出现，对建设可持续发展的清洁绿色城市提出巨大的挑战。

为了减轻环境恶化和气候变化给城市可持续发展带来的压力，提高城市的适应能力，东盟制定了《东盟环境可持续城市方案》（以下简称《方案》）（ASEAN

Cooperation on Environment，2016c）。在《方案》的指导下，东盟开展了一系列项目和合作，如"东盟环境可持续城市奖项目"、"小城市清洁空气项目"以及"东盟环境可持续模范城市项目"，并同美国建立了"城市连接试点伙伴关系"，与东亚国家举办了"环境可持续城市高峰论坛"。

《方案》于 2005 年东盟环境部长级会议上由各国部长签署，旨在帮助东盟城市，尤其是快速发展的小城市处理诸如由机动车排放导致的空气污染、固体垃圾管理以及水污染等城市环境问题等挑战，追求城市可持续发展的目标。截至目前，东盟已有 25 个城市加入了《方案》网络，其中文莱、新加坡各 1 个，柬埔寨、缅甸各 2 个，印度尼西亚、老挝、马来西亚、菲律宾、泰国以及越南各 3 个（ASEAN Cooperation on Environment，2016c）。

为了识别典范行为，并分享本土最佳实践，鼓励东盟成员国实施清洁空气、清洁水以及清洁土地等措施，从而建设清洁、绿色和宜居的城市生活环境，推动城市环境更加可持续，东盟每三年举行一次"东盟环境可持续城市奖项目"。第一届"东盟环境可持续城市奖项目"颁奖典礼于 2008 年 8 月举行，到目前为止已成功举行三届，即 2008 届、2011 届以及 2014 届，30 个城市获得此奖项，每个国家各 3 个城市（ASEAN Cooperation on Environment，2016d）。

"小城市清洁空气项目"由德国政府资助，旨在支持东盟中对国家发展扮演着重要作用的小城市制定并实施"清洁空气计划"。在德国 500 万欧元的支持下，项目已在东盟成员国的清迈等 12 个城市中实施，第一期执行年限为 2009 年 1 月~2012 年 12 月，项目第二期也于 2015 年 12 月完成（ASEAN Cooperation on Environment，2016d）。

"东盟环境可持续模范城市项目"旨在推动东盟国家"环境可持续城市"的建设开展。它提供种子资金，技术援助以及其他形式的支持，提升地方执行创新和自下而上的方案的能力，增强推动反馈，并在国内及国家间共享其他国家好的环境可持续城市框架和行动。此外，它还推动城市与城市间的合作，为东盟城市和有意向的伙伴搭建平台。该项目已在"日本—东盟综合基金"的支持完成。

"城市连接试点伙伴关系"是由美国国际开发署（United States Agency for International Development，USAID）资助，由国际城市（郡县）管理协会（International City/County Management Association，ICMA）和可持续共同体学会执行的技术性交流项目，致力于界定与东盟目标相符合的城市——城市环境可持续学习的结构性和战略性方式，提高"东盟环境可持续模范城市项目"成功的可能性，以增强东盟国家城市的气候弹性和适应能力。在此伙伴关系下，东盟的城市将和美国的城市配对，成为现有在线知识网络的一部分，以推动可持续发展技术的交流，同时，美国将就共享最佳实践，创新方法、技术和良好治理手段等提供帮助，支持应对恶劣气候变化影响方案的规划和实施。此外，东盟和美国还于 2013 年 8 月举办了以"东南亚城市气候气候适应领导研讨：从风险阻碍到结果——管理城市基础设施的社会、政治、环境以及金融风险"为主题的学术会议。

在 2008 年举行的东亚环境部长级峰会上，将推动可持续城市发展作为东亚峰会国际合作的优先领域，因此，2010 年 3 月，日本、印度尼西亚、澳大利亚、新加坡政府联合举办了东亚峰会，旨在促进参与国就环境可持续城市发展进行沟通交流，并举办第一届旨在推动"环境可持续城市高峰论坛"。自此，"环境可持续城市高峰论坛"深化为东亚峰会参与国间城市环境可持续发展的合作机制，每年举行一次，截止到 2014 年已举行五次，极大地推动了各国间城市环境可持续发展的合作。

交通运输工具对能源资源的消耗造成大量二氧化碳等温室气体的排放，对城市环境恶化和气候变化起到了推波助澜的作用。为了对交通运输工具进行改造，减少对化石燃料的依赖并提高能源使用效率，以达到限制甚至减少二氧化碳等温室气体排放的目标，东盟在交通运输领域制定了若干规划。东盟与日本合作，共同制定了《东盟与日本交通行业环境改善行动规划 2010—2014》（以下简称《行动规划》），《行动规划》通过强调人力和制度能力建设、最佳实践经验整合、基础设施改善以及实验和信息共享等措施，在东盟境内实施低碳和低污染的交通系统，从而实现可持续发展的目标（ASEAN Secretariat，2009c）。"陆上运输行业能源效率和气候变化减缓项目"是由东盟与德国联合开展的，旨在提高东盟陆上运输系统更高的能源使用效率，限制化石燃料的消费和温室气体排放量的增加，甚至减少排放（ASEAN Secretariat，2009c）。由东盟与欧盟共同开展的"东盟航空运输整合项目"通过共同研究和开发，评估航空噪声、二氧化碳减排，就其他潜在污染物排放方式的等国际规则和规章进行交流，限制航空运输的环境影响问题（ASEAN Secretariat，2009c）。

东盟在制定并签署这些战略规划及行动方案后，就具体领域内的问题定期召开治理研讨会或部长级会议，就执行和实施过程中出现的问题交换各自意见，监督并评估行动实施效果，并提出新的政策建议，从而持续改进相关政策措施。这些专项战略规划和行动方案的实施，完善了东盟的环境和气候变化治理体系，有效地提高了东盟减缓和适应气候变化的能力。

3.2　东盟应对气候变化政策的效果

3.2.1　东盟市场机制应用效果明显

1. CDM 实施成果显著

作为合作应对气候变化问题的协商平台和对话机制，东盟峰会和环境部长级会议的互动有效推动了东盟国家应对气候变化行动的开展。东盟召开的各种级别会议发表了众多联合声明、宣言以及战略行动规划，在这些文件中，东盟从多方面着手，加强并深化成员国对气候变化各种措施的理解和实施，东盟国家从国家具体行动和措施中对这些措施进行响应。CDM 项目的资格的获取必须以签署并批准《京都议定书》为前提，东盟各国签署、批准以及《京都议定书》生效情况如表 3-12 所示。

表 3-12　东盟国家签署和批准《京都议定书》及其生效情况

国家	相关情况		
	签署	接收、加入	生效
文莱		2009/08/20（a）	2009/11/18
柬埔寨		2002/08/22（a）	2005/02/16
印度尼西亚	1998/07/13	2004/12/03	2005/03/03
老挝		2003/02/06	2005/02/16
马来西亚	1999/03/12	2002/09/04	2005/02/16
缅甸		2003/08/13（a）	2005/02/16
菲律宾	1998/04/15	2003/11/20	2005/02/16
新加坡		2006/04/12	2006/07/11
泰国	1999/02/02	2002/08/28	2005/02/16
越南	1998/12/03	2002/09/25	2005/02/16

注：（a）表示接收、加入时间。

资料来源：UNFCCC. 2016. Status of Ratification of the Kyoto Protocol. http://unfccc.int/kyoto_protocol/status_of_ratification/items/2613.php.

目前，东盟国家均已加入并批准《京都议定书》。在《京都议定书》框架的指导下，东盟国家不断加深对 CDM 的理解，并借助发达国家和地区以及国际组织提供的资金和技术援助，申请了众多项目。根据 UNFCCC 官方网站的数据，截止到 2016 年 6 月，如表 3-13 所示，东盟国家已登记的 CDM 项目申请数量达到 796 项，占到世界总申请数量（7722 个）的 10.3%。通过 CDM 项目的实施，东盟同样实现了数量可观的核证减排量，根据 UNFCCC 官方网站数据，如表 3-14 所示，截止到 2016 年 6 月，东盟国家实现核证减排量（CER）共计 59 860 838，占世界核证减排量的 3.5%。

表 3-13　东盟国家申请 CDM 项目情况（单位：个）

国家	2006 年	2007 年	2008 年	2009 年	2010 年	2011 年	2012 年	2013 年	2014 年	2015 年	2016 年	总计
文莱	0	0	0	0	0	0	0	0	0	0	0	0
柬埔寨	1	0	2	1	1	4	1	0	0	0	0	10
印度尼西亚	8	4	9	21	16	17	65	5	1	1	0	147

续表

国家	2006 年	2007 年	2008 年	2009 年	2010 年	2011 年	2012 年	2013 年	2014 年	2015 年	2016 年	总计
老挝	0	1	0	0	0	1	4	1	6	4	0	17
马来西亚	12	14	9	43	9	19	35	2	0	0	0	143
缅甸	0	0	0	0	0	0	0	0	0	0	0	0
菲律宾	7	8	5	20	6	11	12	3	0	0	0	72
新加坡	0	0	1	0	1	0	2	0	1	0	0	5
泰国	0	5	5	20	12	24	64	12	3	2	0	147
越南	2	0	0	18	27	58	138	8	2	2	0	255
总计	30	32	31	123	71	131	324	32	13	9	0	796

资料来源：UNFCCC. 2016. Distribution of registered projects by Host Party. http: //cdm.unfccc.int/Statistics/Public/CDMinsights/index.html#reg.

表 3-14　东盟国家核证减排量情况（单位：CER）

国家	2006～2008 年	2009～2011 年	2012～2014 年	2015～2016 年	总计
文莱	0	0	0	0	0
柬埔寨	0	10 758	14 837	937	26 532
印度尼西亚	194 413	2 941 494	9 457 510	7 057 212	19 650 629
老挝	0	2 168	501 072	43 740	546 980
马来西亚	648 718	1 077 066	8 068 935	1 003 243	10 797 962
缅甸	0	0	0	0	0
菲律宾	64 568	309 253	1 431 958	574 708	2 380 487
新加坡	0	0	55 507	0	55 507
泰国	815 224	191 185	5 903 573	3 674 339	10 584 321
越南	4 486 500	2 216 360	4 682 062	4 433 498	15 818 420
总计	6 209 423	6 748 284	30 115 454	16 787 677	59 860 838

资料来源：UNFCCC. 2016. Distribution of CERs issued by Host Party. http: //cdm.unfccc.int/Statistics/Public/CDMinsights/index.html#reg.

　　表 3-13 中，除了缅甸和文莱未申请 CDM 项目外，东盟其他国家都申请了项目，CDM 项目申请数量较多的前四位国家依次是越南 255 个、印度尼西亚和泰国各 147 个以及马来西亚 143 个，分别占到 32.0%、18.5%、18.5%以及 18.0%，四个申请数量占到总数的 87%。东盟国家申请 CDM 的趋势总体上呈现倒"U"形的趋势，申请较多的年份集中于 2009～2012 年四年间，数量出现快速上升趋势，但在 2012 年后，其申请数量明显下降，这与发展中国家 CDM 项目申请的总体情况是一致的。

《清洁发展机制理事会—2014 年年度报告》指出 CDM 机制不断面临需求量少的问题，许多 CDM 项目的继续实施或运作面临困难，其主要原因是核证减排量价格低（UNFCCC，2014）。

表 3-14 中，除了缅甸和文莱因未申请 CDM 项目而无核证排放量外，东盟其他国家获得数量不等的核证减排量，其中核证减排量排名前四的依次是印度尼西亚（19 650 629）、越南（15 818 420）、马来西亚（10 797 962）以及泰国（10 584 321），分别占到总核证减排量的 32.8%、26.4%、18.0% 以及 17.7%，占到总核证减排量的 94.9%。东盟实现可核证减排量的时间段主要集中在 2012～2014 年和 2015～2016 年时间段内，虽然东盟 2015 年和 2016 年申请的 CDM 项目数较少，但由于项目排放量核证需要在项目结束后进行统计，其实施过程会持续较长时间，因此 2012 年前后所申请项目的减排量会统计到 2015 年和 2016 年甚至之后的年份中去。

如表 3-15 所示，东盟申请的 CDM 项目包括 19 个领域，主要以水电开发、生物质能源开发以及废水处理等领域为主，这与东盟在这些方面具有资源优势有关。通过在这些领域申请项目，东盟既可以充分发挥自身资源优势，同时可以为东盟经济的可持续发展争取资金和技术支持，还能帮助发达国家以较低成本实现减排的效果。

表 3-15　东盟申请的 CDM 项目分布领域（单位：个）

领域	柬埔寨	印度尼西亚	老挝	马来西亚	菲律宾	新加坡	泰国	越南	总计
生物能源	1	15	0	41	5	2	29	16	109
水泥	0	1	0	0	0	0	0	0	1
煤床/矿甲烷	0	0	0	0	1	0	0	0	1
能效家庭	0	0	0	0	0	0	0	1	1
能效产业	0	5	1	3	0	0	0	0	9
能效自产	1	2	0	0	2	0	5	3	13
能源供应方	0	5	0	1	0	1	1	0	8
化石燃料转换	0	5	0	1	0	0	0	1	7
易散性排放	0	3	0	0	0	0	1	1	5
地热能	0	14	0	1	4	0	0	0	19
水电	4	20	22	5	10	0	6	201	268
填埋气体	0	10	0	9	5	1	6	7	38
甲烷防控	0	70	2	87	41	1	75	22	298
一氧化氮	0	2	0	0	1	0	0	0	3

续表

领域	柬埔寨	印度尼西亚	老挝	马来西亚	菲律宾	新加坡	泰国	越南	总计
全氟化物与六氟化硫	0	1	0	0	1	1	0	0	3
再造林	0	0	1	0	0	0	0	1	2
太阳能	0	1	0	0	1	0	26	0	28
交通	0	0	0	1	0	0	0	0	1
风能	0	0	0	0	4	0	3	5	12

资料来源：UNEP DTU PARTNERSHIP. 2016. CDM projects by type. http://www.cdmpipeline.org/.

此外，在东盟有关气候变化问题宣言的影响下，东盟国家也纷纷提出自愿减排目标。印尼提出到 2020 年相比基准情景减排 26%，在获得充分国际援助的情况下，这一目标可以增加到 41%；马来西亚提出到 2020 年国内生产总值的能源强度要比 2005 年降低 40%；菲律宾提出偏离排放增长路径基准情景 20% 的目标；新加坡提出到 2020 年排放水平低于基准情景 20%。这些减排目标的设定对各自国家的温室气体排放做了硬性约束，对于减排行动的落实起到了重要的助推作用。

2. REDD 机制逐步得到实施

为了减少发展中国家森林开发和退化，发挥森林在应对气候变化中的作用，同时弥补 CDM 在原始林保护方面的弊端，联合国自 2008 年开始实施"减少森林砍伐和林地退化造成的碳排放计划"（The United Nations Collaborative Programme on Reducing Emissions from Deforestation and Forest Degradation in Developing Countries，UN-REDD）。此项计划得到东盟国家的积极响应和支持，目前，东盟有七个国家（除新加坡、泰国、文莱以外）成为该计划的伙伴国家，包括菲律宾、柬埔寨、印度尼西亚、越南、马来西亚、老挝以及缅甸。在 UN-REDD 计划的支持下，六个国家取得不同程度的结果。本书将主要从制度安排、活动开展以及资金三个方面出发，着重介绍越南、印度尼西亚、菲律宾、柬埔寨以及老挝五个国家 REDD 机制的实施状况。

1）越南

越南作为第一批加入联合国 UN-REDD 计划的国家，同样是第一批获得"森林碳汇伙伴基金"（World Bank's Forest Carbon Partnership Facility，FCPF）批准的国家。在联合国、世界银行，挪威、日本、德国、荷兰以及美国政府和各种非政府组织（UN-REDD，2016a）的帮助下，越南提交的《意愿准备提案》获得 FCPF 批准。在挪威政府的资助下，越南共获得近 440 万美元的资金（UN-REDD，2016b）

以开展"UN-REDD 越南一期项目（2009—2011）"。"一期项目"旨在通过制度基础设施和政策开发的建设（包括"国家 REDD+行动项目"的规划），推动制定参考基线的规划，设计可测量、可验证和可报告的系统，发起讨论会等，为 REDD+机制做准备，增强中央和地方层面相关组织的制度和能力建设。

在"一期项目"的指导下，越南在森林保护方面成果颇丰，尤其是在制度建设和政策制定方面取得众多成果。越南的森林面积从 139 178km^2 增长到 147 730km^2，6 年间森林面积增长了 8552km^2（世界银行，2016a）。2009 年底，国家 REDD 网络及其技术工作小组和六个次区域技术工作小组（测量、报告和验证，利益分配体系，地方实施，治理，保卫以及私人部门参与）成立并陆续运行，为在越南实现切实可操作的 REDD+机制提供了坚实的基础（UN-REDD，2016c）。2011 年 1 月，国家 REDD 指导委员会（National REDD Steering Committee，NRSC）成立，由越南农业和农村发展部（Ministry of Agriculture and Rural Development，MARD）管辖，主要负责政策制定，指导并协调政府部门，监督"越南 REDD 项目"的规划、实施和监控，同时，在农业和农村发展部的指导下，大量省级人民委员会正在陆续建立跨部门的 REDD+工作组。同月，MARD 建立了越南 REDD+办公室（Viet Nam REDD+Office，VRO），VRO 负责 REDD+日常的管理等问题，支持 NRSC 的工作。同年 12 月，越南《国家气候变化战略》获批，《国家气候变化战略》中的第四条任务提到森林保护可持续开发，增加碳沉降以及生物多样性，实现全国森林覆盖率达到 47%的目标。

2012 年 7 月，"国家 REDD+行动项目"（National REDD+Action Programme，NRAP）获批，指明越南到 2020 年实施 REDD 的"三步走"战略。这些制度设计和行动规划增强了越南的能力建设，理清各利益相关者错综复杂的利益关系，为 REDD 机制在越南大规模实施提供了坚实的基础。自 2012 年开始，越南开展了"UN-REDD 越南二期计划（2012—2015）"，目前，"二期计划"已基本完成。越南在"二期计划"中共获得 3000 万美元的资助，希望通过实施"二期计划"，实现提高适时启动"国家 REDD+行动项目"运行能力等六项成果。根据"一期项目"实施的效果，为更好地开展"二期项目"，越南在制度和机构建设方面进行了调整，主要包括建立由农业发展部任命的国家项目主任以及国家实施合作伙伴单位。"二期计划"同时在六个省份试点，由省级农业和农村发展部成立省级 REDD+机制管理单位，为省级层面的管理、技术和协调提供支持。

此外，越南政府还同合作伙伴开展了强化 REDD+机制准备阶段的分析研究，主要包括 2010 年 8 月开展的"越南 UN-REDD 计划自由、优先和知情权原则的实施"，2010 年 12 月开展的"越南 REDD 应许利益分配体系设计"以及 2011 年 9 月开展的"测量、报告与验证框架文件"等重要研究，越南政府希望通过这些研究，保证广泛的参与，推动 REDD+机制社会和环境的成果最大化。

2）菲律宾

菲律宾对 REDD 机制的利用时间短、起步较晚，主要是在与气候变化相关的方案和战略的指导下开展的。2009 年菲律宾政府制定了《气候变化法案》，随后建立了气候变化委员会，并在委员会指导下制定了《气候变化国家框架战略》，自此，越南对 REDD 机制的利用有了法律和政策框架。2011 年 7 月菲律宾开展了"UN-REDD 菲律宾项目：支持初始准备阶段"项目，此项目获得 20 万美元的资助，为期 12 个月并于 2012 年 7 月结束。项目的实施主要达成了通过有效、包容和参与式的过程支持了 REDD+ 的准备阶段、提升建立参考基准线的能力等三项成果（UN-REDD，2016d）。

菲律宾指定了若干机构和部门，负责项目的执行工作。在国家层面，环境和自然资源部森林管理司作为项目的日常执行机构，而气候变化委员会、保护区与野生动物处以及国家土著居民委员会负责特殊结果的处理。虽然负责机构和部门众多，但是不同部门和层级间的协调仍有待改进，为此，在《菲律宾国家 REDD+ 战略》建议下，菲律宾政府成立了国家跨部门 REDD+ 委员会，负责协调不同部门以及中央和地方间的行动。《菲律宾国家 REDD+ 战略》提到计划用 3～5 年的时间推动 REDD+ 准备阶段的发展，并在 5 年后扩展到参与阶段（Department of Environment and Natural Resources，2016）。

此外，若干组织已经在菲律宾 REDD+ 项目的开展中发挥先锋作用，这些项目和活动具有重大的示范作用，带动了其他组织的参加，并对菲律宾的森林保护作用重大。野生动植物保护国际通过接受资助，正在开展 18 万 hm^2 的试点项目，"非木材产品交易项目"已在菲律宾山区着手开展 5 万 hm^2 的试点项目，"Kalahan 教育基金会"一直在执行 Kalahan 原始森林的长期碳监测项目，保护国际—菲律宾组织最近实现了其基于再造林项目的"气候共同体和生物多样标准"（Climate Community and Biodiversity Standards，CCBS）的认证，环境和自然资源保护部同德国环境、自然保护和核安全部开展了"森林政策与 REDD"项目，在班乃岛和莱特岛建立了六个示范区。

通过实行 REDD 机制，菲律宾是除越南外，东盟国家中另外一个实现森林覆盖面积不断增长的国家。在 REDD 项目实施以前，2005～2010 年，菲律宾的森林覆盖面积不断下降。2011 年项目实施后，森林覆盖面积呈现较为明显的增加，由 2011 年的 70 800km^2 增加到 2014 年的 78 000km^2，2015 年则达到 80 400km^2（世界银行，2016a），相比于 2010 年，2015 年的森林覆盖面积增长了 12 000km^2，增长幅度高达 17.5%，这说明 REDD 项目在菲律宾的实施取得了较为显著的效果，遏制了菲律宾森林面积持续减少的趋势，并逐步提高了森林覆盖面积。

3）柬埔寨

柬埔寨在实施 UN-REDD 计划前，进行了充分的准备工作，在境内开展试点后，才决定正式实施 UN-REDD 项目。2008 年，柬埔寨批准了位于奥多棉芷省社区森林的第一个 REDD+试点，在紧接着的 2009 年批准了"清马森林保护 REDD+"试点（UN-REDD，2016e）。试点项目的开展，坚定了柬埔寨申请 UN-REDD 项目的决心，为项目申请提供了基础。2009 年，柬埔寨正式被世界银行 FCPF 接纳，同年 8 月，柬埔寨申请加入 UN-REDD 项目，并于 9 月成功获得观察员的身份。为了推动项目申请，并配合日后项目的执行，为项目实施提供路线指导，柬埔寨REDD+临时工作小组（后转为正式工作小组）和相关利益代表于 2010 年 1~9 月制定了"柬埔寨 REDD+准备计划提案"，也称为"柬埔寨 REDD+路线图"。"柬埔寨 UN-REDD 国家项目"于 2011 年 1 月开始实施，获得总计 300 万美元的 UN-REDD资助，原计划于 2013 年 1 月结束。但柬埔寨政府于 2014 年获得来自 FCPF 的资助，继续实施相关活动，并最终于 2015 年 7 月彻底结束（UN-REDD，2016f）。项目旨在推动柬埔寨为 REDD+机制的实施做好准备，包括必要的机构、政策和能力建设开发，以实现国家 REDD+准备过程的有效管理和路线图原则利益相关者的参与，制定《国家 REDD+战略》和实施框架等四项目标。

在"柬埔寨 UN-REDD 国家项目"实施的过程中，柬埔寨在制度建设和政策制定方面都取得重大进步，健全并完善了项目管理体制，进一步推动了项目的实施。柬埔寨建立了符合项目执行和实施的体制，REDD+工作小组秘书处负责推动项目的实施，农林渔业部和环境部自然资源保护司是项目的领导实施方，农林渔业部的渔业司负责防护林和红树林区域。另外，为了加强环境部和农林渔业部的合作及协调，林业司任命了国家项目主管，自然资源保护司任命了国家项目副主管，负责代表政府监督项目的实施。

REDD 项目的实施涉及众多政府机构和部门，加强跨部门和机构间的协调十分必要，为了提高 REDD 项目实施的统筹协调能力，理顺多部门间的关系，柬埔寨还设立了国家协调委员会，协调委员会下辖土地政策委员会、全国土地争端/冲突解决局、地籍委员会、国家土地管理委员会、国家永久森林保护区处理争议委员会、森林土地侵蚀委员会、全国次区域民主发展委员会以及征收委员会。总体来说，虽然在国家层面建立了协调委员会，但是协调效果有限，这种复杂的多部门管理对森林保护和可持续发展提出大量的协调挑战（UN-REDD，2016g）。

为了配合 REDD 项目的开展，柬埔寨将 REDD 项目的实施纳入各种综合性战略规划中，并提出了具体的森林管理目标及实施措施。柬埔寨制定并实施了"增长、就业、公平与效率矩形战略"（以下简称"矩形战略"）将林业改革作为有效领域，这些改革措施主要有强化法律实施，有效管理保护区以及气候变化行动和社区森林。目前，"矩形战略"二期已经结束，三期（2013~2018 年）正在开展中。在《国家战略发展规划》中，柬埔寨设定了森林覆盖率达到 60%，森林社区批准数量达到 450 的目标（Royal Government of Cambodia，2014），同时《国家战略发展规划 2014—2018》将作为实施"矩形战略"三期的工具和路线图。"柬埔寨 MDG"确定了"将可持续发展原则整合到国家政策和项目中并阻止环境破坏"的目标，并在目标的指导下给林业和环境部门在设立了 9 个指标。

4）印度尼西亚

自 REDD 机制产生以来，印度尼西亚利用 REDD 机制在森林保护方面进行了较多的探索和实践活动，尤其表现在制度安排和设置方面。2007 年 7 月，作为政府和非政府组织共同合作的成果，成立了论坛性质的"印度尼西亚森林碳汇联盟"，联盟主要就 REDD 相关的问题，包括 REDD 研究方法、战略，市场分析和激励方式的改进以及成果等，进行沟通、协调以及磋商。作为 REDD 机制实施的主导力量，印度尼西亚政府指定林业部作为推动 REDD 进程的主要力量，为了引导国家 REDD 政策的实施，林业部自 2008 年开始，已经发布了四次《国家减少森林砍伐和森林退化引起的温室气体排放机制规章》。

REDD 机制实施在地方层面的落实离不开地方政府的支持。在中央层面，印度尼西亚采取多部门联动，协同推动 REDD 机制的实施，国家发展规划局、环保部、财政部、国家气候变化委员会等部门都在其 REDD 机制的有关方面进行了规划，并负责相应的部分。在省级和地方层面，2007 年通过的空间规划第 26 号法律明确了省级政府和地方政府在空间规划中的作用，省级政府负责监督，而地方政府则关注规划及合作，截止到 2008 年，33 个省份中，已有 30 个省份在省级空间规划的基础上制定了森林空间地图。同时，一些省份也开展了有关 REDD 的活动并成立了工作小组，如亚齐省制定了"绿色亚齐"战略，巴布亚省将 REDD 纳入国家项目中，中、西加里曼丹岛两省都建立一些 REDD 工作小组（UN-REDD，2016h）。

2009 年 10 月，"UN-REDD 印度尼西亚项目"正式开始实施，该项目获得 REDD 570 万美元的资助，于 2011 年 5 月结束，为期 20 个月，它是支持印度尼西亚在 2012 年做好 REDD 准备的初期阶段。印度尼西亚政府希望依靠 UN-REDD 项目的实施，通过在国家层面增强多方利益主体的参与和共识，基于 REDD 架构建立排放参考基准线和评估报告核实方法以及公平支付系统，以及提高在去中心化水平上实施 REDD 的能力等三个子目标，从而实现支持印度尼西亚政府实现 REDD 准备的总体目标。除了与德国政府和世界银行建立良好的合作关系外，印度尼西亚政府还在实施 UN-REDD 项目的制度上做出安排，指定林业部作为领导实施方，任命国家项目主管，代表政府引导项目并向项目理事会承担总体责任。同时，为了给项目提供必要的技术指导，印度尼西亚政府成立了由政府官员和驻雅加达的联合国工作人员组成的技术委员会。在林业部的领导下，成立项目管理单位，负责项目的总体运营、财务管理以及 UN-REDD 资金报告等事务。此外，为了保证项目日常过程的顺利开展，印度尼西亚政府雇佣了专业的国家项目经理，主要负责项目所有活动的开展和实施。

"UN-REDD 印度尼西亚项目"的实施，加快了 REDD 准备阶段的进程，并促成印度尼西亚制定《REDD+国家战略》。2012 年《REDD+国家战略》编制工作完成，在此基础上，印度尼西亚制定了《国家 REDD+行动方案》和《国家 REDD+商业规划》，并将 REDD+机构，REDD+资金调度工具和测量报告核实机构作为以上战略和行动方案的重要支柱。地方政府根据国家层面 REDD 相关战略规划和行动方案，制定了区域《REDD+国家战略》、《国家 REDD+行动方案》以及《国家 REDD+商业规划》，并成立了执行这些区域战略规划和行动方案的机构和部门（UN-REDD，2016i）。

5）老挝

同以上四国相比，老挝在 REDD 机制的实施方面进程较为缓慢，成果有效。2007 年，老挝向 FCPF 提交了《准备项目意见稿》。2012 年，跨部门 REDD+工作小组向 FCPF 提交的《REDD+意愿准备提案》获得批准，随后，老挝被"世界银行森林投资项目"选为试点国家，并于同年 10 月加入了 UN-REDD 项目（RECOFTC，2016）。但截至目前，由于公众对 REDD 机制的理解并未达成一致，REDD 项目的实施仍存在较多阻力，老挝并未正式开展 UN-REDD 项目。

老挝虽未实施 UN-REDD 项目，但在推动公众对 REDD 机制的理解以及实施方面做出了众多努力和探索，尤其是开展与 REDD 相关的制度建设和举办 REDD 研讨会方面。老挝政府提出到 2020 年，森林覆盖率达到 70%的宏伟目标（UN-REDD，2016j），为此，老挝政府制定了《森林战略 2020》，《森林战略 2020》提出要建立国家保护森林和产林区等，实现改善现存森林区域质量、保证森林产品的可持续输出等四项目标。此外，老挝还编制了《REDD+战略执行框架》，在制度、金融、规章以及技术能力等方面提供指导，从而满足国际社会对 REDD+措施的要求。

为了统筹协调实行 REDD 机制各部门的工作，老挝在中央与地方以及部际间开展了制度建设，尤其注重各部门和机构间的协同。老挝政府建立了由副总理担任主任，其他部级单位的部长或副部长担任委员的全国环境委员会，作为准备实施阶段跨部门协调和政策引导的最高层次机构。2008 年，REDD+特别小组成立，作为目前政府管理 REDD+活动的主要工具，负责协调、促进以及推动相关活动，并与其他技术工作小组交换信息，在 REDD+特别工作小组下还设立了由许多技术性工作小组和省级 REDD+机构组成的 REDD+办公室，办公室负责《REDD+战略》的制定和落实，支持 REDD+活动开展或规划准备阶段的省份在省级层面建立类似中央的结构——由相关政府机构、非政府组织、私人部门以及公民社会代表组成的省级 REDD+协调委员会。

为了增进社会各界对 REDD 机制的理解，就 REDD 机制和项目的实施达成共识，REDD+特别工作小组组织了 REDD+准备阶段的"利益相关者研讨会"，来自政府、研究机构以及非政府组织的专家和工作人员以及社会公众都参与其中，探讨如何开展 REDD+的准备工作，提升公众对 REDD+机制的认识和理解，推动其在老挝的实施。第一次研讨会于 2010 年 5 月举行，第二次于同年 8 月举行，目前研讨会定期举行，已成为常态（UN-REDD，2016j）。

3.2.2　东盟专项规划领域进步突出

东盟在农林渔资源可持续利用、能源保护与能源效率提高、生物多样性保护、跨界烟雾污染治理、水资源的利用和保护、气候变化与环境教育、城市可持续发展以及交通运输管理等领域制定了许多战略规划和行动方案，并在它们的指导下，开展了众多应对气候变化的具体措施。经过若干年的努力，东盟在许多领域取得了较为明显的进步，尤其是在农林渔资源保护和气候变化意识提升等方面。

1. 森林面积保持稳定增长

在农林渔资源中的林业资源保护方面，东盟国家针对具体国情制定了若干政策方案和行动计划，并在 UN-REDD 项目的辅助下，如表 3-16 所示，绝大部分国家，如新加坡、泰国、文莱、老挝、马来西亚、菲律宾以及越南七个国家的森林面积和森林面积占陆地面积的比例在 2010～2015 年都呈现连续增长或保持稳定的状态。

表 3-16　东盟国家森林面积与森林面积占陆地面积比例变化情况

国家	2010 年		2015 年		变动情况	
	面积/km^2	占比	面积/km^2	占比	面积/km^2	占比
柬埔寨	100 940	57.2%	94 570	53.6%	−6 370	−3.6%
缅甸	317 730	48.6%	290 410	44.5%	−27 320	−4.1%
印度尼西亚	944 320	51.2%	910 100	50.2%	−34 220	1.0%
新加坡*	163.5	23.3%	163.5	23.1%	0	−0.2%
泰国	162 490	31.8%	163 990	32.1%	1 500	0.3%
文莱	3 800	72.1%	3 800	72.1%	0	0%
老挝	178 155.6	77.2%	187 614.1	81.3%	9 458.5	4.1%
马来西亚	221 240	67.3%	221 950	67.5%	710	0.2%
菲律宾	68 400	22.9%	80 400	27.0%	12 000	4.1%
越南	141 280	45.6%	147 730	47.6%	6 450	2.0%

注："*"表示新加坡填海造陆，陆地面积有所增长，这导致森林面积占陆地面积的比例减少。

资料来源：世界银行. 2016. 森林面积. http: //data.worldbank.org.cn/indicator? tab=all.

在非 UN-REDD 项目的成员国中，如新加坡、文莱、泰国的森林面积及其所占陆地面积比例都保持增长或稳定状况。新加坡严格控制森林使用，维护森林面积，自 2010 年开始，每年的森林面积维持在 163.5km²。文莱的森林面积自 2010 年开始维持在 3800km² 左右，森林占陆地面积保持着较高的水平，始终维持在 72.1% 左右。泰国 2010 年的森林面积为 162 490km²，森林面积占陆地面积的比例为 31.8%，2015 年的森林面积为 163 990km²，森林面积占陆地面积的比例上升到 32.1%，森林面积增长了 1500km²，占比增长了 0.3 个百分点。

在 UN-REDD 项目的成员国中，大部分成员国（除印度尼西亚、柬埔寨、缅甸以外），如老挝、马来西亚、菲律宾、越南四国，都在森林保护方面取得较大成就。作为最不发达国家的老挝，其森林面积及占陆地面积的比例从 2010 年的 178 155.6km²（77.2%）增长到 2015 年的 187 614.1km²（81.3%），森林面积增长了 9458.5km²，森林占陆地面积的比例增长了 4.1 个百分点。马来西亚的森林面积和占比从 2010 年的 221 240km²（67.3%）上升到 2015 年的 221 950km²（67.5%），森林面积增长了 710km²，占比增加 0.2 个百分点，虽然增长面积和比例较小，但对于森林资源及产品出口大国来说，遏制森林面积减少趋势是一个重大的进步。菲律宾的森林面积及其占比从 2010 年的 68 400km²（22.9%）增长到 2015 年的 80 400km²（27.0%），6 年间森林面积增长了 12 000km²，占比增长 4.1 个百分点，效果十分显著。越南的森林面积及其占比从 2010 年的 141 280km²（45.6%）增长到 2015 年的 147 730km²（47.6%），森林面积增长和占比增长分别达到 6450km² 和 2 个百分点。

2. 气候变化意识逐渐提升

东盟国家采用各种措施，开展气候变化和环境意识教育，加强了本国公众对气候变化的认知和理解。在各国向 UNFCCC 大会提交的《国家信息简报》中，部分国家在第二次《国家信息简报》报告中开展了有关气候变化感知和意识的调查，这体现了国家对气候变化意识的重视程度不断增加，报告同样反映了在国家气候变化和环境意识教育下，东盟大部分国家的公民对气候变化表现出较为强烈的感受，在强化公民对气候变化的认知方面取得良好的效果。

气候变化意识的提升主要表现在行动和感知方面，在行动方面，企业和公众等主体在自身的生产生活中采取绿色低碳的行为，如企业改进生产方式、使用清洁能源、减少化石燃料的使用、提高能源使用效率、公众乘坐公共交通、减少能源的浪费等，在感知方面，主要表现在企业和公众对气候变化感知和理解能力的提高。本节将从公众对气候变化感知和理解能力角度介绍东盟国家气候变化意识教育效果。

柬埔寨于 2007 年开展了气候变化感知和意识的调查，结果发现，85% 的受访者相信柬埔寨的气候正在发生着变化，59% 的受访者听说过气候变化，并将气候变化与人类行为联系起来，在这些意识到气候变化的受访者中，97% 的人相信他们将受到气候变化的影响，61%的人非常关心气候变化（Ministry of Environment of Kingdom of Cambodia，2015）。缅甸于 2009 年 6～10 月开展了为期 5 个月的气候变化公共意识调查，数据显示，85%的受访者表示他们意识到了气候变化，超过 80%的人正确地指出森林破坏是全球变暖的一个原因，大部分受访者能够区别全球变暖是由人类因素造成的，而不只是单纯的自然现象，从平均水平来看，80%的被调查者感知到缅甸的气候已经发生了变化，超过 2/3 的人认为缅甸要采取改善气候条件的措施。就国际社会对气候变化采取的措施来看，40%的人表示知道 UNFCCC 大会（Ministry of Environmental Conservation and Forestry，2012）。在新加坡秘书处开展的新加坡公众气候变化感知调查中，74%的人表示他们关注气候变化，63%的人深信新加坡将受气候变化的严重影响，此外，58%的人表示必须采取减少气候变化的措施，尽管采取这些措施将造成巨大的成本损失（NCCS，2012）。

国际有关气候变化的机构同样对东盟国家公众对气候变化的感知和理解进行了调查，尼尔森与牛津大学环境变化所对全球消费者的调查结果显示，由于受台风、地震和海啸等自然灾害影响，菲律宾、印尼、泰国公众对气候变化的担忧比率高达 78%、66%以及 62%（北京大学国家发展研究院，2010）。由世界银行委托"世界舆论网"开展的民意调查发现，在越南，98%的人表示政府应该在达成协议的情况下承诺限制排放，93%的人支持即使达不成协议也应当采取同样方针，此外，59%的人表示愿意通过支付 1%来承担能源和其他货物价格提升，作为应对气候变化的极其重要的措施（凤凰网，2009）。

3.2.3　应对气候变化机制不断完善

有效应对气候变化离不开制度机制的建立和完善，随着 UNFCCC 主导下的气候变化谈判与合作不断推进，气候变化给东盟国家带来的损失日益加重，东盟峰会和环境部长级会议等逐渐聚焦气候变化问题，东盟各国也开始将应对气候变化纳入到政策议程中，在制度机制方面采取多种措施，减缓气候变化对东盟国家不利影响，提高自身适应气候变化的能力。如表 3-17 所示，东盟国家着手制定本国应对气候变化的战略规划、行动计划以及开展适应项目，建立和完善领导与协调机构，推动应对气候变化政策和措施的有效实施，保证有关计划落到实处。

表 3-17　东盟各国应对气候变化行动规划和适应项目

国家	行动规划与适应项目
印度尼西亚	《国家应对气候变化行动规划》、《印度尼西亚气候变化部门路线图》和《印度尼西亚气候变化适应项目》
菲律宾	《气候变化法案》、《国家气候变化行动计划》、《国家气候变化框架战略》、《气候变化适应阿尔拜宣言》和《国家气候变化框架战略和项目》

续表

国家	行动规划与适应项目
文莱	《国家合理减缓行动规划》
马来西亚	《国家气候变化政策》、《国家气候变化行动计划》和《国家响应气候变化发展规划》
新加坡	《国家气候变化战略》
泰国	《国家气候变化战略规划》、《国家气候变化智慧战略》和《国家气候变化管理战略》
越南	《国家环境保护战略》、《适应和减缓行动规划》、《气候变化响应行动计划》、《国家气候变化响应目标项目》和《气候变化科学与技术项目》
柬埔寨	《柬埔寨气候变化战略规划》、《柬埔寨气候变化战略与行动计划》、《气候变化部门行动计划》和《国家气候变化行动适应项目》
老挝	《国家气候变化战略》和《国家气候变化战略与行动计划》
缅甸	—

资料来源：Lian K，Bhullar L. 2011. Governance on Adaptation to Climate Change in the ASEAN Region. Carbon & Climate Law Review：82.

此外，东盟还加强了应对气候变化的机构建设，为了加强同 UNFCCC 的沟通和交流，东盟国家在国家层面成立了国家联络点。气候变化涉及众多部门间的沟通和协调，为了加强部门间的交流与合作，为此，东盟国家成立了更高级别的政府机构，负责国家层面的气候变化政策的制定以及部门间的统筹协同。此外，当前发展中国家应对气候变化的主要方式是提高对气候变化的适应能力，东盟国家成立了附属于部级单位的司局、处级单位，负责执行气候变化适应政策。目前，除缅甸仅仅建立了 UNFCCC 国家联络点——国家环境事务委员会，其他国家都建立了 UNFCCC 国家联络点、国家气候变化政策机构或国家适应政策机构，东盟国家建立 UNFCCC 国家联络点、国家气候变化政策机构和国家适应政策机构的情况如表 3-18 所示。

表 3-18　东盟国家 UNFCCC 国家联络点、国家气候变化政策机构和适应政策机构

国家	UNFCCC 国家联络点	国家气候变化政策机构	国家适应政策机构
文莱	环境、公园和休闲司	国家气候变化委员会	
柬埔寨	环保部	国家气候变化委员会	环保部、环保部规划和法律事务司气候变化办公室
印度尼西亚	环保部气候变化处	国家气候变化委员会、国家气候变化委员会	环保部气候变化适应处
老挝	水资源与环境管理局环境司	国家气候变化指导委员会	
马来西亚	自然资源与环境部	国家气候变化指导委员会、国家绿色技术和气候变化委员会	
缅甸	国家环境事务委员会		

国家	UNFCCC 国家联络点	国家气候变化政策机构	国家适应政策机构
菲律宾	气候变化总统工作组	机构间气候变化委员会、气候变化总统工作组、气候变化减缓、适应和信息咨询委员会	气候变化委员会
新加坡	水资源和环境部	国家气候变化委员会、跨部门气候变化委员会、国家气候变化秘书处	国家发展部国家适应工组
泰国	自然资源和环境部自然资源和环境政策与规划办公室	国家气候变化委员会、国家局气候变化政策和气候变化协调小组、气候变化专家委员会	—
越南	自然资源与环境部气象、水利与气候变化司	国家气候变化委员会、越南气候变化国家小组	自然资源和环境部气候变化适应专门工作小组

资料来源：Lian K，Bhullar L. 2011. Governance on Adaptation to Climate Change in the ASEAN Region. Carbon & Climate Law Review：82.

3.2.4　国际气候合作中凸显重要性

随着东盟经济实力的不断增强，国际地位和重要性的不断提高，东盟的国际气候合作不断深入，其他国家和国际组织也在与东盟开展的合作中能够获得利益，并通过气候合作带动经济等方面合作，实现政治、经济等全方位的合作。同时，气候变化形势日益严峻大大增加了气候合作的必要性，加速了气候合作的进程。

东盟参与国际气候合作主要体现在国际、区域两个层面。在国际层面，东盟签署应对气候变化的协定和公约，参与并推动国际气候谈判。在区域层面，东盟参与到各种区域性会议，通过双边、多边合作机制，开展区域气候合作。另外，在 UNFCCC 中发达国家向发展中国家提供资金支持和技术援助规定的推动下，美国、日本、英国、澳大利亚等发达国家同东盟国家建立了合作关系。在地缘政治的推动下，东盟也同中国、印度等发展中国家开展了应对气候变化的合作。

1. 国际层面的合作

在东盟峰会以及东盟环境部长级会议的协调斡旋下，东盟内部对气候变化的立场逐渐达成一致。东盟国家积极推动《维也纳公约》、《蒙特利尔公约》、UNFCCC以及《京都议定书》等国际公约的通过，并先后签署以上公约和协定。在 UNFCCC和《京都议定书》缔约方会议召开前，东盟内部会就气候变化谈判立场达成一致，并发布气候变化联合声明或宣言，展现东盟国家推动气候变化谈判的决心和姿态，这对影响气候变化谈判议程设置，推动缔约方为气候变化谈判向预期方向发展做出努力意义重大。

（1）气候变化谈判前发表气候变化东盟宣言。据不完全统计，东盟在 2007～

2015 年召开的 UNFCCC 和《京都议定书》缔约方会议前，共发表了四次气候变化联合声明或宣言，即《东盟有关 UNFCCC 第十三次缔约方会议及京都议定书第三次缔约方会议的宣言》、《东盟有关 UNFCCC 第十五次缔约方会议及京都议定书第五次缔约方会议的宣言》、《东盟有关 UNFCCC 第十七次缔约方会议及京都议定书第七次缔约方会议的宣言》以及《东盟有关 UNFCCC 第二十一次缔约方会议及京都议定书第十一次缔约方会议的宣言》。

（2）气候变化谈判中敦促发达国家履行义务。东盟国家也在气候变化谈判中发挥着建设性的作用，印度尼西亚在气候变化谈判中敦促大型工业发达国家应该在和其他国家共同努力减少碳排放的行动中担负起领跑者和领导者的责任（中国新闻网，2010），"小岛国联盟"成员新加坡倡议成员国在气候变化谈判会议中协调并统一立场（凤凰网，2008a），新加坡对巴黎气候变化大会上通过的《巴黎协定》十分欢迎，并表示将全力支持这项历史性协定（联合早报，2016）。

2. 区域层面的合作

"冷战"结束后，东盟不愿再受大国的摆布和控制，在东南亚地区积极推行大国平衡战略，积极把握处理本地区事务上的主导权，十分注重区域合作，尤其是在区域环境合作过程中发挥关键作用。东盟多次在环境与发展决议中提到东盟要在解决全球环境问题上发挥领导作用，以确保所采取的解决方案对发展中国家是公平和公正的，东盟在塑造和建立其成员国和合作伙伴间的合作，争取国际社会的支持方面有着至关重要的作用。东盟在"东盟+3"会议、EAS 等会议的召开和议题设定上始终掌握着主导权，始终处于中心地位，同时，在 ASEM 中同样发挥着积极的建设性作用。

1）"东盟+3"会议

在"东盟+3"多次会议上，东盟表示要在与气候变化相关领域，如能源、环境以及水资源管理等方面加强同中、日、韩三国的合作，期待继续加强同三国之间的信息共享，并与三国在政策改革、提升区域能源目标的分析和模拟技术以及能源等方面扩大合作。

从 2008 年开始，关注政策制定者在本区域的成长性产业，如中小型企业和旅游业，从而加强可持续消费和生产能力建设，每年举行的"'东盟+3'可持续生产和消费领导项目"，旨在推动东盟同中、日、韩在应对环境和可持续发展问题上的合作。在"'东盟+3'合作基金"的资助下，"东盟水资源综合管理国家战略"研讨会于 2015 年 3 月 2～4 日在马来西亚布城举行，研讨会旨在开发一套适用于东盟的水资源综合管理目标和水资源综合管理框架，从而引导各个国家的水资源综合管理战略（ASEAN Secretariat，2015f）。

在 2015 年召开的"东盟+3"第 18 次会议（ASEAN Secretariat，2015g）上，东

盟和各国领导人还表示，各国要鼓励在可再生能源和能源效率领域，以可接受的成本进行知识转让，增强和深化合作。在环境保护方面，东盟同中、日、韩领导人表示要加强在森林保护以及跨边界污染等环境管理问题的上合作，共同采取措施确保区域可持续发展。此外，会议还讨论了气候变化下的食品安全问题，各国领导人重申《"东盟+3"紧急大米储备协定》（作为增强区域食品安全和减少贫困的重要角色），承认公私合作伙伴关系在建立食品价值链过程中的重要性，鼓励区域食品早期预警信息技术和框架的开发以及农业和农业产业技术的开发和交流，并支持《"东盟+3"生物能源和食品安全框架 2015—2025》的采用。

2）东亚峰会

东盟通过 EAS 加强与其他国家和组织在气候变化及同气候变化密切相关的能源和灾害管理方面的合作。在 2015 年召开的第 10 届 EAS 中（ASEAN Secretariat，2015h），东盟及与会各国领导人认识到气候变化紧急性和采取具体措施的必要性，并重申共同为 UNFCCC 大会第二十一次缔约方会议的目标而努力。在能源方面，东盟同与会领导人重申清洁能源的重要性，如使用可再生能源，提高能源效率以及实施清洁技术以满足东亚地区日益增长的能源需求，特别强调了能源供给共享的有用性。由于近年来自然灾害导致本区域大量生命和财产损失，东盟同各国领导人赞成设立"EAS 灾害快速反应工具"，并重申各国在灾害管理，尤其在增强区域反应能力和人道主义援助方面要达成共识，继续开展共同合作。

3）亚欧会议

ASEM 是东盟同其他国家及组织开展气候变化合作的重要机制和平台，东盟虽然不在其中发挥主导性的作用，但凭借其日益提高的经济实力和地位，以及其在气候变化领域内多年的经验探索和实践，在 ASEM 中发挥着重要的建设性作用。在 2016 年召开的第 11 届 ASEM（Asia Europe Foundation，2016）上，东盟同与会领导人承认规划低温室气体排放长期发展战略的重要性，确保将全球平均升温控制在前工业水平的 2℃以下。与会领导人还鼓励 ASEM 的合作伙伴积极参与到《巴黎协定》全面而有效的实施中，包括通过《国家自主贡献》（INDC）的实施来制定具体的规则，为《巴黎协定》的有效实施提供支持。对与温室气体排放密切相关的行业，各国领导人鼓励通过国际合作，实现不可持续产业、交通运输业以及林业等不同领域的管理，以减少温室气体的排放。对于气候变化的南北合作，东盟同其他国家领导人强调要强化发达国家向发展中国家的资金、技术转让以及在能力建设方面的支持，以开展适应和减少损失措施，这对强化《巴黎协定》的执行和实施至关重要。

此外，东盟还在 UNFCCC 规定发达国家向发展中国家提供资金援助和技术转让的义务下，积极同世界主要发达国家和发展中大国开展了针对气候变化的双边合作。目前，同东盟在气候变化各方面开展合作的发达国家主要有美国、澳大利亚、日本、德国、加拿大、新西兰等，发展中国家主要有中国、印度等（ASEAN Secretariat，2016f）。从合作的内容及形式来看，东盟同其他国家的合作主要有：通过 CDM、REDD 等机制和平台进行资金援助和技术转让；通过研讨会、交流会以及论坛等形式开展的气候变化科学研究和气候变化意识培养等。此外，在信息共享和方案规划制定方面，东盟也同其他国家开展合作。第 2 章已详细介绍东盟国家同世界主要国家气候变化合作的情况，这里将不再赘述。

3.3 东盟应对气候变化政策的走向研判

2015 年 12 月 31 日，东盟轮值主席国马来西亚外长代表东盟发布声明，宣告东盟共同体正式成立。东盟共同体建设内容庞大，加上其在政治、经济以及文化等方面的巨大差异，共同体建设难度可想而知，宣告共同体成立，并不意味着东盟共同体建设已经结束，而是标志着东盟共同体建设取得阶段性成果，共同体建设将翻开新的篇章，迈向新的阶段。在 2015 年举行的第 27 届东盟峰会上，东盟领导人不仅签署了《关于建立东盟共同体的 2015 吉隆坡宣言》，同时通过了愿景文件《东盟 2025：携手前行》，承诺在未来 10 年继续完善东盟共同体（李晨阳，2016）。这充分说明，东盟共同体建设并未停止前进，东盟在未来较长时间段内仍将继续推动共同体向更深层次、更高水平的融合方向发展。

应对气候变化作为社会文化共同体（东盟共同体建设三大支柱之一）建设的重要内容，其政策走向必然受到东盟共同体建设的影响。随着共同体建设进程加快、层次深化，内部认同感将日益强化，共同价值观将逐步形成。在应对气候变化方面，总体来讲，东盟将进一步深化共识，协调立场，在区域内部合作中强化彼此间的理解和信任，协商对话精神将更加明显，在国际合作中展现更加一致的姿态，发出更加整齐的声音。此外，应对气候变化的区域和国际合作将延续以往部分特征，并呈现出新的趋势。在区域合作方面，东盟将弱化气候变化的传统安全观，更加注重气候变化中的综合安全观；"东盟方式"的决策方式将在较长时期存在，灵活变革将在未来逐渐发生；应对气候变化决心增强，并将逐步融入可持续发展；鼓励应对气候变化的次区域合作，推动实践经验和知识信息共享。在国际合作方面，气候变化谈判立场趋同，话语权逐渐增加；仍以资金和技术援助为主，"软合作"将在未来不断增加；气候变化合作将在曲折中前进，受国际形势变化影响增强。

3.3.1 东盟一体化后应对气候变化内部合作的走向

1. 应对气候变化由传统安全观向综合安全观转变

气候变化问题不仅是环境问题和科学问题，更由于其综合性和复杂性特征，逐渐演变为政治问题和安全问题。通过对气候变化问题演化路径和规律的研究，人们对气候变化及其风险认识的加深，气候变化开始被当做一个事关和平与安全的重要问题，甚至被列为引发人类灾难的第二大原因（季玲，2016）。这种对气候变化威胁和灾难的认知与判定就是安全观（巴瑞·布赞等，2003）。传统安全观是在近代以来的民族国家体系中产生的，其主要特征就是以民族国家为主体，以军事安全和政治安全为主要内容，以确保国家生存为基本目标（任卫东，2004），主要关注国家主权和领土完整，尤其是对来自外部的干预保持高度的警惕。而综合安全观强调，国家安全除了要免除外在的军事威胁，还在于国内社会经济的发展（Lizée et al.，1993），同时强调安全内容的综合性、安全利益的非冲突性以及安全手段的渐进性与合作性（季玲，2016）。作为东盟区域合作决策机制的"东盟方式"，同样适用于东盟应对气候变化的合作。从本质上说，"东盟方式"是在传统安全观念盛行的背景下诞生的，主要是防止成员国间以及成员国在区域外部势力的扶植下，采用军事等手段对其他成员国内政进行干涉。东盟希望通过"东盟方式"中互不干涉内政原则和非正式协商手段的实施，尊重并维护成员国的独立自主地位和核心利益，尤其是主权平等和完整（薛澜等，2012）。

东盟应对气候变化的安全观具有地区性特征和时代性特征，在初期的环境合作中，东盟国家特别注重对国家主权和独立自主的维护，这与区域历史经历和现实发展有着重要的关系。东盟多数国家经历过西方的殖民，直到第二次世界大战结束后才赢得国家独立和民族解放。但随着美国和苏联"冷战"的开始，东南亚地区接着成为美、苏等大国博弈和争夺的焦点区域，东南亚国家在外部势力的干预下，发动了针对邻国的数次战争。东盟国家对涉及国家主权与核心利益的合作问题十分敏感，尤其对区域外部力量的进入尤其警惕。鉴于历史事实，在应对气候变化的初期合作中，"东盟方式"尤其突出，东盟国家十分注重对国家主权和独立等核心利益的保护，对传统安全观的追求异常明显。在印度尼西亚1997～1998年的森林大火后，东盟国家陆续签署并批准了具有法律约束力的《东盟跨边界烟霾污染协定》（以下简称《协定》），但作为火灾发生地的印度尼西亚以森林保护牵涉国内外众多利益主体，有干涉印度尼西亚内政的嫌疑为借口，迟迟不愿意批准《协定》，最终于2014年批准。此外，新加坡和马来西亚曾因淡水资源问题而出现摩擦，并导致双边关系持续紧张（朱陆民，2011）。

但随着共同体建设进程的加快，大国平衡战略的实施，东盟国家间的信任感加强，传统安全观弱化，综合安全观强化。东盟的综合安全观具有其独特性，除了始终关注国家和地区的稳定与经济发展外，还关注能源、粮食、环境等经济与社会安全。

首先，东盟逐渐将气候变化与可持续发展联系起来，认为气候变化首先是发展问题，只有通过可持续发展，才能有效应对气候变化，东盟在《东盟社会文化共同体蓝图》中指出，气候变化要与经济发展实现共赢协同，应对气候变化的计划要促进经济繁荣和环境友好的东盟共同体的建设（ASEAN Secretariat，2009d），《东盟后 2015 环境可持续与气候变化议程宣言》重申要在经济增长、社会发展与环境可持续之间寻求平衡，同时为促进后 2015 发展议程和可持续发展目标的实现付出更大努力（ASEAN Secretariat，2015c）。

其次，东盟逐渐鼓励应对气候变化参与主体的多元性，在应对气候变化的安全威胁方面，东盟对参与主体采取了开放的态度，鼓励地方政府、私营部门、非政府组织以及社区共同体参与应对气候变化安全风险（ASEAN Secretariat，2009d），东盟尤其重视市民社会组织在提升公民意识、促进社区参与、提高居民应对气候变化的抗御力以及健康保护方面的作用。

最后，气候变化作为多维度、综合性的安全议题，应对气候变化的努力必然涉及诸多领域的合作，主要包括环境领域、农林业领域、灾害管理领域、健康领域、人类发展领域、经济安全领域、能源安全领域以及政治安全领域等八大领域（Letchumanan，2010），东盟在众多领域都制定了应对气候变化的专项规划和行动方案，以保证应对气候变化能够以统筹协调、统一整体的步伐来开展，确保气候变化应对措施能够多管齐下，全方位推进。

目前，综合安全观越来越多地关注"人的安全""以人为中心"的安全观念成为发展趋势（季玲，2016），这种安全观念同样在东盟应对气候变化的合作中得到体现。随着印度尼西亚海啸、台风"海燕"、"纳尔吉斯"等极端天气和自然灾害的频繁发生，东盟对综合安全观的认识逐步深化，"人的安全"观念不断强化，"以人为中心"的思想越来越多地出现在东盟的文件中，《东盟宪章》（ASEAN Charter）始终将建设"人民为中心"的东盟作为其目标（ASEAN Secretariat，2008b）。

在 2011 年第十九次东盟峰会上，与会领导人通过了《东盟有关 UNFCCC 第十七次缔约方会议及京都议定书第七次缔约方会议的宣言》（以下简称《宣言》），《宣言》强调了气候变化对消除贫困、可持续发展等方面的影响，要保证气候变化下，食品生产和供应得到保障，同时还强调《气候变化多部门框架：迈向食品安全的农业、渔业和林业》作为综合而全面的措施，在农林渔业领域应对气候变化中的重要性（ASEAN Secretariat，2011b）。

在 2014 年的《东盟气候变化联合声明》中，东盟强调了台风"海燕"和"纳尔吉斯"等自然灾害给东盟国家所带来的破坏性和灾难性损失不容忽视，再次指出食品安全、消除贫困和气候变化减缓和适应行为的一致性，并更多地开始关注低碳经济、可再生能源、能源效率、森林退化以及可持续生计等与人们生产生活密切相关的问题，此外，还提出实施损失与损害机制、开展农作物保险等多种措施的呼吁，要求发达国家尽快向贫困社区提供帮助，以尽快使用分散式可再生能源供应（ASEAN Secretariat，2014a）。

在 2015 年的《东盟气候变化联合声明》中，东盟再次强调气候变化对农业，能源供应、生计、水资源利用、土地使用等多方面的影响，重申应对气候变化与实现食品安全和消除贫困的可持续发展目标的一致性，强调森林可持续利用和保护在减缓气候变化，减少极端天气事件中的作用（ASEAN Secretariat，2015b）。2015 年召开的东盟第二十七次领导人会议上，《东盟共同体愿景 2025》获得通过，《东盟共同体愿景 2025》明确指出东盟共同体未来十年的目标就是建立一个基于规则、以人为导向、以人为中心的东盟共同体（ASEAN Secretariat，2016g）。"以人为中心"的思想逐渐成为东盟综合安全观的原则，在东盟应对气候变化的措施中，以人的安全为导向的政策措施逐渐增多。

以上分析可以发现，东盟应对气候变化的安全观具有独特性和时代性，经历了从传统安全观向综合安全观过渡的过程，从初期严格维护气候变化合作中的国家主权完整和独立自主，到目前关注气候变化带来的综合威胁，不断弱化气候变化合作带来的政治安全威胁，逐渐关注经济、能源、健康以及灾害管理等涉及"人的安全"的众多领域，鼓励"以人为主体"的多元主体共同参与、协力推进其应对气候变化的措施。东盟应对气候变化的政策和关注点出现微妙转移，基于"以人为本"思想的综合安全观念不断显现，这种"人本"思想的综合安全观念将在未来不断强化，并有取代传统安全观的趋势。

2. "东盟方式"决策机制长期延续与未来变革共存

"东盟方式"作为东盟国家开展全面合作的决策机制，是特定历史条件下的产物，将始终贯穿于东盟应对气候变化的合作中，并长期存在。强调协商一致，不干预内政以及国家主权平等的"东盟方式"（International Development Law Organization and the Centre for International Sustainable Development Law，2011b），是在传统安全观念盛行背景下诞生的，主要为了防止成员国间或成员国在外部势力的支持下对其他国家的内政外交进行干涉，捍卫成员国的国家主权和独立自主。

气候变化涉及国内外各种利益主体，将现存社会经济问题的影响无限放大和叠加，对国家安全和稳定存在着潜在的威胁。东盟在气候变化合作领域同样遵循"东盟方式"的决策机制，这在某种程度上说明，东盟将气候变化问题定义为传统安全问题。除非东盟将气候变化问题归结为非传统安全问题，否则，"东盟方式"的采用将限制区域适应措施的地方影响（Koh et al.，2010）。从目前的情况来看，东南亚地区气候变化问题加剧已成为事实，给社会各领域造成的损失也不断加大，在各国间信任度不断加强以及大国平衡战略实施的情况下，东盟国家虽然不断弱化气候变化的传统安全观念，但始终将国家社会经济的安全稳定作为中心任务。

虽然"东盟方式"给东盟在包括应对气候变化在内诸多方面的合作带来制度性障碍，如缺乏有效的执行监督机制、效果评估机制以及行为惩罚机制，但正是由于"东盟方式"所具有的非正式、非强制以及松散式的协商性质，才能打消东盟国家在应对气候变化合作的互相猜疑以及对干涉国家内政的忌惮，以最低限度实现国家间的合作。如果东盟国家的合作以强制性、正式性以及具有法律效力原则作为决策机制，那么合作将很难顺利开展，地区形势可能变得扑朔迷离，更不可能取得目前的成果，尤其是在目前美国实施"重返亚太"战略和中国崛起的情景下。换句话说，"东盟方式"是依照实事求是的原则，基于区域历史文化背景和现实情景因素而提出的，是具有区域特色的、最不坏的决策机制，避免东盟国家在应对气候变化等诸多方面合作中出现破裂现象。因此，"东盟方式"的存在具有其合理性，在合作的制度化并未达到某种程度，国家间的信任并未深化到某种程度的情况下，尤其是在地缘政治竞争日益激烈的情况下，"东盟方式"作为最不坏的决策机制将长期存在。

但不可否认的是，"东盟方式"的采用在很大程度上阻碍了东盟国家在包括气候变化在内的诸多方面的合作，对东盟共同体的进一步建设和成熟都产生了不利的影响，未来将在适当的范围内进行灵活调整。"东盟方式"在寻找东盟各国的共同利益，搁置各国间的矛盾分歧，促进东盟的友好团结方面都发挥了重要作用。但随着合作的深入以及共同体建设迈入深水区，"东盟方式"在某些方面成为深化合作的制度性障碍。在"东盟方式"的指导下，成员国开展环境和气候变化合作的监督度和强制执行意愿降低，在环境和气候变化合作中只是制定了一些要求国家遵守的框架和原则，仅仅是一些软法，主要有行动计划、宣言、决议、谅解备忘录等，并没有一部全面立法、严格执法的气候变化法律，同时，已有的气候变化合作依据文本也缺乏实用性和可操作性，最主要的是缺乏约束力（何纯，2009）。

此外，应对监控、报告、惩罚以及非妥协等有效机制明显缺乏，同样约束了东盟主动应对气候变化的有效性（International Development Law Organization and the Centre for International Sustainable Development Law，2011b）。随着东盟共同体的成立，东盟一体化程度加深，共同价值观的日益确立，东盟成员国间的互信将逐渐加强，立场日益趋同，为了提高在应对气候变化等方面合作的效率，作为决策机制的"东盟方式"将逐渐发生细微的变革和调整，应对气候变化合作的手段将更加灵活。在外部形势变化的情况下，东盟国家在加深政治互信和遵循自主自愿原则的前提下，有可能让渡部分不是特别敏感的国家主权，以便推动东盟作为整体所应发挥的作用。东盟国家将加深在气候变化问题上的合作力度，推动各国在气候变化中的重要部分达成共识，统筹协调应对气候变化的不利影响，并加强监督和约束机制的建设，进一步推动应对气候变化合作的制度化进程。

综合以上分析，鉴于东盟国家的历史经历、社会文化差异以及地区博弈形势的变化，作为求同存异、协调各方利益的东盟决策机制——"东盟方式"，将在较长时间内存在，并发挥重要的作用。但东盟在长期的实践中将发现，"东盟方式"

下通过的应对气候变化的法律文本实用性和操作性不足，缺乏法律效力，同时监督和惩罚机制不足，导致应对气候变化的合作效率低下，成果有限。随着共同体建设进程的加快，一体化程度的加深，东盟国家间信任的强化，区域外部势力的进入，东盟有可能对"东盟方式"采取灵活变革，建立监督机制，通过具有法律效力的气候变化协定，并在未来某个时段建立奖惩机制，对成员国应对气候变化的行为进行约束。

3. 应对气候变化决心增强，并逐步融入可持续发展中

随着全球气候变化日益加剧，东南亚地区高度的地理暴露度和社会经济脆弱性增加了气候变化的风险，给东盟国家的社会经济安全带来巨大的潜在威胁，同时，气候变化研究机构再次指出气候变化将给东盟地区带来巨大的损失，东盟将加大应对气候变化合作的决心。

2008 年强热带风暴"纳尔吉斯"袭击缅甸，导致超过 7 万人遇难，超过 5 万人失踪，以及 250 万灾民陷入困境。2013 年的台风"海燕"对于东南亚地区尤其是菲律宾造成了重大灾害，造成了菲律宾 7300 人死亡，430 万人受灾和重大的财产损失。IPCC 在第五次评估报告《气候变化 2014：影响、适应和脆弱性》中指出亚洲地区气候变化的关键风险：河流、海岸带和城市洪水增加，对基础设施、生计和居住区造成大范围破坏；与高温相关的死亡风险上升；与干旱相关的水短缺和导致营养不良的粮食短缺（IPCC，2014b）。而这些风险在东南亚地区都是普遍存在的。ADB 开展的调查报告再次向东南亚国家发出警告，气候变化将给东南亚自然环境和社会经济造成巨大的损失。

亚行在 2015 年发布的《东南亚与全球气候稳定经济学》中警告称，在"一如既往"（business as usual，BAU）的排放模式下，气候变化对东南亚地区的影响要比之前的估计更为严重，尤其是农业、旅游业、能源需求、劳动生产力、自然灾害、健康以及生态系统都将遭受巨大损失，到 2100 年，东南亚国家的国内生产总值将会减少 11%，比之前亚洲开发银行 2009 年预计的增加了 60%（ADB，2015a）。

重大自然灾害的发生和气候变化研究机构的权威报告，坚定了东盟共同合作应对气候变化的决心。为了减缓气候变化带来的不利影响，东盟共同发布了众多应对气候变化的联合声明和宣言，显示出应对气候变化的信念。在 2014 年《东盟国家应对气候变化共同宣言》中特别提到了台风"海燕"对菲律宾和"纳尔吉斯特"强气旋风暴对缅甸带来的灾难，这是东盟首次将气候变化给成员国带来严重损害的证据纳入东盟宣言中（ASEAN Secretariat，2014a）。在 2015 年的《东盟应对气候变化联合声明》中，东盟强调，基于 IPCC 第五次气候变化评估报告的结果，要进一步增加减缓和适应措施的规模，并且要防止长期过程中与适应和减缓相关的更大成本和风险的发生（ASEAN Secretariat，2015b）。在同年发布的《东

盟后 2015 环境可持续与气候变化议程宣言》中，东盟各国领导人再次重申，东盟将在 UNFCCC 的指导下致力于支持应对气候变化的行动和努力，并改善气候变化对社会经济发展、健康以及环境的不利影响，同时要采取综合而完整的战略措施应对气候变化在诸多领域内的挑战（ASEAN Secretariat，2015c）。

东盟在近两年的文件中频繁强调气候变化对东盟各国的影响，并要求各国要通过采取合适的减缓和适应措施减少气候变化的危害，由此看出，东盟应对气候变化的决心不断增强，随着气候变化带来的灾害日益加剧，应对气候变化将有可能上升为东盟的重要议题。

东盟将气候变化问题视为发展问题，认为气候变化问题和经济发展问题并不矛盾，只有通过社会经济的可持续发展，才能有效应对气候变化的不利影响。任何减缓气候变化的行动都必须是补充和增进发展中国家的可持续发展，实现经济的增长（ASEAN Secretariat，2007b）。应对气候变化需要大量的资金和技术投入，但东盟国家普遍经济发展水平有限，资金不足、技术落后，东盟希望在联合国气候变化谈判中，争取在尽可能长的时期内免除承担温室气体减排的义务，为各国经济发展预留充足的空间。一方面，东盟希望通过经济的发展，提高各国应对气候变化的能力，另一方面，东盟希望通过抓住发达国家向发展中国家提供资金和技术援助的机会，利用气候变化推动各国经济向低碳经济、绿色经济方向转型和发展。

通过可持续发展，应对气候变化的观念在东盟近年来发布的文件中不断得到重申，并将在未来不断得到强化。《东盟社会文化共同体蓝图》指出，气候变化与经济发展间要实现协同共赢，东盟国家应对气候变化的行动和计划要以最终促进建设经济繁荣、环境友好的东盟共同体为落脚点。在《东盟后 2015 环境可持续与气候变化议程宣言》中，东盟再次申明，要在经济增长、社会发展以及环境可持续间达成平衡，同时要为增强实现东盟后 2015 发展议程和可持续发展目标的决心而努力，此外，还强调要在各层面理顺可持续发展，并将可持续消费和生产模式纳入作为应对环境可持续各方面的基本国家政策中（ASEAN Secretariat，2015c）。2015 年发布的《东盟应对气候变化联合声明》进一步强调，要以与广义上可持续发展目标一致的方式应对气候变化，以确保在东盟境内食品安全和贫困消除目标的实现，同时，要求发展中国家和最不发达国家将追求能够推动新的减缓和适应措施的可持续发展机遇写入 INDC 中（ASEAN Secretariat，2007b）。此外，在 2016年发布的《东盟社会文化共同体蓝图 2025》中，东盟重申，要促进政策的连贯性和联系性，协同减少灾害风险，气候变化适应、减缓，人道主义行动与可持续发展方案（ASEAN Secretariat，2016c）。

由此可以发现，东盟将环境保护和气候变化与可持续发展紧密联系起来，在应对气候变化时深刻考虑可持续发展目标，把应对气候变化融入到可持续发展中去，通过可持续发展提高应对气候变化的能力和水平，以应对气候变化来推动可持续发展。

4. 应对气候变化的次区域合作深入，实践经验和知识信息共享强化

东盟区域所占面积广大，区域内部社会经济发展水平差异明显，区域合作在兼顾次区域特殊情况的同时，推动次区域主体达成共识，形成统一立场，提高应对气候变化合作的意愿，更好地应对气候变化的不利影响。此外，次区域内部成员国地理临近，河海相连，气候变化风险极易跨越边界，威胁整个区域（季玲，2016）。因此，通过开展次区域合作应对气候变化，对次区域国家来说显得十分必要。目前，在东盟区域内，《东盟跨边界烟霾污染协定》的签订和实施，湄公河委员会的成立等都是东盟次区域合作的典范。东盟对各种正在进行的次区域合作并未存在任何偏见和歧视。

从东盟近年来通过的众多文件来看，鼓励应对气候变化的次区域合作已逐渐成为一种趋势。2011 年第十三次东盟环境部长非正式会议通过了《东盟应对气候变化共同响应行动计划》（以下简称《计划》），在《计划》中，东盟鼓励同现存的其他区域和次区域机构，如大湄公河次区域、湄公河委员会以及"婆罗洲之心方案"（ASEAN Secretariat，2011a）。2015 年发布的《东盟后 2015 环境可持续与气候变化议程宣言》中，东盟欢迎次区域跨界烟霾污染部长级指导委员会采用东盟次区域烟雾监控系统，以协调的方式解决跨边界烟霾污染问题的方案，同时支持涉及环境和气候变化合作的次区域合作，如大湄公河次区域经济合作，印度尼西亚—马来西亚—泰国增长三角，伊洛瓦底省—湄南河—湄公河合作战略，文莱—印度尼西亚—马来西亚—菲律宾东盟东部增长区域，文莱、马来西亚和印度尼西亚间"婆罗洲之心方案"（ASEAN Secretariat，2015c）。2016 年发布的《东盟社会文化共同体蓝图 2025》强调要在森林火灾预防和控制方面，以及《东盟跨边界烟霾污染协定》的实施等背景下，增强在森林可持续管理方面的区域合作，以有效应对跨边界烟霾污染（ASEAN Secretariat，2016c）。

从东盟最近几年的文件，尤其是 2015 年和 2016 年的文件可以发现，东盟十分鼓励次区域组织在环境保护和应对气候变化方面的作用，从长远看来，东盟有可能进一步加大对涉及环境保护和应对气候变化的次区域组织的支持力度。

东盟十分注重在应对气候变化方面开展经验和信息共享，在近年来的主要文件中越来越强调建立知识共享平台的必要性。东盟国家在应对气候变化方面有着较长的历史，积累了较多的实践经验，尤其是气候变化涉及众多领域，单靠某个国家应对气候变化，不仅成本高、难度大，而且效果有限，各国擅长的领域有所不同，信息共享降低应对气候变化的成本，实现应对气候变化合作的共赢，更好地开展应对气候变化的合作。

另外，从联合国气候变化谈判中诞生的应对气候变化的机制，如 CDM、REDD 机制等，主要由发达国家发起和主导，发展中国家在理解和实施这些机制方面处于不利的地位，加强有关机制的实践经验和信息共享，可以更好地推动这些机制在发展中国家实施。气候变化需要多元主体共同参与，应对气候变化的政策和措施必须落实到公众身上，而包括公众在内的多元主体在实施和落实气候变化的措施时，必须获得足够的气候变化知识和信息，因此，建立最佳实践和信息共享平台对推动应对气候变化的多元参与是十分必要的。这种加强实践经验和知识信息共享，建立知识管理平台的观念在东盟近年来的重要文件中多次出现，这说明东盟十分重视经验和信息的共享。

在 2014 年发布的《东盟 2014 年气候变化联合声明》中，东盟鼓励建立研究中心网络，共享气候变化适应农作物生产的知识和经验，以应对气候变化对农产品生产模式的影响，促进区域食品安全，同时强调要在区域其他平台上分享东盟共同应对气候变化合作的经验（ASEAN Secretariat，2014a）。2014 年，柬埔寨开展了应对气候变化的学习和总结报告，与会者表示，要建立包括在线工具在内的知识管理系统，将关键的技术和方法存放到此系统上，方便深受气候变化影响的群体能够方便地获得气候变化相关的科学信息、指南以及实践行动，以便特定事件继续在生产者和政策制定者间共享，从而产生基于此领域的知识、政策和建议（Ministry of Environment，2014）。

建立相关平台以加强信息数据和经验知识共享是东盟最近两年所颁布文件的重要内容和议题。在 2015 年发布的《东盟社会文化共同体蓝图（2009—2015）中期回顾》中，东盟强调，由东盟秘书处牵头，建立知识管理系统，推动数据加工和信息生产，为政策制定、规划设计以及资源生产和开发提供帮助（ASEAN Secretariat，2014b）。在同年发布的《东盟后 2015 环境可持续与气候变化议程宣言》中，东盟鼓励区域和全球范围内的科学和技术技能交流，集中包括绿色城市规划、气候变化以及水灾害抗御等各种方面的经历、技能以及技术（ASEAN Secretariat，2015c）。同样是在 2015 年发布的《东盟及其共同体和民族应对灾害和气候变化弹性制度化宣言》中，东盟指出，要继续分享和传播气候和风险信息，以支持在灾害风险管理和气候变化适应研究和开发方面持续的和未来的努力，同时，要拓宽用户和利益相关者接触此类风险和气候信息以及知识的途径，进一步支持公共和私人领域风险公告政策的开发，决策和投资项目（ASEAN Secretariat，2015i）。东盟在 2016 年发布在框架性文件《东盟社会文化共同体蓝图 2025》中，强调要扩展区域跨部门平台，建立对气候变化做出响应的共享战略，同时，要建立知识平台，降低居住在风险区域的人们暴露于气候相关的极端事件的机会及其脆弱性，增加气候变化应对的抗御性（ASEAN Secretariat，2016c）。

从东盟出台的应对气候变化的宣言声明以及涉及气候变化的蓝图和框架中可

以发现，东盟十分注重应对气候变化经验、技能交流和共享，在"以人为中心"理念的指导下，近年的文件中尤其注重对气候变化信息和知识的分享和开放，开放公众接触气候变化信息的渠道，帮助公众认识和了解气候变化，推动公众参与到应对气候变化的过程中来，充分利用气候变化带来的潜在机遇，更好地利用社会力量来应对气候变化，这种趋势将在东盟未来的合作进一步展现。

3.3.2　东盟应对气候变化的国际合作走向

1. 气候变化谈判立场趋同，话语权逐渐增加

随着东盟共同体建设的深入，一体化程度的加深，东盟国家的分歧程度将减小，"抱团"效应将逐渐明显。政府间气候变化委员会发布第五次评估报告进一步指出亚洲地区所面临的气候变化关键风险，东南亚地区气候变化将不断加剧，自然灾害爆发将逐渐频繁，给各国带来的损失日益增加。2016 年 3 月湄公河流域发生 60 年来最严重的旱灾（凤凰网，2016）以及 6～8 月缅甸发生水灾（中青在线，2016）等给相关国家都造成了巨大损失。自然灾害带来的显性损失在很大程度上将直接推动东盟国家就气候变化谈判达成统一立场，共同推动气候变化谈判进程。

在气候变化谈判中，东盟将继续要求坚持"共同但有区别的责任"的原则，发达国家承担主要责任以及在 UNFCCC 和《京都议定书》的指导下开展谈判。除此以外，东盟将进一步要求发达国家加大向发展中国家提供资金支持和技术转让的力度，尤其是加大对东盟森林资源保护十分重要的 REDD 机制和绿色气候基金的注资力度，帮助发展中国家提高实施各种机制能力建设。在 2014 年的《东盟2014 年气候变化联合声明》中，东盟指出森林保护和可持续管理在减缓气候变化方面的作用，鼓励 UNFCCC 缔约方要确保开展并实施可持续的 REDD+融资机制，以增加机制对全球减缓目标的潜在贡献，同时重申由发达国家向发展中国家尤其是最不发达国家增加持续的 REDD+实施能力建设援助，尤其是将去碳化利益纳入现有的体制和活动中，充分考虑发展中国家实施 REDD+不同阶段的特征（ASEANSecretariat，2014a）。

东盟还将要求发达国家尽快提交 INDC 方案，并充分考虑发展中国家的能力和状况，推动发展中国家 INDC 中以能源技术为基础的低碳经济和可持续经济发展，要求发达国家加大对东盟国家的资金、技术援助成为东盟国家在气候变化谈判中的主要立场。发展中国家在 INDC 中提出要以清洁能源技术和低碳技术实现经济的可持续发展目标，因此东盟要求发达国家以资金、技术等方式对发展中国家进行援助。加快农作物保险等损失和灾害补偿机制可操作性同样是发达国家必须考虑的（ASEAN Secretariat，2014a）。另外，东盟还将要求发达国家加快如农

作物保险等损失和灾害补偿机制实现可操作化。在 2015 年的《东盟 2015 年气候变化联合声明》中，除了重申以上方面外，东盟多次强调发达国家要加快对绿色气候基金的贡献，向基金的融资做出长期的承诺，并要求发达国家在 2020 年前为每年所提供的 1000 亿美元设定清晰的路线图，同时将发达国家支持的损失和灾害补偿机制最终确定和操作运营视为当前最迫切的事项（ASEAN Secretariat，2015b）。

随着东盟经济的快速增长，二氧化碳等温室气体排放量的迅速增加，东盟在国际气候变化谈判中的话语权将有所增加。在国际社会的众多领域，如政治、经济领域，都主要由发达国家主导话语权，在气候变化领域内同样存在着主要由发达国家主导的话语权。王伟男（2011）将国际气候话语权解释为"在国际气候治理领域，以主观认知的国家利益为基础，对有关标准、规范、机制、程序等国际规制的制定权、主导权、控制权、修改权、解释权等，也包括对任一国家和地区的气候政策优劣与否的评判权"。

除了自身实力与运用实力的方式外，温室气体的排放总量、节能减排的实际成效、低碳转型的路径选择、对外援助的力度大小、国际公关的灵活运用等因素，都深刻影响着国家或谈判主体的国际气候话语权构建（王伟男，2010）。从起初美国作为国际气候谈判的领导者到后来欧盟成为国际气候谈判进程的主导者的转变来看（薄燕等，2012），国家或谈判主体的经济科技实力、温室气体排放总量以及国际气候变化合作意愿等是国际气候话语权构建的最重要因素。

东盟国家在东盟框架内将逐步对气候变化达成共识，随着一体化程度的加深，对气候变化理解将日益趋同，在参与气候变化谈判中的立场将更加一致。在国际气候变化合作意愿上，气候变化加剧造成损失日益加重，加上发达国家以各种理由延缓、搁置向发展中国家提供资金援助和技术转让，造成发展中国家应对气候变化的进程缓慢、效果有限，因此，东盟国家与发达国家、发展中国家合作的意愿十分强烈，尤其是通过参与气候变化谈判敦促发达国家兑现其向发展中国家提供资金援助和技术转让的承诺，以实现发展中国家在 INDC 方案中的目标，这种意愿可以从东盟在以自身为主导的地区多边合作框架中不断提出要加强应对气候变化的合作可以看出。

2007 年，印度尼西亚在巴厘岛举办联合国气候变化大会，这是东盟国家谋求在气候变化安排中增加话语权的重大尝试。虽然东盟一直将联合国气候变化谈判大会视为发表利益诉求的主要平台，借此引起国际社会对东南亚所遭遇的气候变化危机的关注和支持（朱慧，2015），但从目前来看，虽然东盟整体经济实力快速改善，温室气体排放量迅速增长，同时参与国际应对气候变化合作的决心日渐强烈，但同经济科技实力快速增长、温室气体排放量巨大的中国、印度等新兴大国相比，东盟在作为根本性决定因素的经济科技实力方面明显欠缺。从长远来看，虽然东盟在联合国气候变化谈判中的话语权将逐步增加，但其话语权增长速度较慢、分量较小，很难像中国、印度那样能够直接与美欧等发达国家抗衡。其表达话语权的方式仍将主要以"七十七国集团加中国"等形式表达。

　　2. 以资金和技术援助为主要议题，"软合作"将在未来不断增加

　　资金和技术缺乏是发展中国家应对气候变化的重大瓶颈，除了对 CDM 和 REDD 机制的实施等造成障碍外，还不利于国内气候变化适应措施的开展和实施，因此，要求发达国家加快对发展中国家的资金和技术援助仍将是东盟参与应对气候变化国际合作中的主要议题。目前，东盟国家虽然经济快速增长，财政收入迅速增加，但作为发展中国家，各领域财政支出同样巨大，造成应对气候变化的资金投入不足。同时，向发展中国家提供资金和技术支持是 UNFCCC 本着"共同但有区别的责任"给发达国家规定的责任和义务，因此，东盟国家为了更好地利用 CDM 和 REDD 机制，以及在国内开展气候变化适应措施，要求发达国家加快资金援助和技术转让将成为东盟在参与气候变化谈判和国际合作中的主题。

　　这种趋势在东盟近年来发布的若干有关气候变化的主要文件可见一斑。在 2014 年发布的《东盟 2014 年气候变化联合声明》中，东盟鼓励发达国家就向发展中国家和最不发达国家进行技术援助、转让以及资金支持等方面增加承诺，并认为增加发达国家对发展中国家和最不发达国家的融资，因而要求发达国家对发展中国家的资金和技术转让作为其优先工作，此外，还要求发达国家加速对绿色气候基金的贡献（ASEAN Secretariat，2014a）。在 2015 年发布的《东盟 2015 年气候变化联合声明》中，东盟强调要加快绿色气候基金的资本化，以动员来自发达国家长期的资金承诺，支持发展中国家和最不发达国家追求富有成效的减缓和适应措施，因而要求发达国家进一步加快他们对绿色气候基金的贡献，并为到 2020 年每年提供 1000 亿美元的资金设定清晰的路线图，与此同时，东盟认为技术转让、金融援助对支持包括最不发达国家在内的发展中国家长期有效地实施《国家适当减缓行动》、《国家适应行动计划》、《国家适应计划》以及 INDC 来说至为关键，因此要求发达国家在 2020 年后的时间框架内针对技术援助，技术开发与转让以及融资等方面的实施途径增加规定，使发展中国家和最不发达国家将实施宏伟的减缓和适应行动作为他们 INDC 的一部分（ASEAN Secretariat，2015b）。

　　从东盟近两年来应对气候变化的声明中可以发现，东盟时刻强调发达国家向发展中国家和最不发达国家提供资金援助和实施技术转让的重要性，并要求发达国家就此开展切实的行动，将行动落到实处。因此，在东盟同国际社会共同应对气候变化的合作中，要求发达国家向包括最不发达国家在内的发展中国家提供资金和技术支持将是主要议题。应对气候变化方面的"软合作"主要是指在应对气候变化的能力建设方面开展合作，这主要包括制度建设和活动开展等方面，以提

高受助国家对气候变化的适应能力。东盟国家虽然在气候变化研究方面取得长足进步，但由于气候变化具有复杂性和不确定性的特征，东盟国家在气候变化方面的研究同发达国家和主要发展中国家相比差距较大。到目前为止，对印度尼西亚生态资源与环境问题最具有发言权的不是本国的相关机构和部门，而是西方的研究机构和环境组织（何纯，2007）。

　　此外，东盟国家在涉及气候变化诸多领域规划的制定、执行、活动策划及实施方面能力同样较为欠缺，西方发达国家和组织在这方面同样给予了援助。例如，在日本、德国和欧盟的帮助下，东盟分别制定了《东盟与日本交通行业环境改善行动规划 2010—2014》、《陆上运输行业能源效率和气候变化减缓项目》以及《东盟航空运输整合项目》（ASEAN Secretariat，2009c），美国在环境可持续方面为东盟国家的城市提供赴美国参与交流和学习先进经验的机会（ASEAN Cooperation on Environment，2016d），德国的汉斯-赛尔基金致力于东盟生态学校项目研讨会的开展，强烈支持东盟生态学校指南的完整化，帮助学生在校园里尽早形成生态友好型的行为和价值观，并在《东盟成员国环境报告》、《东盟环境教育行动规划》的规划和出版，以及"东盟环境可持续发展电影节"等活动开展方面给予了很大的帮助（ASEAN Secretariat，2015e）。

　　要求发达国家加强对发展中国家能力建设援助的倾向，在东盟近年来发布的与应对气候变化相关的重要文件中同样得到体现。除了在 2012 年发布的《东盟共同应对气候变化的行动计划》中提到要推动国际社会加大对东盟减缓和适应能力建设需求的能力建设援助外（ASEAN Secretariat，2011a），东盟还在 2014 年、2015 年发布的《东盟气候变化联合声明》中强调要求发达国家加快向发展中国家提供能力建设的援助。东盟国家目前的能力建设水平有限，谋求来自发达国家的能力建设援助将是东盟在参与应对气候变化国际合作过程中长期的主题。

　　3. 气候变化合作不确定性增加，受国际形势变化影响增强

　　一直以来，东南亚是大国开展地缘政治外交和地区博弈的焦点区域，这种博弈、争夺出现在东盟各领域的国际合作中，东盟应对气候变化的国际合作同样受到这种博弈争夺形势的影响。在美国"重返亚太"战略和中国"一带一路"倡议实施的背景下，东南亚的地缘政治价值正在发生着变化。随着中国的快速崛起，中国在东南亚的利益不断扩展，与东盟国家的合作不断深化，同时对南海海洋权益保护的措施也在日益加大，海军不断突破美国及其同盟构建的所谓"第一岛链"，迈向太平洋深处。美、日等外部力量介入南海事务，不断炒作对东南亚国家的"中国威胁论"，企图利用南海事务遏制中国在东南亚的力量存在，以此限制中国的崛起。东盟国家为了在以自身为主导的双边国际合作平台，如"东盟+3"、EAS 等框架中始终确立中心位置，保证自身的独立自主以及维护核心利益，不断

实施保证各方势力均衡的"大国平衡"战略，以消解大国力量对东盟的冲击。

从目前的形势来看，东盟部分国家对中国崛起始终抱着担忧和怀疑的态度，尤其是在美、日的怂恿下，担心中国力量的过分存在会威胁到地区局势的平衡和稳定，东盟国家在加强内部团结，加快区域一体化进程，防止自身在大国博弈中被边缘化的前提下，呈现出两边（中国和美、日）要价，并有倒向美、日一边的趋势。虽然气候问题的政治敏感性较低（刘洪霞，2011），但随着中国和美、日在此区域博弈的加剧，东盟"大国平衡"战略实施下使得"一边倒"的趋势愈加明显，东盟与主要国家间的合作势必将受影响，尤其是同中、美、日三国的合作。

总体来看，东盟应对气候变化的国际合作将受到地区形势的影响，呈现出波折中前进的趋势。首先，应对气候变化的合作与东盟同其他国家和组织开展的国际合作一样，会受到地区和国际形势的影响，中国崛起以及南海问题的解决日益棘手，美、日介入南海事务怂恿东盟国家围堵中国等因素的存在都会影响东盟应对气候变化的国际合作，尤其是同中国的合作；其次，应对气候变化的合作政治敏感度相对于其他领域合作来说相对较低，在东盟与合作国还存在外交接触的前提下，应对气候变化合作出现终止情况的可能性较小；最后，随着气候变化给东盟带来的灾害和损失加剧，东盟应对气候变化的决心日益坚定，东盟必然谋求同大国或组织开展以自身为主导的气候变化合作，对其主导性地位的挑战必然引起东盟的警惕和反对。因此，未来东盟应对气候变化的国际合作表现出较大的不确定性特征，受到区域形势的影响，总体在曲折中前进。

第4章　中国与东盟应对气候变化的合作

4.1　中国与东盟应对气候变化合作的意义

气候变化给中国和东盟的社会经济可持续发展提出了巨大挑战，中国和东盟国家切身体会到加强地区气候合作的重要性，区域气候合作逐步成为中国与东盟合作中不可或缺的重要领域。

首先，东盟国家和中国地理位置相邻，气候变化的跨边界和公共性特征导致两者深受气候变化带来的自然灾害和极端气候事件的影响。虽然东盟国家和中国的经济快速发展，但从本质上来讲，其发展仍是走"先污染后治理"或"边污染边治理"的道路，这种不可持续的发展模式产生了巨大的环境问题（齐峰等，2009a）。环境问题"牵一发而动全身"，导致气候变化问题，气候变化反过来又加剧了现存的环境问题，并对社会各方面产生了负面的影响，将人类社会中尚未解决的问题进一步放大。例如，气候变化将导致气温升高，改变降水模式，频繁地引发旱涝灾害，降低农作物产量，给严重依靠农业作为生计的农民等边缘群体造成巨大的损害，对社会的和谐稳定不利。随着地球不断升温，水灾和干旱等极端天气事件的发生将更加频繁，中国和东盟沿海地区将遭受更加强烈的热带风暴的影响，泰国、缅甸等国也会面临热带风暴洪水灾害（秦南茜，2011）。

近年来的研究进一步佐证了气候变化给东盟和中国带来的灾害和损失将日益加剧的事实。北京大学和中国气象局国家气候中心预计，中国的气温将持续上升，到 2020 年气温将上升 0.5～0.7℃，到 2100 年则上升 2.2～4.2℃（秦大河，2007）。ADB 发布的《东南亚与全球气候稳定经济学报告》指出，在"一如既往"的排放模式下，到 2100 年，东南亚国家的国内生产总值将会减少 11%，比之前的预计增加了 60%（ADB，2015a）。此外，中国和东盟地理相邻，受到气候变化带来的危害具有相似性，同时由于自然地理和社会经济的脆弱性，应对气候变化的能力有限。尤其是气候变化问题作为跨边界的公共问题，具有非排他性和非竞争性特征，如果一方选择忽视气候变化问题，则容易导致另一方"搭便车"的选择，最终导致双方都对气候变化问题视而不见，气候变化问题终将给双方带来巨大损失。因此，气候变化的严峻形势、跨边界性特征以及两地区应对气候变化的能力是双方开展应对气候变化合作的必然选择，也是顺应地区发展的必然结果。

其次，国际气候合作的外部压力和形势要求东盟和中国加强应对气候变化合作。一方面，在联合国气候变化谈判中，西方发达国家通过不断向中国、印度等发展中大国施加压力，同时拉拢小国和最不发达国家，造成发展中国家间的分歧和内讧，意图瓦解和分裂以"七十七国集团加中国"为合作形式的发展中国家阵营。另一方面，发达国家以各种借口拖延甚至拒绝向发展中国家兑现提供资金援助和技术转让的承诺，在缺乏资金和技术援助的情况下，发展中国家应对气候变化的进程受阻、效果有限，气候变化给发展中国家带来的影响持续加剧。

中国和东盟通过加强应对气候变化的合作，一方面，可以就国际气候变化谈判达成共识，形成一致的谈判立场，加强在气候变化谈判上的谅解和信任，合力应对发达国家就气候变化施加给发展中国家的压力，敦促发达国家承担应有的责任，提高发展中国家在国际气候变化谈判中的话语权，维护他们自身的共同利益，另一方面，东盟通过和作为新兴发展中大国的中国合作，可以学习并借鉴中国应对气候变化的经验和实践，同时利用中国在能力范围内提供的资金和技术援助，提高自身应对气候变化的能力。

最后，虽然中国和东盟在应对气候变化的诸多领域开展了合作，并取得了部分成果，但其合作机制有待完善，深入开展应对气候变化的合作，健全和完善双方应对气候变化合作的机制十分必要。中国与东盟通过东亚"10+3"、湄公河次区域合作以及亚太经合作组织等框架和机制开展了众多应对气候变化的合作。尤其是东亚"10+3"会议，它从 2003 年开始关注环境问题，在此后连续 3 届的领导人会议上，各国围绕地区气候合作问题开展了讨论，并在海洋与海洋环境、可持续林业管理、水资源保护、环境友好与清洁生产等方面达成广泛共识（秦南茜，2011）。

但从目前来看，双方应对气候变化的合作仍主要停留在环境合作层次上，尚未就应对气候变化的合作达成可操作性的协议，合作形式主要以会议的形式开展，其他形式开展的较少。因此，加强双方应对气候变化的合作，对健全和完善合作机制，深化应对气候变化合作的层次，提高双方应对气候变化的能力是十分重要的。

4.2　中国与东盟应对气候变化合作的主要机制

中国和东盟应对气候变化的合作主要是通过一些多边或双边机制来开展，主要的机制有"东盟+3"框架，湄公河次区域合作以及亚太经济合作组织（简称亚太经合组织）（Asia-Pacific Economic Cooperation，APEC）等。

4.2.1　"东盟+3"框架下应对气候变化的合作

东盟与中国在"10+3"框架下开展了应对气候变化的合作，但应对气候变化的合作发端于环境合作，同时环境合作并不是东盟与中国合作的重点。2002 年11 月，中国与东盟签署了《中国—东盟全面经济合作框架协议》（以下简称《协议》），《协议》首次明确地将环境保护纳入到双方合作的重要议程中，这意味着中国与东盟全面的环境合作进程正式开始，双方将在更为广阔的范围内开展环境合作。

2003 年 10 月，中国与东盟双方签署了《面向和平与繁荣的战略伙伴关系的联合宣言》（以下简称《宣言》），《宣言》承诺，为保护东盟区域的生物多样性，中国和东盟将共同合作，重新绿化跨境河流沿岸。此后连续三届的中国与东盟峰会发布的领导人宣言或多或少围绕环境和气候变化合作问题开展了讨论，并在土地森林火灾及其跨境烟雾污染、海洋与沿海环境、可持续林业管理、国家公园和自然保护区管理、城市环境管理、水资源保护、环境友好与清洁生产、公共环境意识教育以及数据搜集与整理等诸多方面达成共识（梁春艳，2011），中国与东盟应对气候变化的合作不断深入和推进。在 2007 年召开的中国与东盟领导人会议上，双方同意正式将环境问题纳入合作议程中，将其作为中国与东盟的第十一项合作议题，并提出规划《中国—东盟环境保护合作战略》，建立"中国—东盟环境保护中心"的设想，并提出适时建立中国—东盟环境部长级会议，以讨论涉及环境相关事务的建议。

随着气候变化带来的自然灾害日益加剧以及国际应对气候变化合作形势的变化，应对气候变化的合作逐渐成为单独议题，被纳入双方的合作领域中。在2008 年 7 月召开的中国—东盟外长会议上，双方正式表示将在应对气候变化方面进行密切合作，共同应对各种环境灾难的挑战（梁春艳，2011）。自此，应对气候变化正式进入中国与东盟的合作范围中。在 2010 年 10 月召开的中国与东盟领导人会议上，双方领导人表示要支持发挥东盟—环境合作中心的作用，积极落实《中国—东盟环境保护合作战略 2009—2015》，特别是通过与 ACB 在保护生物多样性和生态环境、清洁生产、环境教育意识等领域开展合作，支持《东盟环境教育行动计划 2008—2015》及环境可持续城市的实施，同时，双方强调要在国际气候变化谈判中加强对话与合作，特别是坚持"共同但有区别的责任"和各自能力原则，并为在"巴厘路线图"授权下朝着建立全球法律约束框架，以在 2012 年前及以后全面、有效、持续实施 UNFCCC 及《京都议定书》而努力，此外还要在能源效率提高、新能源技术开发和应用以及灾害经验和信息分享等方面加强广泛合作。

2011 年 11 月召开的中国与东盟领导人会议上，双方领导人提出在应对气候变化方面要加强经验共享，并在国际气候变化谈判中加强对话与合作，同时表示要在水资源管理与利用、灾害援助和管理以及能源生产与安全等方面加强合作。在 2015 年 11 月召开的中国与东盟领导人会议上，双方领导人表示对《东盟—中国环境合作战略 2009—2015》的成功实施表示满意，并重申双方进一步增强环境保护合作的决心，同时期待《东盟—中国环境合作战略 2016—2020》早日获得采纳。

2016 年通过的《落实中国—东盟面向和平与繁荣的战略伙伴关系联合宣言的行动计划 2016—2020》指出，要落实中国—东盟环境保护技术与产业合作框架，加强环境友好技术交流与合作，探讨依托中国—东盟环保技术和产业合作示范基地开展示范项目的可能性，加强城乡环保管理领域对话和经验交流，探讨建立生态友好城市发展伙伴关系，探讨开展环境数据和信息共享合作、适时建立环境信息共享联合平台的可能性，加强环境能力建设和宣传教育合作，实施联合培训课程、联合研究、人员交流等项目，加强在大气和水质管理、健康和环境保护及管理等方面的联合研究，强化能力建设及经验分享，探讨将开展生物多样性相关多边环境协议合作等诸多合作措施作为东盟气候变化工作组《东盟共同应对气候变化行动计划》下的补充活动。

此外，中国还与日本、韩国共同在"10+3"框架下同东盟开展了应对气候变化的合作，这进一步延伸了中国和东盟在应对气候变化方面的合作。

在能源方面，双方合作主要表现在举办相关活动，加强信息共享以及保证能源安全和使用效率等方面。中、日、韩同东盟开展了"东盟+3"原油市场论坛，"东盟+3"能源安全论坛，以及"东盟+3"新能源、可再生能源以及能源效率和保护论坛等项目和活动。在 2015 年 10 月召开的"10+3"能源部长级会议上，各国部长就最佳时间共享和能源安全政策制定方面开展合作表示热烈欢迎，东盟各国部长期待中日韩继续共享信息，尤其是在最佳实践、政策改革以及区域能源目标分析和模拟技术以及深化和扩大能源合作方面（ASEAN Secretariat，2015f）。在同年召开的第十八次"东盟+3"峰会上，各国领导人表示要在提供能源使用效率，推动清洁能源技术开发和使用，保证能源安全等方面加强合作，尤其要发挥清洁煤对能源安全和温室气体减排的贡献和作用（ASEAN Secretariat，2015j）。

在水资源管理方面，"东盟水资源综合管理国家战略"研讨会在中日韩发起设立的"'东盟+3'合作基金"的资助下每年召开，研讨会旨在制定能够在地方适用和实施的区域水资源综合管理的一致性目标和框架，以指导每个国家的水资源综合管理战略（ASEAN Secretariat，2015f）。

在环境保护和可持续发展方面，由东盟和中日韩共同发起的"'东盟+3'可持续生产和消费领导项目"每年开展，通过鼓励民间力量参与讨论绿色经济的发展，项目关注政策制定者在本区域成长性产业实施可持续消费和生产的能力建设（ASEAN Secretariat，2015f），此外，通过增强能力建设，中、日、韩与东盟致力于森林可持续管理的实施，并在应对森林和环境管理等问题上深化合作和共同处理的需要（ASEAN Secretariat，2015j）。

气候变化同样对农林渔业造成巨大的冲击和威胁，东盟和中、日、韩十分重视《"东盟+3"紧急大米储备协定》（以下简称《协定》）在增强食品安全和减少贫困中的角色，并将鼓励东盟食品安全信息系统等区域早期预警信息技术和框架的开发作为《协定》的补充，热烈欢迎《"东盟+3"生物能源和食品安全框架 2015—2025》的采用和实施，同时鼓励公私伙伴关系在建立食品价值链、共享最佳实践以及农业生产技术开发交流等方面发挥积极的作用（ASEAN Secretariat，2015j）。

4.2.2　湄公河次区域合作框架下的应对气候变化合作

湄公河流域包括中国和柬埔寨、老挝、缅甸、泰国以及越南五个东盟国家。中国和东盟五国的环境保护和气候变化合作是在 2002 年通过的《大湄公河次区域经济合作战略框架》的指导下开展的（Zhu et al.，2007）。这种合作可以追溯到 20世纪 90 年代，早在 1992 年，中国就先后加入了由 ADB 主导的大湄公河次区域合作、东盟—湄公河流域开发合作等机制。2005 年，在世界银行的支持下，中国与大湄公河流域国家开展了"大湄公河次区域生物多样性保护走廊计划"合作项目，此计划为期十年，分三个阶段完成，第一阶段（2005～2008 年）主要是创建9 个分别选自上述 6 个湄公河流域国家的生物多样性保护试验区，第二阶段于2009 年开始实施，在重点地区建立更多的生物多样性保护走廊，第三阶段于 2012年开展，重点提升自然资源可持续使用和保护带来的收益（郁庆治，2007），目前，此计划已完成。

环境保护和气候变化问题同样是大湄公河次区域经济合作领导人会议中的重要议题，会议每三年召开一次，截止到 2016 年，大湄公河此区域经济合作领导人会议已经召开了五次。2008 年 3 月，在大湄公河次区域经济合作第三次领导人会议上，《大湄公河次区域发展万象行动计划 2008—2012》（以下简称《行动计划》）获得通过，《行动计划》强调要通过农业、能源以及生物多样性等方面的合作，减缓气候变化等环境挑战对次区域人民生活和发展的影响，呼吁加强森林保护合作。与此同时，中国向老挝、缅甸、柬埔寨三国出资 500 万美元，用于湄公河航道的清淤（Zhu et al.，2007）。在 2011 年 12 月举行的大湄公河此区域经济合作第四次领导人会议上，各国领导人表示将全力支持"大湄公河次区域核心环境项目——生物多样性保护走廊计划"二期（2012—2016）框架，加强发展规划的制定体系、方法和保障机制，改善保护区管理和当地民生，加强应对气候变化的能力建设和推广低碳发展，加强机构建设和推动环境管理可持续融资，同时，各国领导人还表示，要加快推广清洁可再生能源，增强能源可获取性、利用效率、供应安全和公共-私营部门关系，在农业方面，要通过使用气候友好和反映性别差异的生物能源技术，进一步扩大次区域农产品和粮食贸易、提升气候变化适应能力所采取的行动，以保证可持续农业发展和粮食安全。2014 年 12 月，大湄公河次区域经济合作第五次领导人会议召开，各国重申将在制定并开展减少气候变化带来的风险和影响、促进可持续发展，包括有效保护与利用自然资源等方面做出共同努力，同时对 2015 年 1 月举行的大湄公河次区域环境部长级会议表示热烈欢迎。

作为次区域环境合作的最高决策机制，大湄公河次区域环境部长级会议每三年举办一次，第一次环境部长级会议于 2005 年在中国上海举办，自此，东盟和其他五国轮流举办环境部长级会议。在 2011 年 7 月举办的第三次大湄公河次区域环境部长级会议上，中方代表徐庆华表示，在大湄公河次区域核心环境项目二期中要继续强调生物多样性保护合作的示范作用，加强生物多样性资源的可持续利用和管理，为保护次区域丰富的生态资源做出共同努力，同时，各国就《大湄公河次区域核心环境项目生物多样性保护走廊计划二期框架文件 2012—2016》达成原则一致。

2015 年 1 月举办的第四次大湄公河次区域环境部长级会议通过了《第四次大湄公河次区域环境部长级会议联合声明》（以下简称《联合声明》），《联合声明》表示各国将共同促进并增加大湄公河次区域自然资本投资，并要求大湄公河次区域环境工作组在 ADB 的支持下，更好地执行核心环境项目并为区域投资框架实施计划提供有效支持。为了推动环境保护和气候变化合作的常态化和制度化，各方还同意将大湄公河次区域环境工作组作为负责开展环境保护和应对气候变化合作的常设性机构，大湄公河次区域环境工作组年会和半年会主要负责核心环境项目（CEP）执行情况评估、次年工作计划规划以及次区域环境部长级会议的筹备等工作。

4.2.3　亚太经合组织框架下的应对气候变化合作

中国和东盟在地理上是亚太地区的一部分，双方的气候变化与亚太其他地区的气候变化关联性较强，气候与环境的治理离不开亚太地区在气候与环境上的合作（齐峰等，2009b）。为了更好地发挥气候变化与环境治理的协同效应，双方还在更广泛的平台和框架，即 APEC 机制下开展了合作。APEC 起初以经济合作为主要内容，随着气候变化成为世界的关注焦点，应对气候变化也随之成为 APEC 合作的重要议题，统一气候变化谈判立场、分享气候变化治理经验成为合作的主要形式。中国与东盟国家作为 APEC 的重要成员，双方亦依托此框架开展了气候变化的相关合作。

APEC 很早就开始关注区域环境问题，真正开始提及气候变化问题是在 2005 年举行的第十三届 APEC 领导人会议上。第十三届 APEC 领导人会议发表的《领导人宣言》强调，各国要开发多种能源渠道，以应对消除贫困、经济增长、减少污染等问题，进而实现应对气候变化的目标，各国对将于同年在加拿大蒙特利尔举行的联合国气候变化大会表示期待。自此,气候变化问题逐渐成为 APEC 关注的重要议题。

在 2007 年召开的第十五届 APEC 领导人非正式会议上,各国领导人共同发表了《APEC 领导人关于气候变化、能源安全和清洁发展的宣言》(以下简称《宣言》),《宣言》再次强调应对气候变化的重要性,将全面性、灵活性等六项作为 2012 后应对气候变化的原则,支持制定 2012 年后应对气候变化的国际安排,同时制定了《APEC 行动计划》,《APEC 行动计划》除了包括各成员国要努力实现到 2030 年将亚太地区能源强度在 2005 年的基础上降低至少 25%,到 2020 年亚太地区各种森林面积至少增加 2000 万 hm^2 等目标外,还将能效、森林、低碳技术和创新等十个方面的具体措施纳入行动计划中,以此指导成员国应对气候变化的行动。值得一提的是,在此次会议上,时任中国国家主席胡锦涛发表了主旨演讲,强调气候变化事关亚太地区的发展,事关亚太地区全体人民的福祉,提出要坚持合作应对、坚持可持续发展、坚持公约主导地位、坚持科技创新,积极应对气候变化的挑战(Zhu et al.,2007),充分显示了中国政府对气候变化的重视。

在接下来连续三届 APEC 领导人会议上,气候变化问题都成为会议讨论的重要议题,各方对气候变化问题的认识不断深化,加强应对气候变化的机制和制度安排成为会议的重点。

在 2008 年召开的第十六届 APEC 领导人会议上,各国领导人强调,气候变化作为全球性问题,必须通过 UNFCCC 下的国际合作以综合性的方式来解决。各成员国将通过一致努力,致力于在 2009 年 12 月召开的哥本哈根联合国气候变化大会上实现公平、有效的 2012 年后的国际气候变化制度安排,同时支持成员国在包括推动清洁技术开发和使用,发达国家向发展中国家资金援助和技术转让在内的气候变化减缓和适应中的合作和能力建设。

在 2009 年召开的第十七届 APEC 领导人会议上,与会领导人重申应对气候变化威胁以及在哥本哈根气候变化大会上达成颇具雄心结果的决心,并将支持 UNFCCC 谈判中同意 REDD 机制在发展中国家实施的努力,此外,各成员国将开发并实施一系列具体的措施来支持区域可持续增长,推动环境产品和服务的使用及扩散,减少贸易和投资障碍,并增强各经济体开发自身环境产品和服务行业的能力,同时,将通过经济和技术合作以及能力建设活动等措施推动气候友好型技术的扩散。

在第二年召开的第十八次 APEC 领导人会议中,各国一致同意将应对气候变化的威胁作为所有成员国最迫切的事务,重申采取行动导向型的有效措施并尽最大努力致力于联合国气候变化谈判的决心,同时将致力于实现包括减缓、透明、融资、技术、适应和森林保护等核心议题的平衡而富有成效的结果,此外,各国将继续执行创造绿色岗位、技术以及产业的政策,增强区域能源安全,减少环境破坏和气候变化的影响,推动经济社会可持续增长。

气候变化曾是 APEC 领导人会议的重要议题之一，但近几年来其重要性出现了明显的下降趋势，这可以通过近几年 APEC 领导人会议发布的宣言看出。在 APEC 2011~2015 年发布的领导人宣言中，虽然有提到与气候变化明显相关的环境保护等方面，但并未直接涉及应对气候变化的态度和措施，应对气候变化在 APEC 的议题排序上有所推后、重要性有所下降。但随着气候变化日益加剧，尤其是亚太地区高温、旱涝、台风等自然灾害给各国造成的损失加重，如 2016 年 6~7 月中国南方诸多省份先后经历暴雨、高温车轮战，缅甸 6~8 月遭遇严重的洪涝灾害，这些由气候变化带来的极端自然灾害给各国造成了巨大的损失，这将有可能加速 APEC 应对气候变化合作的进程，气候变化在未来将有可能重新成为 APEC 讨论的重要议题。

4.2.4　其他机制下应对气候变化的合作

为了充分利用多边平台和框架的优势开展应对气候变化的合作，就联合国气候变化谈判达成统一立场，东盟和中国广泛地利用机制和框架开展应对气候变化的合作。除了在 APEC 框架下开展应对气候变化的合作外，ASEM、EAS 也是双方开展合作的重要渠道。

在 2016 年 7 月举办的第十一次 ASEM 上，与会领导人发表了《第十一次 ASEM 主席声明》，承认规划降低温室气体排放长期战略的重要性，确保实现将全球平均升温控制在前工业水平 2℃ 以下的目标，并追求在将升温限制在 1.5℃ 和增强适应气候变化不利影响的能力间达成平衡的方案，鼓励 ASEM 的成员国积极参与到《巴黎协定》全面有效的实施中，包括通过 INDC 的实施来制定具体的规则，加强在不可持续产业，交通运输以及林业活动等温室气体主要排放来源上的国际合作，确保在《巴黎协定》下更具雄心的行动和支持，此外，强调发达国家向发展中国家就资金、技术转让以及能力建设等方面加强支持，以开展适应和减少损失的措施，对增强《巴黎协定》的执行和实施来说是至关重要的。

在 2015 年 11 月举办的第十次 EAS 上，各国领导人重申将继续改善能源获取和能源供应能力，推动高质量的能源基础设施建设，保证能源市场的透明性和竞争性，不断开发并实施清洁能源技术，提高能源效率，满足东亚地区日益增长的能源需求，保证区域能源安全、可持续发展以及能源供给共享的有效性，此外，对"EAS 灾害快速反应工具"的设立表示欢迎，要继续在灾害管理尤其是增强区域迅速反应能力和人道主义援助方面达成共识，继续共同合作的决心，针对即将举行的 UNFCCC 第二十一次缔约方会议，各国领导人重申将致力于向一个雄心勃勃的草案，一个具有法律效力的协议以及一个具有共识并适用于第二十一次缔约方会议所有缔约方的结果而努力。

4.3　中国与东盟应对气候变化合作的主要内容

应对气候变化和开展环境保护关系密切，气候变化本质上是环境问题，但其对人类社会的影响远超过环境问题，因此，从根本上来讲，应对气候变化是十分漫长的过程，只有通过开展环境保护，才能长远地应对气候变化带来的挑战。中国和东盟在环境保护上开展了众多合作，双方制定了《中国—东盟环境保护战略2009—2015》、《中国—东盟环境合作行动计划 2011—2013》和《中国—东盟环境合作行动计划 2014—2016》，目前《中国—东盟环境合作战略 2016—2020》研究制定已接近尾声，即将对外公开发布。

4.3.1　气候变化与环境合作的目标与原则

1. 合作目标

总体战略目标是，通过协调和分阶段的方法，加强中国—东盟在环境保护的共同优先领域的合作，实现区域的环境的可持续，主要目标包括以下几个方面：为适时建立中国—东盟环境部长会议机制提供支持；寻求基本共识，加强环保合作，促进东亚环境与可持续发展进程；开拓中国—东盟环境保护合作新领域，确立地区环保合作示范项目；与东盟成员国，东盟环保机构，联合国组织，特别是与 UNEP、UNDP 和 APEC、ADB、世界银行和全球环境基金（Global Environment Facility，GEF）等国际组织或多边机构发展伙伴关系；研究其他多边或区域环境合作机制的相关经验，促进中国—东盟环保合作与其他国际援助机构的合作。

2. 合作原则

在促进中国—东盟环境合作中遵守既定的中国与东盟关系原则；合作应根据本国国情和自身发展状况，尊重本国发展的实际情况，在解决全球和区域性环境问题上采取协调行动；在双方环保部门的职权范围内开展平等的合作与对话，共同负责活动的开展，并对结果负责；采取协商一致、互惠互利的合作原则，为后续合作打下良好的基础。

4.3.2　气候变化与环境合作领域

根据《东盟共同体蓝图》，结合中国和东盟在环境保护合作的共性领域，双方决定将以下六个方面作为重点合作的领域：公众意识和环境教育、环境无害化技术和环境标志与清洁生产、生物多样性保护合作、环境管理能力建设、环境产品和服务合作、全球环境问题。

1. 公众意识和环境教育

通过开展公众意识和环境教育，双方结合《东盟环境教育行动计划 2008—2012》，通过中国与东盟成员国的环境教育机构、相关政府和民间社会组织的交流与合作，增强中国—东盟公众的环境保护意识。

在具体活动制定和安排方面，双方将参考《东盟环境教育行动计划 2008—2012》，共同制定《中国—东盟环境教育合作行动计划》；建立中国—东盟环境教育网络，定期开展不同层次的研讨会，交流各国环境教育经验；开展中国—东盟环境教育机构能力建设培训，提高环境教育机构在政策支持、项目实施、资金筹措、成果推广等方面的能力；共同开发环境教育资源。针对中国与东盟成员国共同关注的环境问题，通过环境教育与宣传手段，为开展环境合作提供支持；推动中国—东盟在环境教育领域与其他国际组织和国家的交流与合作。

2. 环境无害化技术、环境标志与清洁生产

在环境无害化技术和环境标志与清洁生产方面，双方通过开展信息和经验交流，实施有效措施，促进区域内废弃物循环利用，提高原材料使用效率，减少温室气体排放量；促进环境无害化技术发展与转让；推动环境标志与清洁生产合作，进一步推动可持续生产与消费。

为了推动合作的开展，双方规划了诸多活动，主要包括：开展废弃物循环利用经验的交流和培训，提高政府决策者、企业、公众对废弃物循环利用的理解和认识，形成全社会推动、倡导和落实废弃物减少和循环利用的良好机制；加强废物利用技术共享，开展具有应用前景和经济效益的成熟的废物利用技术的示范工作；合作开展电子废弃物循环利用和处理处置的试点研究；促进环境友好技术领域的共同研发，建立相关技术转让市场；协助区域有关国家建立环境标志体系，确保本地区环境标志认证产品的有效性和准确性；开展环境产品的共同标准研究，推进绿色产品认知，促进区域各国环境标志互认；开展促进绿色采购的合作研究，促进本地区的可持续消费；推动各国清洁生产，加强以提高审核方法与技能为目的的区域培训活动；逐步推动建立区域清洁生产审核程序，鼓励各国编制共同的清洁生产审核指南或手册。

3. 生物多样性保护合作

生物多样性保护也是双方应对气候变化的重要内容，双方除了在科学研究、

经验共享等方面加强合作外，还加强了双方生物多样性保护机构的交流与对话。另外，由于中国西南地区邻近部分东盟国家，建立区域生物保护区和走廊同样是双方合作的重要组成部分。

生物多样性方面合作内容诸多，主要的活动有以下方面：开展生物多样性监测合作研究，联合开展中国—东盟生物多样性监测示范项目；促进濒危物种保护经验的相互学习和交流；推动跨界自然保护区和生物廊道建设，保护物种正常迁徙活动；建立跨界生物安全合作制度；建设阻止外来物种入侵的合作平台；研究遗传资源的惠益分享机制，促进《生物多样性公约》的履约合作；开展生物多样性适应气候变化的合作研究；促进区域生物多样性保护数据与信息共享；加强植物保护全球战略和全球分类倡议实施的能力建设；促进城镇绿色和城镇生物多样性保护的经验、技术和信息共享。

4. 环境管理能力建设

双方通过人员交流与互访等多种方式，彼此分享环境保护中的经验，提升中国和东盟成员国的环境管理能力。

活动主要以能力建设为主，主要有以下若干方面：提高区域各国环境监测、评估及报告能力；加强本地区环境管理人员的综合能力培训，加强环境经济、环境与健康等领域的政策制定与执行能力；加强区域各国环境执法能力，促进环境政策与执法信息的共享；开展中国—东盟环境管理人员互访与互派交流，促进环境管理的综合能力提高；加强区域各国环境影响评价技术能力的培训与交流。

5. 环境产品和服务合作

双方环境产品和服务的合作旨在促进区域环境产品和服务业市场的建立，加强环境产品与环境服务业的区内流动，促进其在区域经济发展中扮演更为重要的角色。

双方合作涉及诸多活动，主要有以下若干方面：开展区域环境产品和服务业现状与发展的联合研究，明确区域环境产品与咨询服务的需求；促进空气污染治理、固体废物管理、废水处理等技术交流和环境产品和服务业场的建立；开展节能减排的技术合作与交流。

6. 全球环境问题

双方有关全球环境问题的合作旨在协调双方在全球环境问题上的共识，如在国际气候变化谈判中保持立场一致，共同向发达国家施加压力。

为了协调在国际环境谈判中的立场，双方在以下方面开展了合作：加强中国与东盟及东盟成员国对气候变化、持久性有机污染物、有害废弃物的跨境转移等全球环境问题的双边的协调与沟通；加强双方在国际环境公约履约机制的交流；加强与国际环境组织或机构间的协调与合作。

4.3.3　气候与环境合作的主要活动

1. 建立环境合作与政策对话平台

中国—东盟环境部长级双边会议目前并未正式启动，双方将其定位为未来中国—东盟环境合作的高层对话机制，其成员由中国和东盟各国环境部长、东盟秘书长和东盟秘书处等其他高级官员组成。其主要职责有：对中国—东盟环境合作提供战略指导；就环境合作的重大议题交流看法；就共同关心的全球和区域环境问题开展政策对话；听取中国—东盟环境合作进展报告等。中国—东盟环境部长级会议预计每年举办一次。到目前为止，中国与东盟就环境问题的对话主要穿插在东盟—中、日、韩三边环境部长级会议中。最近一次的东盟—中、日、韩环境部长级会议于 2015 年 11 月在越南河内召开，在此次会议上，中国同东盟就《中国—东盟环境保护合作战略 2009—2015》和《中国—东盟环境合作行动计划 2014—2015》的落实进行了讨论，同时期待《中国—东盟环境保护合作战略 2016—2020》能够尽快通过并实施（新民网，2015）。

中国—东盟环境合作论坛是一个开展对话、促进交流、推动务实合作的开放平台，将围绕中国—东盟环境合作具体领域，邀请中国和东盟成员国、其他国家以及国际机构、非政府组织、企业界、科研机构等的决策者、企业家、专家学者等参加，开展政策交流、技术展示和合作商谈。合作论坛每年举办一次，根据需要，选择不同的主题，搭建合作平台。最近一次的中国—东盟环境合作论坛于 2015 年 9 月在广西南宁举办，会议期间开展了"中国—东盟环保产业合作与发展交流圆桌会"和"中国环保产业与技术展示"等主题活动，"环境可持续发展对话与研修"旨在通过与东盟各国开展政策对话及学习交流活动，宣传中国生态文明建设和生态保护理念，让与会者了解东盟国家环境政策，加强"一带一路"倡议框架下的生态环保合作交流，提高区域环境可持续发展能力（凤凰网，2015a）。

2. 启动中国—东盟绿色使者计划

"中国—东盟绿色使者计划"是由温家宝于 2010 年在越南河内出席第十三次中国—东盟领导人会议时提出的倡议，主要围绕中国—东盟环境合作的优先领域和双方共同关注的环境话题，在中国和东盟国家选择和命名一批"绿色使者"，通过人员交流、联合培训、技术研讨等多种形式，提高决策者和公众环境意识，改善中国和东盟环境保护。该计划在环境保护部的指导下，由 2010 年成立的中国—东盟环境保护中心具体负责执行。"绿色使者"主要来自学校、政府、研究机构、企业和各种环保社会团体等。"绿色使者计划"的第一阶段主要包括绿色使者计划启动仪式、能力建设培训项目以及提高公众环境意识等项目。

1）中国—东盟绿色使者计划启动仪式

绿色使者计划于 2011 年 10 月举行的中国—东盟环境保护合作论坛上正式启动（凤凰网，2011），正式发布"中国—东盟绿色使者计划"，并邀请了中国和东盟青年绿色使者代表参加，自此，"中国—东盟绿色计划"开始正式实施。

2）环境保护和应对气候变化能力建设培训项目

为加强环境保护能力建设，双方在"绿色使者计划"下实施了中国—东盟能力建设培训项目，培训项目主题主要包括但不限于国家环境政策与法规、环境影响评价技术与实践、环境执法、城市和农村环境管理实践、环境与扶贫、环境监测技术以及污染治理技术等方面。中国通过此项目为东盟成员国培训人员，邀请培训对象主要是东盟国家的环境官员和技术专家。

2007 年 10 月，"中国—东盟环境影响评价/战略环境影响评价研讨会"在北京举行，中国专家与东盟代表及其他参会人员在会上分享了中国发展环境影响评价 20 余年的经验，并结合其他国家先进技术与经验，共同探讨了未来合作的可行性。2011 年 3 月，来自东盟 10 个国家的 18 名学员参加了"中国—东盟环境执法能力研讨班"，研讨班邀请了相关领域的专家、学者及官员，就中国环境立法与执法概况、中国排污申报和收费制度、中国环境行政处罚制度等向研讨班学员进行了介绍，研讨班还将组织学员参观了解地方环境执法情况，同时，来自东盟各国的代表也介绍了各自国家环境执法方面的制度建设等情况，研讨班通过与东盟国家交流环境执法领域的经验和做法，增进了解，加强合作，推动环境执法领域的能力建设，促进区域可持续发展。

2012 年 4 月，中国和东盟成员国参加了由澳大利亚联邦科学与工业研究组织与印度尼西亚哈沙努丁大学联合主办的"气候变化适应和可持续城市研讨会"，研讨会旨在通过信息和经验交流，了解各国气候变化适应政策、行动和实践，探讨如何提高城市的气候变化适应能力，更好地实现城市的可持续发展。2012 年 7 月，中国举办了"中国—东盟绿色经济与环境管理研讨班"，来自环保部政策研究中心、北京环境交易所以及清华大学的专家就中国在绿色经济发展方面的政策与实践进行介绍，并与东盟国家环境官员交流了环境管理的工作经验，同时，来自老挝、柬埔寨等国家和东盟秘书处的 21 位研讨班学员参观了怀柔区垃圾综合处理中心、平谷区新农村建设，就生活垃圾处理、农村环境管理、生态保护等关心的问题与基层环保官员进行了现场交流，深入学习交流了环境保护经验，取得了良好效果。2012 年 12 月，来自缅甸、柬埔寨、老挝等东盟六国共计 14 位环境官员参加了"亚洲绿色经济政策第三国研修培训班"，本次研修活动邀请了中国进出口银行、东盟中心、日本外务省、日本国际协力机构（Japan International Cooperation Agency，

JICA）的官员和专家就中、日两国的相关政策和具体实践进行了介绍，为东盟国家推动绿色经济发展提供了经验和政策示范。

2013 年 4 月，由环境保护部主办的"绿色经济与城市管理研讨班"在北京召开，来自环境保护部环境规划院、固废中心以及清华大学的专家向来自东盟九个国家和东盟秘书处的 18 位环境官员介绍了中国在绿色经济发展与城市环境管理方面的政策与实践，并与东盟国家环境官员进行了交流，并向他们展示了生活垃圾无害化处理、卫星遥感技术在环境管理中的应用、城市生活污水处理等技术，并就彼此感兴趣的话题与中国基层环保技术人员进行了现场探讨。2016 年 5 月，由中国主办的"中国—老挝环境管理研讨班"在云南省景洪市正式开班，研讨班将围绕大气污染防治进行深入讨论，邀请中国环境规划院、中国环境监测站等单位的专家为老挝学院授课。

3）提高公众环境与气候变化意识项目

在"中国—东盟绿色使者计划"下，中国与东盟同样开展了提高公众环境意识的项目，主要的活动有建立"中国—东盟绿色使者计划"网站，举办"绿色使者计划"青年研讨会或论坛。绿色使者计划——环境技术与知识分享平台原计划于 2016年 12 月前完成网站建设并试运行，在 12 月 31 日前实现网站的正式启动。但由于各种原因，网站目前并未建设起来。在"一带一路"倡议下中国—东盟环保中心正探索建立"绿色丝路使者计划环境技术与知识共享平台"。平台主要实现两个方面的目标：第一，建设成"一带一路"框架下中国环境保护对外重要的宣传、交流、培训与合作平台，通过平台实现环境技术与知识的在线交流、学习与分享；第二，以互联网为主要的传播渠道，以微博、微信等新媒体为主要传播载体，以视频为主要传播形式，分为课程教学视频、会议演讲视频和社会征集视频三种，邀请环保行业专家和学者构建环保内容知识体系，制作环保专题类视频内容。

2012 年 5 月，来自东盟国家和中国的青年环境友好使者代表参加了由环境保护部主办的"中国—东盟绿色发展青年研讨会"，研讨会以绿色发展为主题，围绕绿色发展与青年、构建绿色校园和环境志愿者行动等主要内容进行研讨，并组织代表在北京进行绿色出行实践，旨在通过促进中国与东盟各国青年的沟通与交流，加强中国与东盟国家在公众环境意识提高和公众参与环境保护领域的交流与合作，通过互相学习与借鉴，为提高公众环境意识，推动环境保护合作，促进绿色经济转型发挥青年的积极作用。

2013 年 7 月，来自东盟国家的青年代表、中国青年环境友好使者代表、北京师范大学青年代表参加了由中国环保部主办的以"绿色大学青年交流"为主题的"中国—东盟绿色使者计划—绿色大学青年研讨会"，研讨会以"绿色使命、绿色校园和绿色伙伴"为单元主题进行研讨，各国青年分享了在环境宣传和推广环保理念的做法，交流了在绿色学校和环境教育相关项目中的经验，探讨了未来如何搭建以青年为主体的区域环保合作平台。此外，"中国—东盟绿色使者计划"青年代表同样参加了多边环境保护论坛，2013 年 12 月，中国青年代表参加了由文莱举办的第三次东盟与中、日、韩青年环保论坛，此次论坛以"青年与可持续发展"为主题，旨在交流经验，探索以新的方式构建协作网络，加强各国青年在公众环境意识提高和公众参与环境保护领域的交流与合作，通过互相学习和借鉴，进一步激发各国青年的环保意识，提高公众参与，推动区域环境保护合作，促进青年在绿色经济转型中发挥积极的作用。

截止到 2016 年，作为该项目执行机构的中国—东盟环境合作中心共举办 12 次研讨会，涉及绿色经济、生态创新、环境执法、城市环境管理、水污染治理等领域，该项目已成为中国和东盟在能力建设与公众环境意识提高领域的旗舰项目。目前，"中国—东盟绿色使者计划"的第一阶段（2011—2013）已经结束，作为"中国—东盟绿色使者计划升级版"的"'海上丝绸之路'绿色使者计划"于 2016 年开始实施，该计划将继续举办中国与东盟各国的双边、多边能力建设活动，开展合作网络、环保技术与知识共享平台建设等务实合作，提高区域环保能力，促进区域环境质量改善，服务区域可持续、绿色发展。

3. 推动气候变化相关产业发展与技术交流

环境保护和气候变化涉及众多领域，为了全面开展应对气候变化的合作，中国和东盟在诸多领域开展了环境保护和应对气候变化的合作。其中主要的措施和活动有举办研讨会或论坛，实施中国—东盟环境标志相互认证以及开展适用环境技术示范等项目。目前，在"一带一路"倡议背景下，为了更好地推动与环境保护和气候变化相关的技术和产业合作与交流，中国目前正在修改并完善《中国—东盟环保技术和产业合作交流示范基地发展规划》及《中国—东盟环保合作示范基地建设方案》，为双方的合作提供框架和指导。

1）环境保护和应对气候变化的研讨会

中国与东盟举办了应对环境保护和气候变化各领域的论坛和研讨会，这推动了双方在这些领域内的技术交流与合作。2010 年 10 月，第四届中国—印度尼西亚能源论坛举行，来自中国和印度尼西亚的政府官员和企业代表共 200 余人就深化中国与印尼能源合作、应对能源安全和气候变化进行了深入的讨论，中、印两国企业还签署了石油天然气、电力、煤炭和新能源等领域多项合作协议。2010 年 11 月，中国环境保护部和东盟秘书处联合主办了"中国—东盟绿色产业发展与合作研讨会"，研讨会围绕绿色产业的国家政策、实践与经验、农村绿色技术应用和中国—东盟绿色产业发展与合作的前景等专题听取报告，开展交流和讨论，东盟秘书处在会后表示，中国和东盟在绿色产业领域合作的潜力十分巨大，希望双方共同努力，把绿色产业合作打造成中国—东盟环境合作的一个主要项目。

2011 年 12 月，"中国—东盟应对气候变化：促进可再生能源与新能源开发利用国际科技合作论坛"在云南昆明召开，来自东盟各国及中国相关机构的专家、官员分享了各国在可再生能源与新能源的开发利用方面的成果和经验，并就区域之间科技合作及产品推广应用进行了广泛深入的研讨和交流。2012 年 9 月，"中国—东盟区域能源合作研讨会"在广西钦州举行，来自 13 个国家的 200 多名政府节能主管部门官员、企业和节能环保专家参加会议，各国代表在会上积极探索在区域内的节能新产品、新技术和新机制的推广，并借此建立联络机制和长效合作机制，研讨会期间，来自中国和东盟的 14 家企业机构集中展示了各自在能源合同管理、节能融资、绿色照明、节能最佳方案等方面的新产品、新技术、新机制。2012 年 9 月，"中国—东盟国家水产殖与气候变化研讨班"在江苏无锡举行，各国学者和专家提出了许多应对气候变化的新经验、新措施和新方法，为各国在水产养殖与气候变化领域开展深入合作与交流提供了新的途径。

2014 年 6 月，"中国—东盟应对气候变化国际合作研讨会"在云南昆明召开，来自中国和东盟国家的代表围绕中国和东盟应对气候变化的共同利益与面临的困难、科技应对气候变化的措施、应对气候变化国际合作的模式与机制、应对气候变化的成功经验等方面进行了深入讨论。中国还同东盟部分国家就"一带一路"中的环保产业和技术开展了交流。2015 年 11 月，"中国—泰国环保技术合作研讨会"在泰国曼谷召开，本次会议旨在服务"一带一路"环保产业和技术交流，落实中国-东盟环保技术与产业合作框架，推动中国与泰国环保技术和环保产业对接与交流，支持中国—东盟环保技术和产业合作交流示范基地向海外发展，与会代表还介绍了双方环保产业现状，并就双方关心的环保技术与环境标准等议题开展了热烈讨论。同月，"中国—印度尼西亚环保技术合作研讨会"在印度尼西亚雅加达召开，同样本着服务"一带一路"环保产业和技术交流，落实中国—东盟环保技术与产业合作框架的目的，推动中国与东盟技术对接、转移，支持中国—东盟环保技术和产业合作交流示范基地发展。

2）中国与东盟—环境标志相互认证

中国和东盟还实施了"中国—东盟环境标志相互认证合作"项目，对环境标志产品相互认证进行了可行性研究，举办技术研讨会，推动建立双方环境标志项目和产品（生态标志、环境友好、低碳产品等）的相互认证。2007 年 7 月，中国外交部和国家环境保护总局（后更名为环境保护部）举办了"中国—东盟环境标志和清洁生产研讨会"，来自 9 个东盟成员国及东盟秘书处的 14 位代表参加了研讨会，参会代表在会议上交流了环境标志计划、中国环境标志制定、认证实例等方面的信息和经验，研讨会为推动中国—东盟在该领域开展合作奠定了基础。2009 年 7 月，由环境保护部主办、环境认证中心承办的"中国—东盟清洁生产技术与产品政策研讨会"在北京举行，来自国家清洁发展中心以及东盟各国代表共计 40 余人参加了会议，中国代表就环境标志计划、中国政府绿色采购、中国环境标志标准体系等内容与东盟成员国代表展开了研讨和经验技术交流。

3）环境和气候变化技术示范项目

中国和东盟国家开展了许多环境技术示范项目，其中较为重要的有中泰气候与海洋生态联合实验室、中国—东盟环保技术与产业合作示范基地（中国宜兴环保科技工业园）、中新天津生态城、"大湄公河次区域生物多样性保护走廊计划"四个项目。

2012 年 4 月，中国和泰国签署《中国国家海洋局与泰国自然资源环境部关于建立中泰气候与海洋生态系统联合实验室的安排》（以下简称《安排》），在《安排》的指导下，两国将建立气候与海洋生态系统联合实验室，旨在促进中泰两国在海洋科技领域的合作研究，探讨海洋在气候变化中的作用和气候对海洋的影响，服务于海洋生态系统保护和海洋资源可持续利用。2013 年 6 月，中泰气候与海洋生态联合实验室在泰国吉普正式启用。实验室位于泰国吉普的海洋生态研究中心，包括海洋自动气象站、波浪和水文观测浮标等。该联合实验室主要开展泰国周边海洋环境和气候变化的观测预报、珊瑚礁和濒危生物监测，为海啸、海平面变化等海洋灾害和海洋生态系统保护提供快速预测和预警服务，同时为中、泰两国乃至地区海洋环境观测预报、防灾减灾和应对气候变化研究预测等提供重要合作平台和科技信息服务。

中国—东盟环保技术与产业合作示范基地（中国宜兴环保科技工业园）是中国与东盟国家环保合作的基础性、综合性平台，具备环保技术展示、培训交流、技术研发等功能。2012 年，江西省宜兴市与中国—东盟环境保护合作中心签署了战略合作协议，旨在为双方加强对接、深化合作奠定基础。2013 年 10 月，李克强总理在第十六次中国—东盟领导人会议上提出要建立"中国—东盟环境保护与产业合作交流示范基地"后，推动"示范基地"建设就成为中国与东盟开展环境合作的重要内容。2014 年 5 月，作为中国与东盟环保合作的重要内容，中国—东盟环保技术和产业合作示范基地正式落户宜兴环保科技工业园。目前，基地依托环科园现存的国际化载体和平台进行建设，其主要内容包括中国—东盟环保技术与政策研究院，中国—东盟环保产业合作培训中心，中国—东盟环保技术、设备及产品展示、交易中心和宜兴环保企业国家合作服务中心等，并在水污染处理、固体废弃物治理、大气污染治理和环境监测等领域筛选适用环保技术进行推广。

中新天津生态城是中国、新加坡两国政府战略性合作的项目，其制定可以追溯到 2007 年 4 月中、新两国领导人的会晤。2007 年 4 月，国务院总理温家宝与新加坡国务资政吴作栋共同提议在中国合作建设一座资源节约型、环境友好型、社会和谐的城市。同年 7 月，吴仪副总理在访问新加坡期间，与新加坡方面就生态城选址和建设原则进行了探讨。随后，国家有关部委对天津等多个备选城市进行反复对比和论证，在和新加坡国家发展部交换意见后，最终将生态城选址于天津滨海新区。同年11月，国务院总理温家宝与新加坡总理李显龙共同签署了《中华人民共和国政府与新加坡共和国政府关于在中华人民共和国建设一个生态城市的框架协议》。随后，国家住建部与新加坡国家发展部签署了《中华人民共和国政府与新加坡共和国政府关于在中华人民共和国建设一个生态城市的框架协议的补充协议》，中国—新加坡天津生态城由此诞生。生态城的建设显示了中、新两国政府应对气候变化、加强环境保护、节约资源和能源的决心，是对建设资源节约型、环境友好型社会的积极探索和典型示范。

"大湄公河次区域生物多样性保护走廊计划"是在ADB的资助下，由中国和湄公河沿岸国家共同开展的，旨在强化大湄公河次区域国家间森林生态系统跨边界保护和管理的生物多样性合作项目。2005年7月，第二次大湄公河次区域领导人会议举行，与会领导人批准了《大湄公河次区域生物多样性保护走廊计划》（Creater Mekong Subregion Core Environment Program，2010），自此，中国与湄公河次区域其他五国有关生物多样性合作的项目正式开始。项目分为三个阶段，三个阶段分别从2005年、2009年以及2012年开始。第三阶段原计划于2014年完成，但后来延长到2019年（PRIMEX，2016）。在亚洲银行的技术援助下，六国识别出次区域内对不断增长的环境破坏压力具有敏感性的最重要的生物多样性保护地段，并将其纳入项目方案中进行保护。通过强化生物多样性保护管理制度和社区，修复生物多样性走廊、保护生态系统、实现可持续管理，改善目标社区内的民生和支持小规模的基础设施，项目管理和服务支持（ADB，2015b）等行动，各国希望遏制区域内各国的生物多样性衰减的趋势。

4. 建立和实施联合研究项目

环境保护和气候变化具有复杂性，因此开展并实施针对环境保护和气候变化的联合研究项目，对摸清区域环境和气候变化现状，提高计划和行动的前瞻性和针对性，推动区域绿色发展具有重大的现实意义。联合研究项目主要有两部分，一是研究与出版《中国—东盟环境展望报告》，二是政策研究项目。

1）《中国—东盟环境展望报告》

《中国—东盟环境展望报告》（以下简称《报告》）项目主要针对中国—东盟面临的全球和区域环境问题，通过邀请中国、东盟成员国及国际专家共同对本地区环境与发展问题进行研究，以编写并发布报告的形式为中国和东盟成员国的高层决策提供政策建议。《报告》将由中国—东盟环境保护中心与东盟国家、东盟秘书处联合开展。"中国—东盟环境展望"项目已于2014年2月正式开展，项目启动会重点讨论了《报告》大纲与内容框架，明确了报告"创新与合作"的总体定位，并对核心专家组成成员分工、整体工作计划与重点时间节点进行了安排。目前，《中国—东盟环境展望 2015》正在编写中。项目以区域视角分析评估中国与东盟地区间的环境与发展合作现状以及未来发展趋势，为双方的合作提出具有前瞻性、针对性、可操作性的经验和措施，对改善中国和东盟环境、提升绿色发展发挥着实质性的作用。

2）政策研究项目

联合政策研究项目针对中国—东盟共同关心的全球和区域性环境问题和领域，如生物多样性保护，适应全球气候变化，贸易、投资与环境，大气污染控制的协同效应、可持续消费，国际环境公约履约合作等，组织相关领域的专家进行研究并提出针对性的政策报告，同时将项目成果中涉及中国和东盟地区重大环境问题的共同关切和建议，向决策者和社会公众发布。联合政策研究的领域尤其关注东南亚的生物多样性保护，中国—东盟环境保护合作中心和 ACB 将共同开发和实施联合研究与专家交流项目。为了给中国和东盟生物多样性合作提供具体的措施和行动计划，中国—东盟环境保护中心和 ACB 共同制定了《中国—东盟生物多样性与生态保护合作计划》（以下简称《计划》），以此作为双方生物多样性联合研究和交流等项目开展的框架。

《计划》本着提高双方保护生物多样性和生态系统能力的目的，分三个阶段实施，第一阶段于 2012 年实施，着重关注经验交流与能力建设。2012 年 4 月，ACB 相关专家来华开展生物多样性保护的交流活动，同中国—东盟环境保护合作中心、中国科学院生态环境研究所、广西壮族自治区环境保护厅、广西壮族自治区环境保护科学研究院等机构的负责人进行了交流，并赴广西对生物多样性保护进行了实地考察。2012 年 9 月，中国—东盟生物多样性保护实践研讨会在北京举行，来自东盟、国际组织和合作方的代表参与了本次研讨会，同时参观了北京的湿地保护项目。2013 年 7 月，由中国—东盟实施生物多样性保护战略和爱知目标能力建设研讨会在云南昆明举行，东盟各国、东盟秘书处、ACB 以及 UNEP、生物多样性公约秘书处等国家和机构围绕生物多样性公约的进展、机遇和挑战，更新、制定和实施生物多样性国家战略与行动计划的知识和经验，生物多样性保护政策工具等开展了交流和讨论，会议希望通过开发和实施生物多样性保护战略和行动计划等方面的知识和经验分享，深化伙伴关系，促进中国和东盟在生物多样性保护能力上得到提升。

此外，中国—东盟环境保护合作中心和东盟生物多样性保护中心还共同编制了旨在推动中国和东盟相互借鉴成功经验的《中国—东盟生物多样性和生态保护案例报告》（以下简称《报告》），《报告》希望通过介绍双方在地方、区域以及国际层面上生物多样性保护和合作的相关案例以及双方生物多样性和生态保护的总体情况，为以后的生物多样性保护合作提供借鉴。

4.4　中国与东盟应对气候变化合作的制约因素

目前，中国和东盟在应对气候变化方面开展了诸多合作，但总体来看，合作领域较少、合作深度有限。应对气候变化的合作受到诸多因素的影响，但主要受到双方发展程度和国际政治经济形势的影响。

4.4.1　双方发展程度制约气候变化合作开展

对双方来说，应对气候变化的目标是降低气候变化的不利影响，实现社会经济的可持续发展。在某种程度上说，气候变化既存在着不可知的危险，又存在着潜在的机遇，因此，对待气候变化的态度十分关键。气候变化作为已发生的事实，对各国尤其是发展中国家来说，抓住发达国家或组织在气候变化相关条约规定下向其提供援助的机遇，减轻气候变化的负面影响，将应对气候变化融入国家发展规划中，实现可持续发展至关重要。

目前包括中国和东盟在内的发展中国家更多的是将注意力集中在气候变化的不利影响方面，尤其担忧在气候变化谈判等国际治理方式中出现危害发展中国家利益的不公正秩序，这从根本上来说是由双方目前的发展现状决定的。中国和绝大部分东盟国家都是发展中国家，加速发展和消除贫困是双方目前最主要的任务，在相关研究机构普遍强调应对气候变化对经济发展负面作用的情况下，双方将重点放在关注应对气候变化的负面影响，而很少关注应对气候变化的潜在收益，双方潜意识地认为应对气候变化尤其是参加国际气候变化谈判将有可能严重影响本国的发展权益。

从中国应对气候变化机构的设置就可见一斑，目前，国家发展和改革委员会气候变化司负责中国应对气候变化的具体事宜，这种机构设置隐含着中国政府对气候变化对本国经济社会发展影响的担忧。在他们看来，应对气候变化的机会成本是本国发展权利和空间受损，气候变化治理领域中不公平的国际秩序有可能形成新的制度性压迫，因而淡化气候变化行动很多时候成为双方的共同选择。如何定位气候变化在国家发展政策和目标中的位置将深刻影响双方有关气候变化的合作。

4.4.2　国际形势阻碍气候变化合作进展

目前，中国和东盟双方在应对气候变化各方面开展了部分合作，这些合作在取得部分成效的同时，时刻受到国际形势尤其是区域国际形势的影响，其合作前景并未表现出较为明朗的趋势。

首先，应对气候变化中减少温室气体排放的行动需要大量的成本投入，在目前全球经济疲软、双方发展放缓的情况下，双方都认为这些行动将阻碍本国经济的发展。应对气候变化的行动尤其是减缓行动，需要各国不断实行产业转型升级、经济结构调整以及大量的资金投入，其中产业升级和结构调整则主要是降低高能耗产业的比重，而这些高能耗的重工业正是包括中国和东盟国家在内绝大部分发展中国家经济发展的支柱，在他们看来，降低高耗能产业的比重将有可能减缓本国经济发展的速度，尤其是在全球经济发展疲软深刻影响双方出口、国内需求严重不足的情况下，推动重工业的发展更是成为双方保证本国经济发展速度的最优选择。另外，在目前双方经济增长速度放缓的情况下，加大财政资金的投入成为双方刺激经济发展的重要手段，在发达国家向发展中国家每年提供 1000 亿美元资金承诺迟迟不能兑现的情况下，通过财政加大应对气候变化的资金投入势必将减少经济发展、社会事业等其他方面的投入，在气候变化负外部性和"搭便车"的特征下，依靠自身财力加大应对气候变化的投入明显不符合双方的短期收益。

其次，气候变化作为双方合作的重要内容，与其他合作一样，受到国际政治形势尤其是地区政治形势的影响。在地区形势微妙的情况下，应对气候变化的合作进展将不会一帆风顺。目前，东盟部分国家和中国围绕"南海问题"开展或明或暗的激烈交锋，尤其是中国和新加坡等国的关系变得十分微妙，在美国及其盟友日本等插手东南亚和南海地区事务的背景下，东盟国家极易成为美、日搅乱南海浑水、遏制中国崛起的桥头堡。实际上，中国除了跟柬埔寨等若干东盟国家有着十分深刻的信任关系外，同大部分东盟国家的关系并不牢固，尤其是在美、日等国煽风点火的背景下，双方的关系有可能变得更加扑朔迷离。虽然中国明确"一带一路"的目标是实现参与国和沿线国家的互利互惠，但从目前的状况来看，在中国对外宣传欠缺的情况下，东盟部分国家并未理解中国友好的战略意图，而是将其看成对东南亚国家新的"经济掠夺"，一直存在的所谓"中国威胁论"进一步扩大了这些国家心中的阴影。

4.5　中国与东盟应对气候变化合作的预判

4.5.1　应对气候变化的合作不断强化

中国和东盟在应对气候变化的合作方面存在着良好的合作基础，其应对气候变化的合作进程将不断加快、水平不断加深。从中国和东盟目前发布的文件以及合作现状来看，双方应对气候变化的合作有着较为良好的前景，相互间的合作将不断向前发展。从目前来看，中国和东盟应对气候变化的合作仍是环境合作的一部分，尚未成为双方重点合作的独立领域。但随着时间的推移，应对气候变化的合作将逐渐纳入两国重要的合作议程中。

从中国方面来看，中国与东盟就应对气候变化开展了大量的合作，主要表现为成立"中国—东盟环境保护中心"，开展应对气候变化的研讨会，建立环保技术产业示范园，为东盟国家培训应对气候变化的专业人才等。近年来，中国加大了对包括东盟国家在内的发展中国家的气候变化援助。习近平主席于 2015 年 9 月宣布中国未来五年将向包括东盟国家在内的发展中国家提供 100 个生态保护和应对气候变化项目，在 12 月举办的巴黎会议上宣布中国将设立 200 亿元的"中国气候变化南南合作基金"，并在发展中国家开展 10 个低碳示范区、100 个减缓和适应气候变化项目及 1000 个应对气候变化培训名额的合作项目（中华人民共和国国家发展和改革委员会，2016）。此外，中国还表示，将加强南南合作机制建设，创新多边合作模式，同时强化对发展中国家能力建设的支持，包括增强实物支持力度和人才培训支持力度（中华人民共和国国家发展和改革委员会，2014）。这些文件的出台表明，中国将加强同包括东盟国家在内的发展中国的气候变化合作。

东盟方面，从其发布的应对气候变化的联合声明来看，东盟国家将加强同包括中国在内的许多国家的合作。在《东盟关于 2015 年后环境可持续和气候变化议程的宣言》中，东盟表示通过"东盟+1""东盟+3"等机制中的环境部长级会议来加强同包括中国在内的对话伙伴在应对现存的全球环境问题方面加强合作（ASEAN Secretariat，2015c），东盟重申将进一步加强同中国的环境合作，并期待《中国—东盟环境保护战略 2016—2020》早日获得采纳（ASEAN Secretariat，2015g）。

中国—东盟峰会上双方共同发布的共同声明是峰会成果主要的表现。在 2011 年的中国—东盟峰会将应对气候变化写入宣言后，2016 年的中国—东盟峰会再次将"增强在国际气候变化和其他环境相关谈判中的对话与合作"写入了共同声明中，这释放出双方对气候变化较为关切的信号，应对气候变化尤其是在接下来针对《巴黎协定》的气候变化谈判中双方必将加强合作。

4.5.2　双方合作受国际形势影响加剧

面对气候变化给双方造成的损失加重、发达国家给双方的压力加剧以及合作机制有待完善等问题，中国和东盟应对气候变化的合作将不断强化。应对气候变化在中国和东盟目前的合作中并未成为独立的重要领域，仍主要属于环境保护的范畴，同中国与东盟间的其他合作一样，应对气候变化或环境保护的合作同样受到区域或国际形势的影响。

一方面，东盟国家遭受长期殖民的历史和巨大制度文化差异导致东盟国家尤其警惕周围区域大国的崛起和渗透，对区域安全问题尤为谨慎，这直接造成东盟区域"大国平衡"战略的实施。随着中国经济实力的不断增强以及各国维护海权意识的不断觉醒，南海不断成为周边国家角力的舞台，东盟中"南海问题"的当事国不断将矛头指向同样是当事国的中国。基于对中国崛起的疑虑以及区域外大国力量介入的担忧，东盟充分利用联合起来的"集体力量"，把有影响的大国拉拢过来，与大国进行周旋，做到"以我为主"，实现了大国势力在本区的"力量均衡"和"力量制约"，避免了区域冲突和战争（王玉主，2011）。东盟部分国家将"大国平衡"巧妙地运用到"南海问题"中，通过借助美国"重返亚太"等区域外大国力量的干涉，意图使"南海问题"复杂化、国际化，为其在南海的资源开发和利用争取时间，同时潜意识地制约或延缓中国的崛起。这种借助区域外部势力来平衡内部争端的解决思路容易造成区域内国家的猜忌和互不信任，这将给中国和东盟的互信合作造成负面影响，这种影响有可能体现在应对气候变化的合作中。

　　另一方面，随着国际气候变化谈判陷入僵局，发达国家要求其对发展中国家的资金援助和技术转让承诺必须以中国等发展中大国承担量化减排义务为前提，而中国为维护自身生存发展权利，拒绝履行量化减排责任的合理行为却遭到发达国家和部分发展中国家（如"小岛国联盟"的部分国家）的反对和质疑。他们认为中国的经济发展已经迈入发达国家的行列，就其经济总量和排放总量来看，中国必须承担量化减排的责任，发展中国家认为正是由于中国拒绝承担减排责任而导致气候变化谈判进展缓慢，发达国家对他们的资金和技术承诺迟迟不能到位（孙学峰等，2013）。从根本上来讲，正是经济的长期高速增长导致了中国在国际气候变化谈判中腹背受敌，随着中国经济总量和排位的不断提升，中国将在长期内不断受到发达国家和发展中国家的质疑和猜忌。这种质疑同样可能发生在中国和东盟的合作中，尤其是作为"小岛国联盟"成员的新加坡，不仅在东盟中具有重要的影响和地位，同时在各种场合要求主要排放国要加大减排力度。事实上，新加坡本来就对中国在东盟的影响心存疑虑，因此，双方在国际气候变化谈判中的利益冲突有可能导致新加坡游说其他东盟国家间接延缓或搁置同中国包括在应对气候变化和环境保护等方面的合作。

4.5.3　气候变化合作机制不断完善

　　从目前来看，东盟同中国应对气候变化的合作并未成为独立的领域，很大程度上仅仅是把气候变化问题当做环境问题来解决，同时中国与东盟应对气候变化的合作仍处于对话研讨的层次，东盟同中国应对气候变化的合作水平较低，合作机制有待完善。近期来看，中国与东盟应对气候变化的合作很难成为独立的领域，仍将从属于环境保护的合作，但长远来说，中国与东盟应对气候变化合作的机制将逐渐建立起来并不断完善。

　　一般来说，区域合作机制有组织机构、领导人定期协商和决策机制、部长级会议、伙伴国对话机制以及合作交流平台等构成（陈万灵等，2014）。从应对气候变化的合作来看，就组织机构而言，由于中国和东盟一直将气候变化作为环境问题来解决，双方的环境保护部门主要负责环保问题，并未重点关注气候变化问题，中国虽在国家发展和改革委员会下设立了气候变化司，但在应对气候变化的国际合作中作用有限，其他机构如中国气象局等都或多或少地参与到应对气候变化的国际合作中，但并未起到领导和协调作用。就环境保护的合作来看，在领导人定期协商和决策机制上，中国和东盟在定期召开的领导人会议上共同讨论环境保护问题，并在共同声明中纳入环境保护或气候变化的合作问题。就部长级会议来看，目前已建立起东盟—中、日、韩环境部长级会议，但双边的中国—东盟环境部长级会议并未建立起来。就伙伴国对话机制来看，中国和东盟在经济、文化、教育、交通运输等领域建立了部级会议，但在涉及与气候变化密切相关的能源上，双方并未建立能源部长级会议，同时，双方环境保护的民间团体并未开展大规模的深入交流与合作。就合作交流平台来看，目前双方建立了中国—东盟环保合作论坛、中国—东盟应对气候变化研讨会以及中国—东盟气象合作论坛等论坛或研讨会形式的平台，但这些平台大都是地方政府或部门主办的，常态性、规模化、影响力不足，而且如中国—东盟峰会等大型平台往往忽略或淡化环境保护和气候变化议题。

　　随着中国与东盟应对气候变化的合作不断强化，为了提高应对气候变化合作的水平和效率，中国与东盟将做好制度安排和建设，从组织机构、领导人定期协商和决策机制、部长级会议、伙伴国对话机制以及合作交流平台等方面不断完善应对气候变化的合作机制。

4.5.4　合作领域呈现多样化态势

　　气候变化的影响具有综合性和全面性，因此，应对气候变化的合作必须从各方面出发，开展全方位、多领域的合作。从目前来看，气候变化涉及农林渔资源可持续利用、能源保护与能效、生物多样性保护、水资源的利用、灾害管理与气象监测、气候变化与环境教育、城市可持续发展以及交通运输管理等领域。就中国和东盟应对气候变化的合作来说，双方在能源保护与能源效率、生物多样性保护、灾害管理与气象监测、气候变化与环境教育等方面开展了较为丰富的合作。

　　在能源保护方面，中国不仅在传统能源方面加强了与东盟的合作，包括能源贸易与投资、合作勘探与开发、保护能源运输通道（张明亮，2006）以及能源效率提高与能源结构优化等，而且通过研讨会等形式在新能源与可再生能源新技术方面进行了交流与合作，共同推进太阳能、风能、生物质能等新能源与可再生能源的开发利用（云南网，2012），此外，双方计划在今后若干年制定《中国—东盟新能源与可再生能源合作行动计划》，推动双方在清洁能源方面的利用和开发。随着中国—东盟自贸区的完善和"一带一路"的实施，双方有关能源的合作尤其是在能源设施建设和能源技术转让等方面的合作将不断强化。

在生物多样性保护和气候变化与环境教育方面，中国与大湄公河次区域共同实施了《大湄公河次区域生物多样性保护走廊计划》，同时共同开展了中国—东盟绿色发展青年研讨会等项目以提高公民环境保护和气候变化意识，并将继续在这两方面开展合作。中国—东盟峰会发布的若干次共同声明同样提到了要在灾害管理与气象监测等方面加强合作。2014 年 10 月，中国同东盟签订了《中国和东盟有关灾害管理合作谅解备忘录》（以下简称《备忘录》），《备忘录》指出中国将以每年 5000 万人民币的贷款援助来支持《东盟灾害管理与应急响应协议》工作项目的实施，推动东盟灾害管理人道主义援助协调中心的运营以及东盟秘书处灾害管理能力建设项目，并实现灾害信息和最佳实践经验的共享（ASEAN Secretariat，2016）。此外，在《中国—东盟建立对话关系 25 周年纪念峰会联合声明》中，中国和东盟表示将利用现存的协议和机制，推动清洁空气获取、水利设施建设等方面的合作。

从目前的状况来看，中国和东盟在环境保护或应对气候变化的众多领域开展了合作，并将能源保护与能效、生物多样性保护与气候变化和环境意识等作为重点合作领域。在能源保护与能效方面，中国和东盟除了加强传统的能源开发和贸易投资、共享能源利用经验外，还将进一步就优化能源结构、提高能源效率，而且新能源和可再生能源的开发和利用将成为双方合作的新领域，尤其是新能源技术研发和转移等方面加强合作。在生物多样性保护方面，中国和东盟将继续立足于《中国—东盟生物多样性与生态保护合作计划》，依托《大湄公河次区域核心环境计划和生物多样性保护廊道规划》，继续同东盟就生物多样性开展合作，尤其是中国将与东盟共享生物多样性保护经验，并为东盟提供人员、技术以及资金援助。在气候变化与环境意识合作领域，中国与东盟将重点加强在青年气候变化和环境保护意识教育方面的合作，加强对彼此应对气候变化和环境保护政策、措施、行动以及成果的认识和理解，同时提高青年志愿者在应对气候变化领域的创新思维和创新能力，提高青年志愿者创造性解决应对气候变化相关问题的能力，引导公众践行低碳生活和绿色消费。

第5章　印度尼西亚应对气候变化的政策

5.1　印度尼西亚的基本状况概述

5.1.1　印度尼西亚的自然条件

1. 地理概况

印度尼西亚坐落于 7°N～12°S、94°E～142°E，国土面积达到 186.036 万 km²，其中土地面积占到国土总面积的 25%左右，拥有 8.1 万 km 的海岸线，主要由五大岛屿（苏门答腊岛、瓜哇岛、加里曼丹岛、苏拉威西岛以及伊里安查亚岛）以及近 13 667 个小岛屿组成，其中 56%的岛屿都未被命名，7%的岛屿是永久居住的（State Ministry of Environment，2010）。苏门答腊岛、加里曼丹岛以及伊里安查亚岛存在着大面积的平原，海拔在 1000m 以上的山脉绵延起伏。印度尼西亚大约拥有 2000 万 hm² 的耕地，其中 40%是湿地，40%是旱地，另外大约 15%是迁移农业用地（State Ministry of Environment，2010）。

2. 气候条件

印度尼西亚地处热带辐合带，深受季风的影响，东南和东北信风连续不断跨越赤道无风带，从而持续地影响着印度尼西亚的气候。强烈的上升运动，乌云密布，强烈的风暴，高强度的暴雨以及剧烈风暴潮是本地区的主要特征。

印度尼西亚基本上属于热带雨林气候，年平均气温在 25～27℃，年平均降雨量维持在 2000mm 左右（中华人民共和国驻印度尼西亚共和国大使馆经济商务参赞处，2010），全年降雨量最低 640mm，最高可达到 4115mm（State Ministry of Environment，2010）。印度尼西亚的降水模式可以分为三种类型，第一种是季风带来的降水，全年降雨峰值出现在 12 月份，第二种是更加本地化的降水模式，主要发生在本国赤道的东部，全年降水峰值出现在 7～8 月份，第三种是赤道型降水，全年有 3 月和 10 月这两个降水峰值。这三种降水模式导致印度尼西亚的湿季长至 280～300 天，短至 10～110 天（State Ministry of Environment，2010）。印度尼西亚降水模式的变动深受"厄尔尼诺"现象的影响，尤其是印度尼西亚的旱季，而"厄尔尼诺"本身则受到季风的影响，当季风盛行时，"厄尔尼诺"的影响则更加强烈。近几年来，随着大气中温室气体的浓度不断加大，全球气温异常升高，这导致"厄尔尼诺"现象的发生更加频繁，由此带来的旱灾不断加剧，这恶化了适应能力较弱的贫困群体的生存条件。此外，其他与气候变化密切相关的自然灾害，如旱灾、森林火灾等爆发频率也不断提高。

5.1.2　印度尼西亚的社会经济概况

1. 印度尼西亚的人口概况

印度尼西亚是继中国、印度、美国后的世界第四人口大国，目前，其人口仍然保持着较为稳定的增长速度。世界银行的最新资料显示，截止到 2015 年，印度尼西亚的人口总数已达到 2.58 亿人左右，相对于 2005 年的 2.26 亿人，人口增长近 0.32 亿人，增幅达到 14.2%（世界银行，2016d）。目前印度尼西亚人口的年增长速度呈现逐年下降的趋势，到 2015 年，印度尼西亚的年人口增长速度下降至 1.21%（世界银行，2016e）。印度尼西亚官方称，若按照目前的增长速度，其人口将在 2030 年超过 3 亿人（State Ministry of Environment，2010）。就其粗出生率和粗死亡率来看，两者随着时间的变化而不断下降，2014 年分别达到 19.96%、7.16%，自然死亡率为 12.8%（世界银行，2016f），死亡水平较高。

此外，印度尼西亚城市化进程较快，到 2015 年，其城镇人口达到 1.38 亿人左右，占到总人数的 53.74%，同时保持着 2.60%的增速（世界银行，2016g）。社会经济快速发展的同时，印度尼西亚的人口预期寿命同样保持稳定的增长，2014 的预期寿命达到 68.89 岁，相较于 2004 年的 66.97 岁增长了近 2 岁（世界银行，2016h）。城市人口的快速增长、人均寿命的不断延长给印度尼西亚经济和城市发展带来了较大的压力，尤其是在气候变化的情景下，城市基础设施、公共服务的质量和数量都面临着巨大的考验。

2. 印度尼西亚的经济概况

印度尼西亚保持着较快的经济发展速度，但仍受诸多不确定因素的影响，尤其是季度经济增长出现较大幅度的波动。印度尼西亚的国内生产总值保持着较快的增长速度，到 2015 年 GDP 总量达到 8619 亿美元（现价），人均 GDP 达到 3346.5 美元（现价），两者分别相较于 2005 年的 2859 亿美元（现价）、1263.5 美元（现价）增幅高达 201.5%、164.9%。虽然印度尼西亚经济总量不断增加，但就其增长潜力来看，仍受到诸如国内需求疲软和全球经济增速缓慢等因素的影响（世界银行，2016i）。就其 GDP 的年增长情况来看，印度尼西亚 2005 年的经济增长速度为 5.69%，而 2015 年的增长速度则降到 4.79%，下降近 1 个百分点（世界银行，2016j）。印度尼西亚 2016 年前三季度的经济增速依次为 4.92%（汇通网，2016）、5.18%（新华网，2016）以及 5.02%（中国新闻网，2016）。就目前来看，世界经济增长十分缓慢，对出口较为依赖的印度尼西亚经济同样将受到全球经济发展状况的影响，其未来发展前景仍不明朗。

印度尼西亚的三大产业中，农业所占的比例较小且不断下降，工业所占比例举足轻重且同样不断下降，服务业所占的比例不断提升，在国民经济中的地位不断上升。东盟官方资料显示，印度尼西亚 2013 年第一、二、三产业占 GDP 的比重分别为 12.3%、39.9% 以及 47.8%，相比于 2006 年三大产业占 GDP14.2%、43.7% 以及 42.1% 的比重，农业、工业分别下降 1.9 个百分点、3.8 个百分点，服务业的比重上升 5.7 个百分点（ASEAN Secretariat，2015a）。随着服务业的不断发展，服务业占 GDP 的比重将会超过 50%，成为印度尼西亚 GDP 的主要贡献者。

在进出口方面，印度尼西亚 2013 年的出口总额达到 1825.518 亿美元，进口总额达到 1866.287 亿美元，同比 2006 年的 1007.986 亿美元、610.655 亿美元分别增长 817.532 亿美元、1255.632 亿美元，增幅分别高达 81.1%、205.6%（ASEAN Secretariat，2015a），进口的增长幅度远大于出口的增长幅度，并逐渐由贸易顺差发展为贸易逆差，2013 年的贸易逆差达到 40.769 亿美元。

5.1.3 印度尼西亚的能源消费与温室气体排放

随着印度尼西亚社会经济的发展和人口的增长，其一次能源供给和消费都呈现快速增长的趋势，尤其是煤炭、石油等化石燃料。如图 5-1 所示，印度尼西亚

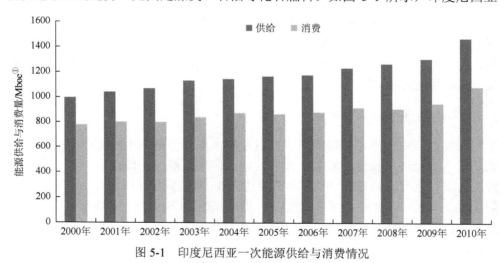

图 5-1 印度尼西亚一次能源供给与消费情况

资料来源：Indonesia's mineral resources ministry. 2017. 2011 Handbook of Indonesia's Energy Economy Statistics. http://prokum.esdm.go.id/Publikasi/Handbook%20of%20Energy%20&%20Economic%20Statistics%20of%20Indonesia%20Handbook%202011.pdf.

---

① Mboe 表示百万桶油当量。

的一次能源供给和消费都保持着快速上升的态势，尤其是能源的供给呈现大幅度增长的态势，在 2000～2010 年，印度尼西亚一次能源的供给和消费分别增长47.1%、38.9%，尤其是从 2010 年开始，出现大幅度的增长，能源消费在 2010 年突破 1000Mboe。

如图 5-2 所示，在印度尼西亚一次能源消费结构中，煤炭、石油、天然气等化石燃料的消耗数量要远远大于水电、可再生能源的消耗数量。其中，石油、煤炭的消耗数量大于天然气，而且煤炭的数量呈现出持续增长的趋势，在三种能源的占比中不断增大。水电、可再生能源等清洁能源的消耗数量基本保持稳定，在能源消费结构中占比 3%左右，始终较小。如何稳定化石燃料的使用，以及如何提高可再生能源的使用比例成为印度尼西亚政府亟待考虑的问题。

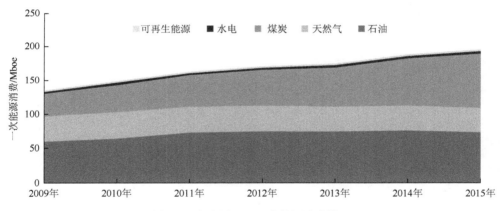

图 5-2　印度尼西亚一次能源消费情况

资料来源：BP. 2017. 2016 年世界能源统计年鉴中文版. http: //218.199.87.242/cache/13/03/bp.com/
8f0138d190505ca42b89ea06a894c960/BP%20Stats%20Review_2016%E4%B8%AD%E6%96%
87%E7%89%88%E6%8A%A5%E5%91%8A.pdf.

如图 5-3 所示，根据国际能源署（International Energy Agency，IEA）的数据，在2014 年印度尼西亚的一次能源供给结构中，石油、天然气、煤炭等化石燃料仍占有相当大的比例，分别占到 33.3%、16.2%以及 16.0%，占比超过 50%。生物燃料/废弃物以及地热能/太阳能/风能的占比分别达到 26.2%、7.7%，与印度尼西亚能源消费结构中可再生能源的占比有所差别，这可能与统计方式的不同有关。但总体来看，在其能源供给结构中，化石燃料占主导地位，新能源的占比明显要比其他国家高。

如图 5-4 所示，印度尼西亚人均能源消耗小于世界平均能源消耗，但同世界平均能源消耗保持着共同增长的态势。相比于世界人均能源消耗增长情况，印度尼西亚人均能源消耗数量保持较为缓慢的增长速度，2003 年的人均能源消耗达到752 千克石油当量，到 2013 年时则达到 850 千克石油当量，增长 98 千克石油当量，

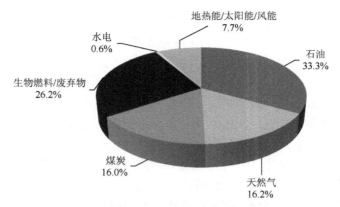

图 5-3　印度尼西亚 2014 年能源供给结构

资料来源：IEA. 2017. Total Energy Supply. http：//www.iea.org/stats/WebGraphs/INDONESIA4.pdf.

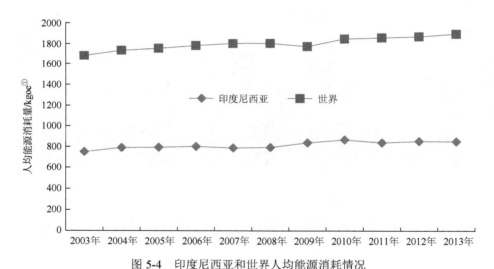

图 5-4　印度尼西亚和世界人均能源消耗情况

资料来源：世界银行. 2017. 人均能源消耗. http：//data.worldbank.org.cn/indicator/EG.USE.PCAP.KG.OE？view=chart.

增幅达到 13%左右，虽然于 2009 年左右人均能源消耗量超过 800 千克石油当量，但其增长速度随后保持较为均衡的增长速度。

　　如图 5-5 所示，印度尼西亚同其他东盟国家一样，单位 GDP 能源消耗保持高位增长，并高于世界单位 GDP 能源消耗量。印度尼西亚的单位 GDP 能源消耗要高于世界平均水平，并从 2003 年的 8.4 千克石油当量增长到 2013 年的 11.4 千克石油当量，增长达到 3 千克石油当量，增长幅度达到 35.7%。就增长幅度来看，世界的单位 GDP 能源消耗在同时期的增长速度为 16.7%，远小于印度尼西亚的单

---

① kgoe 表示千克油当量。

位 GDP 增长速度。单位 GDP 能源消耗的快速增长在标志着印度尼西亚工业化快速推进的同时，预示着印度尼西亚的温室气体排放将同样保持着较高速度的增长。

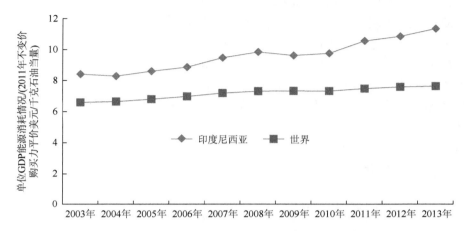

图 5-5　印度尼西亚和世界单位 GDP 能源消耗情况

资料来源：世界银行. 2017. 单位 GDP 能源消耗.
http：//data.worldbank.org.cn/indicator/EG.GDP.PUSE.KO.PP.KD？view=chart.

如图 5-6 所示，印度尼西亚的温室气体排放中，二氧化碳的排放量呈现快速增长的态势，甲烷和其他温室气体（HFC、PHC、SF_6）的排放基本上处于较为平稳的状态。印度尼西亚的二氧化碳排放在 2012 年前基本保持着较快的增长速度，并在 2012 年时达到峰值，相比于 2003 年的 316 792 千吨，到 2012 年峰值时二氧化碳

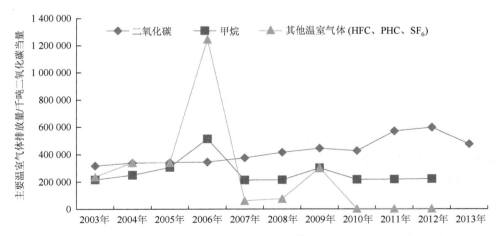

图 5-6　印度尼西亚主要温室气体排放情况

资料来源：世界银行. 2017. 二氧化碳、甲烷以及其他温室气体排放量.
http：//data.worldbank.org.cn/indicator/EG.GDP.PUSE.KO.PP.KD？view=chart.

排放量增长到 479 365 千吨，增长 162 573 千吨，增幅高达 51.3%，但从 2013 年开始，二氧化碳的排放量呈现出下降的趋势。甲烷和其他温室气体的排放量虽然较大，但总量基本上保持着较为平稳和下降，2006 年出现峰值是因为当年印度尼西亚爆发了较大的森林火灾，导致甲烷和其他温室气体都达到峰值，即 515 945 千吨、1 246 981 千吨，此后其排放量基本保持稳定。

如图 5-7 所示，印度尼西亚人均二氧化碳排放量和单位 GDP 排放量都低于世界水平，其人均二氧化碳排放量不断增长，单位 GDP 排放量保持着低水平的平稳状态。印度尼西亚的人均二氧化碳排放保持着较快的增长速度，其排放量在 2012 年达到峰值，相比于 2003 年的数据增幅较大，但从 2013 年开始，其人均二氧化碳排放量呈现不断下降的趋势。其单位 GDP 则始终保持着较低的水平，并表现出有所下降的趋势。

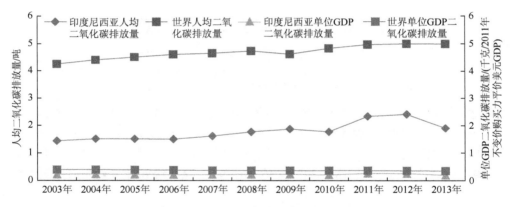

图 5-7　印度尼西亚与世界人均和单位 GDP 二氧化碳排放量

资料来源：世界银行. 2017. 人均二氧化碳排放量、单位 GDP 二氧化碳排放量. 2017.
http: //data.worldbank.org.cn/indicator/EN.ATM.CO2E.PP.GD.KD？view=chart.

5.2　气候变化对印度尼西亚的影响

在过去的几十年间，气候变化给印度尼西亚带来的洪涝、旱灾、风暴、滑坡、森林火灾等自然灾害导致印度尼西亚大量的生命财产损失、社会经济基础设施及环境遭到破坏。来自联合国人道主义事务协调办公室的报告称，印度尼西亚是世界上气候灾害脆弱性最为明显的国家之一。

5.2.1　气候变化对印度尼西亚农业的影响

气候变化对印度尼西亚的农业产生了极大的负面作用，这主要表现在农产品产量下降和种植模式发生变化。"厄尔尼诺"现象导致湿季推迟到来,降低粮食作物的可耕种面积。资料显示,在"厄尔尼诺"现象导致湿季推迟 1 个月到来的情况下,印度尼西亚中、西爪哇省的湿季粮食产量降低了 65%左右,而东爪哇省和巴厘岛的产量也将降低 11%左右(State Ministry of Environment,2010)。受"厄尔尼诺"现象的影响,印度尼西亚的巴厘岛持续了大半年的高温干燥天气,11 月份的气温甚至上升到 37℃以上,日平均温度高达 31.4℃,这种高温干燥的天气导致巴厘岛省近 1000hm² 的农田受到旱灾威胁,若干村庄出现粮食短缺,160hm² 的土地颗粒无收(土流网,2016)。此外,其他农作物,如茶叶等长青作物的产量同样受到"厄尔尼诺"导致的干旱季节影响。印度尼西亚《千岛日报》报道,2016 年出现的"厄尔尼诺"现象是 1997~1998 年以来最严重的,将有可能导致印度尼西亚咖啡产量下降 11%(三农信息网,2016)。气温的升高同样也将影响农作物的产量,研究显示,如果不采取措施降低大气中二氧化碳的浓度,爪哇岛 2025 年和 2050 年的水稻产量将分别减少 180 万吨、360 万吨,在采取技术应对二氧化碳增加的基础上,其 2025 年和 2050 年水稻的产量将分别降低 33 964 吨、59 584 吨(State Ministry of Environment,2010)。

印度尼西亚爆发的农作物病虫害同样被认为与"厄尔尼诺"和"拉尼娜"现象有着密切的关系。气候变化在导致气温和降水异常,为病虫害提供繁衍的环境时,还降低了农作物对病虫害的抵抗力,导致农作物更易受到病虫害的侵蚀。研究显示,在"拉尼娜"发生的年份,受到褐飞虱破坏的水稻面积要远远大于正常年份,在 1998 年"拉尼娜"发生期间,遭受病虫害侵袭而歉收的田亩数量增加到正常年份的 80 多倍(State Ministry of Environment,2010),在病虫害发生频率和规模增加的情况下,农民为了保证农作物的产量,不得不加大农业的使用量,导致农作物品质降低。

降水的变化和气温的上升同样将直接或间接地影响乳畜业的发展,尤其是影响奶牛的产奶和繁殖。其直接影响表现在扰乱它们的产奶量和繁殖行为,间接影响是降低奶牛们摄取草类的质量和数量。气候变化不仅导致奶牛们摄入的草类数量减少,降低产奶量,而且降低奶牛们对疾病的抵抗力,导致奶牛死亡率提升。

气温升高带来的海平面上升将淹没沿海地带的稻田,海水入侵将导致洪水泛滥、土地盐渍化,影响海岸农业的产量。印度尼西亚学者研究发现,海平面上升将导致苏邦等地区水稻产量下降近 30 万吨,而洪水泛滥则将导致玉米减产 5000 吨。此外,海平面上升将影响海产养殖业的发展,导致鱼虾的产量下降,数据显示损失将高达 4000~7000 吨(State Ministry of Environment,2010)。

5.2.2　气候变化对印度尼西亚水资源的影响

气候变化对印度尼西亚水资源的最大影响是减少其水资源剩余量。目前,印度尼西亚许多地区的水资源剩余几乎为零，在某些地区，水资源严重匮乏的时间可持续 12 个月，在"厄尔尼诺"现象期间，雨季的长度可能远远少于 3 个月，在目前的气候状况下，印度尼西亚 453 个地区中，14%的地区全年缺乏剩余用水（State Ministry of Environment，2010）。印度尼西亚政府根据不同的排放情景，对未来的水资源状况进行了预测，结果发现，在低排放情景下，2025 年和 2050 年缺水地区的比重将分别达到 19%和 31%，而在高排放情景下，2025 年和 2050 年的缺水地区的比重将更大，分别达到 21%和 31%（State Ministry of Environment，2010），而且这种预测还带有较大的不确定性，实际的缺水状况将很有可能超过这个比例。

　　2009 年发生的"厄尔尼诺"现象不仅导致稻田灌溉用水减少，而且导致南苏威拉西等地饮用水缺乏，当地居民不得不在深夜前往山泉排队取水（凤凰网，2008）。2016 年"厄尔尼诺"现象导致印度尼西亚严重缺水，尤其是正常的饮用水，当地居民甚至停止开展大量用水的活动，印度尼西亚政府不得不出动火车实行跨区域调水（网易，2016）。"厄尔尼诺"现象的周期性出现，往往带来高温干旱等极端天气，导致水资源的严重匮乏，继而影响到工农生产用水和居民的正常用水。

5.2.3　气候变化对印度尼西亚森林的影响

　　气候变化对印度尼西亚森林的影响主要表现在森林火灾加剧，这主要是由部分区域旱季降水减少、湿季缩短等原因造成的。受到"厄尔尼诺"现象的影响，菲律宾旱季延长、降水减少，加上气温较高、空气干燥、湿度较小，在人为因素的情况下，极易酿成森林火灾。1991～1992 年、1994～1995 年以及 1997～1998 年间强烈的"厄尔尼诺"现象导致三次森林火灾的发生，东南亚国家各地的监测站都观测到大火期间二氧化碳等温室气体排放量的增加，其中被火灾影响最严重的是加里曼丹和苏门答腊等相关省份（State Ministry of Environment，2010）。美国国外灾害援助/传染疾病研究中心办公室指出，这些火灾是 1997～2007 发生十大自然灾害之一，1997～1998 年森林大火造成的直接或间接经济损失高达 1700 亿美元。

　　部分研究机构根据潜在起火点分布密度，对印度尼西亚森林火灾发生地进行了分类，苏门答腊岛和加里曼丹岛都被认定为是森林火灾高风险区域。国际森林研究中心认为在雨季缩短、旱季变长的情况下，加里曼丹和苏门答腊以及爪哇的部分地区相比于过去和其他地区具有更高的森林火灾风险。

　　此外，气候变化带来的气温上升以及森林火灾对生物多样性同样构成某种程度的威胁。森林是生物重要的栖息地，气温不断升高会导致生物对病虫的免疫能力下降，而且会迫使它们离开现有栖息地，寻找温度和湿度更加合适的栖息地，从而造成现有栖息地的生物种类和密度下降，由此导致的生物圈内物种迁移有可能导致物种入侵，造成恶性循环。资料显示，1982～1983 年和 1997～1998 年的两次森林火灾造成印度尼西亚部分地区生物多样性明显下降（State Ministry of Environment，2010），当地的生物种类数量明显下降，即使有所恢复，但速度十分缓慢。

5.2.4　气候变化对印度尼西亚海岸与海洋的影响

气候变化对海岸的影响主要表现在自然和社会经济两个方面，在印度尼西亚，气候变化对海岸地区和渔业发展存在着深刻的影响。

海平面上升导致海岸地区潮汐加剧、洪水泛滥、海水入侵，海岸侵蚀更加强烈。伴随着海平面上升和强烈的波浪作用，印度尼西亚的许多海岸地区发生了明显的海岸侵蚀。根据印度尼西亚公共事务部的数据，印度尼西亚 81 000km 的海岸线中，40%都已遭到侵蚀，在爪哇东北海岸，海岸侵蚀对 5500hm^2 土地的影响已扩展到 10 个地区（State Ministry of Environment，2010）。此外，海平面上升同风速加强、潮汐作用加剧导致印度尼西亚海岸诸多地区产生永久的洪水泛滥、陆地下沉、滔天大潮等现象更加明显，在这些自然现象的作用下，印度尼西亚的海岸线不断向陆地方向推进，海岸地区的经济活动区域被永久性地淹没，海岸居民丧失赖以生存的生计，严重依赖地下水供给的城市同样将受到影响。目前，海平面上升对印度尼西亚海岸的影响已开始显现，2005～2007 年，印度尼西亚亚齐省、北苏门答腊省、巴布亚省以及廖内省沿海已有 24 个岛屿沉入海中（中国网，2014）。印度尼西亚利用不同的排放情景，通过对不同的城市进行预测，得出到 2050 年、2100 年，印度尼西亚海平面将分别上升 25cm、50cm，印度尼西亚的部分海岸城市将被淹没，而陆地下沉将会加剧这种趋势，导致被永久淹没的土地面积不断增加，棉兰、雅加达、三堡垄港、泗水等海岸城市总面积的 25%～50%将永久性地位于水下，其他五个外部群岛将会暂时性地被淹没，这样将会减少印度尼西亚的国土面积（State Ministry of Environment，2010）。此外，世界研究机构同样指出海平面上升将给印度尼西亚产生毁灭性的巨大损失，尤其是将导致印度尼西亚部分城市沉入海中。《气候变化脆弱指数 2015》指出，随着海平面日益上升，最快到 2030 年时，印度尼西亚首都雅加达的苏卡诺哈达国际机场将会陷入水中，外围地区会变成湖泊（NatureServe，2015），世界银行则在 2008 年警告印度尼西亚称，雅加达目前正在下沉，如果印度尼西亚当局再不采取有效行动，拥有 1200 万的这个沿海城市将在 2025 年逐渐被海水淹没（新浪网，2014）。

此外，气候变化对海洋生物多样性同样产生着不同程度的破坏作用，尤其是对珊瑚礁的漂白作用，由此对海洋生态系统的破坏产生链式反应。首先，气温升高将严重地破坏珊瑚的海洋生存环境，导致大量的珊瑚漂白，这种情况在"厄尔尼诺"现象出现的年份表现得尤为明显。在 1983 年和 1998 年爆发的两次"厄尔尼诺"现象中，包括巽他海峡、千岛、吉里汶爪哇海域、东苏门答腊、巴厘以及龙目岛等在内的诸多海域附近大面积珊瑚礁成片死亡（State Ministry of Environment，2010）。仅仅是在千岛，在深及 25m 的海域，就 90%～95%的珊瑚礁白化或死亡，巴厘岛 75%～100%的珊瑚同样遭到漂白化的命运（World Resources Institute，2011）。而珊瑚白化将导致将其作为栖息地的上千种珊瑚鱼丧失生存空间，绝大部分珊瑚鱼将选择迁移到其他珊瑚礁丰富的地区，这导致以珊瑚鱼为主要食物的鱼类同样要选择迁移，由此产生的连锁反应将有可能引发印度尼西亚沿海地区的海洋生物集体性迁移，这不仅减少沿海的生物多样性，而且将对海岸养殖业形成毁灭性打击。海洋温度升高同样将阻碍海洋藻类及微生物的生长和繁殖，由此减少以这些藻类和微生物为食物的鱼的种类和数量。其次，珊瑚礁遭到大面积破坏将降低珊瑚吸收高能波浪冲击的作用，由此导致海岸侵蚀加剧，而海岸侵蚀加剧则反过来使珊瑚礁大面积被破坏。

5.2.5　气候变化对印度尼西亚居民健康的影响

气候变化伴随着环境和公众行为的改变，将给印度尼西亚居民的健康造成巨大的威胁。极端气候期间疾病爆发率的提高以及疾病分布模式的变化都是气候变化对公众健康影响的表现，这种表现体现在两个方面：一是气候变化给公众的精神和身体健康带来伤害，导致死亡率提高；二是减少食物的供给，降低水资源的质量，导致传染疾病和水生疾病扩散，从而对居民的身体健康造成威胁。气候变化带来的气温持续升高尤其会影响粮食产量，人们由于营养不良导致疟疾、登革热和其他传染疾病个案的上升（WWF，2007）。根据印度尼西亚国立医院 2006 年的数据，在各大医院接受治疗排名前十位的疾病中，登革热、疟疾、细螺旋体病、腹泻等疾病的爆发被发现与"厄尔尼诺"现象期间发生的极端天气事件有着极大的关联（State Ministry of Environment，2010）。此外，登革热的增加也同"拉尼娜"现象的产生有着密切的关系，尤其是在此期间季节性降水明显多于正常时期。

根据印度尼西亚相关研究机构的预测，疟疾和登革热在 2025 年和 2055 年爆发的可能性明显增大，后者的可能性要远远大于前者的可能性，而且疟疾扩散的可能性预期将远大于登革热的扩散，在低排放情景下，疟疾、登革热在 2025 年爆发的可能性分别为 19%、4%，2055 年爆发的可能性分别为 20%、4%，而在高排放情景下，疟疾和登革热 2025 年爆发的可能性分别为 74%、13%，2055 年爆发的可能性分别为 85%、15%（State Ministry of Environment，2010）。

此外，气候变化将增加与气候相关疾病爆发的强度和规模，尤其可能导致新的未知疾病的发生，这将对现有的医疗卫生资源的数量和质量形成巨大的压力。

目前，印度尼西亚医疗卫生基础设施和条件较为落后，数量有限，如果气候变化带来疟疾等传染疾病的大规模爆发，将对现有的医疗卫生状况形成巨大的冲击和考验，加大对医疗卫生设施的投资及和建设是印度尼西亚政府急需考虑的。

5.3　印度尼西亚应对气候变化的制度安排

5.3.1　应对气候变化的政策机构

1. 国家气候变化委员会

国家气候变化委员会是印度尼西亚应对气候变化最主要的部门，机构规模庞大、职能众多。2008 年，时任总统颁布《第 48 号总统令》，建立由总统本人担任主席、经济事物协调部部长和人民福利部部长共同担任副主席的国家气候变化委员会，其他 16 名内阁部长加上气象、气候与地球物理局局长作为委员会委员。此外，委员会常设 1 个日常秘书处和包括减缓、适应、技术转让、资金机制、土地使用变更与森林、2012 年后项目以及科学基础与气候数据盘存等在内的 7 个执行工作组（National Council on Climate Change of Republic of Indonesia，2009）。

目前，国家气候变化委员会已成为印度尼西亚国家层面有关气候变化的核心部门，主要负责国家政策、战略和项目的规划，所有涉及气候变化控制，包括减缓、适应、技术转让以及融资活动等政策实施的协调。气候变化委员会工作组的主要任务是推动委员会主体的多样化，将来自政府核心机构的成员以及各部门、学术机构、非政府组织、私人领域以及其他与工作组工作相关的共同体纳入委员会中。每个工作组肩负收集、筛选数据和信息，提供政策分析与建议，准备与气候变化政策问题相关的草案指导方针和规范框架，监督隶属于工作组的政策和项目的实施，最终将实施结果报给气候变化委员会并由其来决定。秘书处拥有四个支持管理机构，分别负责沟通，公众意识以及服务核心相关者、公众等工作，并向工作组和气候变化委员会提供行政、技术以及管理支持。

国家气候变化委员会的建立并不是要取代其他部门在其权力下实施政府项目的作用，而是要将各部门的功能和职责进行整合、统筹，加强国家应对气候变化的能力。气候变化对社会经济的影响是全面的、综合的，因此各部门的协调合作显得十分有必要，与其他的环境问题类似，如果只是指定若干与气候变化相关的政府部门来执行政策，必然会出现看似多个部门在管，实际每个部门都不管的情况，虽有应对气候变化的良好政策，但无好的实施效果。因此，整合平行部门的权力，成立综合各部门职能并由国家主要领导人担任负责人的机构，能够更好地统一行使各部门原先分散的权力，提高政策合力。实际上，在印度尼西亚的气候变化委员会中，财政部和国家发展规划局都发挥着十分重要的作用，其角色并未被弱化。

2. 印度尼西亚气候变化信任基金

"印度尼西亚气候变化信任基金"是在国家发展规划部、财政部的共同努力下，于 2009 年成立的全国性基金管理实体组织。该基金由中央政府、地方政府、大学、非政府组织、私人部门等组成，旨在通过一方面有效地将气候变化议题纳入政府的规划中，在全国范围内实施应对气候变化的行动，另一方面加速气候变化减缓和适应中的优先投资领域，支持只能由政府通过国内预算资源来开展的行动，从而最终实现印度尼西亚低碳经济的目标，使其对气候变化更具有抵抗力，提升印度尼西亚政府在应对气候变化问题中的管理效果以及领导影响力。信任基金主要对项目准备阶段和试点项目两种类型的活动进行资助，并由技术服务和融资服务两种类型的服务提供者支持。

"气候变化信任基金"的管理组织由指导委员会、技术委员会以及秘书处三部分组成，各部分分别负责不同的事务和工作，协同分工。指导委员会由印度尼西亚政府部委负责人和提供资金援助的国外相关合作伙伴的代表组成，国家发展规划部首席执行秘书担任主席，旨在设立资金政策，监督秘书处和基金服务提供者，审查由技术委员会提出的资助建议，指导委员会同样会与基金服务提供者等主体开展对有关基金的相关情况进行审计。技术委员会由印度尼西亚相关政府部委负责人代表组成，国家发展规划部环境司主任担任主席，旨在自查和评估提交给技术委员会的方案。秘书处在指导委员会的指导下，配合委员会开展日常管理，准备提交指导委员会和技术委员会审查的成果和融资报告，并制定提交指导委员会的资助方案，此外，秘书处和资金提供者负责监督中央政府部门有关基金活动执行情况（National Council on Climate Change of Republic of Indonesia，2009）。

通过创新融资机制和资金转移机制，到目前为止，"印度尼西亚气候变化信任基金"共获得 1120 万美元的信任资金。就其资金获取渠道来看，主要有国际基金（绿色气候基金）、开发伙伴以及其他气候变化融资机制（如适应基金、欧盟全球效率和可再生能源基金），另外，公私合作伙伴关系同样是其获得资金的重要渠道。

5.3.2　应对气候变化的战略规划

1. 国家应对气候变化行动规划

《国家应对气候变化行动规划》（以下简称《行动规划》）于 2007 年制定，通过概括指出印度尼西亚气候变化的脆弱性，并设定即时、短期、中期以及长期的行动措施来应对气候变化，旨在为不同机构执行协调和统筹措施以应对气候变化提供指导。《行动规划》提出，应对气候变化的影响不应该仅仅通过若干部门独立开展，政府机构和部门间的协调对减缓和适应气候变化十分重要。另外，它还将制度建设、相关者的参与以及森林管理等作为政府未来应对气候变化行动中着重关注的方面。

此外，其中还列出实施此《行动规划》的指导原则，概括了在能源以及土地等主要领域需要采取的措施，如在能源领域，政府需要提高能源使用效率，激励可再生能源的使用（State Ministry of Environment，2007）。它同样强调印度尼西亚未来的发展与居民生活质量间的关系，为了实现此目标，政府需要采取措施减少温室气体的排放，降低经济增长的能源使用强度。《行动规划》中的适应议程部分强调可持续发展必须与社会经济问题结合起来，在适应活动开展的同时开展减少贫困的措施，为此呼吁国际社会加大对印度尼西亚的帮助以加快目标的实现。

2. 印度尼西亚气候变化部门路线图

《印度尼西亚气候变化部门路线图》（以下简称《路线图》）于 2010 年由印度尼西亚国家发展规划部牵头，同其他部门共同制定，有效时间跨度为 20 年，即从2010 年开始到 2029 年结束。印度尼西亚政府认为应对气候变化是国家发展计划的重要组成部分，应对气候变化的计划不能也不应该脱离发展规划而独立执行，基于这种考虑，印度尼西亚政府将减缓和适应规划整合到国家和地方发展规划中（Republic of Indonesia，2009）。通过将《路线图》整合到发展规划中，印度尼西亚政府希望部门和跨部门的规划在制定时能够将气候变化考虑其中，加速不同部门相关规划的实施。

《路线图》在指出各领域面临的挑战和风险时，还提出了高风险领域应对气候变化的减缓和适应措施。《路线图》尤其强调森林、能源、工业、运输、农业、海岸、健康以及水资源等领域气候变化的风险和挑战，重点指出气候变化对其危害发生的路径。另外，《路线图》还为这些领域应对气候变化提出了优先实施的减缓和适应措施，重点强调这些措施需要同各部门、各级政府的发展规划相适应并保证这些措施能够很好地融入其中。最为重要的是，涉及这些领域的部门或机构需要同研究机构、非政府组织等就这些措施的执行和实施进行磋商和协调，保证措施能够被合力执行，真正达到措施应有的效果。

3. 印度尼西亚国家气候变化适应行动规划

《印度尼西亚国家气候变化适应行动规划》（以下简称《行动规划》）由印度尼西亚国家发展规划部、环境部、国家气候变化委员会等部委于 2014 年制定。《行动规划》通过在受气候变化强烈影响的若干领域采取有力的措施，最终实现可持续发展和适应气候变化的目标。通过在食品安全领域和能源安全领域采取相关措施来提高经济对气候变化的抵抗力；在健康、居住、基础设施等领域采取措施提高居民生计对气候变化的抵抗力；通过确保环境可持续发展的相关措施提高生态系统对气候变化影响的抵抗力；在城市发展和海岸与小岛屿保护等方面采取相应措施，提高这些特殊领域对气候变化的抵抗力（Republic of Indonesia，2013）。此外，为了提高实施效果，保证目标确实得到实现，印度尼西亚政府还强调要加大包括知识管理、预算规划、能力建设等决策支持系统的建设，尤其是加强并改善监控和评估行为。

5.4　印度尼西亚应对气候变化政策的内容与实施

面对气候变化的严峻形势，在相关方案规划的指导下，印度尼西亚从减缓、适应、技术转让和开发、公众意识和能力建设等方面出发，制定并实施了应对气候变化的相关政策和措施。就其具体的政策和措施来看，印度尼西亚政府较为注重减缓措施，而应对气候变化脆弱性的适应措施则明显不足。

5.4.1　印度尼西亚应对气候变化的减缓措施

1. 能源领域内的减缓措施

1）制定能源相关的政策法案

为了推动可再生能源的发展，印度尼西亚政府制定了如《国家能源政策》、《能源法》以及《绿色能源政策》等相关政策法案。

为了推动可再生能源的发展，印度尼西亚政府于 2004 年制定了《绿色能源政策》，旨在制定最大化使用可再生能源，推动清洁煤技术、燃料电池、核能等能源技术的有效使用，提高能源使用效率的绿色能源体系。

2006 年，在第 5 号总统令的授权下，印度尼西亚政府制定了《国家能源政策》，其重要目标是根据国内资源利用情况和国家能源安全目标，制定预期实现的能源供给结构。印度尼西亚国家能源安全目标是逐渐降低国内储量不断减少的石油的消耗，并最大化使用国内其他充裕的能源资源。为此，印度尼西亚政府制定了 2025 年的能源供给结构，具体情况如下：将石油的比例由 2005 年的54.78%降低至 2025 年低于 20%的比例；将天然气的比例由 2005 年的 22.2%提升至2025 年的 30%；将煤炭的比例由 2005 年的 16.77%提升至 2025 年的 33%；将地热能的比例由 2005 年的 2.48%增加到 2025 年超过 5%的比例；将其他新的以及可再生能源，尤其是生物能、核能、水电、太阳能以及风能的比例提升超过 5%的比例；发展生物燃料，实现其占比至少 5%比例的目标；发展液化煤，使其占比达到至少 2%（State Ministry of Environment，2010）。

2007 年，印度尼西亚政府制定了《能源法》，此法案中有若干影响温室气体排放减缓实施的规定，如通过激励机制支持能源保护和发展新的可再生能源，这些有关能源保护和可再生能源开发规定的实施同样受到政府规章的管制。

2）推动生物燃料的发展

印度尼西亚政府于 2010 年制定了"生物燃料价格补贴"项目，通过此项目，印度尼西亚政府对生物燃料的使用给予补贴，并规定国家石油公司购买国内生物燃料产品的义务。这项义务将分阶段实施，2009 年交通运输领域内的生物燃料任务是 1%，到 2025 年这个比重则增加到 15%，这项任务将随着年份持续增长，确保到 2025 年时生物燃料在能源供给结构中的占比达到能源总供给的 5%（State Ministry of Environment，2010）。

为了实现上述目标，印度尼西亚政府随后制定了若干支持生物燃料发展的政策法规。2006 年的《总统第 1 号指令》是有关生物燃料的供给和使用，同年的《总统第 10 号指令》则是组建旨在消除贫困和降低失业的国家生物燃料发展小组。这些政策的共同目标是减少印度尼西亚对化石燃料的依赖并增强本国的能源安全。印度尼西亚政府还制定了推动生物燃料发展的国家标准，如 2006 年制定的《生物柴油第 04-7182-2006 标准》和《第 DT27-0001-2006 标准》等文件。财政政策和货币政策对引导生物燃料的消费和生产发挥着重要的作用，印度尼西亚政府在涉及可再生能源的商业领域和其他行业实施了消费税优惠和加速分期贷款推动投资的政策，并通过推动生物能发展的信用贷款以及林地恢复等方式支持实现食物和能源安全的相关措施。

3）推动可再生能源发电的使用

为了推动社会使用可再生能源发电，印度尼西亚政府制定了若干规定，这些规定对销售可再生能源发电进行管理，并规定国家电力公司作为余额电力的收购主体。印度尼西亚能源与矿产资源部 2002 年《第 1122 号法令》规定，使用可再生能源发电的分散式的小规模可再生能源电厂如果想将使用可再生能源发的电卖给国家电力公司，那么电力公司有义务购买这些电力；能源与矿产资源部 2006 年的《第 2 号法令》对中型可再生能源电厂使用可再生能源的发电进行了规定，如果这些电厂想要将这些通过可再生能源发的电卖给国家电力公司，国家电力公司同样有义务购买；2006 年的《第 26 条政府法规》对电力的供给和使用提出了新的规定，如开放电力的传输，对可再生能源无需竞价可以直接购买，2006 年能源与矿产资源部《第 1 号法令》则规定了购买电力和运输租金的程序，其中一条是允许国家电力公司与电厂直接协商购买由可再生能源发的电。

4）大力提高能源使用效率

尽管印度尼西亚政府制定了若干提高能源使用效率的政策法规，但其可操作性较差。目前的政策并未充分强调或提到提高能源效率要达到的目标，未明确受影响的能源效率市场主体及它们的主要特征。尽管最新的国家能源政策（2006 年颁布的《总统第 5 号法规》）提到要在各领域追求能源保护，到 2025 年实现能源弹性小于 1 的目标，但在目前与能源效率相关的政策法规中并未提到保证目标实现的激励措施。

5）实施能源政府定价

印度尼西亚政府同样实施了能源定价政策，旨在通过阶梯能源价格来反映能源的经济价值。能源价格的有序调整需要以一种能够最大化的推动能源多样性的方式开展，为了保证这个目标的实现，政府提供了多种激励措施来引导能源保护和其他能源的开发。

在这些能源法令政策的指导下，印度尼西亚政府实施了许多减缓措施。首先，推动生物燃料产品的开发，确保印度尼西亚交通运输领域内的能源需求；其次，建立先进的煤发电工厂和温室排量较少的发电厂；然后，开发诸如地热能、水电等其他可再生能源；最后，增加能源需求方的使用效率。这些措施对稳定并减少人均能源消耗和单位 GDP 温室气体排放都发挥着不同程度的作用。

2. 工业领域内的减缓措施

印度尼西亚工业领域内二氧化碳的排放量颇大，占到工业生产过程中温室气体排放总量的 93%。尽管如此，作为 UNFCCC 非附件方，印度尼西亚目前并未出台强有效的政策和规定来引导工业领域的二氧化碳和其他温室气体的排放，其中较为有名的是国家环境部 2003 年出台的《有关工业生产过程中温室气体排放质量标准的规定》，总体来看，印度尼西亚并未对工业生产过程中排放的其他温室气体进行严格的评估。

目前，印度尼西亚政府已经意识到随着其二氧化碳排放量，尤其是工业领域内排放量的不断增加，印度尼西亚将有可能面临如中国、印度等新兴大国所面对的来自国际社会要求其承担量化减排义务的压力，因此，印度尼西亚政府采取部分措施来控制工业领域内的二氧化碳排放，如改善生产过程和经营系统、替代原材料、推广清洁生产等项目。

3. 森林方面的减缓措施

减缓气候变化的影响一直是印度尼西亚国家长期森林规划的主要关注点，印度尼西亚政府在此领域同样制定了若干政策和措施。

2005 年更新的《森林战略规划 2005—2009》列出了五个主要的政策。首先，反对非法采伐及相关贸易：保护森林保护区，加强林业产品的保护管理；其次，振兴森林领域尤其是森林产业：加强非特许经营权证下的自然林管理，开发种植林，加强基本林的使用管理，复兴基本林产业；接着，保护和恢复森林资源：种植幼苗，加强河流区域管理，加强森林和土地恢复的自我管理，加强国家森林公园的开发建设，加强自然保护区和狩猎公园等地区的管理，控制森林火灾，加强生物多样性和保护林的管理，使用野生动植物产品和环境服务等；然后，授权森林覆盖区域社区经济权利：开发社区森林和社区种植林，推动非木料产品的使用，推动保护区附近缓冲区的建设，建设集体林地；最后，稳定森林区域以推动并增强森林的可持续管理：厘清并绘制森林资源的分布状况，开发森林管理信息评估系统，政府公布森林面积，准备并评估森林地区的使用和转换，成立森林管理主体等。印度尼西亚政府希望通过这些政策措施，实现国家中长期森林战略规划中的以下目标：确保 2014 年时森林面积达到 6000 万 hm^2；2012 年恢复和新植树要实现林业用树达到 720 万 hm^2，社区森林种植面积达到 540 万 hm^2，社区森林达到 400 万 hm^2，集体森林达到 200 万 hm^2；林业保护和自然资源保护达到 1 亿2030 万 hm^2；开发森林的经济和社会功能；加强制度建设并开展科学研究（State Ministry of Environment，2010）。

2009 年，林业部通过《第 70 号法令》颁布了森林领域的八项政策战略，以此作为 2009～2014 年森林管理活动的措施，将气候变化减缓和适应明确写进了森林领域的八项政策战略中：建设保护区、恢复森林和改善河流区域运载能力、森林保护和森林火灾控制、生物多样性保护、森林利用和林业复兴、授权森林社区林业权利、林业气候变化减缓和适应、增强林业制度效力。

所有的这些法定政策框架旨在保证印度尼西亚能够承受未来巨大的碳排放减少压力，其他的主要法律法规还有：1995 年有关再造林基金的《政府第 35 号法规》；2002 年有关土地使用、森林管理规划以及森林土地使用的《政府第 34 号法规》；2004 年有关森林保护的《政府第 45 号法规》；2006 年有关森林管理与使用的《政府第 6 号法规》；2007 年有关森林规划管理和森林使用的《政府第 6 号法规》；2010 年有关交换森林使用和森林功能的《政府第 10 号法规》；2010 年有关最大化使用遗弃土地规则的《政府第 11 号法规》；2005 年有关禁止非法伐木的《总统第 4 号指令》；2007 年有关中加里曼丹岛超级水稻项目恢复的《总统第 2 号指令》；2004 年有关 CDM 造林与再造林的《林业部第 14 号法规》；2004 年有关集体森林的《林业部第 1 号法规》；2008 年有关 REDD 示范活动实施的《林业部第 68 号法规》；2009 年有关种植林和保护林实施碳沉降和保护许可程序的《林业部第 36 号法规》；2009 年有关实施 REDD 活动程序的《林业部第 30 号法规》；2001 年有关水资源综合管理的《经济与金融部第 14 号法规》；2004 年有关生产林生态系统破坏恢复的《林业部第 159 号法规》（State Ministry of Environment，2010）；等等。

印度尼西亚在森林领域开展的减缓措施尤其需要消耗大量的资金，除了接受

UNFCCC 和《京都议定书》规定的发达国家对发展国家的援助，印度尼西亚还通过其他途径和渠道主动寻求来自发达国家或国际组织的援助。印度尼西亚政府参与了 UN-REDD 项目，接受由澳大利亚、德国、英国、日本以及韩国注资的 REDD 和 FCPF 的资助，建立富有成效的 REDD 实施框架，推动 UN-REDD 项目的开展。此外，印度尼西亚还不断识别潜在的资助渠道，如私人投资，多边、双边的国外发展援助，全球森林基金以及自然债务互换等。印度尼西亚政府还在《美国热带森林保护法案》的授权下申请了债务减免，并用这些资金来开展森林保护活动。

4. 泥炭地方面的减缓措施

为了推动实施减少森林火灾、林地转变以及泥炭地农业种植等导致的温室气体排放相关的项目，印度尼西亚政府制定了若干指导性法规，希望通过这些具有法规性质的工具，更好地指导和规范相关主体的行为，控制森林火灾的发生。主要的指导性法规有农业部《泥炭地棕榈油使用指南》，林业部《森林火灾预防与控制指南》及相关补充实施指南，森林与自然保护总局《森林火灾预防技术指南与控制》，房产作物总局《非燃烧土地清洁作物种植技术指南》，等等。

此外，印度尼西亚政府还针对相关主体引起火灾的不同行为制定了严格的罚款规定。对于故意导致森林火灾的，相关当事人将被判处最高 15 年的监禁，并被处罚 50 亿印度尼西亚卢比；对于疏忽造成森林火灾的，相关当事人将被判处最高 5 年的监禁，并被处罚 10.5 亿印度尼西亚卢比；由倾倒原料导致森林火灾的，相关当事人将被判处最高 3 年的监禁，并处罚 10 亿印度尼西亚卢比，1985 年的《政府第 28 条法规》同样对森林火灾行为进行了规定，第 10 章第 1 条规定，故意焚烧森林的将被判处最高 10 年监禁或 1 亿印度尼西亚卢比；第 18 章第 3 条第 2 点规定，由疏忽造成森林火灾的将被处罚最高 1 年监禁或 1000 万印度尼西亚卢比（State Ministry of Environment，2010）。

5. 农业方面的减缓措施

与其他领域应对气候变化的减缓措施相比，印度尼西亚农业方面并未有气候变化减缓的具体措施。但印度尼西亚农业部和规划发展部出台了许多应对气候变化的减缓项目：在土地清理和整合、粮食作物、园艺以及种植业等次领域实施无焚烧技术；建立早期火灾预警系统以减少极端干旱天气期间，尤其是泥炭区域的火灾风险；引进低甲烷排放的水稻品种；引进低排放技术，如利用农业废弃物发展生物能源和焚烧；开发并使用有机肥和生物防治病虫害技术；引进生物气体技术，改进喂养方式，从而减少来自牲畜的甲烷气体排放；通过改进种类等技术创新等手段提高生产率和作物复种指数，从而最大化利用现存的农业用地；将草地或遗弃地等低产量的农业用地区域扩展到高低或湿地地区的开矿地；恢复被遗弃的泥炭地，加强用于农业可持续发展的泥炭地管理；研究和开发农业领域的低碳排放技术和验证报告技术。

在《发展绿色经济》总体框架的指导下，印度尼西亚政府通过在农村和其他区域组织农民开展了"碳高效农业"，最大化地使用来自作物生产的碳排放以及作物和牲畜的废弃物和副产品等，此项目旨在实现农业和牲畜低排放、高能源效率以及高经济附加值等综合目标。

印度尼西亚目前在农业方面采取的减缓措施仍有较大的发展空间，尤其是在推动农业领域方面，如甲烷等温室气体减排的指导框架和方针存在着较大的完善余地。但总体来看，农业领域的温室气体排放在印度尼西亚的温室气体排放总额中所占的比重并不大，因此，农业领域内的减排措施的潜在作用较小。

6. 废弃物方面的减缓措施

城市固体废弃物是废弃物方面温室气体排放最主要的来源，其他主要的来源还有工业废弃物、居民液体废弃物以及工业液体废弃物。印度尼西亚国内固体废弃物保持着较快的增长趋势，印度尼西亚环境部的数据显示，其固体废弃物由2000 年的 4780 万吨增长到 2005 年的 4870 万吨，增幅达到 1.9%（State Ministry of Environment，2010）。固体废弃物在不同规模城市中得到处理的程度是不同的，大城市由于科学的管理理念和技术，其运输到固体废弃物处理站的废弃物达到60%，而小城市和农村地区由于基础设施的限制，固体废弃物的处理比例仅有 30%（State Ministry of Environment，2010）。大城市中固体废弃物运输到处理站的比例尽管很高，但大部分城市中的固体废弃物处理站点并未得到很好的管理，尤其是废弃物焚化炉并未得到很好的使用。

为了减少废弃物的排放，印度尼西亚政府于 2008 年制定了《城市固体管理第18 号法案》（以下简称《法案》），《法案》规定公开倾倒垃圾的行为将在 2013 年被禁止，同时将鼓励建立更多的垃圾管理系统。此外，印度尼西亚政府预计在 2020 年后大约有 80%的居民液体废弃物将由污水处理系统处理。

5.4.2　印度尼西亚应对气候变化的适应措施

1. 农业方面的适应措施

气候变化对农业的威胁是长期性的，将对农业的可持续发展造成不利影响。农业部规划了若干应对这些威胁的战略措施，农业方面关注粮食作物的适应战略基本上是为了增强并保护国家的食品安全。其中主要的政策和战略包括：改革农业法规和制度；建立信息、支持以及沟通系统；建立与气候变化影响相关的农业保险系统。

其他有关农业次区域应对气候变化不利影响的重要适应项目还包括：改善水管理、灌溉系统以及包括有机肥和高效碳农业发展的土壤和肥料管理；建立早期的、干旱的、耐盐、抗洪水的农作物品种；开发应对不利气候的农业风险保险；将动态作物农历和旱涝预期蓝皮书作为种植模式准备调整的传播指南和工具。

2. 水资源方面的适应措施

据印度尼西亚相关机构的分析，随着印度尼西亚人口快速增长和社会经济的快速发展，再加上气候变化带来的气温升高和旱灾频次加剧，印度尼西亚的缺水状况将不断恶化。另外，印度尼西亚并未考虑水资源质量的变化情况，可以预期的是，在水资源数量不断减少的情况下，水资源质量恶化的概率较大。

为了降低气候变化对水资源质量和数量的影响，印度尼西亚政府实施了一些应对气候变化和城市地区人口增长以及工业活动导致的预期水资源稀缺的解决方案。印度尼西亚水资源分布呈现空间分布不均匀的特征，跨流域调水可能是应对未来水资源稀缺的最优方式。在印度尼西亚，许多独立的河流流域甚至在用水的高峰期同样还有大量富余的水资源，而其他地区水资源则出现明显的短缺，尤其是在极端干旱的季节。因此，改善存储能力，从水资源富余地区向稀缺地区调水可能是实现水资源公平分配、最大化利用水资源最可靠的途径和方式。目前，这种跨流域技术已经在西沙登加拉得到实践。

3. 森林方面的适应措施

印度尼西亚森林火灾较多、强度较高，造成的损失较为严重，因此森林的适应措施主要是预防森林火灾的发生并降低森林火灾发生的风险。为此印度尼西亚政府出台了若干政策和措施，相关统计显示，其中至少有 7 个是具有法律效力的政策工具，它以法案、政府法规以及林业部、环境部以及农业部和局长法令形式为主。此外，印度尼西亚政府还实施了若干森林火灾管理的项目，这些主要通过基于社区的火灾管理系统以及早期预警系统来实现。

同其他方面的气候变化适应政策和措施一样，印度尼西亚的森林气候变化适应措施涉及若干部门，已知的有农业部、林业部以及环境部等，这些部门间并未建立充分的协调机制，各部门各行其是、职能交叉，造成颁布的法规政策往往缺乏协调性、兼容性，从而降低这些法令政策的效力。

4. 海岸与海洋方面的适应措施

目前，印度尼西亚城市面临最为严重的问题是海平面上升和城市下沉带来的城市被淹没问题。这两种状况都将持续下去，在短期内很难得到改善，其适应措施很大程度上都是被动回应式的。为了缓和这种状况，印度尼西亚在沿海的大城市中实施了应对海平面上升导致的洪水、潮汐以及滔天大浪，这些措施主要包括：建立带有防波堤系统的大坝，保护大坝后的区域；恢复红树林，降低波浪能量的破坏力，减少其侵蚀比率；等等。

5. 卫生健康方面的适应措施

为了将气候变化对卫生健康的影响降到最低程度，印度尼西亚政府制定并实施了一些适应措施，旨在增强本国公众对气候变化健康的适应能力。印度尼西亚卫生部 2009 年开展了《气候变化短期适应项目 2010—2014》，其主要内容包括：建立卫生方面气候变化响应系统；增加社区，尤其贫困群体享受卫生设施和服务的权利；为社区提供卫生服务的培训项目；建设灾害和极端事件的危机响应系统；执行疾病预防和控制项目。

根据相关学者的建议，印度尼西亚政府正在开展或即将开展以下六个方面的适应措施：改善疾病生态监控系统，建立疾病爆发早期预警系统；增强政府、私人、公民团体等渠道对受气候变化影响的公共卫生健康预防和减缓的能力建设；增强气候变化对公众健康影响的政治意识；授权社区卫生服务系统预防和控制疾病的权力；开展流行疾病学和药物的研究，阻断疾病传播的渠道；预防并消除由气候变化导致的传染和流行疾病。

随着气候变化风险影响地区密度和广度的增加以及与气候变化相关的新疾病爆发可能性的增加，就目前来看，印度尼西亚卫生方面应对气候变化的政策和措施明显不够。为了提升卫生领域对目前和未来气候风险的抵抗力，印度尼西亚政府需要在以下重要方面做出改进：充分执行现存的法律法规；提高针对气候变化导致健康问题的早期预警系统的精确性；在所有易受影响的地方建立大量的健康卫生中心；制作易受影响地区的空间分布图；保证易受影响地区拥有充足的医务人员和设施；保证诊断和治疗药物以及设施充足；保证国内外不同部门和机构间的合作，预防并克服健康问题；保证正确的研究结果；提供充足的项目执行基金；建立监控系统；推动卫生健康知识的传播，促进社区积极参与；提升成功使用气候信息来应对公众健康现有和未来风险的能力。

6. 灾害风险方面的适应措施

气候变化给人们带来的最直观感受是自然灾害损失的增加，这种损失主要表现在生命安全和财产安全受到威胁。印度尼西亚相关机构的资料显示，1900～2010 年，自然灾害的数量呈现出五倍的增长，2000～2010 年则为其增长高峰期，尽管自然灾害中人员伤亡的数量呈现下降的趋势，但受影响的人数则在过去的

40～50 年快速增长，到 2010 年受影响的平均人数达到 3 亿，自然灾害的成本自 20 世纪 80 年代以来同样保持着快速增长趋势，2010 年的平均成本峰值仅稍低于 1000 亿美元（Riyanti，2012）。随着气候变化带来的灾害加剧，人口的不断增长，自然灾害造成生命和财产的损失将不断加剧。

为了减轻气候变化带来的自然灾害给印度尼西亚造成的损失，印度尼西亚加强了降低灾害风险方面的制度机制建设，出台了一系列有关降低灾害风险的法律文件。早在 2006 年，印度尼西亚就出台了规划性的文件《国家降低灾害风险行动计划》。2007 年时印度尼西亚政府则制定了首部有关灾害风险的法案《灾害管理法案》，这部法案注意到提升危害意识和建立系统、综合的降低灾害风险应对方式的重要性。其最重要的贡献是实现了降低灾害风险的思路和范式由被动回应到主动进取的转变，并正式认识到降低灾害风险是受保护的最基本权利，以及这种权利被纳入政府管理和发展中的重要性。就其原则来看，这部法律不仅强调公私合作伙伴关系、国际合作关系，国家和地方层面、财政和产业方面的统筹协调，而且十分重视建立持续的监测系统和有效的激励体系，尤其要加强对公众的风险灾害意识教育。在 2010 年，印度尼西亚政府又相继出台了《国家灾害管理指南 2010—2014》和《国家降低灾害风险行动计划 2010—2012》，作为降低灾害风险管理领域内的行动框架和指导方针，配合《印度尼西亚灾害管理法案》的实施。

此外，印度尼西亚政府还加强了降低灾害风险管理的机构建设，在国家层面成立了国家灾害管理局，作为降低灾害风险的主要协调机构。国家灾害管理局直接由总统领导，拥有 19 位永久成员，其中 10 位代表来自政府不同的机构，其他 9 位则来自相关的非政府主体，如商业人士、研究人员、NGO 负责人以及基于社区组织的代表等（National Disaster Management Agency，2009）。国家降低灾害风险平台是印度尼西亚最近增强各种降低灾害风险相关主体间协调的重要举措，它包括联合国降低灾害风险小组、大学、国内外非政府组织以及国家灾害管理局及其各级管理局根据国家层面制定的法律规划和制度安排，印度尼西亚各级地方政府同样开展了诸多降低灾害风险管理的制度设计尝试，这些都为公众缓和灾害风险提供了有益的帮助。

5.4.3　印度尼西亚应对气候变化的技术转让

气候变化的减缓和适应行动特别需要技术的运用，印度尼西亚在对自身气候变化的脆弱性进行分析后，列出了技术转让的主要原则和优先领域。主要原则包括：与国家食品安全、自然资源安全、能源安全以及激励参与等规定和政策保持一致；优先领域主要体现在有利于加强制度化和人类发展的能力建设；有利于提高技术使用有效性，包括技术的可靠性和技术广泛使用的便捷性；有利于提高环境有效性，包括减少温室气体排放和提高地方环境质量；有利于提高经济效益和成本效力，包括降低相关方案的资金和运营成本，提高市场普及率（Statement Ministry of Environment，2009），等等。

减少温室气体排放的减缓技术和提高主体应对极端天气情况的适应技术，尤其是能够产生精确结果的天气预测技术，都是技术转让的重要部分，也是应对气候变化的重要举措。主要的减缓技术领域包括能源、交通、工业、农业、林业以及海洋等领域，适应技术领域则主要包括农业、气象与地理、基础设施、能源保护、健康卫生等领域，尤其是加强认识气候变化区域和领域影响，推动预测气候变化因子以及海平面上升的适应技术的发展，以及提升政府和群众的适应能力以及保护地方知识的技术（Statement Ministry of Environment，2009）。

印度尼西亚应对气候变化的技术转让主要通过 CDM 项目的实施来实现。为了更好地指导并规范 CDM 项目的申请，印度尼西亚政府成立了国家 CDM 特派局，作为国内负责 CDM 项目批准、审核的受理机构。截止到 2016 年 6 月，印度尼西亚共申请 CDM 项目 147 个（UNFCCC，2016a），申请数目位居东盟国家首位。这些 CDM 项目涉及范围广泛，但总体来看，主要分布在甲烷防控、水电、生物能、地热能以气体填埋等方面（UNEP DTU CDM/JI Pipeline Analysis and Database，2016），如果对其进行详细分类，则可以发现这些项目主要与能源的开发与利用有关，这与印度尼西亚丰富的能源资源有着密切的关系。在发达国家技术转让的背景下，印度尼西亚丰富的能源资源得到大规模的开发，这为印度尼西亚的社会经济发展提供了丰富的电力资源。

国内外的非政府组织在这些 CDM 项目的减缓和适应项目实施中发挥了极其重要的作用。统计资料显示，参与印度尼西亚气候变化减缓项目的非政府组织就达到 18 个，这些非政府组织以雅加达为中心分布，它们的活动主要关注能源和废弃物等方面。许多非政府组织，尤其是那些拥有技术优势的，往往作为 CDM 项目的发起者，它们与农村技术开发局合作，为社区基础设施的设计提供技术性的援助。此外，非政府组织还作为主体接受来自许多发展机构的资金援助，这些资金往往通过发展援助项目和国际非政府组织来分配。

5.4.4　印度尼西亚应对气候变化的公众意识和能力建设

提高公众意识，加强能力建设对提高公众对气候变化相关知识的认识，增强其适应能力，及降低气候变化尤其是极端天气事件或灾害带来的损失十分重要。提升公众气候变化意识的作用主要体现在三个方面：首先，帮助公众掌握气候变化的相关知识，尤其是提高气候变化带来灾害的措施和技巧，提高公众对气候变化尤其是极端天气事件的适应能力和减灾能力，减少生命和财产损失；其次，帮助公众了解自身行为对气候变化的贡献，反思自身生产生活行为对自然环境是否可持续，这有利于人们树立低碳意识，塑造低碳生活和出行的行为方式，降低人类活动对环境的影响；最后，帮助公众了解有关气候变化的知识和信息，将加强公众对政府气候变化政策措施的认识和了解，使公众更加支持政府气候变化的减缓和适应项目，强化项目的实施效果。

在印度尼西亚政府的主导和支持下，诸多旨在提供公众有关气候变化和能力建设的项目不断得到开展。如图 5-8 所示，2000～2008 年，印度尼西亚共开展了多项与气候变化相关的，旨在提升公众意识和能力建设的培训活动（State Ministry of Environment，2010）。

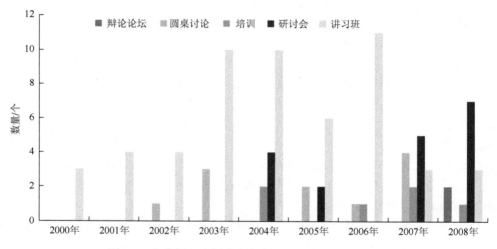

图 5-8　印度尼西亚提升公众意识和能力建设项目类型

资料来源：UNFCCC. 2017. Indonesia Second National Communication Under the United Nations Framework Convention on Climate Change. http: //unfccc.int/resource/docs/natc/indonc2.pdf.

但从实际情况看，真实开展的活动数量可能并不只这些，毕竟许多与气候变化能力建设相关的项目并未被记载。虽然开展了数量较多的活动，但目前印度尼西亚并未建立起有效的评估和监测机制，无法对活动开展的结果和实际作用进行评估，以采取相应的改进措施。印度尼西亚的这些培训活动大部分由发达国家或地区组织资助，环境部的数据显示，能力建设活动主要由日本、德国、ADB 以及世界银行支持，所占比例分别达到 29%、18%、11% 以及 10%（State Ministry of Environment，2010）。大量的政府机构、地方非政府组织以及大学同样在国家预算的支持下开展了大量的活动。气候变化能力建设的数量自 2000 年开始表现出增长的态势，就活动开展类型来看，活动形式丰富多样，包括辩论论坛、圆桌讨论、培训、研讨会以及讲习班等形式，2006 年前以讲习班为主，而 2006 年后则主要以研讨会的形式来开展。

国家气象局、气候局与地球物理局是印度尼西亚负责通过不同渠道发布并共享气候信息的主要机构。经过它们制作的天气预测信息通过媒体和印刷材料向全国民众传播，印刷材料则主要向各省份和部门机构传播。2008 年，国家气象局、气候局与地球物理局开通了基于网络的气候信息系统，此系统开始时主要分布在四个区域气候站点，这项工作一直持续到此系统扩展到全国的 34 个气象站（State Ministry of Environment，2010）。

5.5　印度尼西亚应对气候变化政策的不足与展望

印度尼西亚政府制定并实施了诸多应对气候变化的政策，但同其他发展中国家一样，在严重依赖发达国家的资金和技术援助的情况下，其应对气候变化的政策同样在资金、技术转让以及公众意识教育和能力建设等方面存着诸多问题。而且，在气候变化适应方面，印度尼西亚同东盟其他国家在适应政策的制定和实施方面存在着较大的差距，这与其对适应政策在应对气候变化中作用的认识不足有着密切关系。

5.5.1　应对气候变化资金使用缺乏规范

由于国内财政预算的不足，印度尼西亚政府除了依靠国内的融资渠道来为气候变化筹集资金外，还通过双边、多边渠道来获取资金，支持国内应对气候变化政策的开展。从目前来看，印度尼西亚获取应对气候变化资金的渠道主要有三种，即 UNFCCC 机制下的发达国家对发展中国家的资金援助，官方发展援助机制以及包括多边、双边等在内的碳汇投资等。贷款作为官方发展援助机制的重要组成部分，受到印度尼西亚政府的严格规定，只要在援助资金严重不足的情况下，贷款才能被使用，换句话说，贷款只能作为不得已情况下的选择。

虽然印度尼西亚政府对气候变化援助资金的获取和使用进行了严格规范，但目前来看，其实施并未达到理想的效果。印度尼西亚政府规定接受来自发达国家以及其他国内外主体的资源援助必须符合印度尼西亚的法律规范，援助资金必须报国家预算部门备案，必须符合国家财政总局于 2006 年颁布的《国外资金援助立法和登记程序》的规定。虽有如此规定，但并不是每笔援助资金都要报国家预算部门备案，这给项目资金的统筹规划造成困难，无法实现资金的有效合理使用，而且这些援助资金在缺乏国家有关部门监督和评估的情况下，其使用效果无法得知，相关专业的机构或组织很难为项目的使用提出可靠的建议，这将导致资金的极大浪费。加强并规范援助资金的登记和备案是印度尼西亚政府在未来的政策改革中必须重点关注的方面，这样才能保证资金的使用落到实处。另外，这些来自不同渠道的援助资金管理分散，不同的部门将这些资金用来开展减缓活动，特别容易导致重叠或过度投资，所以要统一资金管理部门，如加强印度尼西亚气候变化基金对资金的管理作用，对理顺不同来源资金的管理有着十分重要的作用。此外，政府同援助者间的融资和获取体制需要得到进一步改革，尤其是要简化程序，保证两者间的同步性。

5.5.2　主要领域应对气候变化技术不足

技术对印度尼西亚减缓和适应气候变化的影响十分关键，虽然印度尼西亚政府通过多边、双边渠道接受了许多发达国家或地区的技术转让，但是从总体来看，部分核心领域的技术转让仍然较为不足，减缓和适应气候变化的技术较为缺乏。在能源方面，低碳排放和能源效率技术的需求尤其迫切，毕竟能源技术的改进对减少电厂、工业、交通、家庭以及商业等能源高耗方面的温室气体排放发挥了立竿见影的作用；在火灾防控方面，实时监控、扑灭火灾以及泥炭地管理等监测和控制火灾的精密技术严重不足；农业方面，开发对气候变化不利影响具有抵抗力的作物品种的技术以及旱季节约用水的技术明显不足；在天气预测方面，印度尼西亚早期预警技术较为落后，缺乏能够产生精确结果的天气预测技术，这导致受影响的主体无法做好应对极端气候不利影响的准备。

将有关气候变化的知识和信息，尤其是极端天气事件的信息通过多种渠道及时告知公众，对公众采用科学的方式做好准备，适应气候变化，减少极端天气事件给生命和财产安全造成损失十分关键。因此，加强发达国家或地区对印度尼西亚"软技术"的转让，提高其使用气候信息以及加快气候信息的制度化进程非常有必要，具体来看，需要在以下方面加强"软技术"的合作和转让：评估适应战略成本和收益方式的决策支持工具；理解气候变化对社会影响的方式；决策者和建议提供者能够了解如气候变化的影响，适应规划工具、指南以及方式等气候项目信息的"一站式"网站（State Ministry of Environment，2010），等等。

5.5.3　气候变化的公众意识和能力建设有待提高

提升公众应对气候变化的意识对增强公众对气候变化适应能力也十分有必要，但从目前情况来看，印度尼西亚在传播气候变化知识和信息，提升公众对气候变化的意识等方面仍有待加强。它的实施效果也是有限的，首先，气候变化的传播形式和途径有限，印度尼西亚的气候变化宣传材料主要以网站和纸质材料为主,而这两种形式的传播效果本身有限,尤其是对青年群体,对从小培养他们的气候变化意识十分缺欠,作为主流传播渠道,尤其是青少年广泛使用的新媒体却在气候变化信息的传播过程中作用发挥不足,充分利用新媒体向包括青少年在内的群体传播气候变化知识和信息显得非常有必要;其次,印度尼西亚社会提高公众意识的重点对象是学校,将气候变化问题纳入学校尤其是中小学的教材和课程中,对较高年级和社会人士的气候变化教育则明显不足,这种将气候变化纳入中小学教育气候变化教育效果有待检验,对社会人士的宣传手段和力度明显乏力,其效果值得怀疑;最后,应对气候变化在各级政府中的定位存在较大差异,目前,印度尼西亚中央政府已将应对气候变化作为影响社会经济可持续发展的重要方面,并加强了相关的制度安排,如成立国家气候变化委员会,制定《国家应对气候变化行动计划》等,气候变化在政府议程中的地位不断上升,而各级地方政府虽然在中央政府的压力下采用了一些应对气候变化的措施和行动,但并未给予气候变化足够的重视,究其原因在于应对气候变化并未被充分纳入地方政府的绩效考核中,中央政府和地方政府在应对气候变化方面存在着不一致的激励,因此,将应对气候变化充分纳入地方政府考核体系中是未来重要的行动措施。

同样地,印度尼西亚的能力建设仍然存在较大的改进余地,这种能力建设的不足表现在若干方面。首先,能力建设需要大量的人力资源,尤其是专业人才,然而印度尼西亚目前专业型的技术人才并不多,尤其是缺乏拥有先进技术和理念的人才,这影响着应对气候变化方案的有效实施;其次,能力建设往往涉及地方层面的政府、非政府组织以及人民团体等主体,目前这些主体在应对气候变化中的行动权限较小、积极性较低,作为应对气候变化行动的直接主体,如何扩大他们的权限,调动其积极性表现得十分重要;另外,印度尼西亚政府产生、获取以及理解气候变化信息的能力有限,这尤其影响着识别和评估潜在适应战略的合适方法;最后,气候变化的知识和信息往往是跨学科的,包括气候科学、生物物理学、工程科学、社会学、经济学以及规划学等诸多学科,目前印度尼西亚在产生气候变化的知识和信息时,往往对不同学科知识的整合不足,综合性和跨学科性不够。

5.5.4　对气候变化适应措施的重视不够

不同于气候变化的减缓措施,气候变化适应措施的短期效果并不是特别明显,有时甚至会消耗大量的资金和技术,因此目前印度尼西亚各界和资金援助者对气候变化适应措施的关注和重视程度较低。尽管目前各种适应活动正在逐步开展,但这些适应活动或措施非常分散,有时甚至出现重叠状况,加强不同适应措施间的系统性协调显得十分迫切,并且加强不同政府机构和团体间的协调也是非常必要的。虽然气候变化的适应活动数量有限，彼此协调欠缺，但目前政府和合作伙伴都不断表示出以更加协调的方式来应对气候的变化适应。

　　为了增强本国适应未来不断恶化的气候变化问题，印度尼西亚政府需要加强制度建设，尤其是加强不同部门、机构等主体间的协调，增强政策合力，避免内耗。首先，气候变化问题是跨部门的问题，需要长期的承诺，在国家发展规划框架中需要在应对气候变化适应的主要主体间达成强烈的政治一致性和多部门的政策协调性，主要的部委、机构以及合作伙伴应该有一个应对气候变化适应的共同平台，以加强彼此间的沟通和协调；其次，保证长期气候变化适应项目的有效性，考虑到气候变化影响的复杂性、规模性以及跨领域的本质，适应项目应该为国家、区域和地方层面系统性的应对气候变化适应项目提供完整、适当的框架；最后，为了保证项目在开发和实施过程中得到全方位的支持，相关核心主体，尤其是相关部委、机构以及合作伙伴等需要积极参与（United Nations Development Programme Country Office，2007）。

第 6 章　马来西亚应对气候变化的政策

6.1　马来西亚的基本概要

6.1.1　马来西亚的自然条件

1. 地理概况

马来西亚位于东南亚，太平洋西岸，地处 1°N～7°N、99.5°E～120°E，总面积约 329 750km², 海岸线长约 4800km（Ministry of Natural Resources and Environment Malaysia, 2011），同中国、柬埔寨、越南等国隔海相望，被南中国海分为西马来西亚和东马来西亚两部分，西马来西亚位于马来半岛，呈西北—东南走向，面积占国土的 40%，北部同泰国接壤，南部以新柔长堤和第二通道连接新加坡；东马来西亚地处加里曼丹岛，呈东北—西南分布，南临印度尼西亚，北岸中段同文莱接壤，占国土面积的 60%，主要包括沙巴和沙捞越。马来西亚地形复杂多变，山地丘陵广泛分布，地势起伏较大，平原面积狭小，并且主要分布在沿海地区，海拔 4101m 的基纳巴鲁山地处东马来西亚的沙巴，是东南亚最高峰。马来西亚地处亚欧板块同印度洋板块、太平洋板块交界附近，地质构造强烈，火山地震频繁，但同印度尼西亚、菲律宾等国相比，相对较少。

2. 气候条件

马来西亚地处赤道附近，属热带雨林和热带季风性气候，无明显四季变化。境内全年高温多雨，温差小，日均温为 31～33℃，夜间平均气温 23～28℃，降雨丰沛，相对湿度大，全国年均降雨量在 2000～2500mm（中华人民共和国驻马来西亚大使馆经济商务参赞处，2014a）。由于地处热带地区，温度较高，海洋输送丰富的水汽，午后和夜晚通常会有强对流、雷暴天气带来充足的降雨。全年分为两个季风期，东北季风（即北半球冬季风）盛行于每年 10～次年 3 月，西南季风（即北半球夏季风）盛行于每年 4～9 月（Ministry of Natural Resources and Environment Malaysia, 2011）。东北季风盛行期间降雨丰沛，极端条件下马来半岛东海岸、沙巴东北部、砂拉越南部会出现 1～3 天的持续降雨，西南季风盛行期间降雨相对较少。

6.1.2　马来西亚的社会经济概况

1. 马来西亚的人口概况

世界银行数据显示，2015 年马来西亚人口突破 3000 万人，达到 3033 万人，人口自然增长率为 1.542%（世界银行，2016d），人口主要集中在西马来西亚。1990~2000 年，马来西亚人口增长了 30%，2000~2005 年，人口增长了 12%（Ministry of Natural Resources and Environment Malaysia，2011），2013 年，马来西亚人口密度达到 90.45 人/km。年龄结构方面，2013 年马来西亚 0~14 岁人口占比 25.76%，15~64 岁占比 68.78%，65 岁及以上人口占比 5.46%，年平均预期寿命达到 74.57 岁（中华人民共和国国家统计局，2016），马来西亚虽拥有较大的劳动力优势，但老年人口持续增多，整个社会向老龄化迈进。人口密度上，随着人口的不断增加，马来西亚人口密度同样不断增加，2015 年人口密度在东盟国家中排在第 6 位，相较于 2004 年的 77 人/km^2 增长至 92 人/km^2（ASEAN Secretariat，2016i），增长幅度达到 19.5%。马来西亚是个多民族构成的国家，全国共有 32 个民族，总体来看，主要民族有马来族、华族，其他民族如印度族、达雅族等占据马来西亚较少人口。（中华人民共和国驻马来西亚大使馆经济商务参赞处，2014b）。

2014 年马来西亚的城镇化水平达到 74.0%，在东盟国家中仅次于新加坡、文莱两国，并远超世界平均水平。2004 年马来西亚的城镇化已达到 62.8%，同样仅次于新加坡和文莱两国，到 2014 年时，马来西亚的城镇化水平增长 11.2%（ASEAN Secretariat，2016i），在东盟国家中仍保持着较快的城市化势头。城市人口的快速增长考验着城市基础设施等的承载力，尤其是在气候变化明显加剧的背景下，如何提高城市对气候变化的抵抗力是马来西亚政府必须充分考虑的议题。

2. 马来西亚的经济概况

作为东南亚第三大经济体，近年来马来西亚经济状况持续改善，是本区域经济增长最快的国家之一。2008 年金融危机爆发以来，马来西亚经济增长出现了较大幅度的波动，由于出口导向型经济受到严重冲击，2009 年马来西亚经济出现负增长，经济增长率仅为 −1.5%。在逐渐走出金融危机的阴影后，马来西亚的经济出现了较快的增长，2011~2015 年 GDP 增长率分别为 5.3%、5.5%、4.7%、6%、5%（世界银行，2016k），就其收入水平来看，马来西亚已迈入中等国家行列。

产业结构方面，马来西亚已从农业导向型经济逐渐转型成为以制造业和服务业为主的经济体。2015 年，三大产业占到国内生产总值的比重分别达到 8.5%、36.4%、55.1%，第二、三产业 GDP 占比总量达到 91.5%（中华人民共和国国家统计局，2016）。就具体产业来看，对经济增长的主要贡献来自于服务业、制造业，而采矿、农业和建筑业紧随其后。

6.1.3　马来西亚的能源消费与温室气体排放

随着社会经济的持续发展，马来西亚对能源的需求和消费不断增加，能源供给也在增加。如图 6-1 所示，马来西亚一次能源供给大于能源消费，近些年来，其能源供给和消费都处于平稳上升的趋势，虽然某些年度存在波动，但整体来看，一次能源的供给和消费处于持续上升的状态。同 2005 年相比，2014 年马来西亚的能源供给增长 26 107ktoe，增幅达到 39.3%，能源消费增长 13 925ktoe，增幅达到 36.4%。

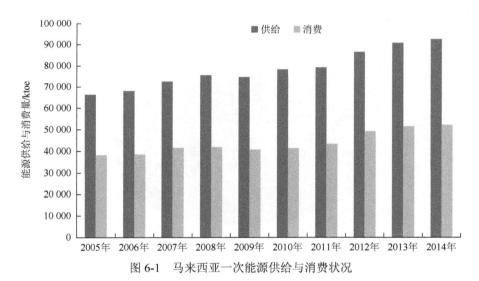

图 6-1　马来西亚一次能源供给与消费状况

资料来源：Energy Commission of Malaysia. 2017. Energy Statistics Handbook 2016. http: //www.st.gov.my/ index.php/en/all-publications/item/735-malaysia-energy-statistics-handbook-2016.

如图 6-2 所示，马来西亚长期高度依赖天然气、石油、煤炭等化石燃料，这种状况并未随着时间而发生显著变化。英国石油公司的资料显示，马来西亚煤炭、石油、天然气消费数量持续增长，而水电、其他可再生能源等清洁能源不仅在能源消费结构中的占比较低，而且增长十分缓慢，这对改善马来西亚高度依赖化石燃料的能源消费结构十分不利。

IEA 的数据显示，如图 6-3 所示，在马来西亚 2015 年的能源消费结构中，天然气、石油、煤炭等化石燃料的消费占比分别居前三位，其中天然气占比最高，达到 43.7%，石油占比达到 32.2%，煤炭占比则为 20.4%，三种化石燃料占比共达到

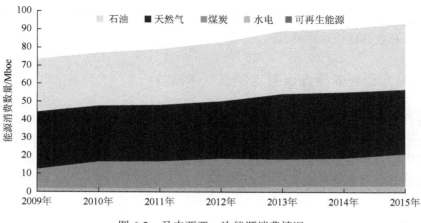

图 6-2　马来西亚一次能源消费情况

资料来源：BP. 2017. 世界能源统计年鉴 2009～2016. http：//www.bp.com/zh_cn/china/reports-and-publications.html.

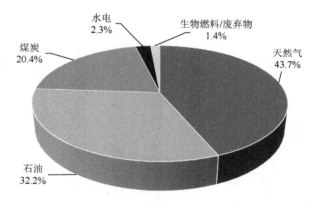

图 6-3　马来西亚 2015 年一次能源供给情况

资料来源：IEA. 2017. Primary Energy Supply. https：//www.iea.org/stats/WebGraphs/MALAYSIA4.pdf.

96.3%，水电、生物燃料/废弃物等清洁能源占比极小。马来西亚油气资源丰富，利用成本较低，这是化石燃料在能源结构中比重较高的重要原因，但是过多的化石燃料使用将会给环境带来不利影响。

　　人均能源消耗方面，如图 6-4 所示，马来西亚人均能源消耗远高于世界平均水平，2013 年马来西亚人均能源消耗突破 3000ktoe/人，达到 3019.81ktoe/人，比 2004 年增加 597.43ktoe/人，增幅达 25.6%。近十年来，马来西亚人均能源消耗和世界人均能源消耗在波动中持续增加，但马来西亚人均能源消耗增加速度远高于世界平均水平，同世界人均能源消耗间的差距不断加大，这反映了马来西亚经济社会发展对能源需求的快速增长态势。

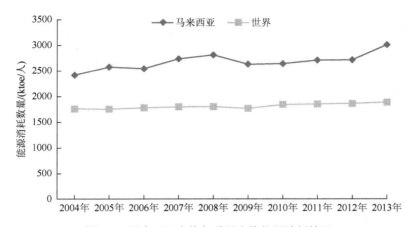

图 6-4　马来西亚人均与世界人均能源消耗情况

资料来源：世界银行. 2017. 人均能源消耗.
http：//data.worldbank.org.cn/indicator/EG.USE.PCAP.KG.OE？end=2013&start=2000&view=chart.

　　单位 GDP 能源消耗方面，如图 6-5 所示，马来西亚和世界单位 GDP 能源消耗均呈上升趋势，马来西亚单位 GDP 能源消耗高于世界平均水平，二者之间的差距有较大波动，甚至在某些年份内二者之间的差距有增大的趋势。但长期来看，两者之间的差距不断缩小，马来西亚单位 GDP 能耗逐渐接近世界平均水平。单位 GDP 能源消耗的减少，意味着马来西亚的能源政策在某种程度上取得较大的进步，能源使用效率的增加，这将有利于减少温室气体的排放。

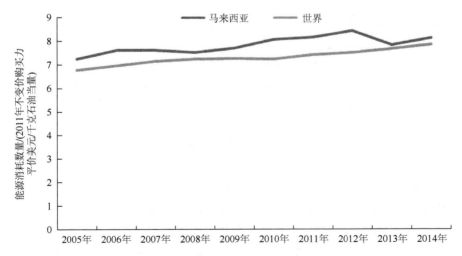

图 6-5　马来西亚和世界单位 GDP 能源消耗情况

资料来源：世界银行. 2017. GDP 单位能源消耗.
http：//data.worldbank.org.cn/indicator/EG.GDP.PUSE. KO.PP.KD？end=2014&start=2000&view=chart.

如图 6-6 所示，在生产效率和技术进步有限的情况下，人口不断增加和经济快速发展使温室气体的排放总量上不断增加。二氧化碳排放量增长速度较快，总体来看保持波动上升的趋势。甲烷排放量稳中有升，2000 年为 49 911.2 千吨二氧化碳当量，2012 年为 57 169.776 千吨二氧化碳当量，增幅达 14.5%。

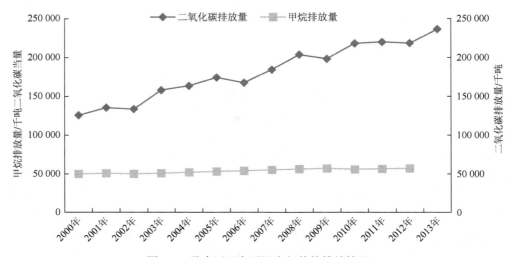

图 6-6　马来西亚主要温室气体的排放情况

资料来源：世界银行. 2017. 二氧化碳排放量、甲烷排放量.
http://data.worldbank.org.cn/indicator/EN.ATM. METH.KT.CE？end=2013&locations=PH&start=2000&view=chart.

如图 6-7 所示，马来西亚人均二氧化碳排放量在波动中持续上升，2013 年马来西亚人均二氧化碳排放为 8.026 727 068Mt，比 2000 年增加 2.357 209 164Mt，增幅高达 41.58%，而同时期世界人均二氧化碳排放增幅仅为 23.85%，马来西亚人均二氧化碳排放量的快速增长使其同世界人均排放量的差距越来越大。单位 GDP 二氧化碳排放量方面，马来西亚同世界平均水平均较低，且基本重合，两者都保持较为平稳的状况，无明显的上升趋势。

通过以上分析可以看出，作为亚洲地区引人注目的新兴工业国家和世界新兴市场经济体，随着人口的快速扩张和经济的持续发展，马来西亚对能源尤其是化石燃料的需求呈持续增加趋势，依托本身丰富的油气资源，马来西亚在满足自身发展需要的同时能够实现能源的出口。能源结构方面，天然气、石油、煤炭等化石燃料占据主导地位，水电、太阳能等可再生能源占比较小，这种状况在短期内将很难改变。人均能源消耗方面，马来西亚高于世界平均水平，并在近年来同后者的差距有扩大的趋势。尽管马来西亚生产效率逐渐提高和经济结构不断调整，但其单位 GDP 能源消耗仍保持上升趋势，与世界平均水平不断缩小。温室气

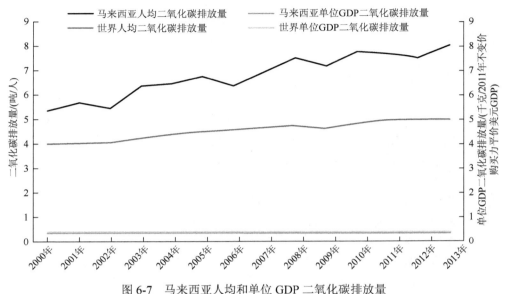

图 6-7　马来西亚人均和单位 GDP 二氧化碳排放量

资料来源：世界银行. 2017. 人均二氧化碳排放量、单位 GDP 排放量.
http：//data.worldbank.org.cn/indicator？tab=all.

体排放方面，二氧化碳的排放量持续增多，甲烷排放量稳中有升。此外，人均二氧化碳排放量不断增加，而且增长速度快于世界平均水平，单位 GDP 二氧化碳排放量水平较低且平稳增长，同世界平均水平大致相当。

6.2　气候变化对马来西亚的影响

亚洲银行在《东南亚气候变化经济：区域回顾》中指出，东南亚是世界上最易受到气候变化影响的地区。除非全球变暖得到控制，否则该地区将面临更为严峻的问题。气候变化给马来西亚带来的直接影响是气温不断升高，过去 40 年的记录显示，马来西亚多年平均地表温度变化速率为每 50 年上升 0.6～1.2℃，根据预测模型，到 2050 年马来西亚的地表温度将上升 1.5～2.0℃，全球升温带来海平面上升，马来半岛南端（柔佛的丹戎比艾）20 年期间数据显示，马来西亚周边海域海平面上升速率达到 1.33mm/年；此外，气候变化同样导致马来西亚降雨出现异常，暗邦灌溉与排水雨量站观测数据显示，2000～2007 年的降雨强度已大大超过了 1971～1980 年的降雨强度，是有记录以来的最高水平（Ministry of Natural Resources and Environment Malaysia，2011）。与此同时，气候变化将使极端天气发生概率增加，"厄尔尼诺""拉尼娜"现象发生将会更加频繁。气候变化对于马来西亚的影响是全方位的，涉及国民生产生活的各个领域，主要体现在水资源、农业、生物多样性、林业、海岸和海洋资源、能源、公共健康等多个方面。

6.2.1　气候变化对水资源的影响

气候变化对水资源的影响主要体现在对水资源的数量和质量两方面。研究表明，马来西亚的水资源总量在 2025~2050 年的预测周期内总体上保持充足，但是水资源将会更加不稳定，这主要表现为洪涝和干旱灾害的增加。在极端干旱条件下，城市地区可能会经历更加严重的水资源供应短缺。2014 年 2 月，马来西亚出现水荒危机，国内水坝存水量仅够三个月用水量（新华网，2014）。极端天气出现概率的增加也将导致洪水等自然灾害的增多，2014 年 12 月马来西亚遭遇了十年来最大规模洪水，造成多人死亡，9 万余人被疏散（中国新闻网，2014）。洪水灾害的增多将带来灾民搬迁安置等诸多问题，打断正常的商业经济活动，给马来西亚带来更为严峻的考验，从长期角度来看，洪水灾害每年将给马来西亚半岛带来 8800 万林吉特的损失，沙巴和砂拉越遭受 1200 万林吉特的损失（以 1980 年价格为基准），如果洪水发生频率翻倍，灾害损失将会上升 1.67 倍（Ministry of Natural Resources and Environment Malaysia，2011）。水资源的不稳定也会使水土流失问题变得更加严重。较低的降雨量导致在灌溉、国民生活、工业用水方面水资源出现短缺问题的同时也会影响水资源的质量，根据 2016 年的《马来西亚统计年鉴》，在监测的 140 条河流当中，有 3.6%受到污染，45.7%轻微污染，没有受到污染的河流仅一半左右（Department of Statistics of Malaysia，2016）。

6.2.2　气候变化对农业的影响

马来西亚由于地处热带，且境内多为丘陵和低矮山区，农业结构以种植油棕、橡胶、可可等经济作物为主。气候变化对农业的影响体现在自然灾害使得作物减产与温湿变化使病虫害增多等方面，此外海平面上升造成的土地侵蚀和淹没也会给农业造成损失。现阶段，马来西亚大部分种植区域处在最适宜的温度范围内，较小的气温浮动对于作物影响不大。降雨量的变化是马来西亚多数作物的主要影响因素，气温高于适宜气温 2℃，雨量减少 10%将会导致棕榈油 30%的减产；对稻米而言，雨量的增多和旱灾的更早出现将最多导致 80%的减产；研究表明当气温高于 30℃，降水低于 1500mm，橡胶的生长将会延缓，从而导致 10%的减产；降水量低于 1500mm 的旱灾将会使可可产量急剧减少，反之降水量高于 2500mm 将会导致更高的霉菌发病率（Ministry of Natural Resources and Environment Malaysia，2011）。2015 年受洪水灾害影响，马来西亚棕榈油产量减产速度创下

17 年来最高，受洪水冲击最为严重的马来西亚半岛，减产幅度高达 30%（新浪网，2015a）。当海平面以每年 0.9cm 上升时，西柔佛农业发展区域将会遭受 4600 万林吉特的损失，该地占马来西亚全国灌溉区域的 1/4。

6.2.3　气候变化对林业、生物多样性的影响

气候变化对林业的影响主要体现在降雨增多导致的水土流失和气候干旱引发的森林火灾使得林木死亡，植被减少。此外，气温升高也会使某些山地植被的栖息地环境发生变化，使得栖息地面积减小，植被适宜栖息地向高海拔地区移动，危害植物物种的生存。降水量的不规律变化将加大对泥土的冲刷效应，导致土壤水渍和土壤中营养成分的流失，影响林木的生长发育。对马来西亚而言，其沿海附近丰富的红树林资源在气候变化的情景下也将受到巨大冲击。全球气温升高导致海平面上升和海岸线变化，处于海岸边低地的红树林将因此变得更加脆弱。同时，气温的升高和降雨量的变化将会使红树林的情况进一步恶化。根据马来西亚相关机构的研究，受气候变化影响，马来西亚半岛的 1596 种植物物种将会变得更加脆弱，其数量占马来西亚半岛植物物种的 19%，其中 42.4%的高山植物和 6.1%的红树林为本地特有（Ministry of Natural Resources and Environment Malaysia，2011）。

生态系统是一个互相联系互相影响的整体，气候变化引发植被的变化进而也会对动物造成影响。气温的升高使生物栖息环境发生变化，由于动物短期内不会改变其生活习性，某些物种将会受到影响，例如，生活在山地的动物将会向更高海拔的地区活动，这将可能对更高海拔的生物造成入侵，影响生态系统的和谐稳定。马来西亚拥有 2251 种脊椎动物，由于气候变化，马来半岛的 16 种哺乳动物、43 种鸟类、14 种爬行动物、28 种两栖动物、17 种鱼类将会受到威胁，5.4%的物种将会更加脆弱，其中受影响最大的为两栖动物，占比达 13.5%（Ministry of Natural Resources and Environment Malaysia，2011）。

6.2.4　气候变化对海岸和海洋环境的影响

马来西亚拥有长达 4800km 的海岸线，受气候变化影响，马来西亚的海岸和海洋地区将会不同程度地受到由海平面上升、海水温度上升、风暴频率增多和海浪活动所带来的影响。马来西亚国家海岸脆弱指数研究显示，预计海平面将会以 10mm/年的速率上升（预计到 21 世纪末会上升 1m），在此情景下，丹戎比艾 1820hm^2 的海岸地带，兰卡威附近 148hm^2 的珍南海岸地带将会有被淹没的风险（Ministry of Natural Resources and Environment Malaysia，2011）。气候变化

将会增加暴风的强度、持续时间和发生频率，这将会对海岸建筑物带来被侵蚀的影响，增加海岸防波堤和河口沉降的可能性，农业、港口活动、海洋活动将会因此受到影响。

气候变化对海洋的影响还体现在对近海海洋环境的破坏。珊瑚礁不仅对海洋生态多样性的保育具有重要意义，并且对渔业、旅游等海洋经济活动有很大影响。随着气候变化，马来西亚近海附近的珊瑚礁不容乐观，由于珊瑚虫对温度变化极其敏感，如果海水温度超过一定范围，珊瑚就会抛弃虫黄藻，珊瑚礁会因此出现白化现象，气候变化使海水温度上升，大约85%的马来西亚珊瑚受到海水升温的威胁，珊瑚的持续白化将会引起一系列连锁反应，从而破坏海洋的生态平衡，与此相关的一系列经济活动如渔业、旅游业等会因此受到冲击。

6.2.5　气候变化对能源和交通运输的影响

气候变化对能源部门的影响主要体现在影响油气资源的勘探、提取和运输等方面，以及发电、输电和配电等方面。对海上油气设施而言，特别是远离海岸的钻井平台等，极端天气的增多将会损害设施的运转甚至危及相关人员的生命。与此同时，石油运输也会受到极端天气的影响。对电力系统而言，温度的升高将会降低汽轮机和水轮机的功率，海水温度预期的上升将减少制冷设施热量的转化，温度上升导致某些生物的泛滥以致造成不利影响。过度的降雨和更长的旱灾将会对水电产生不利影响。极端天气的增多也会对电力系统和燃料输送、分配系统等产生不利影响。公路、铁路、航空等交通运输部门都会不同程度受到影响，降低运作效率，加速基础设施的损害速度。

英国风险分析预测公司维里斯科枫园（Verisk Maplecroft）称气候变化造成的气温和空气湿度的升高会增加高温天气出现的频率，由此会严重威胁东南亚地区的生产率。在接下来的30年内，由于高温天气，东南亚地区劳动生产率将会下降16%。据预测到2045年，马来西亚的高温天数分别会从335天和338天增加到364天。通过对1300个城市的生产率预计下降的百分比的计算，该公司发现受影响最为严重的50个城市中有20个来自马来西亚（中国网，2015）。

6.2.6　气候变化对公共健康的影响

气候变化对公共健康将产生不利影响。频繁的高温将带来心脑血管、呼吸道等的高发病率，增加人群死亡率特别是老年人的死亡率。城市地区车辆、空调以及工厂等排放出来的大量煤灰、粉尘、二氧化碳等温室气体在城市上空形成屏障，促使温度升高，加剧城市的热岛效应，城市热浪会增加人群死亡率。相关研究表明，气候变化同一些传染病如疟疾、登革热、腹泻等存在很大关联，气温的升高和雨量的变化将加速某些疾病的传播。

研究表明，气温的升高和雨量的增多将增加疟疾媒介的活跃性，气温每升高 2～4℃（以 1990 年的气温为基准），和疟疾有关的斑蚊传播疟疾的可能性将提升 20%～30%。根据预测模型，到 2050 年马来西亚的气温将上升 1.5℃，疟疾的发病率也将上升 15%（Ministry of Natural Resources and Environment Malaysia，2011）。对登革热等热带传播疾病的研究同样有类似的发现。

6.3　马来西亚应对气候变化的制度安排

6.3.1　应对气候变化的政策机构

1. 应对气候变化国家指导委员会

1994 年，在签署 UNFCCC 的背景下，马来西亚成立了应对气候变化国家指导委员会来对国家相关气候变化政策进行指导。

2. 国家绿色科技和气候变化委员会

2010 年马来西亚成立了由总理任主席的国家绿色科技和气候变化委员会，旨在加强国家气候变化政策和国家绿色科技政策之间的联系，促进两项政策之间的协调配合，实现策略化实施。

3. 气候变化小组

1992 年 12 月 16 日，马来西亚气候变化小组在首都吉隆坡成立。其成员机构皆为非政府组织，包括社会环境保护协会、马来西亚环境技术与发展中心以及马来西亚自然保护协会。2002 年 8 月霹雳州消费者协会加入该组织。其目标主要包括以下方面：分享和传播有关气候变化的信息；在国家层面上进行协调活动；在东南亚气候行动网络、气候行动网络及其他涉及气候变化的国际事务中扮演积极角色；游说马来西亚政府更多关注气候变化议题。马来西亚气候变化小组的成立在教育社会大众增强气候变化意识，普及气候变化能力知识方面发挥着重要作用。

6.3.2　应对气候变化的战略规划

在应对气候变化方面，马来西亚政府于 1994 年签署 UNFCCC，并于 1999 年

3 月 12 日在《京都议定书》上签字，较早地在国际公约框架内应对气候变化。此外，马来西亚通过制定若干气候变化战略规划，来积极应对气候变化。

1. 马来西亚国家气候变化政策

为有效应对气候变化，实现经济社会可持续发展的目标，2009 年马来西亚内阁通过了《国家气候变化政策》，《国家气候变化政策》包括 43 个核心行动、10 个战略重点领域以及 5 个原则，从而为调动和指导政府部门、工业、社会团体以及其他利益相关者提供了有效和系统的框架。该政策具体包括三个目标：一是增强应对主流气候变化的竞争力，提升居民生活质量；二是加强应对气候变化政策、计划、项目的整合；三是增强应对气候变化的制度化和实施能力。5 个原则分别是可持续发展路径原则、自然环境和资源保护原则、协同实施原则、有效参与原则、共同但有区别的责任原则。

在每个原则的指导下，马来西亚通过一系列法案对重点领域进行战略推进。可持续发展路径原则下包括 11 个核心行动，分为 3 个战略推进方向，分别是促进现有政策和机构协调、建立低碳经济的制度化努力、支持增加气候弹性的投资；自然环境和资源保护原则下包括 12 个核心行动，分为 2 个战略推进方向，分别是增强环境、资源保护和巩固能源政策；协同实施原则下包括 10 个核心行动，2 个战略推进方向，分别是整合各种行为和支持知识化决策；有效参与原则下包括 6 个核心法案，2 个战略推进方向，分别是提升合作和增加居民意识和社区参与；共同但有区别的责任原则下包括 4 个核心行动，一个战略推进方向，即增强国际项目的参与度（National University of Malaysia，2008）。

2. 马来西亚国家绿色科技政策

马来西亚《国家绿色科技政策》于 2009 年获得通过，其目的在于在保护自然环境和资源的同时提升低碳科技保证可持续发展。该政策包括五个战略重点：第一个战略重点是成立绿色科技委员会，开展高级别的合作，推动政府部门、专门机构、私营部门、利益相关者的措施更为有效；第二个战略重点是为绿色科技发展创造有利的环境，这包括创新经济工具的引进和应用以及支持绿色产业增长的财政和金融支持机制建立；第三个战略重点是通过提供教育和培训项目寻求人力资源的发展以及通过引进金融优惠和激励措施，促进学生从事和绿色科技相关的项目；第四个战略重点是通过引入刺激因素，增强绿色科技研究和创新的商业化；第五个战略重点是强有力地提升公众对绿色科技的意识。马来西亚《国家绿色科技政策》还重点强调，政府应该以身作则，通过在政府使用设施等领域引进绿色科技等方式做出表率，这不仅有利于增强公众应对气候变化的意识，同时将推动绿色经济和绿色实践的发展。

在此基础上，为支持绿色科技的发展，马来西亚政府还对能源、水资源与通讯局从结构上进行了重塑，建立新的能源、绿色科技及水资源局。为了与此相适应，充分发挥市场应对气候变化的作用，马来西亚政府对原来的能源中心的功能进行了整合再造，成立了马来西亚绿色科技公司来应对气候变化。

上述两项政策在实现国家多元发展目标，促进国家收入可持续高增长方面具有非常重要的作用，同时二者之间也存在着紧密的联系，因此加强制度建设，保证这些策略能够实施、落地就显得尤为重要。2010 年，马来西亚政府成立了由总理任主席的绿色科技委员会，以促进科技发展与应对气候变化两个互补领域之间的联系与合作。

6.4　马来西亚应对气候变化政策的内容与实施

6.4.1　马来西亚应对气候变化的减缓措施

作为发展中国家，经济增长在马来西亚国家战略中处于优先地位，与此同时，在气候变化影响加剧的情况下，马来西亚希望以一种更负责任的方式促进经济的可持续发展。基于此种考虑，在 2009 年世界气候大会上，马来西亚总理纳吉布宣布，到 2020 年，马来西亚将自愿在 2005 年的排放水平上减少 40%的 GDP 排放强度（新民网，2014）。

1. 能源部门的减缓措施

马来西亚通过引入两个能源模型来对能源领域进行了评估。根据模型预测，在保持现状的情况下，2000～2020 年，马来西亚二氧化碳排放量预计每年将增长大约 3.72%；在采取能源效率和保护等措施的条件下，其排放量每年将增长 3.53%；在能源循环利用的条件下，排放量每年将增长 3.49%；在能源效率和保护以及能源循环利用的双重叠加下，排放量每年将增长 3.2%（Ministry of Natural Resources and Environment Malaysia，2011）。根据预测，在能源效率和保护以及能源循环利用综合条件下，2020 年将碳排放量降低至 196.5Mt 二氧化碳当量。

2. 土地与林业部门的减缓措施

尽管经济高速增长，对森林等资源的需要不断增长，但马来西亚依然是世界上森林覆盖率最高的国家之一，保持着 55%左右的天然林覆盖面积，这在很大程度上要归功于马来西亚的国家林业政策。为加强对森林资源的保护，马来西亚通过了《国家森林法案》，将 1419 万 hm^2 的林地划为国家森林永久保护区，并作为国家森林的核心区域。除此以外，马来西亚还将 180 万 hm^2 的林地作为国家公园和野生动物避难地带。以上两者加起来将近达到 1600 万 hm^2，可以说占国家领土面积一半以上的自然林地得到永久管理。

（1）森林对气候变化的减缓作用。研究表明，现存的森林区域对于碳沉降具有显著作用，有助于减缓气候变化。具体来看，通过森林恢复项目、植树造林计划以及城市植树项目等能够实现大气中大量碳的沉降。这些项目对实现二氧化碳的沉降和封存发挥了重要作用，研究显示，马来西亚全国森林平均二氧化碳封存率已从 2000 年的 249.8Mt 下降到 2005 年的 240.5Mt（Ministry of Natural Resources and Environment Malaysia，2011）。

（2）减少林地向其他用途的转换。预测模型显示，在维持基准砍伐率的情境下，到 2020 年，马来西亚将有 130 万 hm^2 的林地转化为其他用地，届时其森林覆盖将降低到 1710 万 hm^2，森林覆盖率降低到 51.8%。鉴于林地在减缓气候变化方面的巨大作用，马来西亚政府采取多种措施尽可能减少土地由林地向其他用途土地的转换。

（3）加强新的人工林储备。减少对木制品的需求。加强新的人工林储备，开展大规模的城市植树计划是增加碳沉降、减少碳排放直接而有效的措施。同时，减少对木质产品的需求也能够减少森林的砍伐，从而减少温室气体的排放。然而，由于包括锯材、胶合板材、纤维板材、装饰板材等在内的木制品制造业是高附加值的行业，减少需求将给马来西亚带来高昂的代价。

3. 废物处理部门的减缓措施

根据模型预测，在不采取减缓政策和其他措施的条件下，到 2020 年，马来西亚每年将会排放 2037Gg 的甲烷。为减缓甲烷的排放，马来西亚政府逐渐采取了下列措施：开发废弃物强制分离系统；对食物垃圾和绿色废弃物进行分类处理；升级废品处理装置；建设清洁的垃圾填埋堆；实施有关废弃物气体的 CDM 项目；建立废弃物能源转换装置；建立热处理设施。马来西亚通过实施《国家废弃物战略管理计划》来减缓废弃物带来的不利影响。

4. 农业领域的减缓措施

种植水稻过程中产生的甲烷是农业领域温室气体排放的主要来源，肥料的使用和牲畜养殖也在不断增加的温室气体排放中占有很大比重。由于马来西亚的水稻种植处于饱和状态，来自水稻种植的温室气体排放将有可能缓慢增长。马来西亚政府有未来增加牲畜产品产量的计划，因此，来自养殖业和畜牧业的温室气体排放将会增加。具体来看，农业部门的减缓措施主要体现在以下几个方面。

（1）加强对稻田灌溉的管理。水稻种植过程中大量的温室气体排放来自于对稻田持续不断地浸泡，将水田排干能够改变水田环境，减少产生甲烷的微生物活动，从而大幅度减少温室气体的排放。研究证明，一次排水能够减少 50%的甲烷排放量，多次排水能够减少 80%的排放量（Ministry of Natural Resources and Environment Malaysia,2011）。在完善农田水利基础设施和科学排水管理的前提下，马来西亚来自稻米的温室气体排放将比正常情况下实现大幅度减少。

（2）加强对含氮化肥的管理。农业部门中一氧化二氮的排放主要来自于含氮化肥，其占到了整个农业部门排放的 30%。因此，通过用生物肥料等替代含氮化肥能够减少一氧化二氮的排放。使用生物肥料除了能降低对化肥的依赖，还能够将土壤中的碳沉降下来从而增加土壤中有机质含量。使用生物肥料代替含氮化肥会部分地减少农业领域内的二氧化氮排放。

（3）加强对牲畜粪便的管理。动物的肠内发酵导致甲烷气体的排放，随着牲口数量的增多，温室气体排放也相应地成比例增加。从技术上减少动物甲烷气体的排放缺乏经济可行性，特别是马来西亚牲畜养殖依赖进口大量的浓缩饲料。对牲畜粪便进行堆肥不仅能够减少温室气体的排放，而且能够增加土壤中的有机质。随着化肥价格的上涨，在农民当中推广堆肥能够使其相对增收，这项技术的推广能使马来西亚来自牲畜粪便的甲烷排放实现小幅度的降低（Ministry of Natural Resources and Environment Malaysia，2011）。

5. 工业过程中的减缓措施

工业过程中使用的大量化石燃料是马来西亚温室气体的最大排放来源，此外制造业也贡献了很大部分温室气体排放，其中贡献最大的是水泥产业，因此水泥制造产业是此领域减少温室气体排放的关注焦点。依托 CDM 中的项目，马来西亚的水泥产业能够减少 10%的温室气体排放（Ministry of Natural Resources and Environment Malaysia，2011）。

6. 垃圾管理方面的减缓措施

固体废弃物的温室气体排放占到马来西亚温室气体较大的比例，此领域减少温室气体的排放主要通过不同的计划和行动得以实施。《国家固体废弃物管理计划》和《废弃物极小化总体规划和行动计划》为固体废弃物的有效管理提供了全面的指导。尽管政府将 3R（reduce，reuse and recycle）原则作为有机废物的核心指导原则，但目前马来西亚对餐厨垃圾和绿色废弃物的处理依然缺乏足够的关注。

6.4.2　马来西亚应对气候变化的适应措施

为应对气候变化给国家未来发展带来的潜在威胁，创造经济社会发展的有利环境，马来西亚通过实施一系列全局的、系统的应对措施，不断提升国家气候变化适应能力。

1. 加强和开展国家气候服务

加强国家气候服务，为政府和利益相关者提供更多的气候信息，能够促进气候科学的产出与转化，其目的在于在国家的各个层面增强气候变化风险的管理能力，为当下和未来提供合作框架。通过创造气候科技进步分享机制，促使气候变化信息传播，以使使用者受益。通过整合一系列科研院所和相关机构来扩大气候信息的利用范围，政府应对气候变化风险管理和减缓适应能力将更加连贯和有效，这同 2009 年日内瓦举办的世界气候大会第三次会议提出建立世界气候服务框架的目标一脉相承。

马来西亚国家气候服务主要包括以下内容：气候数据和数据库、面向顾客和利益相关者的气候信息应用和产品；气候变动的信息和预测如"厄尔尼诺"和"南方涛动"现象等以及其他气候波动和影响；季度气候预测和年度气候预测；气候变动预测及影响和脆弱性评估；对特定领域的专家建议和关于气候事项的用户需求。

目前，马来西亚国家气候服务能力建设有待完善，主要改进措施包括以下两个方面：加强气候模型和气候预测方面的研究，对客观气候变化进行更加精确的刻画，开展气候变化的定量预测，在时间和空间尺度上进行研究；通过整合的方式，在利益相关者当中发展应对多种灾害的技术能力，号召多部门广泛参与服务提供，加强多重灾害预警系统的建设。

2. 建立全球气候观测系统

为了更加深入全面地理解气候变化，建立全面而系统的气候观测和追踪系统就变得十分必要。这有助于降低极端天气和气候变化给国家和地区带来的影响。有效的系统需要各个相关组织、机构、政策制定者和利益相关者之间的互相配合，因此，在国家层面上成立一个气候观测系统委员会将变得非常重要。建立长周期的气候及气候相关的观察和变化追踪主要包括以下内容：气候变化监测和属性判断；可操作化的季节-年际尺度气候预测；加强对气候变化理解模型和预测系统的研究；对脆弱性和适应性影响的评估以及对自然气候变化和人为因素引起的气候变化的区分；对气候服务的发展和可持续发展的应用研究。此外，还需要运用相关部门的环境数据、生物数据、生态系统数据和社会经济数据来评估人类、生态系统、环境脆弱性以及应用到不同领域和部门的减缓和适应措施。

目前，马来西亚已经建立了三位一体的观测设施，用于陆、海、空的气象和环境变化监测，国内不同机构对观测系统和观测网络负责。

3. 水资源领域的适应措施

为减轻水资源领域的脆弱性,增强应对气候变化的能力,马来西亚政府通过实施《水资源综合管理计划》,增强国家应对洪涝灾害和旱灾的能力,针对国内河流水系开展了《流域综合管理计划》,对水资源、土地资源、生态系统、社会经济进行综合管理。与此同时,马来西亚于 2006 年通过了《国家水服务委员会法案》和《水服务产业法案》,以保证水资源管理的制度化。水资源领域应对气候变化的具体措施主要包括以下两方面。

(1) 保障居民生活、商业、灌溉用水。为应对预期旱灾,马来西亚政府主要采取了以下措施:增强水资源供给效率,包括对水库和大坝进行除渣以及降低偷水、漏水的损失;加强对水资源需求层面的管理,降低工业、商业、本地居民的人均饮用水消耗,改善浪费水资源的行为和鼓励非饮用水的采集;提高灌溉等依赖非饮用水源部门的用水效率;通过引入天气预测数据建立水资源相关领域的决策支持系统。

(2) 增强对洪水灾害的适应能力。为应对预期洪水灾害的增加,马来西亚政府主要采取了以下措施:评估现有洪水灾害管理计划,审视现有结构的完整性,特别是重点检查那些容易威胁生命安全的薄弱环节,如河岸、水坝等地;检查现有设施的设计标准,开展洪水风险管理,包括控水设施、交通设施以及电力设施等;将非结构性应对措施作为结构化应对措施的补充,将洪水预报、灾害预警、洪水灾害风险图等非结构化措施纳入灾害预防和管理计划。

4. 农业领域的适应措施

受气候变化的影响,马来西亚的粮食安全受到很大威胁。因此,需要在研究和发展过程中探索新的应对方法,传统农业也需要重新纳入考量体系中,通过对其改造提高适应气候变化的能力。另外,对水资源进行管理在保证食品安全方面也扮演着重要角色。

农业领域的某些适应措施将有助于减少温室气体的排放。例如,在传统种植周期内增加一到两次排水将有助于降低温室气体的排放。随着农田水利基础设施的逐渐完善,这项有意义的实践可以在全国粮食主产区广泛推行,这将有助于减少温室气体的排放,推动水资源的节约,这些节约下来的水资源可以用于国民用水和工业用水。

含氮化肥的使用将导致温室气体氧化亚氮的排放,因而减少这类化肥的使用,推广生物化肥显得尤为重要。另外,合成氮肥的减少将在肥料合成过程中减少化石燃料的使用,从而减少温室气体的排放。

5. 林业领域的适应措施

马来西亚认识到森林在水土保持、生物多样性保护、景观娱乐需求、气候系统的调节、大气中碳沉降等方面对降低气候变化造成的脆弱性有着直接或间接的作用。因此，马来西亚将至少保持国土面积 50%的森林区域视为最低的森林保护目标。为实现此目标，马来西亚在森林保护、林地区域可持续管理、扩大城市地区绿色植被覆盖等方面开展若干具体措施。

（1）可持续森林管理实践。可持续森林管理是通过对永久林地进行管理以限制对森林产品和服务的需求。目前，马来西亚已经为森林的可持续管理设立了一系列标准和指标。在永久森林保护区域，商业性采伐受到可持续产量管理系统的控制，林木采伐以固定的循环周期进行，在每个砍伐周期内，仅仅成熟的树木（7～12 棵/hm^2）才被允许砍伐，这将给被砍伐地区的森林充足的时间恢复和更新。

（2）加强人工林培育。人工林的培育不仅能缓解天然林的压力，弥补天然林在木制品供应方面的短缺，而且能够尽可能使一些边缘化土地和空闲土地的利用得到优化。在人工林的种类方面，马来西亚除了使用外来物种，一些生长速度较快的本地物种也得到推广种植。然而，人工林的集约化种植也存在着病虫害易感性上升和气候变化相关的病虫害增加的隐忧。

（3）充实和补植计划。2010 年 4 月，马来西亚自然资源和环境部发起了"充实和补植计划"，倡议在接下来的五年时间中为每个马来西亚人种植一棵树，总共 2600 万棵树，这相当于以每年 520 万棵的速率进行植树，植树区域主要包括过度砍伐的区域、林木较少的区域以及其他合适的区域。

（4）城市森林和植树计划。城市森林和绿地不仅能够提升城市美观程度，而且在居民生活区域、道路沿线等植树也有助于降低噪声污染、空气污染，对于所在区域温度也有调节作用。为此，马来西亚国家园林部实施了"城市森林和植树计划"，以此作为建设绿色城镇的一部分。该项目计划在 1997～2020 年在城市地区种植 2000 万棵树，截至 2009 年，马来西亚已经在全国的城镇种植了 1000 万棵树（Ministry of Natural Resources and Environment Malaysia，2011）。

6. 海洋和海岸的适应措施

为应对全球气候变化带来的海平面上升、波浪侵蚀等不利影响，马来西亚地方政府实施了《海岸综合管理计划》（以下简称《计划》），以增强海岸地区的适应能力。《计划》需要在合适法律框架的支持下，由海岸综合管理部门在全国范围内实施系统的治理项目。

为了促进《计划》的实施，支持和扩大国家海岸脆弱指数的研究，获取马来西亚全部海岸线脆弱性评估数据显得非常重要。国家海岸脆弱指数是一项对海岸地区各项有关因素系统评估，以了解海岸受影响程度的指数，包括对生物因素、社会经济因素以及环境因素的评估。对这项指数的研究需要采取更加全面、综合的方式以提高评估的针对性。国家海岸脆弱指数要作为有效实施《计划》的重要工具。换句话说，马来西亚政府应运用《计划》来减少海岸地区未来发展的脆弱性，如最大程度降低海平面上升带来的不利影响等。

进一步来看，马来西亚要把增强现有海岸管理的有效性，提升现有研究的效率放在优先考虑的位置。因此，在现有的基础上，马来西亚需要对海岸和海岛的基础设施，例如，沿海堤岸、防波堤、港口、船坞以及沿海地区排水系统等进行改造升级，以优化其性能提高应对能力。

7. 公共健康领域的适应措施

公共健康领域，对幼虫和杀虫剂的控制已经纳入"传染病媒介控制计划"，并正在全国范围内推广。此外，针对疾病爆发的应急情况和灾难管理的标准化操作流程也在国家有关公共健康基础设施的各个层面推行。

一些对气候变化敏感的疾病，例如，虫媒传染病和由水和食物媒介导致的腹泻病在马来西亚呈现出区域性的特征。随着有效控制项目和活动的实施，某些疾病如疟疾、丝虫病、乙型脑炎，以及食物和水媒介导致的腹泻等都在下降。马来西亚政府正努力消除全国范围内的疟疾和丝虫病的感染病例，以解决这个公共健康问题。

对疟疾而言，对区域脆弱性的有效衡量将有助于决策者找到疾病高风险区域，进而有针对性地抑制传播，防止疟疾爆发。然而由于昆虫数据信息的缺乏，传统方法进行昆虫学评估耗费人力、时间，并且花费巨大，很难从地理范围角度对脆弱性进行精确的评估，对遥感技术的探索与应用变得十分重要。此外，特定的防蚊建筑和基础设施应用能够减少蚊虫孳生，从而减少登革热的传播。

在脆弱性定量与定性评估方面，马来西亚存在若干短板，这方面需要得到极大的提高和加强。目前，马来西亚正从国家和地方层面对其脆弱性研究的能力和现状进行评估，以为后期提高能力建设提供依据。此外，马来西亚目前缺乏先进而复杂的数据评估模型及方法，这对气候变化脆弱性的准确性和科学性影响颇深，需要相关机构和部门给予足够的重视。在国家卫生部中，不仅生物统计学家不足，而且有关健康影响的模型都显得非常缺乏。因此，马来西亚需要把数学模型研究明确为国民健康研究中的优先地位，数学家应在国家卫生部门中担任重要职务，政府也需要鼓励从事卫生健康研究的学术研究机构国家卫生部门开展合作。

8. 能源领域的适应措施

1）发展可再生能源

马来西亚《第九个国家计划》围绕可再生能源使用和发展，提出了促进绿色科技发展等若干措施。马来西亚此前颁布的四次能源政策中只包括石油、天然气、水电和煤，并未将可再生能源纳入其中。第五次颁布的能源政策在传统的能源政策的基础上扩大了其包含范围，引入了有关生物燃料（如生物质能、沼气、生物柴油等）、城市固体废弃物、太阳能、小型水电等可再生能源政策的介绍。马来西亚政府曾提出，2010 年，全国 350MW 的电网电量来自可再生能源的非强制性目标（Ministry of Natural Resources and Environment Malaysia，2011），目前此目标已实现。

然而，由于诸多限制因素的存在，马来西亚实施的可再生能源项目的成功率一直不高。这主要表现在国内缺乏强有力的政策支持环境，不利于可再生能源领域的可持续增长。马来西亚政府 1990 年制定的《能源供给法案》对引导和支持可再生能源在商业上的发展存在着明显不足。为了克服马来西亚在可再生能源发展上的问题和障碍，马来西亚政府在《第十个国家计划》的指导下，规划了《可再生能源政策与行动计划》（以下简称《行动计划》）。《行动计划》的主要目标包括：增加可再生能源供电在国家电力供给中的比重；促进可再生能源产业的持续增长；保证可再生能源合理的发电成本；保护后代赖以生存的环境；增强公众对可再生能源的意识。为了推动可再生能源发电接入电网，《行动计划》将引进可再生能源上网电价补贴机制（feed-in-tariff），以鼓励投资者在新能源领域进行投资，促进马来西亚新能源的发展。在此背景下，马来西亚政府期望到 2020 年，新能源产能达到 2080MW 或 11%的电力需求峰值占比，如果能成功达到这个目标，将减少 4220 万吨当量的二氧化碳排放（Ministry of Natural Resources and Environment Malaysia，2011）。

2）提高能源效率

马来西亚从《第七个国家计划》开始，提高能源效率就成为国家能源可持续发展政策的重要组成部分。在马来西亚能源部、绿色科技委员会和水资源部的主导下，《国家能源效率智慧方案》正在实施，其主要目标在于确保能源的合理使用和对设备的保护。除了保证国家能源安全，该总体规划还着眼于长远的目标，致力于为建立低碳高效的经济体作出贡献。

9. 交通领域的适应措施

在马来西亚，道路交通部门是油品的最大消费者之一。大力发展公共交通不可避免地成为马来西亚交通领域内减少排放的重要措施，完善公共交通的政策法规环境和社会经济环境有助于提高交通的连通性、可达性、实用性。吉隆坡附近巴生河流域的轻轨交通系统虽然较为发达、完善，但就实际情况来看，随着人口不断向郊区流动，住宅区域和工作区域逐渐分离，将轨道交通系统扩张至郊区附近的高密度住宅区域就显得十分必要。随着轨道交通工具在人们出行中发挥的作用越来越明显，公共交通理念也在其他人口高密度区域逐渐得到推广。

促进公共交通发展，完善公共交通体系已经成为马来西亚政府交通领域的核心发展策略。2010 年，马来西亚政府相继通过了《公共区域运输委员会法案》和《公共区域运输法案》。为了更好地实施并监督这些法案，马来西亚成立了公共交通运输委员会指导公共交通的发展。马来西亚希望通过各种计划、政策、法律法规等措施为马来西亚的城市公共交通系统提供全方位、多层次的解决方案。

在大力发展公共交通的同时，马来西亚加强了对私家车能源使用和温室气体排放的管理。私人汽车领域通过鼓励新技术的应用来促进节能减排，各类新能源汽车，如混合动力、电力驱动、氢燃料驱动以及其他使用太阳能和生物燃料驱动的汽车目前正在马来西亚逐渐被普及。

6.4.3　马来西亚应对气候变化的技术转让

随着马来西亚发展进程的不断加快，马来西亚政府正在开发并寻求有助于可持续发展的科技手段，在大力促成本土科技进步的同时还加强了与各个合作伙伴的合作，以加快新型技术的研制和使用。马来西亚主要利用 CDM 获得技术转移，通过成立配套机构支持 CDM 项目，同时国内产业也正在不断适应该机制。

马来西亚政府通过投入高效的人力资源，利用各项有利因素，创造有利的环境来吸引通过 CDM 的投资。为了推动国外利用 CDM 在马来西亚境内投资，马来西亚政府建立了必要的制度框架，为 CDM 的实施创造有利的制度环境。国家清洁发展机制委员会（National Committee on CDM，NCCDM）及其技术委员会是两个重要的附属机构，马来西亚自然资源和环境部下属的环境管理和气候变化局是 NCCDM 的秘书处，作为 CDM 的指派机构，负责指导 NCCDM 的运行。

意识到技术转让是减缓气候变化发展项目的重要组成部分，NCCDM 建立了一套国家 CDM 的标准，并规定在此标准下通过的项目必须使项目当地的支持者在技术转让方面收益获得提高，从而保证项目的质量得到切实的落实。为了保证有效的技术转让，提请审议的 CDM 项目需要展示其应用、实施环境无害化技术能力对当地发展的可观测影响。

马来西亚通过技术转让减少温室气体排放的关键领域包含以下方面：绿色交通的发展；可再生能源的利用；能源效率的提高；面向中小型企业的清洁生产技术推广；高效高质的废物管理；甲烷/碳捕获与储存/利用，等等。此外，降低技术转让的成本同样非常重要。对 CDM 项目而言，除了要能够降低气候变化给当地带来的消极影响，也要能够使马来西亚拥有更好的气候变化适应能力，从而降低气候变化导致的恢复和重建成本。

2010 年，马来西亚在 UNFCCC 下注册的 CDM 项目数量位居全球第五，高于菲律宾、印度尼西亚、泰国等其他东盟国家（Malaysian investment Development Authority，2010）。截止到 2016 年 6 月，马来西亚已注册的 CDM 项目达到 143 项（UNFCCC，2016a）。

6.4.4　马来西亚应对气候变化的公众意识和能力建设

1. 提升公众应对气候变化的意识

提高公众意识与公民参与气候变化应对措施的成功实施非常重要，在马来西亚政府同非政府组织、普通群众的共同努力下，马来西亚在推动公众气候变化意识方面进行了众多探索。

（1）营造良好的政策环境。为营造有利于加强环境从而保护应对气候变化的良好环境，马来西亚政府采取了税收激励、绿色科技基金等一系列激励政策，旨在加速整个社会从理念和行动上向可持续发展转变。这些措施以公共服务信息的形式，通过广播电台等方式广泛传播，并且马来西亚可持续发展工商理事会等团体以研讨会的方式进一步深化，提升公众对气候变化方面的认识和了解。马来西亚环境科技发展中心实施了为期三年半的"马来西亚气候变化动员项目"，涉及从社会公众到政策制定者等诸多群体，旨在增强马来西亚应对气候变化群体的网络化联动能力，该项目还制定了《气候变化行动计划》以提请政府审议。

（2）创新活动开展形式。良好的活动形式将更好地推动气候变化意识深入人心，落实到公众的行动中去，马来西亚相关组织和机构，尤其是非政府组织在这方面开展许多探索。马来西亚环境非政府组织在其成立的次年开展了"绿色狩猎"活动，旨在鼓励人们利用公共交通方式出行，减少私家车的使用。马来西亚环境科技发展中心组织了若干次"有机日"活动，鼓励人们使用有机产品，倡导可持续发展的生活方式，现如今马来西亚有机产品的快速增长表明了生活方式的逐渐转变，这种转变在城市地区尤为明显。

（3）实施"碳补偿"计划。"碳补偿"计划作为一种新型伙伴关系，由马来西亚自然资源和环境部将政府同相关利益团体和 UNDP 连接起来，通过运用自愿碳补偿方案为马来西亚国内进行自愿碳排放抵消提供了一个渠道。该计划于 2008 年在马来西亚国家航空运输领域首次以实验的方式实施，通过该"碳补偿"计划，航空乘客能够知晓自己在出行中所产生的二氧化碳排放量，并可自愿为其产生的二氧化碳排放进行补偿，而航空公司则将补偿所得收入投入环保项目，以抵消乘客乘坐飞机所排放的二氧化碳。马来西亚通过"碳补偿"计划已筹集到数目相当可观的款项，目前已用来资助马来西亚泥炭沼泽地区的综合管理，开展植树造林、生态保护等可持续发展活动。

（4）设立环保奖项。马来西亚政府通过设立相关奖项，奖励在应对气候变化和开展环境保护方面取得杰出成就的团体和个人。由马来西亚政府颁发的"总理芙蓉奖"主要用于奖励在相关领域作出杰出贡献的商业团体；"兰卡威环境奖"主要用于奖励在相关领域作出杰出贡献的个人；"独立奖"则主要用于奖励和表彰对马来西亚人民作出杰出贡献的个人和团体。马来西亚政府对环境方面拥有杰出贡献的个人和团体进行的表彰表明，马来西亚政府对环境议题十分重视。

2. 开展应对气候变化的能力建设

马来西亚应对气候变化能力建设的开展主要通过气候变化相关项目来进行。气候变化项目的实施除了能够提升地方专家在气候变化相关领域的能力水平，同时收集了大量具有价值的地方数据和信息，利用这些数据和信息进行气候变化多方面的评估能够加深对环境现状的认识，提高实施行动计划的执行能力和最终效果。

1）提升气候变化预测能力

马来西亚"气候变化模型能力建设项目"于 2006 年开始实施，通过使用英国气象部哈得来中心的区域气候模式（PRECIS）以提高应对气候变化的能力。其目的在于运用基准数据生成 21 世纪气候变化情景，马来西亚的气象学家及其他专家凭借该模型的免费权限和哈得来中心的训练从而获得相关能力的提升。马来西亚国家气象局、马来西亚国家水力研究所、马来西亚国立大学都参与到该模型的运营过程中。马来西亚国家水力研究所实施了区域水文气候模型，对未来两个十年期（2025～2034 年和 2041～2050 年）马来西亚半岛 9km 尺度上的水文气候进行了模拟预测，将其结果同历史时期（1984～1993 年）的水文气候状况进行了对比。该项目的实施不仅提升了区域气象学家利用模型的能力，而且收集了大量具有价值的数据，类似的预测项目在沙巴和沙捞越同样得到实施。

2）开展国际合作

马来西亚非常重视同国际社会在气候变化领域开展合作，以提高应对气候变化的能力建设。马来西亚政府和丹麦国际开发署合作，开展了"多边环境协议"项目，并设立了"丹麦—马来西亚环境与可持续发展合作项目基金"，该基金旨在提高马来西亚在国际谈判中的参与能力以及在 UNFCCC 等多边环境协议中履行承诺的能力，该项目肯定了环境新闻报道在应对气候变化方面的重要价值。马来西亚还和日本政府合作，开展了"亚洲温室气体清单研讨会"，通过参与研讨会，马来西亚温室气体清单的编制能力得到不断增强。

此外，马来西亚还参加了在东南亚开展的农业土地利用规范培训计划，该项目在 UNFCCC 和美国环境保护局的支持下开展，对农业和土地利用结合进行优化，增强了马来西亚在农业土地利用方面应对气候变化的能力。马来西亚还将"长期能源替代计划"应用到脆弱性与适应性分析中，这不仅为马来西亚应对气候变化提供了一系列新方法和新工具，同时为当地专家、利益相关者、资源拥有者等提供了一个讨论相关事务的平台。在 UNDP 的帮助下，马来西亚自然资源和环境部实施了"低碳能力建设项目"，该项目旨在增强马来西亚编制国家温室气体系统的能力，从而提升国家实施减缓措施、重新设计 MRV（measurement，reporting，and verification）框架的能力。该项目还得到了欧洲委员会、德国联邦政府环境、自然保护和核安全部以及澳大利亚政府的大力支持。

3）利用 CDM 促进能力提升

CDM 除了为国际社会对马来西亚的技术转移提供平台和手段外，马来西亚还不断利用此机制强化自身的能力建设，提高对 CDM 带来机遇和益处的认识。来自国家指定机构和各技术秘书处的工作人员通过参加海外和本地短期的课程以了解 CDM 的最新进展。自 2004 年以来，超过 30 个的能力建设活动已在不同秘书处开展，其包括专题探讨会、培训会、学术讨论会、课程论坛等多种形式。通过举办区域会议和研讨会，本土专家拥有了广阔的表现平台和发言渠道，这促进了与其他国家相关领域专家的交流。

此外，在撰写向 UNFCCC 提交的两次《国家信息简报》以及 2009 年的《亚洲脆弱性和适应性评估》的过程中，马来西亚众多利益相关者通过参加国家和区域关键领域的研讨会，参与报告的编纂工作，其能力建设得到进一步发展。

6.5　马来西亚应对气候变化政策的不足与展望

6.5.1　预测模型不够精确

气候变化的影响涉及社会经济的各个领域，因此需要利用精确的模型对气候变化的影响以及特定行动对社会经济的各种影响进行评估和预测，做好脆弱性和成本收益评估，提升适应气候变化的能力。但从目前的实际情况来看，马来西亚各领域缺乏符合国家实际情况的预测气候变化的精确模型，同时对不同应对方案对国民经济的影响缺乏足够的评估模型。

在与气候变化密切相关的能源领域，马来西亚不仅缺乏合适的预测模型，而且缺乏能够使用现有模型的专家。虽然目前马来西亚已使用 RegHCM-PM 和 PRECIS 模型，但这些预测模型的准确性却难以得到保证，通过使用前者在马来西亚半岛 9km 范围内进行模拟预测，使用者发现预测结果和短期内该地区的观察结果相违背，后者虽能够在 50km 的范围内开展预测，但对计算机能力的要求非常高（Ministry of Natural Resources and Environment Malaysia，2011）。此外，不同气候预测模型在气候变化的主要过程和结果上存在表述不完整或不正确的情况，导致模型预测结果存在很大的不确定性，例如，在相同排放浓度条件和不同的气候系统表述的情况下，通用环流模型（GCM）在相同预测周期内得出与其他模型完全不同的预测结果，因此这要求使用者要对气候变化运行机制有更深入的理解。由于陆地、海洋、大气等各要素间存在复杂的互动，在一定时期内其变化结果可能同模型预测结果相违背，虽说这种误差无法完全消除，但通过采取相应措施可以逐步减小。

在衡量气候变化及应对方案对社会经济的影响方面，现有的预测模型同样存在着较大的误差和不确定因素。目前马来西亚用于预测评估的计量经济模型和输入-输出模型都存在各自的局限，以计量经济模型为例，其运用过程中存在很多统计性质的问题，如自相关、多重共线性问题等，这些都深刻地影响着最终结果的精确性（Ministry of Natural Resources and Environment Malaysia，2011）。而且，这些用于评估脆弱性和适应性的评估模型很多是基于各领域和子领域进行的，往往忽视了跨领域的影响因素，这导致预测和评估结果存在不完整的缺陷。

预测气候变化及其影响的模型往往来自其他国家，利用这些模型的成本较高。马来西亚目前的气候变化模型主要由其他国家的专家研发，绝大部分模型并不是免费的，需要支付高额的使用费用，雇佣国外专家培训使用和维护模型同样需要消耗大量的成本，而且利用这些模型进行预测对计算机的能力提出了较高的要求，这些因素都持续阻碍着马来西亚气候模型预测水平的持续提高。

在短期内，马来西亚要重点加强对不同模型的甄别和研究，分析不同模型的适用性，确定适合马来西亚气候变化预测的模型。长期来看，需要在外国和国际组织的援助下，开展双边、多边合作，提高自身构建适合本国国情的气候变化预测模型的能力，增强气候变化预测的精确性。

6.5.2　气候变化数据缺乏

马来西亚不仅缺乏精确的预测模型，而且缺乏全方位、高质量等气候变化数据，这同样深刻地影响着模型预测结果的精确性。气候变化涉及众多领域，在缺乏准确、完整数据的情况下，如果没有充分的数据信息作为支撑，其决策结果可能是错误的，甚至付出不可逆转的巨大代价。

具体来看，马来西亚在温室气体清单编制、水资源、农业、海岸与海洋、森林与生物多样性、公共健康等诸多领域都存在数据缺乏、质量不高的情况。在温室气体清单编制方面，马来西亚缺乏高质量的数据和信息，在一手数据缺乏的情况下，许多相关决策往往只能依赖二手数据或者仅出于假设，这极大地降低了决策的科学性与可靠性，加强对 IPCC 的指南，如《最佳范例实践指南》、《IPCC2006指南》等的充分理解，确保信息提供者能够接触到最新数据信息，各领域、学术机构加强科学研究，编纂本地区排放影响因素的温室气清单显得十分有必要；在水资源方面，水文和水资源长期历史数据有限，而且水文和河道流量监测站数量较少，因此马来西亚要加强基础设施建设，开展全国范围内的水资源调查研究，更新包括全年降水量、地表径流降水分配、蒸发量、地下水补给等在内的水文数据；农业方面，地方气候变化幅度、考虑作物特点和土壤性质因素的作物产出模型、技术变迁对产量的影响以及未来粮食需求等方面的数据严重缺乏，马来西亚要加大对基础信息发展研究的投入，将农民、农产品企业、消费者以及政策制定者等利益相关者统筹起来考虑，多途径收集数据；海岸与海洋方面，马来西亚有关气候变化引起的海洋活动变化及其可能造成的影响同样缺乏足够的数据，对海岸基础设施的统计不够完善，缺乏可供定量研究的数据；森林和生物多样性方面，马来西亚目前有关气候变化对森林影响的数据和信息非常有限，对生态系统和群体在热带环境中如何应对气候变化的数据同样非常缺乏，因此马来西亚要高度重视此领域，加强相关专业知识建设，建立全面的生态保护区，通过开展相关研究，获取更多数据信息以支持未来的决策；公共健康方面，马来西亚的数据统计能力十分有限，由于缺乏数据，对因海平面上升导致海洋生态系统扩张对疟疾空间分布造成的潜在影响缺乏了解，而且对气候因素与疾病传染间的关系同样需要加强研究。

在国外政府和国际组织的帮助下，采取措施加强信息数据收集基础设施的建设，提高信息数据的数量和质量，为气候变化模型预测提供充足高质量的数据是马来西亚政府在未来必须给予优先重点关注的方面，毕竟气候变化相关的数据是马来西亚开展气候变化研究，采取相关针对性相关措施的重要前提。

6.5.3　政策力度有待提高

应对气候变化活动的成本与收益在时间上并不具备一致性，即应对气候变化的行动在初期需要大量的成本投入，收益往往在较长的时间周期内才能慢慢显现，因此应对气候变化的活动往往由政府来牵头，政府在其中发挥着主导作用。然而马来西亚等东盟国家经济发展水平有限，加上应对气候变化并非硬需求，因此政府的支持力度往往不能满足应对气候变化的实际需求。

首先，马来西亚对应对气候变化相关活动的财政支持力度不够，这主要表现在对编制温室气体排放清单、减缓措施的调查和研究、加强有机废弃物处理等政策措施上的财政投入不够，导致这些活动由于缺乏财政支持要么无法继续开展下去，要么无法深入开展，仅仅停留在表面，尤其是与气候变化密切相关的可再生能源技术，往往这些项目高度依赖国外的可再生能源技术，导致其开发成本较高，这对期望快速回报的可再生能源投资者来说，现有的可再生能源税收政策缺乏吸引力，而且现有机制形成的较低电价情景很难在短期内发生改变，试图通过提高电价来刺激可再生能源产业的发展似乎难度颇大。

其次，从事可再生能源项目开发的企业除了很难获得融资外，而且从银行和政府获得贷款往往受到很大的限制，相关贷款要求非常严格，短期内贷款利率非常高，银行往往认为可再生能源项目是高风险的项目，只有在认为从事可再生能源项目的企业走上了快速发展的轨道后才会给予额度有限的贷款。

最后，可再生能源的开发在马来西亚国内属于较新兴的事务，大多数政府机构对可再生能源申请业务的审批事务并不熟悉，处理可再生能源项目过程中可能存在着官僚主义和程序不规范、目的不明确等弊端，此外，有关可再生能源的制度结构支离破碎，缺乏整体性的考虑，同样影响着可再生能源的发展。

因此，加强政策支持力度，优化能源开发投资环境是马来西亚政府未来制定应对气候变化政策的重点。短期来看，加大财政对应对气候变化具体措施的支持力度难度较大，马来西亚政府可以通过争取来自发达国家或组织设立的全球性质气候变化基金的支持，从而加大对编制温室气体排放清单、减缓措施的调查和研究、加强有机废弃物处理等政策措施上的财政投入力度。长期来看，随着马来西亚社会经济的快速发展，气候变化造成的损失日益加剧，马来西亚政府将加大与应对气候变化相关政策措施的投入力度。开发可再生能源项目是应对气候变化的重要举措，虽然企业是可再生能源开发的先锋，但可再生能源开发由于其独特性，离不开政府为其提供良好的政策环境。马来西亚除了利用财政资金，还可以利用各种气候基金设立"可再生能源开发项目基金"，支持从事可再生能源开发的企业，同时加大对企业的资质认定，由政府为信用良好的企业做贷款担保。此外，政府要优化、规范审批流程，强化制度建设，加强对相关工作人员的培训，降低企业开发可再生能源项目的时间和资金成本，为可再生能源开发创造良好的环境。

第7章 泰国应对气候变化的政策

7.1 泰国的基本概要

7.1.1 泰国的自然条件

1. 地理概况

泰国坐落于 5°N～21°N、97°E～106°E，南北距离 1650km，东西宽 800km（中华人民共和国驻泰王国大使馆经济商务参赞处，2016），地处东南亚中南半岛中南部，东南临太平洋泰国湾，西南濒印度洋安达曼海，西和西北与缅甸接壤，东北以湄公河为天然国界与老挝毗邻，东南与柬埔寨交界，疆域沿克拉地峡向南延伸至马来半岛与马来西亚相接。泰国国土面积 51.3 万 km²（其中水域面积 2230km²）（中华人民共和国外交部，2016），在东南亚地区仅次于印度尼西亚、缅甸，成为东南亚领土面积第三大国家，陆地边界线总长 4863km。

泰国整体地势由西北向东南倾斜、呈现北高南低的态势。中部是由冲积土地和非冲积土地组成的中央平原，北部是众多坐落于绵延群山间的山谷，东北部则地势较高并以高原为主，南部则主要是包括万伦、博他仑府等著名平原的平原区。

2. 气候条件

泰国位于热带地区，主要气候类型为热带季风气候，全年分三季，3～5 月为热季、6～10 月为雨季，11～次年 2 月则为凉季；气候温和湿润，年平均气温 27.7℃，但极端年份的最高气温可达 40℃以上，平均湿度为 66%～82.8%，年平均降雨量保持在 1100mm 左右，泰国气象局的数据显示，1981～2010 年泰国年平均降雨量达到 1587.5mm（中华人民共和国驻泰王国大使馆经济商务参赞处，2016）。

7.1.2 泰国的社会经济概况

1. 人口概况

近年来，泰国人口保持着稳步增长的趋势，增长速度较为稳定。东盟官方网站的数据显示，2015 年，泰国总人口为 6897.9 万人，人口增长率为 1.3%，相比于 2005 年的 6509.9 万人,其人口数量增幅达到 338 万人,增长率达到 5.6%,人口年增长维持在 0.5%左右(ASEAN Secretariat,2016i)。泰国政府预计,到 2028 年,泰国人口将达到 7100 万人(Office of Natural Resources and Environmental Policy and Planning,2011)。随着人口的增长,泰国的老龄化现象开始显现,老年人比例显著增加。世界银行的数据显示,泰国 2015 年 65 岁及以上的人口比例达到 10.5%,相比于 2005 年的 7.7%增长 2.8 个百分点(世界银行,2016l)。泰国拥有泰族、华族、马来族、高棉族等 30 多个民族,其中泰族占到总人口的 75%,华人占到总人口的 14%(中华人民共和国驻泰王国大使馆经济商务参赞处,2016)。

随着社会经济的发展,泰国城市化进程不断加快,泰国城市人口将不断增加。2014 年泰国城市人口达到 3330 万人,相比于 2004 年的 2371 万人增长 959 万人,增幅达到 40.4%(世界银行,2016g);2014 年泰国的城镇化水平达到 49%,相较于 2004 年的 32.2%增长 16.8 个百分点(ASEAN Secretariat,2016i),这增加了气候变化背景下城市的脆弱性。

2. 经济概况

泰国是中等收入的发展中国家,实行自由经济政策,属外向型经济。2015 年泰国 GDP 为 3952 亿美元,仅次于印度尼西亚,在东盟国家中位居第二。泰国经济受世界经济形势和国内政局的影响,表现出较大的不稳定性。总的来看,期间的增长率达到 2.9%(ASEAN Secretariat,2016i),是东盟国家中经济增长较为缓慢的国家。

就三大产业对 GDP 的贡献来看,泰国第二、三产业产值占 GDP 的比重较大。2015 年三大产业占 GDP 的比重分别为 6.6%、36.3%以及 57.1%(ASEAN Secretariat,2016i),相较于 2010 年的 8.3%、48.7%以及 43%(ASEAN Secretariat,2015a),分别下降 1.7 个百分点、下降 12.4 个百分点、增长 14.1 个百分点。将三大产业目前实际情况与三大产业的变动情况相结合,泰国第一产业占 GDP 的比重将会持续小幅度下降,而第二、三产业则将始终保持较为稳定的比例。

泰国进出口贸易增长迅速,基本上保持着进出口平衡。泰国 2014 年进口和出口分别达到 2279.5 亿美元、2275.7 亿美元,进出口基本保持平衡,呈现小幅度的贸易逆差,相比于 2004 年的 953.0 亿美元、973.6 亿美元分别增长 139.2%、133.7%(ASEAN Secretariat,2016i)。

7.1.3 泰国的能源消费与温室气体排放

如图 7-1 所示,伴随着经济的稳步发展和人口数量的不断增加,泰国的一次能源供给和消费都呈现快速增长的趋势。可以发现,2005～2015 年,泰国的一次能源供给由 94.21Mboe 上升至 136.32Mboe，增长数量达到 42.11Mboe，增长幅度高达 44.7%；一次能源的消费由 63.35Mboe 增长至 89.13Mboe，增幅达到 40.7%。能源供给增长幅度大于消费增长幅度的状况在某种程度上说明泰国为了保证能源安全，加大了能源供给的数量。

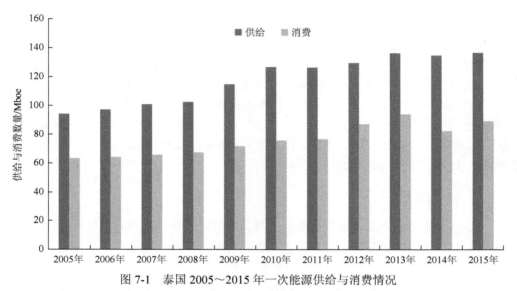

图 7-1　泰国 2005～2015 年一次能源供给与消费情况

资料来源：ACE. 2016. Total Primary Energy Supply and Total Final Energy Consumption. http://aeds.aseanenergy.org/.

如图 7-2 所示，泰国高度依赖天然气、石油等非可再生能源，两种非可再生能源在泰国主要能源总量中占比超过 80%，并且仍呈缓慢增长的趋势。此外，煤炭同样占据较大比重，同以上两种非可再生能源共占据能源消费总量的 97.5%。可再生能源所占的比例极小，存在较大的发展空间。

据 IEA 的最新数据，如图 7-3 所示，泰国 2014 年石油和天然气的供给量占一次能源供给总量的 68.5%，如果加上煤炭的供给量，则占比将达到 80.4%。BP和 IEA 的统计结果都显示泰国高度依赖化石燃料，目前这种状况并未随着时间变化而明显好转。

如图 7-4 所示，泰国人均能源消耗不断增长，增幅快于世界平均水平，于 2012年超过世界平均能源消耗量，并保持着较快的增长速度。2003 年泰国和世界平均能源消耗量分别为 1375ktoe、1683ktoe，到 2013 年，两者分别为 1988ktoe、1894ktoe，分别增长 613ktoe、211ktoe，增幅分别达到 44.6%、12.5%，泰国的人均能源消耗增幅是世界平均水平的近 4 倍。

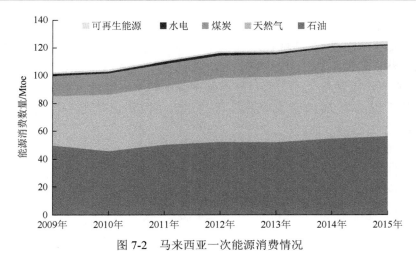

图 7-2　马来西亚一次能源消费情况

资料来源：BP. 2016. 世界能源统计年鉴 2009～2016. http：//www.bp.com/zh_cn/china/reports-and-publications.html.

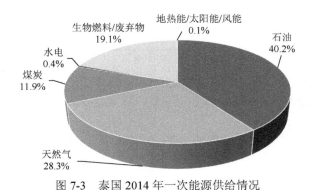

图 7-3　泰国 2014 年一次能源供给情况

资料来源：IEA. 2016. Share of total primary energy supply in 2014. http：//www.iea.org/stats/WebGraphs/THAILAND4.pdf.

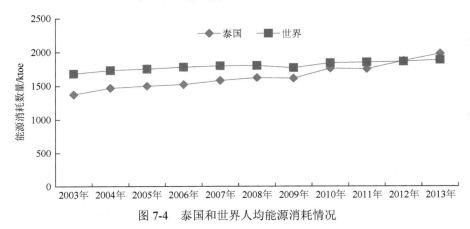

图 7-4　泰国和世界人均能源消耗情况

资料来源：世界银行. 2016. 能源使用量. http：//data.worldbank.org.cn/indicator/EG.USE.PCAP.KG.OE？view=chart.

　　如图 7-5 所示，泰国单位 GDP 能源消耗基本上呈现平稳波动、稳中有降的特点。泰国的单位 GDP 能源消耗情况在 2007 年左右达到顶峰后，开始呈现下降的趋势，但始终高于世界单位 GDP 能源消耗，最终于 2013 年降低到世界单位 GDP 能源消耗量以下，并呈现不断下降的趋势。泰国虽然单位 GDP 能源消耗增长平稳，在 2012 年后呈现下降的趋势，但其温室气体排放并未呈现明显的下降趋势。

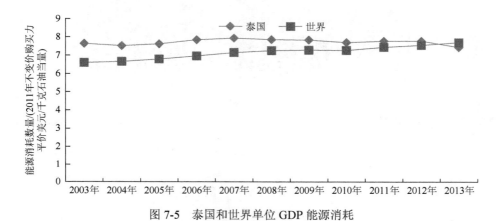

图 7-5　泰国和世界单位 GDP 能源消耗

资料来源：世界银行. 2016. GDP 单位能源消耗. http：//data.worldbank.org.cn/indicator/EG.GDP.PUSE.KO.PP.KD.

　　如图 7-6 所示，除 HFC、PHC、SF_6 等在内的其他温室气体的排放量出现波动外，二氧化碳、甲烷的排放量基本呈现上升的趋势。二氧化碳排放量在大部

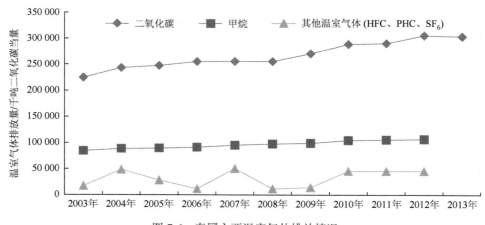

图 7-6　泰国主要温室气体排放情况

资料来源：世界银行. 2016. 二氧化碳、甲烷、其他温室气体排放量. http：//data.worldbank.org.cn/indicator/ EN.ATM.GHGO.KT.CE？view=chart.

分时间保持快速增长的趋势，尤其是 2008 年开始，二氧化碳排放量迅速增长，这与各国为保持经济增长，加大对工业的投资有很大的关系，而在 2013 年出现了下降的趋势，相较于 2003 年的 224 574 千吨，2013 年泰国的二氧化碳排放量已达到 303 118 千吨，增幅达到 35%，相较于 2008 年的 255 359 千吨，到 2013 年时增幅达到 18.7%。泰国的甲烷排放量则基本保持着平稳增长的态势，相较于 2003 年的 84 480 千吨二氧化碳当量，2013 年甲烷的排放量达到 106 499 千吨二氧化碳当量，增幅达到 26.1%。其他温室气体的排放则呈现波动的趋势，在 2004 年和 2007 年出现峰值，并于 2010 年再次出现峰值，其后开始保持着平稳趋势，无明显波动趋势。

如图 7-7 所示，泰国和世界人均二氧化碳排放量都保持着稳定上升的趋势，而且泰国和世界单位 GDP 排放量保持平稳状态。泰国和世界人均二氧化碳排放量保持着基本一致的增长趋势，而且后者始终高于前者，相较于两者 2003 年 3.5Mt、4.3Mt 的排放水平，2013 年时两者分别达到 4.5Mt、5.0Mt，分别增长 28.6%、16.3%，由此可以发现，泰国的人均排放量增长速度要快于世界水平，两者的排放差距逐渐缩小，这表现在泰国的排放速度不断增加。泰国单位 GDP 排放量和世界单位 GDP 排放量基本保持轻微波动的状态，始终保持在 0.32 千克、0.37 千克附近，泰国的单位 GDP 排放量并未呈现有规律的变动，而世界单位 GDP 排放量则总体上呈现不断下降的趋势，世界单位 GDP 的排放量在数量上要大于泰国的单位 GDP 排放量。

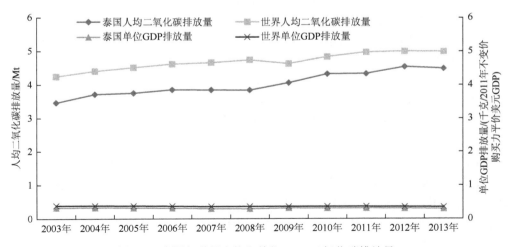

图 7-7　泰国与世界人均和单位 GDP 二氧化碳排放量

资料来源：世界银行. 2016. 二氧化碳排放量. http://data.worldbank.org.cn/indicator/
EN.ATM.CO2E.PP.GD.KD? view=chart.

　　总体来看，泰国的国民经济严重依赖化石燃料，可再生能源在其能源消费中所占比重非常小，其中化石燃料所占比重有不断上升的趋势，这种状况在短期内很难得到有效的改善。随着社会经济的快速发展，其人均能源消耗不断增加，单位 GDP 能源消耗虽有下降的趋势，但这种趋势并不明显，快速增长的能源消耗导致二氧化碳、甲烷等温室气体排放量不断增加，人均二氧化碳排放量不断增长并且增速加快，单位 GDP 二氧化碳排放仍保持着较为稳定的状态，并未呈现明显的下降趋势。

7.2　气候变化对泰国的影响

　　目前，相关研究已经形成气候变化对泰国影响的全面图景。气候变化不仅导致泰国降水和气温模式发生变化，而且有可能导致季风风速和风向发生变化。研究显示，泰国雨季时间将会缩短、降雨强度将会降低，气温将会上升，随之而来的旱灾强度将增强，容易使所带来干旱的东北季风将会变得更强。就目前的情况来看，气候变化将给泰国的农业、水资源、健康等领域造成巨大的影响，尤其是随着海平面的上升，海岸生态资源将变得更加脆弱。

7.2.1　气候变化对农业的影响

　　尽管农业在泰国国民生产总值中所占的比率不断下降，但泰国仍有超过半数的人口从事收入相对较低农业生产工作。目前，农业是泰国经济和社会发展的关键部门，也是其他各行业原材料供应的主要来源。2000 年和 2007 年的经济危机期间，农业不仅保障了粮食安全，而且更是就业的重要途径。

　　农业部门是泰国最易受气候变化影响的部门，近年来出现的由农作物向经济树种的大规模转移的情况，某种程度上限制了耕作系统变化的灵活性，这导致农业系统在面临气候变化时更加脆弱。泰国相关研究显示，气候变化将对泰国的水稻、玉米、甘蔗以及木薯生产造成潜在影响，尤其泰国北部的农业生产在雨季将面临更大的生产风险。泰国的洪涝旱灾呈现周期性爆发的趋势，2011 年的洪涝灾害除了导致人员伤亡外，还导致大面积的农田被淹、农业基础设施遭到破坏（搜狐网，2010），2015 年、2016 年爆发了严重的持续性旱灾，给泰国农作物生产造成严重的损害，造成河流断流，农业生产用水缺乏，持续的旱灾还导致河口海水入侵，破坏淡水资源（凤凰网，2015b；和讯网，2016）。

　　除了气候变化对农业的直接影响外，气候变化对农业影响程度的不确定性，同样是目前研究气候变化对泰国农业影响亟待解决的问题。泰国通过四个 GCM 气候模型对气候变化、对农业生产的影响进行了研究，研究显示气候变化对稻田的影响因模型和地理位置不同而表现出很大的差异。虽然气候模型不断改进，但在气候变化对农业影响不确定性过高的情况下，相关研究结果很难用于政策的制定。

除了不确定性问题，缺乏应对气候变化的可行的社会经济方案同样影响着泰国的农业生产。发展可再生能源尤其是发展生物质能源，需要消耗大量的粮食和经济作物，在气候变化带来的洪涝旱灾威胁粮食生产、影响粮食安全的情况下，如何平衡发展生物质能源和保证能源安全两者间的平衡显得十分必要，但泰国目前并未有清晰的政策导向，对如何平衡两种方案以及两种方案对社会经济发展的影响缺乏充分的认识。

7.2.2　气候变化对水资源的影响

气候变化影响水资源的两个方面，即地表水流量和水存储。气候变化主要通过降雨量和蒸发速率来影响地表水流量和水存储。

气候变化对水资源的影响主要通过地表水流量和水存储两种方式呈现，降雨量和蒸发速率影响着这些方面。泰国学者对气候变化对水库地表水流量的影响进行了研究，在关于气候变化对泰国最大的两个水库——普密蓬水库和诗丽吉水库影响的研究中发现，尽管在 21 世纪中叶气候变化有可能增加两个水库的地表水流量，但到 21 世纪末，受气候变化的影响，普密蓬水库的地表水流量可能会下降（Office of Natural Resources and Environmental Policy and Planning，2011）。

泰国学者就气候变化对泰国境内主要河流流量影响的研究显示，尽管有迹象显示气候变化有可能增加雨季河流流量，气候变化给泰国水资源带来的最重要的影响是地表水流量的减少。基于若干气候模型对湄公河水资源的研究发现，二氧化碳浓度提高有可能导致降雨增加，将使河流水流量趋于增加，但这很有可能导致河流洪水泛滥，与此相反，旱季地表水流量将有可能低于正常水平（Southeast Asia START Regional Center，2006）。其他有关气候变化对泰国地表水流量的研究均显示，气候变化将导致不同地区的地表水流量呈现不同程度的减少趋势，未来河流沿岸的居民将不同程度地面临缺水问题，这种状况在高温的旱季更加常见，这主要由气候变化导致的蒸发量增加和降雨量减少引起。

目前，气候变化引发的干旱导致地表水流量减少的状况在泰国已经逐步呈现。持续的"厄尔尼诺"现象导致持续的高温干旱、降雨稀少，严重威胁着河流沿岸居民的正常生产生活用水。

7.2.3　气候变化对海洋和海岸资源的影响

气候变化对海岸线的影响主要是由海平面上升引起的，这种影响随着各区域地质结构和土地使用模式的不同而有所差异。泰国甲米省的研究显示，在全球变暖的情况下，甲米省的海平面在未来 25～30 年将上升 11～22cm，10～35m 的海岸线将被淹没（Southeast Asia START Regional Center，2008）。

　　泰国的沙质海岸区域集中了泰国大量的重要经济活动，为泰国的经济发展尤其是第三产业的发展提供了充足的资源。气候变化对这些地区的影响非常大，有可能超出目前的理解。海平面上升将导致泰国沿海潮汐范围和强度大幅度提高，对泰国海湾潮汐范围的研究显示，海平面平均每上升 1m 将可能造成潮汐范围上升相同的高度，潮汐速度也将会相应地上升，由此将对海岸线造成更大规模的破坏。此外，海平面上升还将给泰国造成很多其他潜在的威胁，例如，海岸区域的洪水频次和强度增加，被洪水淹没的面积将不断提高，加上泰国目前排水系统和洪水控制设施不健全，这将引起海水侵入的增加。泰国每年要抽取大量的地下水，在海平面上升的情况下，这种行为导致泰国地表不断下沉。泰国天气专家警告，随着海平面的上升和地表下沉，曼谷有可能在 15～20 年内被淹没（新浪网，2007）。应对海平面上升对泰国城市的威胁是泰国政府不得不考虑的事关国家生存发展的重要事务。

7.2.4　气候变化对公众健康的影响

　　气候变化对公众健康的影响路径较为复杂，但主要的路径是气候变化会降低公众的免疫力，使登革热、疟疾等疾病的爆发频率增加，从而使公众更易于感染上此类流行传染疾病。

　　泰国就气候变化对人类健康影响的研究始于编制第一次《国家信息简报》。该研究探讨了温度和蚊子生长速率间的关系，得出全球变暖将增加疟疾在 21 世纪前半叶加速传播的风险，初步估计，这种潜在的危险将有可能带来几百万美元的损失。虽然泰国政府已开始将气候变化对健康影响的研究提上日程，但是其有关气候变化对公众健康影响的研究却十分不足。最近一项关于各省疟疾和登革热疾病风险和气候因素的研究，其结果表示暂时并不能明确建立疟疾和登革热疾病风险与气候两者间的相关关系（Office of Natural Resources and Environmental Policy and Planning，2011），针对这种情况，《国家环境健康战略计划》强调泰国有关机构和部门要加强气候变化对公共健康关系的研究，揭示气候变化与传染疾病间的关联及其致病机理，健全预警系统以更有效地预防和控制气候变化相关的空气传播疾病演变为流行传染疾病。

　　目前，与气候变化密切相关的疾病已在泰国开始出现，加强气候变化与公众健康的关系，尤其是气候变化与各种传染疾病间关系的研究，从事实上看已经迫在眉睫。登革热一直是困扰泰国的主要传染性疾病，2007 年泰国仅半年就发生

11 000 多起登革热病例，死亡 14 人（人民网，2007）；泰国 2016 年仅 1 月份就发生 2380 例登革热疾病，这个数字在 1 个星期前仅为 583 例，疫区从 53 个省份扩散到 67 个省份（国家质量监督检验检疫总局，2016）；2017 年 1 月，泰国南部旅游胜地苏梅岛出现 128 例登革热病例，其中 1 人因病死亡（人民网，2017）。随着登革热病例的不断出现，虽然泰国政府引进疫苗来预防并阻止疾病的传播，但成本较高，且从长远来看，从源头上对登革热进行预防是最根本的措施。因此，研究气候变化所引起的降水和气温的变化是否是导致登革热爆发的主要原因显得十分重要。

7.2.5　气候变化对森林和野生动物的影响

从目前来看，泰国有关气候变化对森林等生物多样性的研究十分不足，自提交第一次《国家信息简报》后，泰国政府几乎未就气候变化对森林的影响开展研究。泰国政府运用来自 GCM 的气候情景比较了保持现有二氧化碳排放不变和双倍二氧化碳排放情况下的森林构成变化情况。研究结果发现，在双倍二氧化碳排放的情况下，森林的构成将会产生明显的变化：亚热带森林区域将减少；而南部的热带森林区域将扩张；亚热带干旱森林区将完全被热带干旱森林区取代；新的森林类型区——热带极干旱森林区将会在泰国的南部和东南部出现（Office of Natural Resources and Environmental Policy and Planning，2000）。

气候变化导致的气温升高和降水减少同样将引发森林火灾频繁发生，由此导致森林面积减少，生物多样性降低。2007 年泰国发生大面积的森林火灾，2016 年的森林火灾导致包括素贴山国家公园在内的 80hm^2 林地被烧毁（搜狐网，2016）。森林，尤其是热带和亚热带森林是许多生物重要的栖息地，森林火灾将破坏动植物的栖息地，导致动物纷纷迁徙，降低生物多样性，破坏生态平衡。此外，气候变化将会影响森林的类型和结构，如气候变化所引起的降水和气温变化将改变地方的森林种类，如上所述，新的森林类型将取代原有的类型，这可能使森林保护的不可控风险增加。

7.2.6　气候变化导致极端事件频发

受全球气候变化的影响，泰国干旱、洪水以及风暴等自然灾害频发，强度不断加剧，造成的损失不断增加。泰国内政部灾害预防与减缓司的统计数据显示，风暴、干旱以及洪水是泰国最常发生的极端天气事件，自 2000 年以来，这些极端天气事件的爆发频次、强度、范围以及造成的损失都呈现不断增加的态势，与此同时，素叻他尼省的研究在结合历史数据的情况下，利用气候模型的结果显示，泰国台风的次数将不断增加，这意味着由此带来的风险同样将有可能增加（Office of Natural Resources and Environmental Policy and Planning，2011）。目前，泰国并未就应对极端天气事件提出并制定具体的措施，仅提出将绿色增长和可持续发展作为帮助居民应对由全球变暖带来极端天气事件的重要措施。

7.3　泰国应对气候变化的制度安排

7.3.1　泰国应对气候变化的指导原则

"以人为本"的理念和可持续发展观是泰国应对气候变化的主要指导原则。随着经济发展和社会进步，泰国越来越强调居民和社会发展的维度。"以人为本"的发展原则和可持续发展的观念将成为未来几年泰国社会经济发展的基本指导方针和原则，这些发展理念和原则积极回应了社会对资源环境问题的关切。目前，泰国政府正积极地将资源环境保护、应对气候变化等整合进国家的可持续发展规划中。

泰国政府从 20 世纪 80 年代开始关注环境和自然资源保护等问题，对这些问题的重视体现在其编制的社会经济发展规划中。泰国经济社会的发展以《五年计划》为指导，其中节约资源和保护环境等政策从第六个《五年计划》的起就开始得到泰国政府的重视，自此，环境质量的提升和保护一直是关注的重点，并被写进后来所有的社会经济发展规划中。在国家社会经济发展规划的指导下，其他部门还制定了有关环境和资源保护的法案。1992 年通过的《环境质量提高和保护法案》进一步推动了自然资源和环境的保护。泰国其他的可持续发展战略或规划包括经济、社会、自然资源和环境保护等多个方面，国会各政策委员会通过密切合作，以确保经济社会发展和资源环境保护间的平衡。

自 1992 年法案通过《五年环境质量管理计划》以来，气候变化问题就被提升至泰国国民经济和社会发展的战略高度。泰国政府一直强调环境保护、应对气候变化同社会经济发展是并行不悖的，环境和气候变化问题是社会经济发展中出现的问题，是社会经济发展不充分的结果，应对环境和气候变化问题是为了更好地实现社会经济的可持续发展，最终解决环境和气候变化问题，从而满足居民生活幸福的目标，实现人的尊严，践行"以人为本"的理念。因此，泰国政府十分注重将自然资源和环境保护纳入社会经济的发展中，以社会经济发展为驱动，最终解决环境保护和气候变化问题。

7.3.2　泰国应对气候变化的政策机构

1. 国家气候变化委员会

作为制定气候变化政策和引导泰国在气候变化谈判过程中立场的机构，隶属于国家环境委员会的泰国国家气候变化委员会于 1994 年成立。在泰国签署《京都议定书》后，泰国政府于 2006 年将该机构升级为由总理直接领导的国家气候变化委员会。该委员会下设气候变化技术、谈判以及公共关系三个次级委员会，分别负责相关事务。

2. 自然资源和环境政策与规划办公室

根据现有的法律和政策框架，自然资源和环境部管辖下的自然资源和环境政策与规划办公室是政府在应对环境问题方面的权威机构。作为国家环境委员会的秘书处，自然资源和环境政策与规划办公室在 1992 年《自然环境质量提升保护政策和计划》框架下，负责泰国环境保护政策的制定过程。

7.3.3　泰国应对气候变化的战略规划

1. 自然环境质量提升保护政策和计划

《自然环境质量提升保护政策和计划》，于 1997 年开始，2017 年结束，该计划为泰国提供为期 20 年的环境质量提升和保护指导，简称 NEQ1997-2017。从某种程度上说，它是《国家经济社会发展五年计划》中有关环境问题的规定和其他各类环保计划的蓝图范本。

2. 环境质量管理计划

《环境质量管理计划》是《自然环境质量提升保护政策和计划》指导下颁布的环境质量监督和评估计划。在《自然环境质量提升保护政策和计划》规定的原则下，泰国分别在 1999 年、2007 年以及 2012 年实施了有关环境保护的计划。

3. 国家应对气候变化战略

2008 年，泰国政府批准了《国家应对气候变化战略 2008—2012》（以下简称《战略》），《战略》主要包含如下内容：增强适应和减少气候变化影响的能力；推动基于可持续发展的温室气体减排；支持对气候变化的深入研究，更好地理解气候变化及其影响以及良好的适应和减缓措施、增强公众危机和公众参与意识；增强相关机构和人员的能力建设，建立协调和综合的框架；支持国际合作，实现气候变化减缓和可持续发展的共同目标。在气候变化适应方面，《战略》旨在提升应对气候变化影响的能力、减少气候变化的破坏力、增强各方面的适应能力、增加气候变化的相关知识、发展合适的政策制定机制。泰国力图通过这些措施不仅达到保护并实现自然资源的增值目的，而且要保护并改善环境质量，减少居民受气候变化影响的程度。

7.4　泰国应对气候变化政策的内容与实施

在气候变化影响加剧、损失不断加重的情况下，泰国政府积极探索有益于减轻气候变化危害和风险的措施。从目前采取的应对措施来看，泰国主要从减缓、适应、技术转让、国际合作以及公众意识和能力建设等方面出发，采取相关措施应对气候变化的影响，就其采取的实际应对措施来看，泰国在适应措施方面还有待改进，尤其是在气候变化影响日益凸显的情况下，加强对适应措施的研究和实施十分必要。

7.4.1　泰国应对气候变化的减缓措施

在国际气候变化治理进程的引导下，泰国在温室气体减排措施方面做得较好，这主要归功于来自国际社会的援助以及同其他国家合作，UNFCCC 和《京都议定书》对推动泰国实施减缓措施同样发挥了重要的作用。面对国家社会经济发展中遇到的各种困难，为了提高国家对变幻莫测的世界局势的抵抗力，泰国逐渐将其注意力转移到"人"的发展上，将"人"作为发展的中心，并将经济的充分发展作为可持续发展的核心原则。为了践行以上理念，泰国将加大能源效率的投资，将能源由煤炭等化石燃料向天然气转移，改善公共交通网络，推动能源节约和可再生能源的使用作为气候变化减缓、温室气体减排的重要措施。

1. 能源领域的减缓措施

能源领域的管理对泰国十分重要，一直被泰国视为优先领域。自 1990 年以来，泰国一直在实施如加强能源管理、发展可再生能源以及使用低含碳燃料等措施，以力图提高能源的使用效率，减少温室气体的排放。泰国在《国家第八个社会经济发展规划》中就能源资源的使用和保护表述如下：以合适的价格提供高质量、稳定的能源资源以满足能源需求；推动能源效率提高和能源资源保护；充分发挥私人领域和竞争在能源商业中的作用；预防和减缓能源使用和发展对环境的影响，包括增强能源企业运营的安全性。泰国打算通过实施有关能源保护、开发可再生能源等具体政策措施，实现电力能源消耗减少 1400MW、能源使用减少到 100 万吨原油当量的目标（Office of Natural Resources and Environmental Policy and Planning，2011），从而减少温室气体的排放。

1）加强相关制度建设

为了推动能源资源保护和可再生能源的开发以及利用，泰国政府加强了相关领域的制度建设。泰国在国家层面成立了负责国家能源政策和规划的国家能源政策委员会，并于 1992 年制定了《能源保护促进法案》（以下简称《法案》），以此为"能源保护促进基金"的建立提供法律框架。"能源保护促进基金"将为各种不同的能源相关项目提供支持，如能源审计、能源服务、能源投资以及针对能源保护的税费减免等服务。

2）强化能源资源的保护

自从泰国 1992 年颁布了《法案》后，泰国政府通过开展多种多样的措施来加强能源的保护。在《法案》的指导和规定下，其能源保护分为三个阶段来开展，三阶段的周期分别为 1995~1999 年、2000~2004 年以及 2005~2011 年。泰国政府设立的"能源保护促进基金"对能源保护的第一、二阶段给予总额超过 7.3 亿美元的资助。这两个阶段的实施对泰国的能源保护发挥了重要的作用，能源尤其是传统能源的使用不断下降。在这两个阶段，电力消费下降了883MWh，每年开发出来的用于替代电力的能源超过 54GWh，用于替代燃料的能源达到 4.3 亿 Lcoe，据泰国相关部门估计，在此阶段得到保护的能源价值超过 200 亿泰铢。

在能源保护的第三阶段，泰国政府进一步采取相关措施，可再生能源的占比将由 0.5%增加到 2011 年的 8%，采用单位 GDP 衡量的能源强度将由 1.4 个单位降低到 2017 年的 1 个单位。在《泰国能源效率发展方案 2011—2030》中，泰国政府制定了到 2030 年能源强度降低 25%的目标（Ministry of Energy，2014）。此外，泰国将开发可再生能源、提升能源效率以及战略管理作为此阶段的重点关注内容。在提升能源效率方面，泰国政府制定了 2011 年商业能源消费由 9.19Mtoe降低到 8.15Mtoe 的目标，这相当于能源消费减少 12.7%或 1.03Mtoe，按照行业来看，交通运输领域减少 21%，工业领域减少 9%，居民生活领域减少 4%；在开发可再生能源方面，泰国政府制定了可再生能源在消费中的占比增长 9.2%，或替代商业能源使用的数量达到 750 万吨原油当量的总体目标，交通运输、工业以及居民生活领域的目标分别是 8%、14%、2%；在开发人力资源方面，到 2011 年，泰国政府制定了 2011 年能源领域 400 人左右的研究生和本科生就业的目标，能源教育要在至少 3 万所中小学实施，工业能源领域要培养 1400 名资质人员，在地方层面的不同能源领域要培养 500 名专业人士（Office of Natural Resources and Environmental Policy and Planning，2011）。

3）大力发展可再生能源

泰国制定了期限为 15 年的可再生能源中长期发展规划，并通过发展可再生能源替代进口燃料等方式为国家能源政策提供了重要的选择。该发展规划旨在增加可再生能源在能源需求总量中的占比，相比于现在的 6.4%，到 2022 年这个比例将增加至 20%。

为了实现这个目标，泰国政府分三个"五年"来实施这个计划以实现既定的目标。具体措施主要有以下三个方面：通过综合的财政措施推动可再生能源验证技术的发展，该项措施的成功实施将推动可再生能源其占比增加 9%；促进可再生能源技术产业的发展，开发可再生能源创新技术，同时通过推动"绿色城市"模式的发展，在社区层面推广可再生能源的使用，这将使可再生能源的占比增加 3.5%；促进具有经济可行性的能源技术发展，扩大"绿色城市"模式的应用以及增加可再生能源出口，这一系列措施将使可再生能源比例增加 1%（Office of Natural Resources and Environmental Policy and Planning，2011）。

4）减少交通运输领域的温室气体排放

交通运输领域是泰国温室气体排放的重要来源，大力发展公共交通，减少私家车的使用是减少此领域温室气体排放的主要思路。为此，泰国政府在首都和主要的省会城市实施了公共交通发展规划。此规划分为三个阶段实施，第一阶段（2002～2011 年）关注城市公共交通的综合发展，第二阶段（2012～2021 年）关注城市地区环式交通系统的可持续发展，第三阶段（2021 年以后）则关注城市和郊区交通联系的可持续发展（Office of Natural Resources and Environmental Policy and Planning，2011）。

第一阶段的目标包括实现七条路线、里程共计 291km 的公共交通系统运营，截止到 2011 年已实现 44km 运营，除去节约时间和降低污染等较为隐性的收益，该公共交通系统预期将减少经济损失 60 亿泰铢，直接减少燃料成本超过 15 亿泰铢（Office of Natural Resources and Environmental Policy and Planning，2011）。泰国的首都曼谷在发展公共交通体系方面走在前列，曼谷市政府计划在未来的 20 多年内，建设 12 条公共交通线路，实现运营里程达到 495km 的目标。

公共交通线路的建设有助于减少交通运输领域的温室气体排放。泰国交通与运输政策规划办公室进行的基础研究显示，每建设一条线路能够减少二氧化碳排放量 25000t，如果以货币来衡量则可达每年 1200 万～1400 万泰铢（Office of Natural Resources and Environmental Policy and Planning，2011）。

2. 森林领域内的减缓措施

森林是实现二氧化碳固化的重要方式，保护森林、扩大森林面积的政策对减缓温室气体排放十分重要。20 世纪，泰国森林面积持续下降，到 1998 年森林面积下降到历史最低水平，其面积仅占到国土总面积的 25%左右。为应对森林面积大幅度下降的问题，泰国政府采取了诸如建立森林保护区、促进植树造林等措施。到 2015 年，泰国森林面积占陆地面积的比例已达到 32.1%（世界银行，2016a），这很大程度上归功于泰国采取的森林管理措施。

1）加大植树造林力度

通过私人领域的植树造林、公共机构的参与、社区森林管理以及鼓励商业用林等方式，泰国境内的森林面积不断扩大。在首个三年的再造林项目中，泰国政府委托私人部门开展再造林活动。2000 年以来，泰国境内大约有 7520hm^2 森林采用这种方式种植而来，到 2006 年，泰国境内拥有 2～10 年树龄的森林面积共达 2 万 hm^2，其中的半数由地方社区种植并负责维护（Office of Natural Resources and Environmental Policy and Planning，2011）。泰国很早就开始鼓励社区参与到植树造林活动的实践中去，资料显示，这种良好的实践从 2003 年就已经开始。泰国林业部门在植树造林过程中发挥了十分重要的作用，接近半数的森林植被由公共预算资助。

2）设立森林保护区

森林保护区对减缓温室气体排放同样至关重要，目前泰国境内存在两种类型的森林保护区。一种是由法律或内阁决议决定设立的森林保护区，这主要包括已被宣布为森林保护区、野生动物保护区、国家公园、一等水域以及红树林保护区等森林密集的区域；另外一种则包括若干种类，如现状良好或者有潜力成为自然保护区的国家森林保护区域，适合开展研究的或者具有特殊特点的边疆地区的森林区域，以及那些根据政府环境法案或者出于保护自然遗产的需要得到而设立的森林保护区域。

在泰国政府的努力下，泰国目前的森林保护区已从 1979 年的 31 000km^2 增长到 2004 年的 90 000 的 km^2，增幅达到 190%，其中，大约 60%的是国家公园，35%的是野生动物保护区，其他的则主要是红树林区域（Office of Natural Resources and Environmental Policy and Planning，2011）。

3. 农业领域的减缓措施

农业同样是温室气排放的重要来源，通过水稻栽培、培育牲畜以及土地使用等技术的变化来减少温室气体排放同样是重要的减排渠道和方式。但由于农业与食品安全有着密切的关系，减少来自水稻、牲畜、土地使用的温室气体不应有损粮食安全、降低农民贫困等目标的实现。

1）降低二氧化碳排放量

制定农业领域内的减缓措施需要综合全面考虑各种社会经济的影响，泰国政府在这方面一直采取双赢的战略。泰国农业与合作部为农业领域的减缓措施提出了若干建议和目标：开拓 2000 万 hm² 土地用于水稻种植；种植 7.2 万 hm² 的永久林；减少全国尤其是北部 2.4 万 hm² 的农田焚烧（Office of Natural Resources and Environmental Policy and Planning，2011）。泰国意图通过这些措施来降低农业领域的二氧化碳排放，提高其沉降力度，减少并抑制排放。

2）充分利用废弃物产生的甲烷

农业和畜牧业是甲烷气体的重要排放来源，泰国政府对农业地区的农业生产废弃物和牲畜排放物进行了有效的管理。传统的秸秆燃烧将产生二氧化碳，而简单填埋则将产生大量的甲烷，牲畜排泄物的分解同样将产生大量的温室气体。泰国改变传统的处理方式，将秸秆、牲畜排泄物等废弃物采用沼气池的方式进行固定堆积，依托这些废弃物发酵产生的大量沼气，以供农村居民的日常生活使用。此外，泰国还利用化学方式提高牲畜的消化能力，减少甲烷的排放。

4. 充分利用 CDM

在澳大利亚和荷兰等发达国家的援助下，泰国实施 CDM 的能力不断提高。泰国政府为实施 CDM 加强了配套制度建设，不仅为 CDM 项目建立了国家标准，而且成立了泰国温室气体管理组织，作为实施 CDM 项目的国家特定机构。

截止到 2016 年 6 月，泰国共成功申请 147 个 CDM 项目（UNFCCC，2016），主要集中在生物能源、太阳能以及甲烷利用等方面，核证减排量达到 10 584 321CER（UNFCCC，2016b）。CDM 对泰国减少温室气体排放、提高本国经济发展质量发挥着十分重要的作用。

5. 政府坚持绿色采购

政府采购的大量传统公共设备在其生产和使用过程中存在数量颇大的温室气体排放，此领域的减排空间潜力巨大，因此通过政府的绿色采购行为，将某种程度上引导企业减少能源消耗大、温室气体排量高的设备生产，有助于节能减排。

泰国公共部门的采购物品占到国内生产总量的 11%～17%，数量庞大，为了给社会公众做好带头示范作用，泰国污染控制局发起了旨在推动和开发环境友好型采购体制的绿色采购试点项目"环境友好型产品和服务的公共采购试点项目"。该项目采取循序渐进的方式，力图让参与政府采购的部门不断提高环境友好型产品和服务的采购比例：规定第一年采购 25% 的产品和服务，后续依次提高到 50%、75%，直到项目结束时，采购比例达到 100%（Office of Natural Resources and Environmental Policy and Planning，2011）。泰国政府坚持绿色采购，不仅将可能引导产品和服务提供者的生产行为，而且将为其他主体坚持绿色行为提供示范作用。

6. 发挥城市减缓的作用

城市是各种温室气体和能源消费行动的集中地，政府通过在城市内采取全面综合的措施，能够使分散的温室气体减排行动产生可观的规模效果。曼谷市政府同其他 35 个部门机构采纳了减缓全球变暖的《曼谷宣言》，《曼谷宣言》提出了减少温室气体排放的四项主要措施：减少能源使用，推动生产活动和消费行为的利益最大化；促进青年、社区、商业、个体以及公共机构参与到降低温室气体排放的过程中来；支持基于高经济效益哲学的生活方式，增强公众抵御及适应全球变暖的能力；支持通过大范围的植树并保证树木得到良好维护等方式，增强城市碳沉降的能力。

为了贯彻落实《曼谷宣言》中的计划，曼谷市政府制定了周期为 5 年（2007～2012 年）的，旨在减少温室气体排放、减缓温室效应的可操作规划。该规划提出 5 年时间在商业经营领域减少 15%的温室气体排放的目标。为了实现此目标，规划列出了以下五项战略措施：发展公共交通系统；推动替代能源的使用；改善建筑的电器用品；改善固体废弃物和废水的管理；扩大绿色区域。为了鼓励公众的参与，泰国政府还开展了常规性的公共活动，这些活动主要包括使用节能灯泡、骑车、停止或熄灭发动机、种植树木以及曼谷免费搭车等活动。

泰国其他省份或城市同样开展了减少温室气体排放的活动。泰国孔敬省的孔敬市采纳了旨在推动其成为生态城市的《全球变暖减缓宣言》，为了切实贯彻实施《全球变暖减缓宣言》，孔敬省地方政府制定了《全球变暖减缓宣言孔敬行动规划 2010—2019》。孔敬省地方政府意图通过减少排放来源和增加碳沉降、提升公众参与应对全球变暖的意识、加强管理提升效率以及提高应对全球变暖的能力等措施，意图实现以下目标：到 2019 年温室气体排放量减少 10%；城市社区的绿地面积在总面积的基础上扩大 10%；自然资源造成的损害减少 10%；所有的相关方都参与到适应全球变暖的适应过程中。（Office of Natural Resources and Environmental Policy and Planning，2011）。

气候变化对泰国的影响是普遍，除了曼谷、孔敬等地区外，泰国其他地方同样开展了保护自然资源和环境的行动，这些行动都在不同程度上有助于泰国居民减缓和适应气候变化的影响。

7.4.2　泰国应对气候变化的适应措施

与较为全面的减缓措施相比，泰国应对气候变化的适应措施显得较为欠缺，这与其基础研究匮乏有着密切的关系。目前，其适应措施主要体现在农业、水资源管理以及灾害管理等方面，其他方面涉及较少。在气候变化的影响不断加深，自然灾害和极端天气事件发生频次不断增加的情况下，增强对气候变化适应的重视，加强对气候变化适应方案的研究尤为重要。

1. 农林方面的适应措施

农、林业对气候变化尤其敏感，降水和气温的异常都将严重影响农、林产品的产量和质量，培育适应气候变化的作物品种是农、林业领域应对气候变化的主要适应措施。面对发生频次不断加剧的旱灾，培育、种植耐旱的农作物和林业品种显得非常必要，对林业来说，选择优先区域开展保护，收集不同种类植物的信息，加强对其属性和特点的研究同样十分重要。此外，根据降水和气温变化情况，适当调整农作物种植周期和时段同样有助于避开洪涝、干旱等极端天气事件的侵袭。

2. 水资源管理方面的适应措施

目前，泰国水资源管理方面的可供选择的适应措施较少，修建或完善水资源管理系统是最主要的应对策略，具体的措施主要包括加强需求侧的管理、整合各流域综合管理以及强化基于社区的水资源管理等。鉴于"厄尔尼诺"现象等带来的极端干旱天气给泰国的水资源带来严重的威胁，加上工业生产、生活用水的不断增加，加强对水资源管理领域的研究，加深对气候变化对水资源潜在影响的理解显得十分迫切。

3. 灾害风险管理方面的适应措施

吸取2004年海啸的教训，泰国加强并改善了灾害管理制度机制的建设。社区最容易受到极端灾害事件的影响，因此增强地方社区抵御灾害风险的能力十分重要。泰国灾害预防和减缓部门、泰国红十字会以及海洋与海岸资源部门都共同参与到增强地方社区应对自然灾害的能力建设中。泰国相关机构组织成立灾害志愿者网络，对社区志愿者就有关气象信息和灾害管理的使用进行培训，帮助其更好应对灾害发生时的紧急情况。此外，气象部门还建立并验证"气象数据管理系统"等灾害早期预警系统，367位成员参与到监测和审核气候信息的过程中以确保预测的可靠性，将审核过的天气预测信息及时向海岸地带渔民以及农村社区传播。为了增强社区对灾害的响应能力，泰国政府还开展了旨在增强海岸社区适应气候变化和极端事件能力的试点项目。

目前，泰国已将气候变化和灾难风险管理纳入社区的可持续发展计划中，通过加强意识宣传和技能培训等方式，着重提升社区对气候变化带来灾难的认识和理解能力，不断加强地方社区处理灾难风险的能力。

7.4.3　泰国应对气候变化的技术转让和开发

技术开发是增强减缓和适应气候变化能力的关键领域，可再生能源等减缓技术以及农业、水资源和海岸生态系统等领域的适应措施不仅需要有良好的制度和政策环境，而且需要大量持续的财政和技术支持，国际合作同样十分必要。

1. 加强技术开发与转让的制度建设

自 1991 年泰国实施《科学与技术开发法案》（以下简称《法案》）以来，泰国政府就开始系统性地推动本国技术开发。在《法案》的授权下，泰国建立了国家科学和技术开发政策委员会和国家科学和技术开发办公室。技术开发在早期的《国家社会经济发展规划》中就已开始得到重视，并在泰国政府各部门的行动方案中有所体现。

在 1997 年的经济危机后，泰国政府更加重视科学和技术开发，并不断使其更具系统性、主动性，这种态度的转变可以在其《国家科学技术发展规划 1997—2006》、《国家科学技术战略远景 2000—2020》和《国家第六个研究政策与途径 2002—2006》得到体现。此外，泰国还加强了科学技术发展战略规划和国家社会经济发展战略在准备和制定阶段的整合，泰国《国家第十个社会经济发展规划》认识到作为国家经济和社会基础的食品与农业、能源与环境是相互关联的，它同样认识到加强向农村社区转移合适技术的重要性。

泰国政府的其他部委同样制定了具体的规划来推动气候友好型技术在泰国的开发和发展。例如，科学技术部制定了通过科学技术应用来应对全球变暖和气候变化的战略，能源部制定了《能源保护规划》。

2. 评估气候变化技术和能力需求

应对气候变化的技术涉及诸多领域，识别迫切需求技术开发和转让的领域尤为重要，为此泰国开展了评估气候变化技术和国家能力需求的基础性研究。研究结果发现，泰国尤其需要在以下领域加强技术开发：农业、林业和废弃物管理地方排放因素；减缓技术尤其是能源保护、生物能以及太阳能技术和技能；影响、脆弱性、适应技术和技能，这主要包括次区域气候变化相关的分析技能和技术尤其是气候前景等，农业领域尤其是不同地区经济作物受气候变化的影响和脆弱性的评估能力；分析气候变化对水资源、地表水以及水储存影响的研究能力，分析气候变化对海岸地区尤其是生态系统和土地使用影响的分析技能，分析气候变化对健康尤其是传染疾病影响的分析技能等。

泰国十分注重气候变化减缓技术的作用，因此气候变化的国家战略规划给予温室气体减缓技术高度的重视。在对泰国温室气体减缓技术需求进行评估后，规划指出了加强以下方面技术开发规划的需要：加强可再生能源尤其是生物能和太阳能开发的规划；改善清洁技术开发的技术基础的规划；提升能源效率的规划。

尽管泰国开展了其应对气候变化技术需求的评估，并将这些技术需求以各种形式向发达国家呈现，但发达国家并未给予足够的重视，并未履行技术转让和开发的义务，因此向泰国在内的发展中国家的技术转让并未得到有效的实施。

3. 加强技术开发和转让的合作

泰国和其他区域、次区域以及全球层次的国家或组织开展了诸多双边、多边的技术性合作，这些合作主要包括技术开发、能力建设以及培训等。由于泰国的战略位置和发展水平，泰国将自己定位为推动和支持发达国家向最不发达国家开展技术转让的通道和联结点，这些优势将帮助其在"北—南—南"合作中发挥其能力，增强技术合作的力度。泰国国际开发合作署是协调国际合作的主要机构，其主要目标是处理双边、多边层面的与公共领域的开发机构和国际组织的合作。泰国有关技术开发的合作途径与 UNFCCC 保持着高度的一致性。

目前，泰国已将合作框架的范围扩展到发展中国家，从邻近的国家到次区域、南亚、中东、非洲、拉丁美洲以及加勒比海地区。能源被视为东盟区域经济可持续发展必不可少的要素，将经济发展、能源需求、环境保护以及适应全球变暖整合到东盟区域经济发展中十分必要。为此，在相关能源规划的指导下，东盟国家共同建立了东盟生物能源中心，负责为电网分配能源资源，为东盟跨边界能源贸易体制和 CDM 项目提供基础设施支持。此外，对泰国进行援助的国家不断增加，2008 年时援助金额累计达到 3.8 亿泰铢（超过 1100 万美元），绝大部分以多边合作的形式来援助，内容涉及基础设施、培训以及奖学金等（Office of Natural Resources and Environmental Policy and Planning，2011）。目前，发达国家对泰国的援助不断减少，这与泰国经济实力和科学技术水平不断提高有着密切的关系。此外，泰国的不同机构还和国际组织就气候变化战略的制定开展了合作，例如，科学技术部参与了 APEC 未来低碳社会技术预见研究中心发起的题为"2050 年后 APEC 气候变化与经济适应战略"的项目。该项目旨在制定 2050 年后 APEC 地区低碳社会的战略，泰国外交部也参与了此项目。

4. 促进科技成果转换

接受发达国家或组织对自身的气候变化技术转让是应对气候变化的重要措施，但消化吸收并促进科技成果转化，增强自身的科学技术创新能力才是最为关键的因素。由于推动科技成果转化，市场机制十分关键但其作用有限，政府对此进行干预十分必要。泰国政府在以下领域不断采取措施，为科学技术的成果转化营造良好的环境；努力消除科技成果转化过程中的各种壁垒，为科技成果转化创造有利的条件；确认科技成果潜在的接受者并对其科技需求进行排序；科技提供者着重关注接受者的需求，尤其是温室气体减排方面的需求。泰国不断强调要加强在温室气体基础研究和减排方面的科技成果转化和能力建设，必须通过构建透明的体制，来确保科技转化是适当的、与时俱进的、清洁的，不是以纯粹营利为目的的。这些目标的实现需要政府加大政策干预，完全依赖市场机制是不足的。目前，泰国政府部门对科技发展和成果转化的支持力度正在不断加强，可以预期的是，随着政府支持力度的加大，泰国科技成果转化水平将不断提高。

7.4.4　泰国应对气候变化的公众意识和能力建设

在签署 UNFCCC 前，泰国已经开始了旨在推动有关气候变化教育和公众意识提升的活动，但在前期，仅仅只有科学家和研究者对气候变化有着很好的认识，气候变化也仅仅在部分大学作为选择性的课程来教授。为了积极响应 UNFCCC 的第六部分，泰国利用其第六部分的"新德里工作项目"，逐渐扩大气候变化的受教育人群。

1. 加强气候变化意识与教育

1）强化学校气候变化教育

提升气候变化教育是泰国各层级正式和非正式教育的优先考虑内容，气候变化教育是增强青少年学习更加复杂的环境问题，尤其是那些跨越边界的自然资源和环境问题的重要基础。公共教育体制主要提供可持续发展和不同环境视角的通识教育，泰国利用 2001 年制定的《基础教育课程设置方案》作为基础教育、非正规教育管理以及特殊职业教育准备的框架和指导方针，课程设置方案主要根据教育部和教育协会要求的特定的核心课程来开发，这样的设置方案允许学校组织响应社区需求、适合地方发展条件的综合教育活动。泰国中小学教育逐渐扩大气候变化相关的主题，并不断将其纳入环境通识教育的课程中，而大学教育则包括了更加具体的领域。在基础教育阶段，与气候变化相关的课程主要涉及科学、社会研究、宗教文化、健康生理教育等，而高等教育则主要囊括某个特定领域的或者与气候变化并非直接相关的领域。

泰国教育系统的改革对其气候变化教育贡献颇大，新的教育系统允许学校开发适用地方或社区条件、特色的课程和活动，并在调整后适应地方环境。在过去的若干年内，随着网络的不断普及，泰国政府开始利用现代信息科技推动气候变化教育的开展，除了学校、大学主页设置与气候变化相关的栏目，还利用新媒体等媒介推动在校学生利用互联网参与到气候变化的相关活动中。尽管气候变化教育取得长足进步，但目前来看，泰国的非正式教育在气候变化教育中发挥的作用有限，而且，针对青少年的气候变化运动并不是很充分。目前，气候变化教育不断走出教室、走出学校，学生利用现代信息、通信系统，尤其是互联网来交流信息并推动公共意识的提升。

2）提升公众气候变化意识

提升公众意识是为了提升行动效率从而实现环境目标的过程，强烈的意识将推动公众参与到环境保护和管理的过程中。泰国自然资源和环境部开展了大量有关自然资源和环境保护的公众意识提升活动，其负责公众意识提高的部门主要是环境质量提升司，在自然资源和环境部的授权下，环境质量提升司负责推动公众环境保护和气候变化意识的提升并开展或指导相关活动。包括非政府组织在内的私人领域在提升自然资源保护、环境保护以及应对气候变化意识方面发挥着十分重要的作用。

在相关部门和组织的共同努力下，泰国开展了大量推动公众意识提升的公共运动，这些活动旨在提升公共和私人领域对气候变化的理解，增强其参与实施气候变化相关活动的力度，加强其对气候变化政策的认可和支持。公众、企业、民间团体以及非政府组织等群体在这些活动中发挥了十分重要的作用。过去许多年内，应对气候变化和全球变暖一直被普遍视为开展环境保护、减少废弃物、能源保护、植被再造以及要求经济充分发展的公共运动。私人企业在其销售和营销策略中充分利用这种要求应对全球变暖的公共运动，其开展的主要活动有抵制塑料袋的使用、分发全球变暖宣传单以及其他一系列推广活动。此外，泰国各种会议和研讨会逐渐将气候变化和全球变暖纳入其议程中，并参与到全球性的环境运动中。泰国政府还和非政府组织合作，通过推动企业生产行为和个体消费行为的改变，来推动全球变暖和气候变化意识的提升。在销售和消费产品和服务的过程中，给许多产品添加碳标签是泰国降低碳排放的重要举措，主要生产者还引入碳足迹来建立碳审计体制。这些行为对通过市场体制增强温室气体减排、提升公众意识十分重要。

公众意识的提升严重依赖信息传播渠道和信息获取方式，泰国以气候变化为试点案例，评估并提升环境信息扩散和公众交流能力。为此，泰国制定了众多机制，其中在相关机构和主体间的沟通产生重大有效影响的核心机制是公众讨论互动论坛，通过此论坛可以传播气候变化相关的信息并方便各主体间的沟通讨论，泰国政府设立公众交流次委员会以增强应对这些问题的公众参与。近年来，随着信息通信技术尤其是互联网技术的快速发展，信息传播和扩散渠道不断丰富，其主要表现是学校和私人机构与气候变化相关的主页和网页数量不断增长。

随着国际上有关气候变化的主要研究不断增加，各国参与全球性气候变化事务的曝光度日渐频繁，信息传播扩散渠道不断丰富，各种公共机构、非政府组织以及国际组织开展的研讨会、公共运动等不断增加，泰国公众的气候变化意识不断提高。

2. 开展应对气候变化的能力建设

增强发展中国家尤其是最不发达国家有效应对气候变化的能力建设涉及许多方面，主要包括谈判议程、减缓、脆弱性与适应、技术开发与转让、国家沟通、研究观测等，因此可以说，能力建设囊括在气候变化的各个不同方面。泰国应对气候变化的能力建设主要包括加强能力建设的国际合作和提升相关工作人员的技能两个方面。

1）加强能力建设的国际合作

泰国积极主动地参与到双边、多边的区域性、全球性国际合作中，从实际情况来看，目前国际能力建设合作活动数量较少，大多数的能力建设活动是气候变化建设活动的组成部分或者是囊括在其中。

许多区域性的能力建设主要是在《京都议定书》框架下开展的、与 CDM 相关的活动。发达国家对与气候变化相关的研讨会进行了支持，这主要包括 CDM 的实施等。但值得注意的是，《京都议定书》框架下的能力建设活动主要集中于减缓活动领域。另外，能力建设活动还包括针对气候变化的联合研发，其中"多边区域和领域的气候变化影响和适应评估"和"亚洲—太平洋网络"是区域性国际合作的两个典型示范。目前，在日本、丹麦以及德国的援助下，泰国正在逐步建立气候变化问题科技培训的常态研讨机制，主要加强气候变化脆弱性和适应性等气候变化方面的基础研究。

2）提升相关工作人员技能

提升国家应对气候变化的能力主要关注对国家联络点工作人员的培训。在国际气候变化谈判持续不断推进的情况下，有效参与谈判过程要求负责气候变化的工作人员学习并了解整个过程。负责监督 CDM 项目的泰国温室气体组织的建立，致使泰国以前培训的气候变化人才不断分散，而人事改组则中断了整个培训过程，这导致形成对培训气候变化人才能力建设的巨大需求。

泰国温室气体办公室和其他与气候变化相关的机构开展了大量以培训形式进行、同提升气候变化能力建设密切相关的活动。这些能力建设活动可以被分为特定的技术培训和通识培训，前者涵盖气候变化中的温室气体存量、减缓以及脆弱性与适应分析等方面，后者主要涉及气候变化结果、特征等方面。为了确保共同利益得到保证，泰国诸多利益相关主体都直接或间接的参与到这些培训中，除了技术研究人员和机构、研究资助方以及国家联络机构等主体参与到培训和技术合作，区域或国际层面的非政府组织、跨政府机构同样参与其中。虽然气候变化的能力建设培训涉及诸多方面，但泰国政府认为提升其所有相关工作人员和机构以下两个方面的能力建设十分重要：支持工作人员接受高效履行气候变化责任和义务的技能培训和技能；制定转移和交流机构内外气候变化规划和运营知识和经验的机制。为了推动这两个方面的能力建设，泰国实施了下列配套措施和活动：成立相关专家、研究者、技术人员等组成的网络；推动相关工作人员间的知识和技术开发交流；制定指导方案和其他文件；建立推动知识转移和确保常规监测的系统以及评估方案。

此外，泰国还为负责实施国内外合作的部门制定了特定的能力建设活动方案，这些活动主要包括以下方面：《国家气候变化战略》支持下的项目；支持温室气体、气候变化减缓和适应等研究项目的"泰国研究基金"；科学技术部下属的，负责收集、分析以及推广气候变化知识尤其是适应的"气候变化知识管理中心"；"亚洲区域气候变化适应知识平台"；泰国与德国技术合作公司开展的气候变化能力提升合作项目；在农业与合作部《全球变暖减缓项目》下的组织和人员优势开发方案；《国家环境健康战略》下的项目；缓解能源问题的战略（Office of Natural Resources and Environmental Policy and Planning，2011），等等。

尽管泰国已经实施并将不断实施更多的气候变化能力建设项目和活动，但其能力建设活动中存在着若干不足。首先，绝大部分的能力建设都只是囊括在国家气候变化的研讨会和讲习班中，并未独立开展针对提升能力建设的活动；其次，除了有关温室气体盘存调查的培训外，泰国并未开展国家层面其他的气候变化技术培训；最后，泰国的能力建设项目和活动主要集中于气候变化减缓方面，并没有重点考虑气候变化的脆弱性和适应方面。

7.5　泰国应对气候变化政策的不足与展望

泰国在国际社会的援助下，利用发达国家或国际组织提供的资金和技术减少温室气体的排放，开展气候变化适应活动，降低气候变化的脆弱性，加强气候变化教育，提升公众气候变化的意识，努力提升自身应对气候变化的能力建设。在多年应对气候变化的实践行为和活动中，泰国不断加深其对应对气候变化的认识和理解。在实际情况来看，泰国应对气候变化行动的限制因素本质上表现在特定领域内的知识、技能以及技术的不足，这些领域主要包括温室气体盘存与减排、脆弱性与适应评估等方面的技术缺乏。

7.5.1　温室气体盘存与减排技术不足

在 UNFCCC、IPCC 技术指南、手册以及其他补充性材料的指导下，泰国温室气体盘存的经验不断丰富。但泰国提高温室气体盘存水平的技术仍有待提高，尤其是关键领域仍需要进一步的技术支持。泰国目前仍需要技术援助和支持的方面主要包括：开发对经济发展意义重大的主要领域和行业的地方排放因素，主要优先领域包括农业和林业；开发支持温室气体盘存评估的合适的活动数据，主要优先领域包括能源、农业、林业以及废弃物管理等方面；开发核心领域更高水平的评估方法，主要优先领域包括能源、农业以及林业等部门；不定期培训相关官员和机构实施评估的能力；培育特定领域的技术人员，以为泰国开发合适的评估方法和技术；开发温室气体排放预测技术（Office of Natural Resources and Environmental Policy and Planning，2011），等等。

为了实现减缓温室气体排放的目标，采用先进的、经济可行的成熟技术显得十分重要。在现有的市场体制下，许多有助于温室气体减排的技术，如太阳能、风能等技术并不具备经济可行性，即其建设和使用成本较高，收益相对较小，企业和消费者在生产和消费过程中有时会选择规避这些新能源。因此，为了有效地减缓温室气体排放、履行 UNFCCC 下的承诺，改善这些新能源技术的可行性显得十分重要。因此，提高关键领域内的技术和技能对增强泰国温室气体减排能力显得十分关键，这些主要领域包括：分析能源保护与可再生能源优先减缓措施的技术；提升能源生产和消费中能源保护的技术；提升运输和大众交通尤其是物流效率的技术和系统；适合地方条件的生物质和沼气等能源生产的技术；水泥生产的环境友好型技术；开发清洁技术创新知识和基础设施；减缓水稻田温室气体排放的技术（Office of Natural Resources and Environmental Policy and Planning，2011），等等。此外，泰国政府要减少对煤炭、石油等传统化石燃料的补贴，这一方面可以降低化石燃料在能源消费结构中的占比，减少温室气体的排放，另一方面可以将节约下来的资金用于支持太阳能、风能等新能源的发展，优化能源消费结构，维护国家能源安全。

7.5.2　脆弱性与适应评估技术不足

受到研究能力的限制，泰国目前对气候变化的影响、脆弱性与适应评估并未达到可供决策参考的水平。泰国不仅需要加强对气候变化对各领域影响技术的开发，而且要针对这些影响开发评估脆弱性和适应方案的技术。

泰国针对气候变化影响研究的不足主要表现在可用的气候情景和社会经济情景缺乏。首先，大气环流模式下的气候前景具有不确定性，尽管近年来的区域模型有所简化，但许多模型仍然在评估气候情景方面存在较大的问题，高度的不确定性导致很难为政策制定带来有意义的指导；其次，缺乏具有可比较性的社会经济情景，很难预测未来社会经济发展的状况，从而很难确定气候变化给未来社会经济发展带来的损失；然后，在各领域，如常年生长的作物、水资源和公共健康等方面缺乏新的影响评估技术；最后，将气候变化因素整合到发展过程和分析适应的创新型方式不足（Office of Natural Resources and Environmental Policy and Planning，2011）。为了提高气候变化对泰国影响状况的研究，泰国需要着重关注以下方面：开发更多次区域应对不确定性的气候变化情景的技术；开发与分析气候变化脆弱性协同的社会经济准备情景的技术；开发分析气候变化对主要领域尤其是常年生长作物、水资源以及公共健康等方面影响的先进技术；开发跨越不同领域的优先适应选择的技术；开发气候变化带来的疾病易传播区域的公共健康预警系统（Office of Natural Resources and Environmental Policy and Planning，2011），等等。除了要开发这些"硬技术"，泰国还尤其要关注人力资源的培训和开发，提升大量研究人员的能力，尤其是运用新技术评估经济作物和水资源脆弱性的能力。

　　泰国气候变化和极端事件脆弱性和适应的研究正处于早期的起步阶段，在适应国际气候变化谈判进程和气候变化影响新形势方面明显不足。气候变化和极端事件脆弱性和适应研究方面的问题及障碍主要表现在以下三个方面：确定主要优先领域和分析适应最佳方案的研究技术；将适应选择整合到高风险社区的社会经济发展过程中的技能；灾害高发农村地区的技术选择（Office of Natural Resources and Environmental Policy and Planning，2011）。缓解或彻底解决以上障碍和问题需要从以下技术方面着手：开发涉及不同领域和问题的优先适应选择的分析技术，为决策提供有效信息；开发灾害高发区早期预警系统的技术；开发应对海岸侵蚀并适合地方状况的技术；开发农业气候预测和预警系统的技术；开发培育能够抵御气候变化的植物物种的技术；开发灾害高发区和气候变化灾害易发区的公共健康和疾病预防管理系统（Office of Natural Resources and Environmental Policy and Planning，2011），等等。在目前泰国对气候变化脆弱性和适应的研究仍处于起步阶段，自身研究水平和能力有限的情况下，要求发达国家或国际组织加强对泰国的研究技术转移是目前来看最为可行的路径选择。研究技术和能力的提高是个长期的过程，除了充分利用外界的援助外，泰国需要充分发动社会力量，提高自身吸收和再创新的能力，从而最终提高自身气候变化脆弱性和适应研究的能力。

　　提高温室气体盘存与减排、脆弱性与适应评估技术是个系统而全面的过程，需要其他方面的配套措施进行支持。除了要通过各种平台渠道主动参与应对气候变化的国际合作，争取来自发达国家或国际组织的资金和技术援助外，还要通过国内的相关措施来推动研究能力和技术的发展，如增加观测站点和网络的数量、开设与气候变化减缓和适应相关的专业等。通过外部援助和自身努力，泰国温室气体盘存与减排、脆弱性与适应评估的研究能力和技术在未来将逐渐提高。

第8章　新加坡应对气候变化的政策

8.1　新加坡的基本概况

8.1.1　新加坡的自然条件

1. 地理概况

新加坡是位于马来半岛最南端的一个热带城市岛国，由一个本岛和 60 个小岛组成，国土面积狭小，共 719km² （NCCS，2016a）。北隔柔佛海峡与马来西亚为邻，南隔新加坡海峡与印度尼西亚相望，地处太平洋与印度洋航运要道——马六甲海峡的出入口。

新加坡全国最高海拔为 163m，大部分岛屿海拔低于 15m，因此大部分地区地势平坦且相对低洼。

2. 气候条件

新加坡靠近赤道，属于热带海洋性气候，全年高温，且气温相对稳定，年平均气温为 24~32℃，日平均最高、最低气温分别为 31℃和 24℃（Department of Statistics，2016）；全年降雨，且雨量丰富，气候湿润，每年 11~次年 1 月降雨量最大，而 4~9 月气候较干。

8.1.2　新加坡的社会经济概况

1. 新加坡的人口概况

根据世界银行统计数据，新加坡 2015 年的总人口（包括在新加坡工作的外国人）约 5500 万人，人口密度为 7540 人/km²，是世界上人口密度最高的国家之一（National Environment Agency Environment Building，2014）。

2. 新加坡的经济概况

新加坡的经济结构以第二、三产业结构为主，其中第三产业为主导产业。如表 8-1 所示，第一产业在国民经济中所占比重极低，主要是水产业，粮食供给全部依靠进口。第二产业主要包括制造业和建筑业，制造业主要有交通工程、电子产业、化学产业、精密工程、生物医药制造业和一般制造业。《2015 年新加坡经济调查》显示，2015 年新加坡的制造业总体下降了 5.2%，其中一般制造业、交通工程、电子产业都有所下降，但化学产业和生物医药制造业有所增加（Ministry of Trade and Industry of Republic of Singapore，2016）。第三产业是新加坡经济发展的龙头产业，其中零售批发业、金融业、商业服务业、交通仓储业为新加坡服务业的四大重头产业，新加坡现在已发展成为世界著名的国际旅游中心、第三大炼油中心、世界著名航运和贸易中心、投资和金融中心。

表 8-1　新加坡各产业占 GDP 增加值比例情况

年份	第一产业	第二产业	第三产业
2010	0.039%	27.629%	72.332%
2011	0.038%	26.407%	73.555%
2012	0.036%	26.674%	73.290%
2013	0.034%	25.110%	74.856%
2014	0.035%	24.945%	75.020%

资料来源：世界银行. 2016. 产业增加值. http：//data.worldbank.org/indicator/NV.IND.TOTL.ZS？locations=SG.

国土面积狭小和自然资源匮乏促使新加坡发展外向型经济，大量出口制造产品而不是单单依靠国内消费，另外，位于马六甲海峡出入口的战略位置促使新加坡发展成为一个主要的海、空运输枢纽，为其出口贸易发展提供了便利的交通运输条件。新加坡的经济发展高度依赖国际贸易，属于出口导向型经济，其中经济增长的 90% 都是由外部需求所带动的（Ministry of Trade and Industry of Republic of Singapore，2016），2015 年新加坡的国际贸易额达到 1273 亿美元，其中商品贸易达到 884 亿美元，占比 69.44%，服务贸易达到 389 亿美元，占 30.55%（Ministry of Trade and Industry of Republic of Singapore，2016）。

8.1.3　新加坡的能源消费与温室气体排放

随着社会经济的发展，新加坡的能源消费呈现出平稳增长的态势。观察图 8-1 发现，新加坡的能源消费结构以石油为主，其次是天然气，石油消费和天然气消费比重逐年增加，2015 年的石油消费占能源总消费的比例高达 85%。新加坡受国内自然和地理环境限制，难以发展核能和水电，因此核能和水电消费比例近乎为零。另外，新加坡可再生能源的消费比例极低，可再生能源具有很大的发展空间。

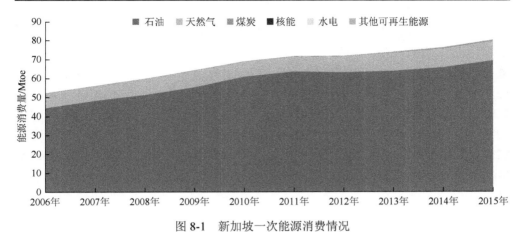

图 8-1　新加坡一次能源消费情况

其他可再生能源指风能、地热能、太阳能、生物质能和垃圾发电等能源

资料来源：BP. 2016. 世界能源统计年鉴 2009-2016. http://www.bp.com/zh_cn/china/reports-and-publications.html.

　　这里以 2014 年的能源消费数据分析新加坡各部门的能源消费结构，如图 8-2 所示，在所有经济部门中，工业部门的能源消费占比高达 67%（约 9789ktoe），主要为石油产品（6668ktoe）和电力（1699ktoe）；交通、商业和服务业部门的能源消费分别占 17%（2429ktoe）和 11%（1631ktoe），其中交通部门的能源消费以石油产品（2200ktoe）为主，商业和服务业的能源消费以电力消费（1466ktoe）为主（Energy Market Authority，2016）。可以看出，新加坡工业部门的能源消费比例最大，且能源消费结构以石油为主，因此会产生大量的温室气体，加重全球变暖的趋势。另外，根据《新加坡 2016 年能源统计》报告对各经济部门能源消费统计的数据，发现可再生能源在新加坡的能源消费结构中占比微乎其微。

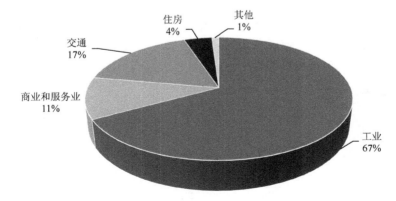

图 8-2　新加坡 2014 年各领域能源消费情况

资料来源：Energy Market Agency. 2016. Singapore energy statistic 2016，https://www.ema.gov.sg/cmsmedia/Publications_and_Statistics/Publications/SES/2016/Singapore%20Energy%20Statistics%202016.pdf.

根据 IEA 统计资料，如图 8-3 所示，新加坡的一次能源供给以石油为主，2014 年石油供应占总一次能源供给的 63.3%，天然气占 32.8%，生物燃料和废弃物占 2.5%，煤炭（包括泥煤和油页岩）占 1.4%。但新加坡本国能源存量有限，因此能源消费大多依靠进口，其中，2015 年进口石油 174Mtoe，比 2014 年增加了 7.2%，天然气进口增加 0.4%，其中 75%是以管道天然气（pipeline natural gas，PNG）的形式进口，液化天然气（liquefied natural gas，LNG）约占 25%。2015 年出口能源 92Mtoe，约增加了 6.7%，出口量的增加主要是由燃料油和柴油需求所带动（Energy Market Authority，2016）。

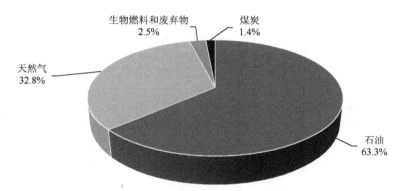

图 8-3　新加坡 2014 年一次能源供给结构

资料来源：IEA. 2016. Share of total primary energy supply in 2014.
https://www.iea.org/stats/WebGraphs/SINGAPORE4.pdf.

单位 GDP 能耗反映了能源使用效率，如图 8-4 所示，通过对新加坡和世界平

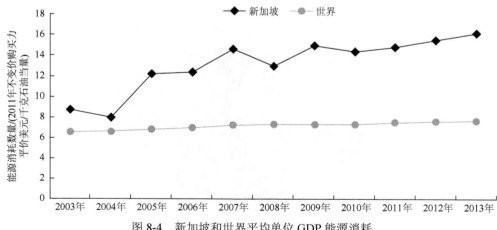

图 8-4　新加坡和世界平均单位 GDP 能源消耗

资料来源：世界银行. 2016. GDP 单位能源消耗. http://data.worldbank.org.cn/indicator/
EG.GDP.PUSE.KO.PP.KD? locations=SG.

均单位 GDP 能耗进行统计，发现新加坡的单位 GDP 能耗整体上呈现上升的趋势，与世界平均水平的差距呈扩大趋势，2007 年以前上升幅度比较大，2009 年之后基本保持平稳缓慢的上升趋势，这与新加坡在提高能源效率、促进可持续发展所做的努力密不可分，根据统计资料，新加坡 2000~2012 年，GDP 保持 5.7%的年平均增长速度，而温室气体保持着 2.1%的平均增长速度（National Climate Change Secretariat，2016a）。

如图 8-5 所示，二氧化碳是新加坡温室气体最主要的组成部分，约占所有温室气体的 90%，这与新加坡的能源消费结构密不可分，以石油为主的能源消费结构决定了其较高的二氧化碳的排放占比。甲烷和其他温室气体排放量相对较低，且保持着平稳低速的增长态势。新加坡的二氧化碳排放主要来自工厂、建筑、房屋以及交通部门的化石燃料消费，其中最大部分（约 29%）来自天然气发电。

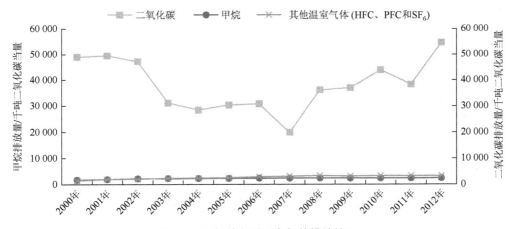

图 8-5　新加坡主要温室气体排放情况

资料来源：世界银行. 2016. 二氧化碳、甲烷以及其他温室气体排放量.
http://data.worldbank.org.cn/indicator/EN.ATM.GHGO.KT.CE? locations=SG.

总的来看，随着社会经济的发展和人口数量的增加，新加坡的能源消费保持着平稳增长的态势。新加坡采取了有力的气候变化应对措施，这使能源消费的增长幅度低于 GDP 增长速度。IEA 2015 年发布的世界主要国家《能源战略报告》显示，在所调查的 141 个国家中，新加坡的碳密度位列 123，是 20 个表现最好的国家之一（NCCS，2016a）。但是新加坡以石油为主的能源消费结构，以及选择和使用可再生能源的局限性，使其在进一步的减排措施中面临着较大的挑战；以进口为主的能源消费结构也不利于其能源供应的可持续发展。长远来看，新加坡需继续提高能源效率，降低二氧化碳等温室气体的排放量。

8.1.4　新加坡应对气候变化的脆弱性

脆弱性主要是指易受不利影响的倾向和习性（IPCC，2014b）。世界自然基金会在《超级城市面临的巨大压力》报告中，对亚洲的 11 个沿海地区和河流三角洲地区的中心城市进行气候变化脆弱性调查，结果表明孟加拉国的首都达卡脆弱性排名最高，评分高达 9 分，新加坡评分为 4 分，脆弱性相对较低。但是作为城市岛屿国家的新加坡，是一个社会经济高度复合的生态系统（张庆阳等，2007），从暴露度、敏感性和适应力的角度来看其在气候变化面前仍表现出较强的脆弱性。

首先，气候变化对城市地区所造成的负面影响主要是通过改变极端事件的发生频率和强度来实现的。气候变化所产生的极端天气，会带来强降水、持续干旱和暴风，而新加坡沿海的地理位置，狭小的国土面积，低洼的地势，无疑会增加其风险暴露度。新加坡约 4700 万的人口生活在距海岸线 193km 内的地方，因此其受气候变化的影响将非常大。

其次，新加坡的国土面积小，城市景观密，人口密度大，是世界上人口密度最大的国家之一，因此高风险暴露之下其敏感性也更为强烈，城市的运行发展高度依赖其"生命线"系统，交通运输基础设施、通信系统、供水供电系统、市政排水及城市垃圾处理系统（张明顺等，2015）。当极端天气发生时，城市会因为对外部商品和服务的较强依赖变得更加敏感，从而对社会经济产生较大的影响。

最后，地理条件的限制使新加坡在地热、水电、风、潮汐等可再生能源的选择中面临较大的困难，因此以石油为主的能源消费结构难以得到有效的调和，从而降低新加坡对气候变化的适应性。

（1）水力发电。水力发电主要是通过水位落差产生巨大的动能进行发电，但是新加坡大部分地区地势平坦，海拔大多低于 15m，且缺乏大型水脉，这意味着水力发电在新加坡很难进行。

（2）海洋可再生能源（潮汐和波浪能）。新加坡的潮差（高潮与低潮之间的差值）约为 1.7m，远低于商业潮汐发电所需要的 4m 潮差要求；波浪能的可用性是由波浪的高度和频率所决定的，但新加坡周围的水域相对平静，而且新加坡大部分海域用于海港、船只停泊以及航行通道，因此限制了潮汐、波浪能以及海水暖气的使用。

（3）地热能源。在新加坡，由于缺乏地热资源，在当前的技术水平下，发展地热能同样不可行。

（4）风能。新加坡缺乏发展风能的必要条件，新加坡的平均风速为 2～3m/s，大多数商业风力发电场的平均风速至少是 6m/s，而且主要风力设备要求的年平均风速超过 7.5m/s，加之使用大型风力涡轮机需要较大的场地，而目前新加坡海域海上交通繁忙，利用离岸风具有很强的挑战性。

（5）生物能。新加坡目前通过垃圾发电已满足了国家约 2%的电力需求，一般来说，国土面积较大的国家会将生物能作为一种重要能源，并选择使用生物能来替代化石燃料，但是因为国土面积的限制，新加坡缺少生物能来源。

（6）核能。核能是一种低碳发电方式，且能够提高能源安全，然而对于新加坡来说，国土面积狭小、城市密度高，目前的科技水平也不足以支持新加坡发展核能，使用核能具有相当大的挑战性。

（7）太阳能。太阳能对新加坡来说是最为可行的一种能源选择，尽管新加坡面积小、城市景观密集，在空间上不利于太阳能的发展，但新加坡在太阳能研究方面已取得一定的发展。

（8）碳捕获、封存。缺乏合适的储存地和低排放量限制会影响该技术的性价比，但碳捕获和封存作为一种有效的应对全球气候变化、实现温室气体减排的技术，仍值得研究探索。

8.2　气候变化对新加坡所产生的影响

气候状况与地球生物和生态系统正常运行有着紧密的联系，气候变化主要通过气温、降水、海平面和极端天气事件发生率等因素的变化来表现，即使气温或降水发生较小幅度的变化，也会对生态系统的可持续性和公共卫生的稳定性产生显著的影响。根据《新加坡第二次气候变化研究报告》，在 21 世纪末（2070～2099 年）新加坡的气温将上升 1.4～4.6℃，同时期主海平面将上升 0.25～0.76m（NCCS，2016a），从而对新加坡的海岸线、水资源、生物多样性、公共健康和基础设施带来影响。

1. 海岸线侵蚀

作为一个低洼海岛，海平面上升对新加坡是最大的威胁。新加坡大部分的岛屿位于海平面 15m 以内，海拔 5m 以内的大约占 30%（NCCS，2012），因此，若按每年 3mm 的海平面上升速度，新加坡将面临海岸线侵蚀和部分地区被淹没的危险，从而对海岸线附近的地区和财产带来影响。

2. 洪水灾害频繁及水资源供应不稳定

据观察，新加坡最大降雨量从 1980 年的平均 96mm/h 上升到 2012 年平均

117mm/h。另外，海平面上升也会使雨水很难汇入海洋，从而加重暴风、暴雨季节的洪水灾害，特别是在暴风季节，海水会在暴风的推力之下逆流向海岸，从而加重洪水灾害。

频繁的强降水和严重的旱灾会影响新加坡的水资源供应，再加上新加坡国土面积小，集水空间有限，因此暴雨季节难以蓄水，干旱季节缺少集水供应，频繁的洪水和旱灾会影响水资源供应的稳定性。

3. 生物多样性以及绿色植物破坏

气候变化会改变新加坡的生态系统和自然进程，如土壤形成、养分储备和污染吸收，从而影响植物和动物的多样性。当气温上升 1.5～2.5℃时，新加坡的陆地物种就会处于风险之中，新加坡共有 384 种鸟类、65 种哺乳动物、109 种爬行动物、2100 余种野生植物（National Parks，2017），生物多样性丰富，还有许多珍稀动物如黑脊叶猴、豹猫及其他一些栖息地很小的物种，特别容易受气候变化的影响。

另外，降雨量、海平面或水质量的变化会对湿地产生影响，从而改变红树林的生长环境，自 1820 年起，新加坡的红树林覆盖率已从 1820 年的 13%减少至 2012 年的 0.5%（中国绿色时报，2012）。珊瑚的生长需要阳光，在短期内难以适应因海平面上升所带来的变化，海水温度上升后，珊瑚会将其赖以生存的藻类排除而导致白化，珊瑚作为海洋生态系统的重要组成部分，会连带影响到其他生物的生存。

气候变化所带来的气温、降水尤其是干旱和暴风天气，也会影响到树木植被的生长。气温上升、降雨减少有可能引发森林火灾，从而造成绿色植被的破坏，据新加坡民防部统计，2015 年新加坡共发生了 470 起森林火灾，比 2014 年增加了两倍，是新加坡过去五年以来的最高点（新加坡林业网，2015）。而暴风天气可能将树木连根拔起，从而带来安全隐患。

4. 影响公共健康和食物供应

新加坡处于登革热等疾病带菌者易发地，在温度较高的年份，登革热发病率更高，因此气候变化所带来的气温上升，会增加登革热的发病率。而且频繁的高温天气还可能导致灼热焦虑和不舒服状况的发生，尤其对老年人和病人，从而影响公共健康。

由于国土面积等原因，新加坡粮食供应主要以进口为主，气候变化所带来的降水、气温变化和病虫害等会导致东南亚地区粮食减产，从而影响新加坡粮食进口和食物供应的稳定性。

5. 基础设施和基本服务遭到破坏

极端天气所引发的自然灾害会破坏建筑、通信设施、电力设施以及交通设施，新加坡城市景观密集，极端天气对基础设施的破坏会严重影响社会经济的正常发展以及公众生活的正常进行。

8.3　新加坡应对气候变化的制度安排

8.3.1　新加坡气候变化政策原则

新加坡的目标是做一个环境适应性的国家，既克服气候变化所带来的挑战，又积极把握气候变化所带来的机遇，通过发展低碳科技实现经济社会的低碳、可持续增长，坚持"新加坡方式"即追求经济的长期增长和环境的可持续，"新加坡方式"需遵循以下三个基本原则：长期统一的规划、经济实用的方式和灵活性（Ministry of National Development，2009）。

1. 长期统一的规划

气候变化涉及社会生活和政府的各个部门，从能源、交通、工业到城市规划等方面，因此为了更好地应对气候变化所带来的挑战，需要采取长期统一的行动，以平衡环境与社会发展需要之间的关系。另外，要以长远的眼光权衡收益与成本，制定长期、完整的规划。

2. 经济实用的方式

为了平衡经济增长和环境质量之间的关系，在减缓和适应气候变化的过程中，应该采取经济有效的方式，并且要有意识地在经济发展和减少排放之间寻求平衡。

3. 灵活性

增强政策的灵活性，使政策随着社会实际发展状况及人们态度、行为、观念的改变而有所调整，如技术的成熟、新加坡可替代能源可选择种类的增加等。

8.3.2　新加坡应对气候变化的政策策略

2012 年 6 月，新加坡政府发布国家气候变化策略文件《国家气候变化战略》，列出了新加坡解决气候变化的计划，该文件反映了新加坡应对气候变化策略的四个关键：减少各部门排放量、努力适应气候变化、把握绿色增长机会、构建气候变化行动合作关系。

1. 减少各部门排放量

新加坡政府通过各种激励措施减少能源浪费，提高各部门的能源使用效率。科技在减少排放量和能源浪费方面发挥着关键作用，因此新加坡政府加强与高校、研究机构以及创新型公司合作，评估与发展可以应对新加坡气候变化影响的技术，探索可行的绿色发展方案。

2. 努力适应气候变化

加强新加坡对气候变化的适应性，需要理解气候变化会对新加坡产生哪些影响，然后制定合适的应对策略。各主体应做好气候变化的适应工作，政府制定气候变化适应性政策框架，做好政策保障；企业需要检验其商业模式，是否足以应对极端天气破坏，保证业务持续运作，采取相应的减排、低碳绿色技术，支持可持续发展；公众要做好应对气候变化的思想准备，学习如何适应气候变化，并落实在日常生活中。

3. 把握绿色增长的机会

气候变化在带来挑战的同时，也为新加坡带来科技探索、绿色发展的机遇，使得新加坡可以做好发展和出口环境友好型技术、服务的准备。新加坡政府着力提高能源效率以及清洁技术的研发能力；为公司发展和创新提供鼓励性的商业环境，以吸引更多的绿色产业投资；鼓励国际性和非政府组织加入环境和可持续发展领域，为新加坡人民提供高价值的工作机会，推动新加坡经济的绿色发展。

4. 推动气候变化合作

气候变化是一个复杂的问题，涉及世界上的每一个国家，涉及社会生活的各个方面，应对气候变化需要多方合作，国际层面，应加强气候变化行动的国际合作。国内层面，需要政府、企业和公民个人的联合行动，共同面对和迎接气候变化。

8.3.3　新加坡气候变化政策制定机构

为了保障气候变化政策制定的有效性以及政策之间的协调性，新加坡政府针对气候变化相关问题，设置了图 8-6 所示的机构。

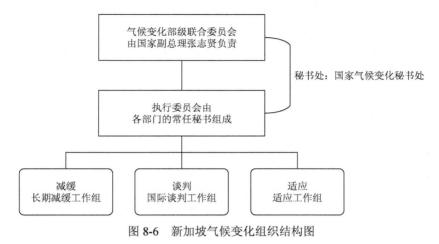

图 8-6 新加坡气候变化组织结构图

资料来源: National Climate Change Secretariat. 2016. Singapore's Third National Communication and First Biennial Update Report. https://www.nccs.gov.sg/sites/nccs/files/NCBUR2014_1.pdf.

1. 气候变化部级联合委员会

为了加强气候变化政策之间的协调性,新加坡政府于 2007 年成立气候变化部级联合委员会,由国家副总理张志贤负责。气候变化部级联合委员会包括外事部、贸易与工业部、环境和水资源部、交通部、财政部以及国家发展部(National Environment Agency Environment Building,2014)。

气候变化部级联合委员会由执行委员会(Executive Committee,Exco)支持运行,执行委员会由各部门的常任秘书组成。气候变化部级联合委员会执行委员会负责监督国际谈判工作组、长期减缓工作组以及适应工作组的工作,国际谈判工作组在 UNFCCC 之下制定新加坡国际气候变化谈判战略;长期减缓工作组负责研究新加坡如何稳定长期排放,选择长期减排所需要的减排方案、能力建设、基础设施以及政策;适应工作组研究新加坡应对气候变化的脆弱性,并且提出适应未来环境变化的长期规划。

2. 国家气候变化秘书处

新加坡政府意识到气候变化问题不仅涉及国内多个政府部门之间的协调,而且涉及国家间政府工作的合作协调,因此为了保证国内、国际应对气候变化政策、行动的有效协调,2010 年 7 月 1 日,新加坡政府在总理办公室下设置国家气候变化秘书处,负责制定和实施国内和国际有关应对气候变化的政策和战略,对涉及多个政府部门的重要事务进行规划。

国家气候变化秘书处提出其使命在于引导全民应对和把握气候变化所带来的挑战与机会。具体来说其职责范围主要有:推动所有部门减少碳排放;帮助新加坡更好地适应气候变化；把握由气候变化所带来的经济增长和绿色增长机会；提高公众有关气候变化的意识并采取行动。2012 年国家气候变化秘书处颁布了主题为"气候变化与新加坡：挑战、机会与合作"的《国家气候变化战略》，概括了新加坡应对气候变化的关键策略。

3. 其他机构

为了提高各经济部门的能源效率，2007 年在国家环境部下建立了能源效率项目办公室，由国家环境局和能源市场管理局共同领导。能源效率项目办公室负责制定国家的经济效益计划，以全面提高各经济领域的能源效率，其中能源市场管理局、经济发展局、陆路交通管理局、国家环境局、建屋发展局、建设局、资讯通信发展管理局以及科技研究局分别负责发电、工业、交通、家庭、住房、建筑、资讯通信以及研发各领域能源效率措施的实施。

为了更好地指导气候变化适应性工作，在气候变化部级联合委员会的支持下，委员会成立了部级联合适应性工作组，负责研究措施以解决气候变化脆弱性问题。目前的研究主要集中于两个方面：一是气候变化研究（观察气候变化会对公共健康、能源需求和生物多样性造成的潜在影响）；二是具体的风险路线研究（具体确定可能被掩埋的海岸区域），工作小组通过研究帮助公众更好地理解气候变化的风险，从而做出更具适应性的长期措施。

另外，气候变化是一个全球性问题，为了更好地在国际舞台上发挥作用，新加坡成立了专门的国际谈判工作小组，负责制定国际气候变化谈判战略，在联合国框架公约下代表新加坡进行国家谈判。

气候变化所带来的挑战需要个人和利益相关者的联合行动来应对，因此国家气候变化秘书处于 2010 年建立气候变化网络，作为公民、公共和私人部门（people, public and private，3P）讨论和共享气候变化相关问题的平台，以促进全社会更好地理解气候变化相关问题（National Environment Agency Environment Building，2014）。

8.4　新加坡应对气候变化政策的内容与实施

为了更好地应对气候变化所带来的影响，新加坡实施了全面的气候变化政策，在国家气候变化应对战略的指导之下，新加坡的气候变化政策总体上可以概括为减缓措施、适应措施、发展低碳技术和绿色经济以及国际合作四个部分。

8.4.1　新加坡应对气候变化的减缓措施

新加坡的减排目标经历了三个发展阶段：一是 2009 年哥本哈根气候变化

大会之前，新加坡承诺如果存在一个合法的全球气候变化协议，并且所有的
国家都积极执行，新加坡将于 2020 年在 BAU 下，将碳排放量减少 16%（NCCS，
2012）；二是 2009 年所颁布的《新加坡可持续发展蓝图》指出要提高各个部
门的能源使用效率，于 2030 年将能源使用效率在 2005 年的基础上提升 35%，
于 2030 年实现 70% 的循环利用率（Ministry of National Development，2009）；
三是 2015 年新加坡在联合国气候变化大会上提交承诺，在 2030 年前把温室
气体排放强度在 2005 年的水平的基础上削减 36%，争取使碳排放量在 2030 年
左右达到顶峰后保持稳定（NCCS，2016a）。为了实现这些目标，新加坡实行
了以下减排措施。

1. 提高能源和碳效率

新加坡最主要的温室气体来自化石燃料消费所产生的二氧化碳，因此减少
排放最直接的方法就是减少化石燃料的使用，但是新加坡的地理因素限制了其
非化石可替代能源的选择，因此对新加坡来说提高能源效率是减少碳排放的核
心措施。

为了实现碳排放量在 2020 年较基准情景下减少 7%～11%，新加坡在几个经济
部门实施能源节约法案，制定提高能源使用效率的方案。使发电部门在排放量减少
目标上贡献一半的力量，工业和交通部门分别贡献 11% 和 13%，建筑部门贡献
11%～16%，家庭消费贡献 10%～16%，其他部门贡献 2%～3%（NCCS，2011）。

1）发电领域

1985 年新加坡实行电力和管道气体市场化改革，市场竞争促进了电力公司
能源效率的提高，使新加坡总体的发电效率由 2001 年的 39% 提高到 2007 年的
44%（National Environment Agency Environment Building，2011）。将发电能源
由燃料油转换为天然气是提高发电领域能源效率的一个重要措施，1992 年以
前，燃料油是新加坡唯一的发电能源，由于新加坡的天然气来源主要依赖马来
西亚和印度尼西亚的天然气管道，为了确保新加坡天然气供应的弹性和多样
性，新加坡政府建立了液化天然气接收站，使新加坡能够从全球市场引进液化
天然气，从而进一步扩大天然气发电的比例。经过十几年的发展，目前新加坡
的天然气发电量已占发电总量的 95.3%（NCCS，2016a），降低了新加坡的电
网排放因素（grid emission factor，GEF），2010～2015 年新加坡单位发电量的
二氧化碳排放量减少了 15%。

作为可替代能源具有劣势国家的新加坡，与其他可替代能源选择相比，太
阳能是最具前景的可替代能源选择，因此，新加坡积极进行太阳能相关技术研
发和测试，建立太阳能相关研究机构，并提供基金支持，如新加坡经济发展局
发起的太阳能能力建设项目，开展了"太阳能能力项目"，建立了清洁能源实验

研究院。如图 8-7 所示，新加坡的光伏发电装机容量已由 2010 年的 2.9MW 增加到 2015 的 45.8MW。新加坡光伏产业的迅速发展得益于近五年光伏发电成本的下降（约下降了 60%），成本的下降以及稳定的市场需求有可能会进一步加快太阳能的使用。新加坡计划于 2020 年将光伏发电设备容量增至 350MW，实现这一目标的关键是 SolarNova 项目，该项目鼓励将光伏系统应用于建筑中，鼓励各部门使用太阳能。

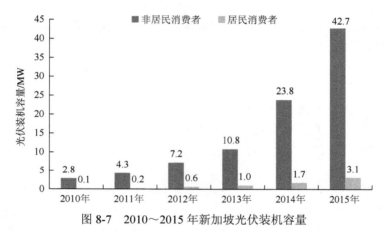

图 8-7　2010～2015 年新加坡光伏装机容量

资料来源：Energy Market Authority. 2016. Singapore energy statistic 2016. https://www.ema.gov.sg/cmsmedia/Publications_and_Statistics/Publications/SES/2016/Singapore%20Energy%20Statistics%202016.pdf.

以上措施之外，新加坡实行了"废物转化能源"（waste-to-energy，WTE）行动，改进过去的废物填埋方法，新加坡建设了废物转化能源厂，采用焚烧废物的方法，在废物焚烧的过程中产生能源。垃圾焚烧相对于直接填埋更为环保，因为垃圾填埋会产生更多的排放，填埋所产生的甲烷比二氧化碳的温室效应更强。新加坡不可回收的废物都会在"废物转化能源"工厂焚烧，目前，焚烧过程所产生能源可以满足新加坡 3% 的电力需求（NCCS，2016a）。

由此可见，在发电领域提高能源效率的核心是降低发电过程中燃料油的使用，尽可能地使用较为清洁的天然气，另外，扩大光伏发电和垃圾发电。目前看来，新加坡天然气发电比例已达到很高的水平，要继续实现发电领域的减排，则需要从可再生能源的使用和清洁技术的开发上实现突破。

2）工业领域

新加坡是世界上主要的炼油中心和石油交易中心之一，炼油业支撑着新加坡石化工业链的增长，工业部门约占新加坡温室气体排放的一半以上，因此提升工业部门的能源效率也是减少排放的关键措施。

工业领域在提高能源效率过程中主要存在资金、信息缺乏和有限理性的问题，特别是涉及前期成本高、回收周期长的项目，另外，由于缺乏足够的信息及相应的专家和资源，一些厂商很难确定合适的能源效率选择。为此新加坡政府通过项目资助、财政计划以及税收优惠等措施鼓励工业领域采取具有能源效率的技术，例如，2005 年实行的"能源效率提升辅助计划"旨在帮助企业确定具有能源效率提升潜力的领域；2008 年实行的"能源效率技术补助计划"旨在帮助公司减少能源效率投资的初始资本支出；2013 年实行的"能源效率财政计划"旨在解决能源效率投资前期成本高的市场障碍（National Environment Agency Environment Building，2014）。

新加坡鼓励在工业领域采用清洁燃料如天然气来减少碳排放。新加坡的非二氧化碳温室气体排放主要来自半导体部门，而新加坡的半导体晶片出口约占世界市场的 10%，因此经济发展局和国家环境局制定合作政策，支持半导体企业采取合适的措施和技术，以减少半导体部门的非二氧化碳温室气体排放。

3）建筑领域

作为一个高度城市化的国家，"绿色建筑"是新加坡减缓战略的一个重要组成部分，为了解决资金有限以及建筑商和住户之间的激励差异，新加坡政府实施了"绿色建筑规划"和"绿色建筑标志计划"。

"绿色建筑规划"旨在减少碳排放，增加新加坡建筑的可持续性，目前已进行了三期"绿色建筑规划"，2006 年第一期主要集中于现存建筑的绿色化；2009 年第二期更多地关注研发以及新加坡在绿色建筑能力方面的世界领先地位；2014 年第三期主要关注改变业主和租户的能源消费方式，促使他们采取更为有效的能源消费行为，提升生活质量。可以看到规划越来越具体到公民个人的行为选择上。

"绿色建筑标志计划"主要是评估和设置建筑中环境可持续的基准，由于"绿色建筑标志计划"的实行，新加坡的绿色建筑项目数量已由 2005 年的 17 个发展为 2016 年的 2700 多个，约占新加坡建筑的 31%（NCCS，2016a），为了与技术发展的步伐保持一致，并且提升能源执行标准，建设局于 2015 年发布了修订后的绿色建筑标志评估标准，新增了能源效率认定和使用可再生能源。

建筑部门中，公共部门是一个重要的能源消费者，大约占非住房建筑电力消费的 19%，自 2007 年，所有的公共部门率先带头践行绿色建筑标志的标准，设计和改造政府建筑需要符合相应的要求，2010 年开始，所有大型的、安装有空调设备的政府办公楼和技术教育学院、机构都需要进行能源审核。而作为较大能源消费者的数据中心，资讯通信发展管理局曾对新加坡 10 个最大的数据中心进行能源消耗评估，发现其每年的能源消耗相当于 13 000 户家庭的能源消费。2015 年新加坡的数据中心约占东南亚的 60%，而且有望进一步发展（NCCS，2016a），资讯通信发展管理局鼓励数据中心在设计、运行以及管理过程中提高能源效率，具体措施包括：建立绿色数据中心标准、数据中心绿色建筑标志，开展"能源效率项目的投资补助计划"以及"绿色数据中心计划"。

2. 增加公共交通的使用比例

公共交通是最为有效和环境友好型的交通方式，为了减少交通领域的碳排放，新加坡政府在 2013 年的陆地交通规划中指出，计划 2030 年将早晚高峰时段的公共交通出行比例提高到 75%，2050 年进一步扩大至 85%（NCCS，2016a）。

为了增加公共交通的使用比例，新加坡的首要措施是延长铁路线，新加坡计划于 2020 年将铁路线增加至 280km，2030 年达到 360km（National Environment Agency Environment Building，2014）。新加坡的铁路网络已从 2014 年的 184km 增加到 2015 年的 200km，在现有的铁路沿线增加 120 辆火车，并且增加 40% 以上的容量。2012 年实行了"汽车服务增进项目"旨在增加公共汽车数量，新加坡计划于 2017 年增加 1000 量公共汽车。为了方便步行和自行车，2018 年新加坡的步行通道将增加至 200km，自行车道将由 2015 年的 355km 增加至 2030 年的 700km，2023 年将建成 7 个新的综合交通枢纽（NCCS，2016a），从而使各种交通方式更为便捷。

在扩大公共交通使用比例的同时，政府也采取了相应的措施限制私家车的排放，实行权利证书和电子道路计费制度来控制机动车辆的增加，实行高额的车辆税、注册费以及燃油税。另外为了推进电动车的使用，新加坡推出了电动车试点方案，第一阶段（2011～2013 年）部署了 89 量电动车，第二阶段主要是测试车辆的操作。电动车共享试点项目将推出 1000 辆电动车，并且在全国范围内建设充电基础设施（NCCS，2016a）。

3. 实施能源标签计划

家庭的电力消耗约占新加坡总电力消耗的 16%（National Environment Agency Environment Building，2014），家庭可以通过选择更有效的设备，采用更节能的习惯来减少能源消费，节约成本。为此实行了"强制性能源标签计划"（mandatory energy labelling scheme，MELS）和"最低能效标准计划"（minimum energy performance standards，MEPS）。

为了帮助家庭做出更明智的购买选择，新加坡国家能源局于 2008 年推出了 MELS，所有强制能源标签范围内的耗能产品（空调、冰箱、洗衣机、电视和灯泡）进入新加坡的消费市场时，都需要满足相关要求，体现相应的能源标签，为消费者提供能源效率比较信息。在未来可能会有更多的家用电器纳入强制性能源标签范围之内。

2011 年，新加坡政府针对冰箱和空调推出了 MEPS，2013 年空调的标准有所提高，2016 年 9 月 1 日起，所有进口空调能源标签至少有两个"√"，但在此之前进口的产品暂时不受新规定的影响。国家环境局 2012 年家庭耗电量调查显示，空调是最耗电的家电，耗电量约占一般家庭总耗电量的 37%，其次是电热水器（约 21%）及电冰箱（约 18.5%），改用至少两个"√"的更为节能的空调后，能为一户家庭每年节省约 100 新加坡元的电费（中华人民共和国商务部贸易救济调查局，2015）。另外，国家环境局也通过一些公共信息活动来推广能源效率电器，如在零售店的"节约能源就是节约钱"倡议，自 MELS 和 MEPS 推行以来，新加坡空调和冰箱的平均能源效率分别提升了 13% 和 26%（NCCS，2016a）。

除了实施以上计划和标准，新加坡在"智慧家庭"科技方面也取得了很大的进步，通过家庭能源管理系统可以实时分析家庭的能源使用和成本状况，提醒居民采用高效的能源使用方式，并且提供节约能源的建议。研究表示该系统可能减少 10% 的能源消费量，该系统目前已在裕华地区进行试点。

4. 采用 3R 处理废弃物

新加坡的废物管理策略主要通过减少、重复使用和回收（3R）三种方式进行，新加坡计划于 2030 年实现 70% 的回收率。采用焚烧而非直接填埋的方式，在废物转化能量工厂焚烧所剩下废物中，再将焚烧后的灰烬和不可焚烧物在垃圾填埋场进行填埋处理。三井住友银行和生态特殊废物管理（ECO-SWM）合作建立了东南亚最大的污水污泥脱水和焚烧项目，该工厂每年平均可以减少 129 千吨二氧化碳当量温室气体（NCCS，2012）。

总的来说，在新加坡，提升能源效率是减少排放是核心战略。新加坡的减排措施涵盖了社会经济活动的所有领域，在此过程中，政府也提供了较为完善的政策指导，基础研究和科学技术支持、资金和项目激励，因此取得了较为明显的效果。

8.4.2　新加坡应对气候变化的适应措施

减缓和适应是应对气候变化不可或缺的两种措施，前面提到极端天气、强降水会给新加坡的海岸线、水资源、生物多样性、公共健康以及基础设施带来破坏性影响，为了尽可能地减少不利影响，并增加对未来气候变化潜在影响的适应能力，新加坡采取了以下适应性措施：

1. 制定气候变化适应框架

气候变化所带来的影响是全面深刻的，而且对于气候变化的认识和理解也会随着研究的深入而不断加深，一些措施需要一定的检验时间，因此，新加坡制定了气候变化适应性框架，以更好地指导气候变化适应性措施的实施，如图 8-8 所示。首先对新加坡应对气候变化的脆弱性和风险进行分析和分类；然后形成可供选择的适应性措施，对适应性措施进行评估和确定，并付诸实践；最后对实践进行监督，并评估措施的有效性，从而进一步改进措施，再付诸实施、检验，不断循环改进，整体上提升气候变化的适应力。

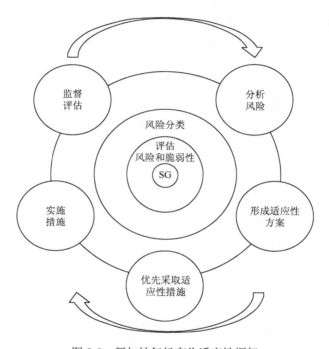

图 8-8　新加坡气候变化适应性框架

资料来源：Ministry of the Environment and Water Resources. 2016. Singapore's Climate Action Plan：A Climate-Resilient Singapore，For a Sustainable Future. https：//www.nccs.gov.sg/sites/nccs/files/NCCS_Adaptation_FA_webview%2027-06-16.pdf.

2. 保护海岸线，提高开垦线

作为一个地势低洼的海岛，新加坡大部分地区位于海拔 15m 以内，30%的地区位于海拔 5m 以内（NCCS，2012），因此海平面上升对新加坡来说是最大的威胁，政府投入了大量的资金开展海岸工程和海岸保护工作，如 2010 年建设局在东海岸公园使用土工袋海堤系统进行海岸修复，使用植物如红树林和海草保护海岸线、海滩和沙丘，尝试建设"软"海岸线，目前，新加坡 70%以上的海岸都具有海堤和岩石边坡以防止海岸侵蚀。为了应对海平面上升，2011 年起，新加坡政府要求所有新开垦土地平面必须高出平均海平面 4m（Ministry of National Development，2016）。

3. 解决洪水危机

随着城市化的不断加深，强降雨更加频繁，洪涝灾害对于社会经济和居民安全的破坏指数也随之升高，为此，新加坡政府超越传统的扩大排水管道和运河的方法，推出"源头-渠道-受体"（source-pathway-receptor）方案，针对"源头"，即产生降雨径流的区域，采取一系列的雨水现场滞留措施，包括利用雨水滞留储蓄池、绿色屋顶、生物滞留沼泽等控制源头区域的雨水径流进入排水系统；针对"渠道"，大力建设集中式调蓄池和分流运河，拓宽和增加水道，从而扩大排水渠道的承载能力，防止内涝的发生；针对"受体"，即洪水可能流经的区域，新加坡规定建筑物必须满足最小高度平台和顶面高程的限定要求，防止强降水和洪水的破坏，采取升高防护台、提升地平面和筑造防洪屏障等措施（山东水利科技信息网，2016）。

4. 加强水资源管理

强降雨和天气脆弱性给新加坡的水资源管理带来了很大的挑战，持续的干旱天气将影响水资源供应，高强度的降雨会加大排水系统的负担而导致洪涝灾害，为了确保生活和工业用水供应的可持续性，新加坡的水资源管理机构（PUB）通过"四个国家水龙头"战略建立了稳定多样的水供给系统。第一个"水龙头"是来自地方集水区的供水，具有一个综合的水库系统和一个排水系统；第二个"水龙头"是来自马来西亚柔佛地区的进口水；第三个"水龙头"是"新生水"，即污水净化水，二级处理之后的水再次经过净化之后得到可饮用的水；第四个"水龙头"是海水淡化。这四种水供给中，新生水和淡化水几乎不受降雨量的影响，因此对干旱天气适应性更强，新加坡计划于 2060 年将新生水与淡化水提高到目前的三倍，并加大淡化水的能力，加大对相关技术的投资，使新生水和淡化水能够分别满足国内水资源需求的 50% 和 30%（NCCS，2012）。

5. 保护生物多样性和绿色植被

新加坡将保护生物多样性放在国家发展的战略高度，2009 年国家公园局发布了《国家生物多样性战略和行动计划——保护我们的多样性》（以下简称《计划》），《计划》为新加坡的生物多样性保护措施提供了行动指导，提出在基因、物种和生态系统水平上保护和增强生物多样性、确保新加坡生物多样性资源的可持续利用以及公平公正地分享基因资源使用所带来的好处。计划列出了实现以上三个目标的五个战略：①保卫生物多样性；②在政策和决策制定过程中考虑到生物多样性问题；③增强有关生物多样性和国家环境方面的知识；④增强公众教育、提高生物多样性保护意识；⑤加强相关利益相关者之间的合作，并促进国际合作。

为了更好地指导生物多样性保护工作，新加坡政府制定了《新加坡城市多样性指数用户使用手册》（以下简称《手册》），《手册》提供了 23 个监督和评估生物多样性保护措施的指标。2011 年新加坡发起"自然社区倡议"行动，旨在将新加坡社区中保护自然遗产的不同组织联系起来，将国家公园局与自然相关的事件、活动和项目和社区相联系，从而实现生物多样性保护的多主体参与，如教育研究机构、家庭、企业公司、非政府组织、公民个人和其他机构，为此倡议行动开展了生物多样性绿色学校、国家公园生物多样性周、生物多样性节、公民生物多样性科学等活动。

更具体地，为了提高生物对环境变化的适应力，2006 年开始，新加坡在《公园和树木法案》框架下建立了 4 个自然保护区：武吉知马自然保护区、中央集水区自然保护区、双溪布洛湿地保护区、拉柏多自然保护区。为了提高树木对暴风和高温干旱的适应性，国家公园局会每年定期检查树木，增强树木的抗风暴、抗雨能力；长期高温干旱天气容易导致森林火灾而破坏生物多样性，甚至带来人员伤害，为此，新加坡民防部队加强在火灾易发区巡逻，并与国家公园局和新加坡气象服务局制定了火灾概率指数以更有效地应对森林火灾。为了保护海洋生物多样性，2014 年国家公园局建立了新加坡第一个海洋公园，为稀有和濒临灭绝的海洋动物提供生态栖息地。

6. 促进公共健康

新加坡位于流行病易感地区，特别是登革热，为了预防登革热，国家环境局在全国范围内实行了综合方案，同健康部门合作研究登革热与气候之间的关系（如气温、人类以及降水之间的关系）和公共健康风险（如登革热、热疾病和呼吸系统疾病）。国家环境局的环境健康协会利用其在疾病传播媒介方面的研究优势，开展气候变化相关公共健康研究，以增强新加坡公共健康的气候变化适应力。

7. 改善城市建筑

新加坡是一个人口密度和城市化程度高的国家，持续的高温天气会导致高温压力，增加对空调的需求，从而增加能源需求。建筑结构的完整性可以降低气温、降雨和风向的影响，因此改善城市建筑对于提高城市居民气候变化适应力具有重要作用。新加坡大部分建筑是由私人建筑商建造的，他们在建筑改造方面扮演着重要的角色。国家环境局和建设局合作研究了新加坡的城市气温简介和建筑能源消耗情况以更好地理解气温上升和风向的改变如何影响生活；城市重建局领导建屋发展局、新加坡国立大学和科学技术研究所高性能计算机构开展气候风险地图研究，以更好地了解建筑环境和城市绿化如何影响微气候条件，如空气流动和温度。

8.4.3　发展低碳技术和绿色经济

气候变化给新加坡的社会经济发展带来挑战的同时，也为其研究发展清洁技术、创造性解决城市问题提供了强有力的推动力，从而为新加坡发展绿色经济提供了机会。

1. 探索和发展清洁技术

为了鼓励发展清洁技术，新加坡政府制定了完整的清洁能源产业发展蓝图，在高新科技制造业、工程、生物燃料、研究和发展等领域进行投资，以保证清洁技术的发展。在最新的《研发创新和创业 2020 计划》中，新加坡国立研究基金会针对城市发展方案和可持续发展需求投资了 9 亿美元，旨在解决新加坡的能源、水资源、土地和宜居等问题，从而为新加坡人民提供更高质量的生活。

在清洁技术发展的过程中，新加坡政府特别重视研发和人力资本开发的基础性作用。通过与全球范围内顶级大学和机构之间的合作，促进国家研究人才发展和技术转移。新加坡国立大学和南洋理工大学建立了专门的清洁技术研究办公室，组成多学科团队致力于解决复杂的能源和可持续发展问题；为了进一步提高新加坡的创新能力，将新加坡发展成为创新中心，"国家研究基金"于 2006 年启动了"卓越研究和技术企业学院中心计划"，卓越研究和技术企业学院中心由世界顶级大学和研究机构合作建立，致力于气候变化缓解和适应方法的研究，如环境技术、能源储蓄系统、电动车技术、建筑能源效率、纳米材料在水和能源管理中的应用、废物转化能源技术以及太阳能和生物能等可再生能源等（NCCS，2012）。2011 年"国家研究基金"推出 "能源适应性和可持续发展国家创新挑战"项目，旨在为新加坡的发展提供具有成本竞争性的能源解决方案，以提升能源效率、减少碳排放，增加能源选择。

新加坡已发展出一套从清洁技术研发到应用的完整实现路径，即研发和示范，通过基础研究、概念验证、发展示范和商业化四个阶段实现新技术的发展。在基础研究阶段，通过基础研究为新加坡解决长期的能源挑战问题提供基础理论；在概念验证阶段，将实验室中具有前景的科学创新发展成为可用的技术；在发展和演示阶段，帮助产业利益相关者避免采用未经证实的技术，提高技术的实现性，避免资金投入的浪费；在实验床和商业化阶段，新加坡为公司和研究者提供了一系列的支持服务和平台，包括浮动光伏系统、建设局空中实验室和电动机，实现技术的应用和商业化转换。新加坡目前建立了清洁技术园、浮动太阳能光伏实验室、新加坡可再生能源集成演示器、电动汽车试验台等平台。

在新加坡清洁技术发展的过程中，值得一提的是新加坡政府对技术发展、应用和商业化实现所提供的支持，新加坡在社区、公司和公共部门建立了大量的"生活实验室"，以供公司和研究者利用真实世界的基础设施测试、评估和试点新的技术方法，从而促进技术商业化。例如，新加坡胜科集团和经济发展局合作投资 800 万美元建立了新加坡第一个工业"生活实验室"——"胜科工业生活实验室"，技术提供商可以使用胜科的污水处理和废物转化能源设施进行后期测试，从而促进水资源和环境技术商业化（NCCS，2016a）。

2. 发展绿色经济

作为全球先进技术中心之一，新加坡发展绿色经济具有三方面的优势：第一，具有清洁技术产业、服务业技能和专业的人才基础；第二，专业的管理才能和机构研发能力可以为公司提供理想的实验平台，使新研发科技和处理方法经检验后再推向市场；第三，良好的商业环境，坚实的知识产权管理体制、稳固的制造业基础以及与时俱进的劳动力。

自 2007 年新加坡将清洁能源产业作为其策略增长领域起，清洁能源产业迅速发展成为一个充满活力的经济部门，并在以下领域取得重要成果。

在清洁技术方面，新加坡在高质量制造业、工程、生物燃料、研发等领域进行了重要投资。越来越多的公司进行太阳能技术研究，挪威可再生能源公司在新加坡建造了世界上最大的太阳能制造复合体之一，全球最大的垂直一体化光伏发电产品制造商英利绿色能源公司将其总部和研发中心设于新加坡进行全球市场的开拓；新加坡是亚洲第一个进行生物柴油定价的国家（NCCS，2012），耐斯特石油公司（Neste Oil）于 2010 年投资了 9.4 亿新加坡元在新加坡建立了世界上最大的可再生柴油公司；尽管新加坡在风能和海洋能等可再生能源方面具有一定的局限性，但许多在该领域领先的公司都将新加坡作为其研发和制造基地，利用新加坡的人才资源开拓亚太市场，例如，世界上最大的风电系统供应商和风电技术先驱——维斯塔斯风力技术公司（Vestas Wind System）于 2007 年在新加坡设立总部。

在绿色信息和通信技术方面，新加坡具有发达的信息和通信技术产业，新加坡有 80 多家"世界 500 强"软件和服务公司（NCCS，2012），为了支持数据中心的研发效率，新加坡制定了绿色数据中心创新方案，为绿色信息中心技术发展和产品转换提供基金支持，将新加坡建设为绿色数据中心。新加坡国际企业发展局设立了绿色项目办公室，主要负责为公司提供增加能效的信息通信技术方案，并帮助公司确定潜在的市场机遇。

在碳服务与气候金融方面，新加坡有利的战略位置和理想的商业环境使新加坡成为碳服务和碳信用交易公司发展的理想地，亚洲作为主要的碳信用供应地，82%的 CDM 项目都是在亚太地区进行注册，新加坡有 600 多家金融机构、9 家"全球 10 强"法律公司，这些资源使新加坡可以为气候问题相关公司提供金融和法律服务。新加坡经济发展局和新加坡国际企业发展局鼓励建立碳公司，提供低碳发展项目、CDM 咨询和验证服务、项目金融以及法律等相关事务。

在气候风险管理方面，气候风险管理涉及资源分配、风险分担和保险、基础设施设计以及能力发展等一系列的工作。近年来，新加坡建立了许多保险、再保险以及保险经纪公司，以挖掘亚洲市场的潜力，2012 年，新加坡已成立 200 多家气候风险相关保险公司。

在气候变化科学和风险知识方面，加强对气候变化科学的认识，建立气候变化风险制度。2010 年新加坡南洋理工大学成立的"巨灾风险管理机构"是亚洲第一个多学科巨灾风险管理机构，主要研究气候变化脆弱性和巨大灾难的潜在破坏性，该机构通过与中国和日本的顶级研究机构合作，帮助工厂和保险公司更好地了解、模拟以及量化气候变化的风险。新加坡地球观察机构通过对热带地区活跃的全球气候驱动因素进行分析，以更准确地预报地方天气；南洋理工大学危险研究中心就自然灾难短期和长期效应开展研究，包括气候变化对新加坡建筑和基础设施的影响，以及发展新技术来减少自然灾害的潜在风险。

作为清洁技术中心，新加坡通过提供良好的商业环境、资金、技术和政策方面的支持，为国内外清洁技术研究和人才发展提供了许多便利，为新加坡发展和出口低碳经济方案、把握绿色增长机会提供了良好的机遇。通过努力，新加坡已在太阳能、风能、燃料电池和能源储蓄、生物质能、智能电网、海洋可再生能源以及低碳服务等领域发展成为世界重要的清洁技术公司基地。

8.4.4　鼓励气候变化合作行动

新加坡的气候变化合作行动不仅包括国内公民、私人公司和公共机构之间的合作，而且包括国际合作行动。

1. 国内气候变化合作行动

应对气候变化需要社会公众的积极参与，最新发布的《新加坡可持续蓝图 2015》将新加坡可持续发展的实现归为家庭、城市和社区发展的可持续，更加强调各利益相关者行动和合作的重要性。

政府通过开展一系列的项目实现气候变化公众教育。新加坡在环保和气候变化宣传教育中特别注重对儿童和青少年的教育，学生在校内外都可以接触到有关环境教育，在学校，通过经济学、地理和科学课堂进行气候变化有关讨论，组织学生参观发电站、气象站和绿色建筑，让他们了解减少排放、适应气候变化的措施；通过"国家气候变化竞赛"、"国家气候变化青年会议"和"别再融化我的家园"等，提高学生对气候变化的认识；通过"气候变化挑战展览"让学生和公众了解气候变化的成因、影响，以及如何减少个人的碳足迹。

企业和非政府组织通过开展项目实现国家、社区和公司之间的合作，每年一次的"清洁绿色新加坡"活动，旨在鼓励新加坡人通过采取环境友好型的生活方式来保护环境；新加坡社区发展协会中心通过"简单改变我的生活方式"活动，鼓励公民和公司采用 3R 方式保护能源，减少碳排放；一些草根组织通过家庭探访向居民介绍采用简单生活方式的好处；一些私人公司，如贝斯特电器零售商通过向消费者提供节能电器月节省电量信息，鼓励消费者购买节能电器；理工集团亚太有限公司每年组织"生态行动日"，鼓励商业公司和个人采取环境友好型行为。

为了进一步激励公民的气候变化行动，政府为采取气候变化行动的个人和团体提供基金资助和能力建设。公民或组织可以向国家能源局的 3P 合作基金申请有关"环境教育合作和气候变化"主题活动基金；参与国家环境局"公司和学校合作计划"的公司，可以组织合作教育项目，国家环境局每年也组织"青年环境日"为学生提供环境项目实践机会，传授科技知识并培养学生环保能力。

2. 国际气候变化合作行动

新加坡的国际气候变化合作行动主要体现为国际、区域和双边合作三个层面。在国际层面，新加坡积极参与国际气候变化谈判，1997 年签署 UNFCCC，2006 年加入《京都议定书》，2014 年进一步签署了《京都议定书》的《多哈修正案》，积极参加 2015 年召开的 UNFCCC 第二十一次缔约方会议，并提交 2030 年的减排承诺；新加坡积极参与国际海事组织、国际民航组织和世界贸易组织，协助制定措施以更好地应对气候变化。2015 年底新加坡同 13 个国家在 APEC 环境货物清单基础上合作探索减少关税的机会。新加坡还同联合国应对气候变化倡议和项目合作，如新加坡建设局和 UNEP 可持续建筑和气候倡议密切合作，降低建筑部门排放量，在全球层面降低碳排放，帮助发展中国家实现发展需求。

在区域层面，新加坡倡议建立东盟雾霾培训网、参与东南亚联合应对气候变化行动，促进区域信息共享、能力建设和技术转移。新加坡积极参与"C40 城市气候领导联盟"，同其他组织成员分享可持续发展经验，向其他主要城市学习经验。2013 年还建立了新加坡气候研究中心以增强气候科学能力，促进国家、区域和国际层面的合作。

在双边层面，1992 年起，新加坡就开始向许多发展中国家政府官员提供气候变化相关问题的技术支持和能力建设项目，在新加坡合作项目（Singapore cooperation program，SCP）的赞助下，目前已有 10 700 多名发展中国家人员到新加坡参加清洁能源、减排、可持续发展和环境问题方面的培训（NCCS，2016b）。2012 年，新加坡在 SCP 基础之上建立了"可持续发展和气候变化项目"，以满足伙伴国尤其是小岛发展中国家和最不发达国家的发展需求，该项目旨在分享新加坡的适应性措施，增强伙伴国对气候变化的适应性。

8.5 新加坡应对气候变化政策展望

通过以上措施的实施，新加坡实现了较低的单位 GDP 碳排放量，近十年，新加坡的年平均排放增长率为 2%，低于 2.2%的世界平均水平。该时期，新加坡 GDP 增长了 76%，排放量增加 21%，能源使用量增加 34%，这反映了新加坡能源使用和碳效率的提高，同时期，新加坡的碳密度降低了 30%（每年降低 3.6%），而全球平均水平减少 0.12%（或每年减少 0.01%）（National Environment Agency Environment Building，2014）。

由此可见，新加坡气候变化政策的实施取得了很大成效，但是，全球变暖的趋势仍在加重，无论发达国家还是发展中国家都需要继续实施减排措施，最大限度地提高能源效率，减少排放量。

对于新加坡未来气候变化应对措施的发展趋势，根据近两年新加坡政府发布的两新行动计划——《2016 新加坡环境行动计划：今天采取行动》、《新加坡气候行动计划：一个适应性的新加坡》以及《新加坡可持续蓝图 2015》等文件可以发现，未来几年新加坡的气候变化措施将把清洁技术发展与减缓和适应工作进一步结合，通过研发投入实现基础研究的突破，为高科技发展提供方向，建设一个低碳、可持续、适应力强的新加坡；同时气候变化工作与公众生活的联系将更为密切，使气候变化和低碳行为成为每一个公民、家庭、社区和城市的行为选择；与此同时，随着清洁技术和相关服务的发展，新加坡与世界的气候变化合作行动将更为紧密。

第9章　菲律宾应对气候变化的政策

9.1　菲律宾的基本概要

9.1.1　菲律宾的自然条件

1. 地理概况

菲律宾是东南亚岛国，位于亚洲东南部，东临太平洋，西濒南中国海，南和西南隔苏拉威西海、巴拉巴克海峡，与印度尼西亚、马来西亚相望，北隔巴士海峡，与中国台湾省遥遥相对。总面积为29.97万km²，东西长度达到1850km，南北宽度达到965km，共有大小岛屿7107个，其中吕宋岛、棉兰老岛、萨马岛等11个主要岛屿占菲律宾总面积的96%，2/3以上岛屿是丘陵、山地及高原，各岛之间为浅海，多珊瑚礁（Republic of the Philippines，2014）。除吕宋岛中西部和东南部外，平原均狭小，海岸线曲折，长约18 533km，多优良港湾。菲律宾群岛两侧为深海，萨马岛和棉兰老岛以东的菲律宾海沟，最深达10 479m，是世界海洋最深的地区之一。境内火山众多，多达200多座，其中活火山21座，吕宋岛东南的马荣火山是最大的活火山，棉兰老岛东南部的阿波火山海拔2954m，为境内最高峰（Republic of the Philippines，2014）。地处太平洋板块、亚欧板块以及印度洋板块交界地带，地震频繁。

2. 气候条件

菲律宾属季风性热带雨林气候，常年受热带云团影响，高温多雨。境内常年高温，平均温度为27℃，季节性气温变化保持在3℃左右，可获得的观测资料显示，菲律宾最高温度为42.2℃，最低气温为6.3℃（Republic of the Philippines，2014）。菲律宾境内全年降雨丰富，区域降雨分布差异较大。菲律宾的年降雨量集中在959～4464.9mm，其降雨受季风影响明显，呈现季节性和地区性特征，6～9月的降雨集中在西部区域，10～次年3月的降雨集中在东部地区。按照降雨季度变化状况，菲律宾的季节可以分为两种，一种是7～11月的雨季，另一种是12～次年5月的旱季（Republic of the Philippines，2014）。菲律宾所在的东南亚地区成为世界上亚热带风暴发生频次最高的地区，伴随每年7～9个热带风暴登陆菲律宾，高强度的降雨和大风也随之而来，这给菲律宾造成了严重的损失。

随着气候变化的影响不断显现，风暴发生的频次和强度不断增加，造成的损失也不断加剧。

9.1.2　菲律宾的社会经济概况

1. 菲律宾的人口概况

菲律宾人口增长较快，截至 2015 年，其人口总数达到 1 亿 300 万人，相比 2010 年的 9230 万人增长了近 10%（菲华网，2016）。2000 年的数据显示，菲律宾的人口在未来 30 年内将呈现较快的增长趋势，增长速度有可能达到目前增速的两倍（Republic of the Philippines，2014）。人口的快速增长，意味着对大气、水、环境等自然资源的质量以及基础设施的数量都提出了更高的要求，同时给现有的自然资源和基础设施都将造成巨大压力，将会进一步加剧气候变化的脆弱性。

菲律宾的多数人口集中在城市，城市人口增长速度较快。世界银行的资料显示，菲律宾 2015 年城镇人口占总人口的比率达到 44%，城镇人口年增长率达 1.3%。首都马尼拉人口高度集中，2010 年的人口普查显示，它有 185 万常住居民，占到菲律宾人口总数的 12.83%（Republic of the Philippines，2014）。人口不断增长并向洪涝、地震等多发的高风险市区迁移将加剧国家气候变化的脆弱性。

2. 菲律宾的经济概况

近年来，菲律宾经济发展势态良好，经济保持高速增长。2015 年，在全球经济不景气、"厄尔尼诺"气候及台风等自然灾害侵袭的背景下，菲律宾经济仍然保持快速增长势头。2015 年菲律宾四季度经济增速分别为 5.0%、5.8%、6.1% 和 6.3%，全年增长 5.8%，GDP 总值达 2926 亿美元，人均高达 2904 美元（搜狐网，2016b）。私人消费和服务业发挥着拉动经济快速增长的支柱作用，需求层面的私人消费占GDP 的比重高达 69.3%，供给层面的服务业占 GDP 比重为 57%。虽然未能实现政府年初设定的 7%～8% 的增长目标，且是 2012 年以来的最低值（2012～2014 年经济增速分别为 6.8%、7.2%、6.1%）（中华人民共和国驻菲律宾共和国大使馆经济商务参赞处，2016），但鉴于 2015 年世界经济低迷、金融市场动荡、新兴市场与发展中经济体增速下滑，菲律宾经济取得的成绩实属不易。与亚洲的主要经济体比较来看，菲律宾的经济增速仅低于印度、中国和越南，和印度尼西亚、马来西亚、新加坡、泰国等老东盟国家相比更是独占鳌头。

资料显示，菲律宾 2015 年的第一、二、三产业占 GDP 的比重分别为 9.5%、33.5% 和 57%，第三产业带动、第二产业为辅、第一产业疲软的经济结构一直没有改变，第一产业的比重不断下降，第二产业和第三产业的比重则不断上升。菲律宾第三产业对整体经济增长的贡献举足轻重，2015 年第三产业总产值为 1718 亿美元，同比增长 6.7%。其中，服务贸易进出口总额达 554.4 亿美元，同比增长 17.5%（当年货物贸易为负增长 1.7%），服务贸易出口 328.7 亿美元，同比增长 21%；进口 225.7 亿美元，同比增长 12.8%；顺差 103 亿美元，货物贸易则为连年逆差（中国日报网，2016）。

9.1.3　菲律宾的能源消费与温室气体排放

如图 9-1 所示，随着经济和人口的增长，菲律宾的一次能源供给和消费都呈现出平稳增长的趋势。虽然菲律宾的一次能源供给和消费状况随年份有所波动，但总的来看，基本上呈缓慢的增长趋势。相较于 2001 年，2010 年时一次能源的供给和消费都出现不同程度的增长，增长幅度分别为 8%、4%。

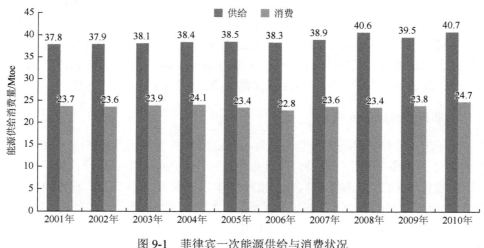

图 9-1　菲律宾一次能源供给与消费状况

资料来源：Department of Energy. 2017. energy and economy. https://www.doe.gov.ph/energy-and-economy.

如图 9-2 所示，菲律宾的一次能源供给在 2010 年前基本上保持较为平稳的状况，某些年份甚至下降。但自 2010 年开始，其一次能源供给呈现快速增长的趋势，相较于 2010 年，2014 年的能源供给增长了 9.48Mtoe，增长率高达 25%，这种高速增长一方面反映菲律宾工业化速度不断加快，另一方面也预示着其温室气体排放将不断增长。另外，ADB 和世界银行的数据显示，在菲律宾的一次能源供给中，煤炭和石油所占比例位居前两位，分别占到 58.6%、29.4%（ADB，2015），作为二氧化碳重要来源的煤炭和石油，其大规模的使用将引起菲律宾的二氧化碳高幅度增长。

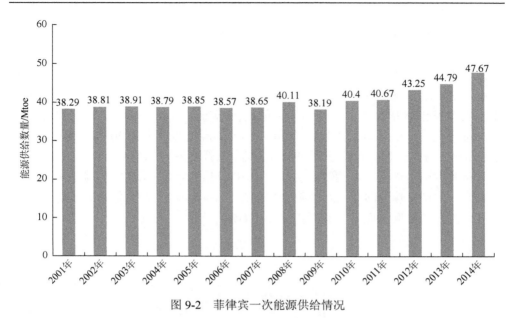

图 9-2　菲律宾一次能源供给情况

资料来源：International Energy Agency. 2017. IEA Atlas of Energy. http：//energyatlas.iea.org/？subject297203538.

如图 9-3 所示，长期以来，菲律宾的社会经济发展较为依赖煤炭、石油为主的化石燃料。在其能源消费结构中，石油、天然气的消耗数量占到前两位，而且两者在 2012 年后还表现出消耗数量逐渐增长的趋势，同样作为化石燃料的天然气的消耗数量则基本保持不变。在清洁能源方面，水电以及其他可再生能源消耗数量较低，而且持续保持着较为稳定的状况，增长速度较为缓慢。

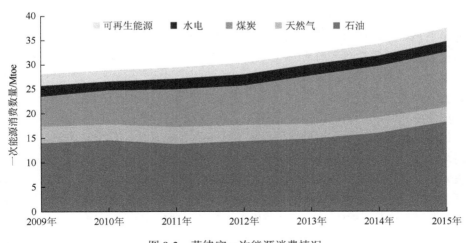

图 9-3　菲律宾一次能源消费情况

资料来源：International Energy Agency. 2017. IEA Atlas of Energy. http：//energyatlas.iea.org/？subject=−297203538.

菲律宾能源供给结构严重依赖化石燃料的情况并未随着清洁能源的使用和技术的改进而得到较好的改善。IEA 的 2014 年数据显示，如图 9-4 所示，目前菲律宾的能源供给结构以石油、煤炭等化石燃料为主，石油、煤炭所占比例分别高达 31%、24%，两者所占比例总和则超过 50%。而且，这种高度依赖石油、煤炭的情况仍然持续着，在石油所占的比例保持几乎稳定的同时，煤炭所占的比例不断上升。资料显示，菲律宾 2016 年的煤炭进口量达到 2078.7 万吨，同比增长 671.9 万吨，增长幅度达到 47.8%（秦皇岛煤炭网，2017）。这些化石燃料二氧化碳密度高，煤炭、石油等大规模的使用将导致大气中温室气体排放浓度大幅度上升，加剧全球变暖状况。值得一提的是，菲律宾的可再生能源在能源结构中所占比例较高，但仍低于石油、煤炭等化石燃料所占的比例。

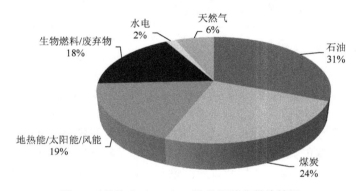

图 9-4　菲律宾 2014 年一次能源消费供给情况

资料来源：International Energy Agency. 2017. IEA Atlas of Energy.http：//energyatlas.iea.org/#！/tellmap/-297203538.

就人均能源消费来看，如图 9-5 所示，菲律宾的人均能源消耗远低于世界人均能源消耗，出现下降后上升的状况。菲律宾人均能源消耗量远低于世界平均能源消耗水平，与后者连续增长的趋势不同，菲律宾的人均能源消耗从 2000 年的较高值下降到 2007 年的最低值后，于 2008 年再次恢复到波动增长的趋势，这种增长趋势与金融危机后菲律宾加大工业等领域的投资有关。

如图 9-6 所示，菲律宾的单位 GDP 能源消耗不仅高于世界平均水平，而且保持长期高速增长的态势，与世界平均水平的差距不断扩大。菲律宾的单位 GDP 能源消耗从 2000 年的 8.238 180 045 个单位增长到 2013 年的 13.924 915 88 个单位，增长数量达到 5.686 735 835 个单位，增长幅度高达 69%。世界单位 GDP 能源消耗从 2000 年的 6.432 458 855 个单位增长到 2013 年的 7.656 838 403 个单位，增长数量达到 1.224 379 548 个单位，增长幅度达到 19%，远远低于菲律宾单位 GDP 能源消耗的增长速度。单位 GDP 能源消耗的增加，预示着二氧化碳的排放量将呈现快速增长的趋势。

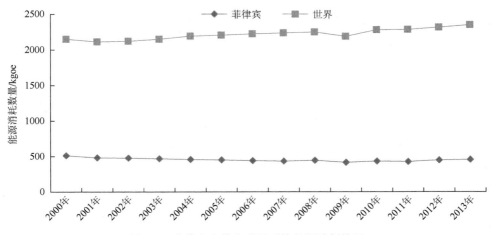

图 9-5　菲律宾人均和世界平均能源消耗情况

资料来源：世界银行. 2017.人均能源消耗量. http: //data.worldbank.org.cn/indicator/ EG.USE.PCAP.KG.OE? view=chart.

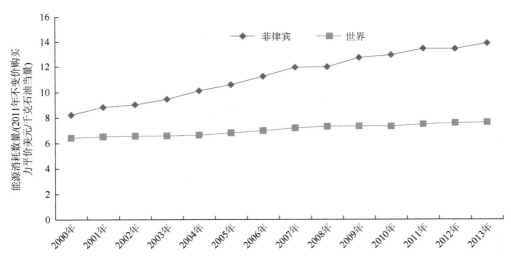

图 9-6　菲律宾和世界单位 GDP 能源消耗情况

资料来源：世界银行. 2017. GDP 单位能源消耗. http: //data.worldbank.org.cn/indicator/ EG.GDP.PUSE.KO.PP.KD? view=chart.

　　伴随着经济的高速发展和人口的快速增长，在能源技术和使用效率有限的情况下，如图 9-7 所示，菲律宾主要的温室排放量都保持较快的增长速度。从 2006 年开始，菲律宾二氧化碳的排放量开始呈现快速增长的势头，虽有波动，但总体上保持稳定的增长，截止到 2013 年，菲律宾的二氧化碳排放量增长了 30 546.110 千吨，增幅高达 45.1%。此外，到 2012 年，甲烷排放量增长 7258.576 千吨，增幅达到

14.5%，保持着较为稳定的增长速度。其他温室气体虽有排放高峰，但增长并不明显，基本上保持稳定的状态。

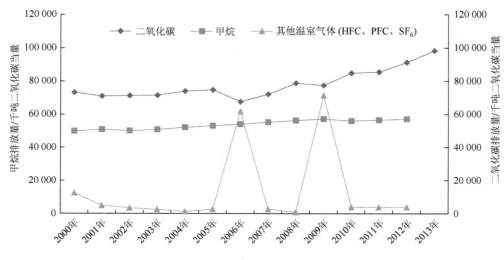

图 9-7　菲律宾主要温室气体的排放情况

资料来源：世界银行. 2017. 二氧化碳、甲烷及其他温室气体排放量 http：//data.worldbank.org.cn/indicator？tab=all.

　　如图 9-8 所示，菲律宾的人均二氧化碳排放量和单位 GDP 的排放量低于世界平均水平，总体呈现先下降后上升的趋势，随着年份出现不同程度的波动。与世

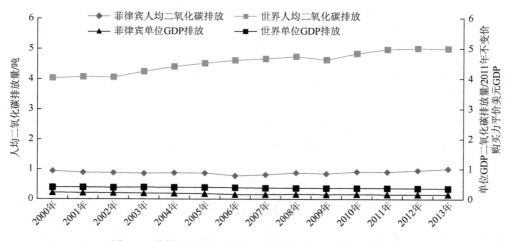

图 9-8　菲律宾与世界人均和单位 GDP 二氧化碳排放量

资料来源：世界银行. 2017. 二氧化碳排放量. http：//d9-ata.worldbank.org.cn/indicator？tab=all.

界人均二氧化碳保持高速增长不同，菲律宾的人均二氧化碳在 2000～2006 年一直
呈现下降的趋势，并在 2006 年达到最低值，从 2007 年开始，其人均二氧化碳排
放量基本上保持着波动上升的趋势，截止到 2013 年，人均二氧化碳排放量增幅高
达 24.1%。就单位 GDP 排放量来看，菲律宾的单位 GDP 排放量低于世界平均水
平，并与后者的走势基本上保持一致，2000～2007 年，菲律宾的单位 GDP 排放
量不断下降，但从 2008 年开始，其排放量基本上保持波动上升的趋势。

　　总的来看，菲律宾的能源供给和消费都呈现平稳上升的趋势，尤其是基础
能源的供给最近几年都保持较快的增长速度，煤炭、石油等基础能源在能源结
构中所占的比例较大，菲律宾的人均能源消耗在最近几年都保持着较快的增长
速度，同时单位 GDP 能源消耗都保持十分高的增长速度。菲律宾的二氧化碳和
甲烷等温室气体排放量都保持着较高的增长速度，尤其是前者八年的增长速度达
到 45.1%，与此同时，菲律宾的人均二氧化碳排放量同样在最近几年保持着较高的
增长速度，就目前的情况来看，菲律宾二氧化碳等温室气体总量和人均都将在长
期内保持较高的增长速度。

9.2　气候变化对菲律宾的影响

　　菲律宾气候变化脆弱性排名由第 12 名上升到第 3 名，这意味着菲律宾的自然
和社会系统都高度暴露于气候变化带来的风险（Republic of the Philippines，2014）。
菲律宾深受气候变化的影响，这主要表现在气候变化对农业和食品，林业、生物
多样性与水资源，海岸和海洋资源以及人类健康等方面。

9.2.1　气候变化对农业和食品的影响

　　菲律宾的农业高度依赖均衡供水和可预测的增长季节。与气候相关的变化极
端事件，如热带气旋、风暴潮、高强度的降雨以及长期的干旱等，都有可能导致
并加剧土壤贫瘠，破坏农场活动，降低农产品产量。而且，气候变化带来的虫鼠
灾害泛滥将增加尤其是技术缺乏地区的气候多变、破坏农作物等。

　　菲律宾农业部门的年度报告显示，2011～2015 年的自然灾害给菲律宾农业造
成 1636 亿元的损失，5 年来稻谷减产了 289 万吨，玉米 102 万吨，造成农业减产
的主要灾害天气是台风，2012 年的台风“宝霞”造成农业损失 290 亿元，2013 年
的台风“海燕”造成农业损失达 280 亿元，2015 年的台风“莫拉克”造成农业损
失达 337 亿元（中华人民共和国商务部，2016a）。2016 年的第 26 号台风“洛坦”
给菲律宾农业造成的损失价值大概为 3.87 亿比索，约 31.8 万 hm^2 农田受灾，受灾

农作物主要有水稻、玉米、蕉麻等，此次强台风给菲律宾农业造成的实际损失价值比核算的价值更为严重（中华人民共和国商务部，2016b）。

9.2.2　气候变化对林业、生物多样性与水资源的影响

气候变化对林业的影响主要表现在数量和质量下降方面。菲律宾的林业面积在 2006～2010 年出现下降，增长率为–3%，这在某种程度上是气候变化导致的，随着 REDD 机制的在境内的实施，菲律宾森林面积不断上升。此外，受到气候变化的影响，菲律宾的森林净损值自 2005 年开始表现出波动上升的趋势，随着气候变化的加剧，这种波动上升的状况将有可能加剧。

目前，气候变化对生物多样性的影响已经得到部分证实，但对菲律宾生物多样性造成影响的直接证据并不多。到 21 世纪末，气候变化将有可能成为生物多样性减少最主要、最直接的原因（MEA，2005）。气候变化对生物多样性的影响主要通过自然和人类两方面来实现。就自然方面来看，气候变化将促使生物要么是通过迁移到其他的栖息地，要么是通过改变生命周期来适应（ACB，2010）。在人类活动方面，气候变化背景下的贫困群体将更有可能以不可持续的手段来开发和利用资源，这将进一步破坏生物多样性，由此导致生物多样性对气候变化的调节功能减弱，并加剧气候变化，最终形成恶性循环的关系。目前，气候变化对生物多样性的影响主要表现在物种减少、入侵，海岸与海洋资源减少以及森林种类、面积降低等方面。2002～2004 年，菲律宾的濒危鸟类由 67 种上升到 79 种，菲律宾的生物多样性效益指数也由 2005 年的 33.748 881 8 下降到 2008 年的 32.325 383 3，下降幅度达到 4.2%。

菲律宾诸多河流对经济的发展起着重要的作用，往往被视为经济命脉。但是，随着污染的加剧、资源的不合理利用，再加上气候变化带来的压力，菲律宾的河流对沿线经济发展的贡献明显降低。受气候变化的影响，菲律宾的地表和地下水资源在质量和数量上都受到影响。菲律宾境内的集水区域每年大约有 750 万吨的泥土遭到侵蚀，这使 70%的国土总面积受到影响，尤其是地表水资源；此外，地下水资源也不断减少，这导致灌溉区域的灌溉量减少 20%～30%。

9.2.3　气候变化对海岸与海洋资源的影响

菲律宾的海岸和海洋资源不断遭到人类活动的破坏，而气候变化则进一步加剧了这种破坏程度。气候变化带来的更加频繁、强烈的风暴潮，给海岸地区的保护和利用带来更大的威胁（Republic of the Philippines，2014）。这主要表现在海岸侵蚀的速度加剧，红树林遭到破坏，沿海社区将受到海岸洪水的更大影响。随着

海平面上升，海水入侵将变得更加频繁，尤其是菲律宾有着绵长的海岸线，这将影响近海岸地区人们对地下水资源的使用。此外，随着大气中温室气体排放量的增加，海水对二氧化碳吸收的增加，海洋的酸性程度将大幅度增加，这将加剧珊瑚的漂白速度，减少珊瑚礁的面积，扰乱海底生态链，降低海洋生物多样性，而"厄尔尼诺"现象的持续爆发毫无疑问地将加快海洋生物链遭到破坏的进程。

9.2.4　气候变化对居民健康的影响

气候变化不仅给菲律宾带来多种流行疾病，而且对菲律宾的医疗卫生服务设施带来巨大的压力。传染疾病的爆发与气候变化引起的极端事件有着密切的关系，菲律宾爆发的洪涝等灾害导致登革热、疟疾、禽流感和 SARS 等传染疾病泛滥成灾（Republic of the Philippines，2014）。此外，ADB 的研究显示，气候变化及其带来的极端天气事件对心脑血管和呼吸系统都产生着影响，就菲律宾而言，到2020 年，由高温带来的心血管和呼吸道疾病爆发率将增加 3%～14%，到 21 世纪末，这一比例将上升至 10%～25%（ADB，2009）；另外，贝类食物中毒事件的增加也被指与气候变化密切相关。气候变化带来的疾病爆发对菲律宾现有的医疗卫生设施形成了挑战，菲律宾的医疗卫生设施数量和质量有限，而且其建设并未将气候变化的影响纳入考虑。此外，其卫生灾害响应机制并未将气候变化纳入制度中，往往造成菲律宾政府在应对卫生灾害事件中处于被动的局面。

气候变化对各方面的影响并不是孤立的，受气候变化影响的领域都存在着互相影响的机制。例如，海岸资源的破坏将导致海水入侵，影响地下水资源的质量；水资源的减少，尤其是干旱将威胁农作物的生长；水资源的质量将直接影响居民的生命健康，等等。自然生态系统和人类社会系统都将受到气候变化的影响，而且这些系统中的子系统都会产生强烈的关联，气候变化对它们造成的影响将以网络化的方式传播开来，这就预示着应对气候变化决不能采用孤立方式，需要采用全面而系统的观点和方法。

9.3　菲律宾应对气候变化的制度安排

9.3.1　应对气候变化的政策机构

1. 气候变化部门间委员会

在时任总统柯拉蓉·阿基诺的倡议下，《总统第 220 条命令》通过于 1991 年成立气候变化部门间委员会的决定。气候变化部门间委员会由政府机构和一个非政府组织共同组成，实行双主席制，由环境与自然资源部以及科学技术部部长担任主席，其他部局派驻工作人员担任委员会成员。气候变化部门间委员会主要负责协调、制定并监控与气候变化相关的活动，此外，还为菲律宾在国际气候变化中的谈判规划政策行动与建议。

2. 气候变化总统工作组

2007 年，菲律宾《第 171 号行政命令》通过成立气候变化总统工作组的决定，气候变化总统工作组由环境与自然资源部的秘书长担任组长。在后来的《第 171-A 修正命令》中，将组长的职位改由能源部的相关负责人担任。

3. 气候变化委员会

在气候变化问题得到不断重申的背景下，气候变化委员会于 2009 年成立，挂靠在总统办公室，并由总统亲自担任主席。气候变化委员会是政府气候变化问题的主要决策主体，主要负责协调、监控以及评估不同政府部门的气候变化项目和方案，确保气候变化问题能够被纳入各部门的主要规划中。

此外，菲律宾还成立了应对气候变化的其他机构或组织，如气候变化咨询委员会以及"人民生存基金"等。2012 年通过的《共和国 10174 号法案》对《气候变化法案》进行了修正，修正的主要内容包括成立由财政局、预算管理部以及全国青年委员会组成的气候变化咨询理事委员会。"人民生存基金"是财政部下设的，为资助依据《国家气候变化战略框架》而开展的适应项目和计划的特殊基金，主要用来支持地方政府和团体适应活动。"人民生存基金"由气候变化委员会负责管理，并由气候变化委员会、财政局、预算与管理局等相关的政府部门负责人担任主要负责人和成员。

此外，菲律宾还在与气候变化密切相关的领域，如降低自然灾害和管理，农业与食品安全，能源使用与安全，水资源、林业与生物多样性，海岸与海洋资源以及人类健康等方面成立了相关的机构，以协同应对气候变化的影响。

9.3.2　应对气候变化的战略规划

菲律宾政府除了于 1992 年和 2003 年分别签署了 UNFCCC 和《京都议定书》，还制定了应对气候变化的若干战略规划。

1. 菲律宾气候变化法案

菲律宾 2009 年的《共和国第 9729 号法令》通过了《气候变化法案》，《气候变化法案》重申在地方、国家以及全球层面协调应对气候变化的紧迫性，这也直接导致菲律宾气候变化委员会的诞生。2012 年，菲律宾国会对《气候变化法案》进行了修正，将设立气候变化咨询理事委员会和"人民生存基金"纳入修正案中。

2. 国家气候变化战略框架

菲律宾政府于 2010 年制定了《国家气候变化战略框架》（以下简称《框架》），《框架》包括气候变化的影响与脆弱性、气候过程驱动因素、减缓和适应等若干方面，这些方面彼此配合、相互关联，致力于实现健康的、安全的、繁荣的、独立的并且对气候具有抵抗力的菲律宾，推动菲律宾社会、环境、经济的可持续发展。《框架》的一个指导原则是发挥适应和减缓的支柱作用，并重点强调适应的作用，国家不仅要追求减缓行动，而且要发挥适应的功能。

3. 国家气候变化行动方案

2011 年，菲律宾政府正式批准了《国家气候变化行动方案》（以下简称《方案》）。《方案》对菲律宾 2011～2028 年的长期适应和减缓议程进行了概括，其主要目标是通过在食品安全、水资源供给、生态与环境可持续、人类安全、气候智慧型产业与服务、可持续能源以及知识与能力建设等方面的行动，增强社区中人们的适应能力，提升脆弱领域和自然生态系统对气候变化的抵抗力，最终目标是成功地向气候友好型发展转型。

此外，菲律宾政府还在与气候变化密切相关的其他领域，如降低灾害风险和管理、农业与食品安全、能源安全等领域制定了应对气候变化的方案规划等。例如，在降低灾害风险和管理方面，菲律宾政府制定了若干降低灾害风险和管理的法案及规划方案。菲律宾政府于 2010 年通过了《降低灾害风险和管理法案》（以下简称《法案》），《法案》旨在通过应对灾害风险脆弱性的根源，增强国家降低灾害风险和管理的制度能力以及提升地方社区对包括气候变化影响在内的灾害的抵抗力，支持《宪法》赋予的菲律宾人民生命和财产安全的权利。此外，在《法案》的指导下，菲律宾政府还制定了《国家降低灾害风险管理框架》，并在此基础上规划了《国家降低灾害风险管理方案》。

9.4　菲律宾应对气候变化政策的内容与实施

菲律宾政府在应对气候变化的相关机构和方案规划的指导下，制定并实施了具体的应对气候变化的措施，这些主要措施可以概括为减缓、适应、资金和技术转让、公众意识和能力建设以及国际合作等。菲律宾政府希望通过采用多种措施，全面综合地应对气候变化给菲律宾带来的危害。

9.4.1　菲律宾应对气候变化的减缓措施

菲律宾官方统计资料显示，交通和能源是菲律宾温室气体排放量最大的两个领域，两者温室气体的排放量占总量的比例分别达到 37%、31%（Republic of the Philippines，2014）。为此，菲律宾政府从这两个方面出发，制定了诸多措施来抑制温室气体排放量的不断增长。此外，菲律宾政府还充分利用来自发达国家的援助，实施 CDM 和 REDD 等市场机制来实现包括能源、森林等领域内的温室气体减排。

1. 交通领域内的减缓措施

1）建设大众轨道交通系统

为了减轻首都马尼拉的拥堵状况，改善空气质量，菲律宾自 1984 年起就开始了大众轨道交通的建设工作。到目前为止，菲律宾共建设了三条大众轨道交通线路，线路总长度达到 52.8km。

2）加强交通领域内的减排研究

为了充分把握交通领域内温室气体的排放情况，为制定科学的减排政策提供基础，菲律宾针对交通领域内的温室气体排放状况以及减排成本进行了评估和研究。

为了给决策提供依据，菲律宾开展了诸多研究，其中较为有名的是"亚洲减排温室气体最低成本战略菲律宾研究"。菲律宾于 2000 年开展的温室气体盘存提供了交通领域的温室气体排放数据，盘存显示菲律宾交通领域内的温室气体排放量占到总排放的 37%，这说明菲律宾的交通领域存在着巨大的减排前景。此外，研究还显示菲律宾交通领域内的温室气体排放量在长期内将保持较高的增长速度。

菲律宾还对交通领域内的各种交通工具选择所带来的减排成本进行了研究和评估。世界银行 2007 年的数据显示，菲律宾交通领域内 80%的温室气体排放量来自陆路交通，如表 9-1 所示，不同种类的交通工具二氧化碳的排放量存在较大的区别，多用途运载车、卡车以及私家车的二氧化碳排放量位居前列，而摩托车/三轮车和公交的排放量则较少，这说明政府大力建设包括公交在内的公共交通的重要性。

表 9-1　菲律宾不同种类交通工具温室气体的排放情况

陆路交通类型	二氧化碳排放量/Mt	所占比例
摩托车/三轮车	2.0	8%
私家车	4.4	18%

续表

陆路交通类型	二氧化碳排放量/Mt	所占比例
多用途运载车	9.1	37%
公交	0.9	4%
卡车	8.2	33%
总计	24.6	100%

资料来源：日本国土交通省. 2017. Philippines. http：//www.mlit.go.jp/kokusai/MEET/documents/MEETFUM/S3-Philippines.pdf.

如表 9-2 所示，针对交通运输领域内这种排放状况，菲律宾的研究机构提出若干减缓排放的选择，列出不同交通工具的减排潜能和相应的减排成本。可以发现，单就减排成本来看，实行机动车辆检查系统与道路维修以及最大化运营公共交通的成本较低，这也比较适合菲律宾。

表 9-2 菲律宾不同交通工具减排潜能和成本

种类	影响	成本/(美元/吨二氧化碳)
机动车辆检查系统与道路维修	提高燃油的经济效益	2.3
最大化运营公共交通	减少机动车辆行驶里程	5.4
引入快速公交运输	减少机动车辆行驶里程	8.9
液化石油气转化汽车	提高燃油的经济效益	9.7
天然气转化汽车	提高燃油的经济效益	45.8

资料来源：日本国土交通省. 2017. Philippines. http：//www.mlit.go.jp/kokusai/MEET/documents/MEETFUM/S3-Philippines.pdf.

3）加大对清洁交通技术的投资

为了进一步减少交通领域内温室气体的排放，在"菲律宾清洁技术基金投资方案"的基础上，菲律宾政府规划了《国家环境可持续交通战略》（以下简称《战略》）。《战略》的总体目标是减少城市中交通领域内能源消费年增长率和相关的温室气体排放，将包括推动低碳强度的交通运输系统在内的环境可持续性的交通纳入目前的交通运输工具中。该项目通过加大投资以推动快速公交的发展，扩展首都马尼拉现存的城市轨道交通网络，在公共交通中使用混合型和燃料转换型机动车。此外，同菲律宾针对交通领域的研究类似，"菲律宾清洁技术基金投资方案"提出了不同的选择方案，如表 9-3 所示，就各种选择的成本-收益，每年的潜在减排量同 2010～2030 年的减排量进行了比较，以供政府决策者选择。

表 9-3 菲律宾不同交通选择成本收益和减排潜能比较

交通领域选择	成本-收益/(美元/吨二氧化碳)	每年潜在的减排量/(Mt/年)	2010~2030 年潜在减排量/Mt
交通管理	3	1.2	26
拥堵收费	4	1.1	23
快速公交系统	5	2.5	53
摩托车检查	8	2.2	46
生物燃料	31	15.1	318
轻型机动车技术	104	0.2	5
四冲三轮车	154	0.2	4
道路维修/改善	172	2.2	47
总计	481	24.7	522

资料来源: Climate Investment Funds. 2017. Clean Technology Fund Investment Plan for the Philippines. https://www-cif.climateinvestmentfunds.org/sites/default/files/philippines_investment_plan_presentation.pdf.

2. 能源领域内的减缓措施

1）大力发展可再生能源

菲律宾政府制定并实施了推动可再生能源发展的法案和项目，作为维护能源独立性以及应对气候变化的尝试性实践。面对传统石化能源价格上涨带来的能源安全问题，菲律宾政府于 2008 年制定了《可再生能源法案》，并成立可再生能源工作组以实施《可再生能源法案》。菲律宾地热能、风能、水电等可再生能源丰富，在国家相关政策的推动下，可再生能源的开发和利用取得部分成果。资料显示，菲律宾 2010 年的基础能源供给结构中，地热能的供给达到 850 万 toe，占到国内能源供给总量的 21%；水电能源供给达到 190 万 toe，占到国内能源供给总量的 8.3%（Republic of the Philippines，2014）。另外，生物能源在可再生能源中所占的比例同样不断提高。IEA 的数据显示，截止到 2014 年，可再生能源在菲律宾能源结构中占比达到 39%，这一比例随着菲律宾对可再生能源重视力度的加大将不断提高。

2）提高能源利用效率

为了提高能源使用效率，菲律宾实行诸多富有成效的项目，其中较为有名的三个分别是"电力巡逻项目"、"道路交通巡逻项目"和"菲律宾节能照明市场转化项目"。前两个项目在实施的过程中被扩展为"国家能源效率和保护项目"，该项目以不同的利益主体，尤其是交通运输部门，产业和商业部门以及大众等为目标，旨在践行提高能源效率的行动，加强能源的保护。"菲律宾节能照明市场转化项目"是菲律宾环境保护部提高能源效率的另一个重要项目，该项目在 UNDP

和 GEF 的帮助下共同实施，旨在推动节能照明系统在菲律宾的广泛使用，提供照明系统的效率，减少温室气体的排放。

3）消除政策、资金等障碍

菲律宾可再生能源领域存在着限制其发展的诸多障碍，为了推动可再生能源的发展，支持气候变化的减缓行动，菲律宾开展了减少可再生能源发展障碍的项目。"消除可再生能源发展障碍的能力建设"项目旨在通过消除市场、政策、技术以及资金障碍来推动可再生能源的发展和使用，从而减少温室气体的排放。该项目的主要内容有：强化国家机构制定与实施成熟的可再生能源政策的能力；提供建设可再生能源市场的信息；为可再生能源项目的准备和提升创造一站式服务；增强可再生能源相关组织间的协调；援助偏远以及远离电网地区可再生能源项目的市场渗入；改善可再生能源技术和系统的质量。

3. 重点加强森林资源的保护

森林不仅是实现二氧化碳沉降的重要资源，而且对其良好的保护将避免森林积淀的二氧化碳释放到大气中。为了保护森林资源，菲律宾采取了若干措施以减少森林砍伐导致的温室气体排放，其中主要有开展基于社区的森林管理项目，实施 REDD 机制等。

1）开展基于社区的森林管理项目

菲律宾实施了诸多森林管理和保护的项目，这些项目都是为了确保参与者长期使用土地，其中较富有成效的是"基于社区的森林管理项目"。早在 1995 年，该项目就被作为实现森林可持续管理和社会公平的国家战略，旨在通过政府有序的措施来与公共林地附近的地方社区合作。在森林管理和生物多样性保护中，它十分强调社会公平、可持续发展以及共同参与原则的运用。政府通过此项目授权地方社区，按比例将部分林地分配给他们，使他们从事开发、保护、经营等活动，并同意他们使用这些森林资源。通过实施此项目，菲律宾政府希望达成以下目标：保护菲律宾人民拥有健康环境的权利；通过促进社会正义和共享森林资源的利益来改善参与社区的社会经济状况；尊重土著民族对祖传林地的权利。所有的这些目标都强调了地方社区在森林保护中的重要角色，不仅推动了森林的发展，而且提升了菲律宾林地地区的社会经济发展水平。

随着森林保护的不断深入，项目逐渐升级发展为五个子项目，这些子项目覆盖许多问题的处理，诸如森林征用、毁林以及原始林和次生林的有效管理等问题。2003 年制定的"智慧森林开发项目"认识到在现存正规管理体系下识别、增加以及实施新的项目选址，开放新区域并追求发展活动的重要性，这些措施旨在提供维持少数民族组织参与项目兴趣的需要。2005 年，包含 690 691 户人口，总面积达到 597 万 hm^2 的区域得到建立（Republic of the Philippines, 2014）。在这些区域中，

157 万 hm^2 通过长期的项目协定而分配给有组织的社区，而剩下的项目选址则通过各种"以人为本"的林业项目下的土地使用权来实施，这也是政府过去的实施方式。

尽管该项目在改善森林状况方面取得部分成就，但总的来说其具体的效果还有待进一步研究。首先，如果国外的资金支持停止，植树地带的保护和维护是否能够继续维持下去；其次，该项目对碳沉降的具体贡献仍有待进一步证实；最后，考虑到当地居民有限的生计机会，该项目的实施是否很大程度上降低了社区针对气候变化和其他社会问题的脆弱性仍有待证实。

2）充分发挥 REDD 机制的作用

菲律宾丰富的森林资源十分适合实施 REDD 机制，尤其是森林砍伐导致的温室气体排放在菲律宾温室气体排放中所占的比例不断扩大。目前，菲律宾的土著居民认识到他们居住地丰富的森林是减少温室气体排放的重要资源，已同意积极着手配合实施 REDD 机制。世界银行的数据显示，菲律宾 2010 年的森林面积为 68 400km^2，占到国土面积的 22.9%，2015 年的森林面积达到 80 400km^2，占到国土总面积的 27.0%，森林面积在 5 年内增加 12 000km^2（世界银行，2016a）。

此外，菲律宾还实施了其他项目来减少大气中的温室气体存量。"食猿雕基金会"致力于种植 100 万 hm^2 热带雨林，大约 10 亿颗本地树种，旨在帮助恢复原始雨林并推动碳沉降和气候常态化（Republic of the Philippines，2014）。环境和自然资源保护部的"国家绿化项目"以 150hm^2 的土地种植 10.5 亿颗树木作为再造林的主要措施。

4. 利用市场机制减排

菲律宾是 UNFCCC 和《京都议定书》非附件缔约方，拥有接受来自发达国家的气候变化援助的权利，CDM 和 REDD 机制作为发达国家援助发展中国家的市场减排机制，在菲律宾减少温室气体排放的过程中发挥着较好的作用。

除了利用 REDD 机制来保护本国的森林资源，菲律宾还通过利用 CDM 来减少本国温室气体排放的数量。菲律宾可再生能源丰富，再加上西方发达国家的援助，这些都为菲律宾申请并实施 CDM 项目创造了条件。UNFCCC 官方网站显示，截止到 2016 年 6 月，菲律宾共申请 CDM 项目 72 个（UNFCCC，2016a），其中主要以甲烷、水电、生物能源等为主，核证减排数量达到 2 380 487 CER 单位（UNFCCC，2016b）。

9.4.2　菲律宾应对气候变化的适应措施

1. 降低灾害风险与管理

1）设立主动响应的灾难基金

国家和地方是"灾难基金"的两个主要资助来源，此基金是对自然灾害的一种被动式反应，往往只是在灾害发生后才予以调动，几乎不存在先发制人的响应。这种情况在 2009 年 9 月台风"凯莎娜"袭击菲律宾后得到转变，这次灾难对菲律宾尤其是首都马尼拉和邻近区域造成巨大的损失，给菲律宾政府和公众带来极大的震撼，极大地加速了"灾难基金"由被动式回应向主动响应转变的进程。

2）制定降低灾害风险和管理法案

灾害的发生加速了政府对降低灾害风险由被动回应向主动行动的进程，2010 年5 月菲律宾总统正式签署《降低灾害风险和管理法案》，亦称《共和国 10121 法案》（以下简称《法案》）。此《法案》通过应对灾害脆弱性的根源，增强国家降低灾害风险和管理的制度能力以及支持对包括气候变化影响在内的灾害具有抵抗力的地方社区等行动，支持菲律宾宪法赋予人民的生命和财产安全。

将降低灾害风险纳入到国家的政策、项目和规划中是《法案》的核心目标。基于此，《法案》扩展了灾害风险管理引导政策和目标，其主要内容如下：坚持普遍的规范、原则以及人道主义援助标准；民政部门超越军队拥有最高地位，尤其是在复杂的和由人类自身引起的紧急灾害中；通过透明和责任来体现善治；采用综合的、协调的、多部门的、跨部门的以及基于社区的方法来降低灾害的风险；授权地方政府主体和公民社会团体作为降低灾害的主要合作伙伴；加强对国家灾难、补救措施、禁止行为以及相应处罚规定的宣传。

此外，在《法案》的指导下，菲律宾还成立了相关的机构，负责实施并监督相关法案及行动方案的实施。依据《法案》规定，菲律宾成立了国家降低灾害风险与管理委员会，委员会负责监督菲律宾灾害管理体系的正常运转，并对《国家降低灾害风险与管理框架》负责，后者则是根据《国家降低灾害风险管理方案》而产生。国家降低灾害风险与管理局隶属于总统办公室，作为国家降低灾害风险与管理委员会的执行机构，拥有决策权以及授权管理、协调与降低灾害风险等相关的执行功能。

3）将降低灾害风险和管理纳入发展规划中

降低灾害风险同样牵一发而动全身，涉及诸多方面，需要将降低灾害风险与管理纳入到国家的发展政策和规划中。菲律宾一直十分注重将降低灾害风险与管理纳入到相关发展规划中，除了在《兵库行动框架 2005—2015》中体现降低灾害风险和管理，菲律宾国家经济与发展局在制定经济发展规划时还提出将降低灾害风险与地方发展规划相融合的指导原则。目前，经济与发展局已发起若干个项目来援助地方政府主体来使用这些指导原则，提高地方政府制定包含降低灾害风险规划的能力。

与此同时，住房和土地利用监管理事会对其指导方针进行了修改，规定在制定有风险的土地使用方案时要使用风险地图。所有的这些方案，包括《国家降低灾害风险战略行动方案》，都旨在降低由多种灾害导致重大损害风险的可能性。

4）构建多边参与的国家平台

作为对灾害风险的主动行动，菲律宾构建了降低灾害风险的国家级的多边参与平台，用于推动灾害准备向降低灾害风险响应的过渡。私人部门、公民社会以及研究机构等都不断参加到国家灾害风险协调委员会咨询以及研讨会等活动中，其主要的议题有：基于社区的灾害风险管理地图评估；构建识别危害的早期预警系统；使用知识创新和教育来增强菲律宾人民的文化安全与抵抗力；规划减少风险中脆弱性人口的社会发展政策，包括非正式定居者的住房和生计等项目；开展减少人们灾害脆弱性的健康护理；建立有条件的现金转移系统以及其他将帮助贫困家庭减缓冲击的保险体制。

2. 强化农业与食品安全

1）制定农业发展指导规划

为了更好地指导菲律宾农业的发展，菲律宾在《菲律宾农业 2020》中提出系统农业的观点，并将以下三个方面作为农业发展的重要支柱：以开展商业活动的方式组织和经营农业，由私人牵头并以市场为导向，政府则要使农村地区的投资变得更具有吸引力；通过改革推动技术或财产向贫困群体转移，刺激产权所有者增加投资，加速耕地改革以推动组织效益切实惠及耕地改革的社区，创新基于社区的森林管理政策协定，实施耕种浅海水域超过 25 万 hm^2 的浅滩等措施扶贫；通过公民社会的参与来保护共同资源的使用，促进资源使用管理水平的提高，尊重本地少数民族和其他农村社区居民的权益，鼓励参与到环境的保护中等措施来培育自然和共同体的观念。

此外，《菲律宾农业 2020》还提出推动农业发展的三个策略：发展公共部门的技术；推广和投资；改革治理。推动建设 15 个农业产业化集群将成为《菲律宾农业 2020》加速农业、林业以及渔业发展的主要组成部分。

2）大力实施农业适应政策

菲律宾农业深受台风等自然灾害的影响，为了提高农业对灾害风险的抵抗力，菲律宾实施了诸多适应策略。其主要的发展政策从以下方面着手：使用抗旱品种水稻，提高抵抗力；改善灌溉系统，引进新的灌溉方式；推广有机肥料，减少无机肥料的使用；改善农作物种子的质量；倡议增强气候变化适应意识；增强农作物保险贷款和信用的使用，减少作物的风险和损失；采用干燥机和其他收割后的设施以减少损失并处理产量剩余；将气候变化纳入到项目规划等决策中；建立并支持风险转移机制；加强农业领域地理信息系统、遥感系统等风险识别技术的应用。

3）加强农业相关技术的研究

气候变化对农业的影响是复杂的，它不仅影响农产品的生长周期，而且有可能影响农作物的产量，加强农业相关技术研究以减少气候变化的影响十分重要。为了获得更多有关气候变化对农业发展影响的知识，菲律宾加强了农业相关技术的研究，尤其是加强同国际有关组织的合作。菲律宾同国际水稻研究协会开展了合作，在后者的帮助下，菲律宾开展对本国灌溉、品种培育、农药施用等农业发展技术的研究，重点探究气候变化对本国水稻生产的影响，同时运用现代农业技术和最新的通信工具来推动水稻生产环境的可持续性，降低气候变化对水稻生产的影响，最终实现减少贫困的目标。

3. 加强流域管理与保护

1）加强再造林机构建设

为了推动再造林的正常生长，提高再造林的质量，菲律宾政府加强了再造林管理机构的建设。与其他国家不同，菲律宾成立并指定国家灌溉局、国家电力公司以及菲律宾国家石油公司承担监督再造林活动的任务。财政局通过由世界银行援助的"基于社区的自然资源管理项目"同地方政府共同承担部分再造林活动。根据相关规定，地方各级政府要同环境与自然资源保护部和地方社区共同实施再造林等相关的林业活动。

2）建立生物多样性保护区

菲律宾生物资源十分丰富，但随着气候变化的加剧，其生物多样性逐渐受到破坏，为此菲律宾和相关国际组织开展了保护生物多样性的活动。菲律宾因其丰富的森林资源和多样的动植物群落，被保护国际归为"超级生物多样性国家同盟"的成员。从 1920 年开始，菲律宾境内受保护的地区陆续建立，到目前为止，数量已达到 203 处（Republic of the Philippines，2014）。建立保护区因此越来越成为生物多样性保护的优先选择。但从目前的状况来看，菲律宾的生物多样性状况并未得到显著的改善，世界银行的数据显示，菲律宾的生物多样性效益指数不断下降，由 2005 年的 33.7%下降到 2008 年的 32.3%（世界银行，2016m）。

3）加强水资源的管理与保护

气候变化造成降雨和气温随时空变化的状况，导致极端高温或低温、洪涝或旱灾时有发生。加强对水资源的适应对于菲律宾来说显得十分必要，菲律宾对水资源的适应主要从供给和需求两个方面采取措施。在供给方面，菲律宾建设新的基础设施，修复现有的基础设施，改变现有供水系统的管理等。从需求方面看，保护水资源并提高使用效率，推动技术变革。

此外，菲律宾同样进行了制度建设，更好地推动水资源的利用和保护。首先，建设小的蓄水系统，如蓄水分水坝项目，以及在小的牧场挖掘浅水井等；其次，推动水土资源的保护；最后，将引导菲律宾各级政府执行水资源综合管理的指导性方案纳入《菲律宾中长期发展规划》中。

4. 加强海岸与海洋资源保护

1）加强气候变化对海岸资源影响的研究

气候变化对海岸资源的影响目前并不明确，菲律宾在国际相关组织的帮助下就气候变化对菲律宾海岸资源的影响进行了研究。菲律宾科学技术部水产和海洋研发委员会资助了针对气候变化的"强化海岸研究、评估和适应的综合管理"研究项目。世界野生动物基金会凭此项目来监测气候变化对如阿波礁等保护区珊瑚礁的影响。

2）提升海岸地区适应气候变化的能力

海岸地区最易受到台风、风暴、海啸等自然灾害的影响，提升海岸地区适应气候变化、极端事件的能力十分重要。菲律宾目前在国家层面并未制定海岸地区适应气候变化影响系统性的方案规划，但各地政府和居民从实践中积累了若干适应气候变化的经验：调整应对气候变化或海平面上升的落后政策；实施有关海水入侵、渔业和水产的调查研究；增加灾害管理项目；强化台风预警系统；停止进一步将红树林转换成池塘的行为；开展沿海高地和海岸的大规模再造林，包括扩展基于社区的红树林再造项目；安装地理信息系统，等等。

5. 保护国民健康

1）制定国家行动框架

在菲律宾政府意识到气候变化对居民健康的影响后，卫生部通过国家疾病预防与控制中心制定了《国家行动框架》。《国家行动框架》将气候变化问题纳入健康系统中，评估影响健康项目执行的因素，并提出引导所有项目方向的合适战略，成为批准卫生部参与并致力于国际和国内气候变化协定的官方文件。在保护菲律宾人民免受气候变化可能影响的总体目标下，菲律宾还提出并实施了四个目标以支持《卫生部门改革议程》的执行。《国家行动框架》将服务提供、治理、融资以及规则作为推动融合的基本支柱，并识别出三个组合策略：推动气候变化和卫生系统的融合；构建合作关系并将其提上议程；辨别并改善卫生技术。

此外，卫生部还提出了相应的制度安排措施来界定不同部门的角色和责任，协调各部门间的措施。卫生部通过国家疾病预防与控制中心指定各级环境卫生部门作为气候变化方案办公室的联络点。卫生紧急管理服务部门对灾难期间气候变化的影响负责。尽管它们的责任彼此独立，但职能却有着潜在的重叠。其他部门或机构同样实施了与卫生间接相关的项目，如水与公共卫生设施、蓄水以及固体废弃物管理等。但目前来看，不同部门间有关气候变化和卫生的意识和协调仍有待改善，如何最大限度地推动各部门间的协调以应对气候变化带来的影响值得各部门深思。

2）参与"千年发展目标基金"项目

"千年发展目标基金"主要用来资助发展中国家尤其是最不发达国家实现千年

发展目标，菲律宾通过参与到"千年发展目标基金"中来应对气候变化给卫生健康带来的影响。菲律宾卫生部通过参与"千年发展目标基金"，为首都马尼拉和其他省份建立了与气候变化相关的疾病监测系统。尽管这个项目与气候变化间接相关，但是它监控可能由气候变化带来的疾病，并通过综合系统来开展调查，实施案例管理，缓解传染疾病的控制等。

3）其他应对卫生健康的适应措施

菲律宾在应对气候变化带来的卫生问题中，采取了诸多其他适应气候变化对卫生健康影响的措施，这些措施可以分为加强教育和提升意识，加强早期预警系统建设、疾病控制和动态监测，灾害准备以及同其他机构和卫生服务团体合作。在加强教育和提升意识方面，执行和协调能力建设活动，如举办工作室培训和目标研讨会等；在早期预警体系建设方面，重点加强对热浪、临近发生的极端天气事件以及传染疾病爆发的监测，改善监测效果，构建包括风险指标以及健康结果的评估监测体系；在灾害准备和群体协调方面，住宅设计要考虑气候变化，提高卫生系统的承载力以及加强基于社区的邻里互助，协调 UNFCCC 下履行承诺和义务的行动措施，协调相关组织的活动。

此外，菲律宾还提出了其他适应气候变化给卫生健康带来危害的机制：提高群体对气候敏感疾病的免疫力；改善对气候敏感疾病的快速诊断监测；关注综合卫生信息；建立基于社区快速响应的早期综合预警系统；整合包括卫生和管理的规划和政策；做好卫生基础设施、转诊系统的土地使用规划；加强监测和服务提供者的能力建设；增强政府同民间有关意识和行动的响应机制；整合证据研究，等等。

9.4.3　菲律宾应对气候变化的技术转让和开发

按照 UNFCCC 的规定，发达国家有向作为发展中国家的菲律宾等无条件或优惠转让技术的义务，而发展中国家则按照 UNFCCC 要求有效利用技术的责任，当然这种责任的履行程度主要取决于发达国家向发展中国家技术转让的程度。就目前的实际情况来看，技术转让被广泛地用来指技术从一个国家到另一个国家的这种空间位置发生变动的情况，通常也被称为横向的技术转让。为了给发达国家向菲律宾转让技术提供良好的政策环境，充分利用这些转让的技术，并推动国内技术开发和再创新，菲律宾开展了众多措施。

1. 打造技术转让的良好条件

1）加强知识产权立法和政策制定

技术转让对应对气候变化问题十分关键，良好的制度安排有利于推动气候友好型技术的顺利转让和有效使用，加快其商业化进程，为此，菲律宾加强了制度建设，制定了若干推动技术转让的法律和政策。

《菲律宾知识产权法典》，亦称《共和国 8293 号法案》（以下简称《法案》），在此《法案》的指导下，菲律宾成立了知识产权办公室，并详细规定了它的具体权力和职能，附属于知识产权办公室的档案、信息与技术转让局也在《法案》的指导下成立。知识产权办公室的主要职能表现在以下方面：提供与技术批准和推广相关的技术、咨询以及其他服务；实施技术转让的有效项目；登记技术转让的相关安排，等等。

《共和国 1005 号法案》，又被称为《菲律宾技术转让法案》，其主要目标是推动由政府资助研发的知识产权、技术以及技能的转让、传播、利用、管理以及商业化，以有利于国家经济发展和纳税人。

技术转让主要涉及能源和废弃物利用等领域，因此，菲律宾在这些领域制定了推动技术转让的法令和政策。

（1）能源领域。能源与气候变化密切相关，尤其是化石燃料等不可再生能源的使用将大幅度增加大气中温室气体的数量，清洁可再生能源的使用将减少国家温室气体的排放。发展中国家清洁可再生能源技术落后，成为发达国家技术转让的重要领域。为了能源技术尤其是清洁可再生能源的成功转让和利用，菲律宾相关机构制定了若干推动清洁可再生能源发展的政策法令。

菲律宾政府于 2008 年制定并通过了《可再生能源法案》，《可再生能源法案》又名《共和国 9513 号法案》，旨在推动清洁可再生能源的发展、利用和商业化。在《可再生能源法案》的指导下，菲律宾成立国家可再生能源理事会，负责为符合条件的可再生能源的生产设定最低比例，同时菲律宾政府还委托能源管理委员会与国家可再生能源理事会就规划和公布由风能、太阳能、潮汐以及水能和生物能等产生的电力固定价格体制进行磋商。为了给菲律宾消费者提供可再生能源作为其能源来源选择的空间，《可再生能源法案》还授权能源部建立了《可再生能源市场和绿色能源选择项目》。《生物燃料法案》，又名《共和国 9367 号法案》，于 2008 年通过，旨在引导生物燃料的使用，通过合适的资助来开展生物燃料项目。《共和国 7156 号法案》旨在激励小微型水电开发者加大对水电开发的投入，提高水电在国家能源供给结构中所占的比例。

此外，总统发布了若干行政命令来激励可再生能源和气候友好型技术的发展。《第 462 号行政命令》为公共部门参与到海洋、太阳能、风能的发电和其他能源使用中提供了基础；《第 448 号行政命令》通过鼓励使用替代燃料，将用于机动车组装和制造的组件部分的进口税降到零；《第 449 号行政命令》将使用于项目中的生物乙醇的进口税由 10% 降低到 1%；《第 396 号行政命令》同样降低了压缩天然气汽车和天然气机动车产业使用的部件和装备的进口税率（Republic of the Philippines，2014）。

菲律宾推动可再生能源技术发展相关政策和措施的实施效果明显，产生了近

100%的能源贡献提升，从 2008 年的 4449MW 增长到 2013 年的 9147MW（Republic of the Philippines，2014）。能源部同样制定了可再生能源在未来十年发展的目标，即可再生能源对能源结构的贡献增长 1000 万桶燃油当量，基于此菲律宾将成为世界第一大地热能生产国和东南亚第一大风能生产国。此外，菲律宾对其他能源的发展同样制定了不同的目标，水力发电容量扩大两倍，将生物能、太阳能以及潮汐能的贡献数量提升 131MW。

（2）废弃物领域。废弃物领域是菲律宾温室气体产生的重要来源，在固体废弃物缺乏管理、生产生活密集的地方，温室气体的排放数量更加惊人，菲律宾首都马尼拉产生的废弃物占到全国废弃物总量的 23%。在这种状况下，菲律宾成立国家固体废弃物管理委员会来实施 2000 年通过的《固体废弃物生态管理法案》（以下简称《法案》）。《法案》认识到处理废弃物对应对气候变化问题的重要性，以 2010 年废弃物减少 25%为目标（Aquino et al.，2013）。

自 20 世纪 70 年代以来，菲律宾在地方层面制定并实施了许多与固体废弃物管理项目制定和执行相关的法律。上面提到的《法案》就为菲律宾采取系统、全面的以及生态的固体废弃物管理项目，保护公众健康和环境提供了框架和方针。《法案》确保通过最佳生态废弃物实践的采用能够实现对废弃物合适的隔离、收集、存储以及处理。此外，固体废弃物管理委员会的成立也要归功于该《法案》，委员会主要负责监督固体废弃物管理方案的实施。为了配合委员会的行动，环境与自然资源部发布了部门行政命令，为地方政府实施和升级通过垃圾站来实现卫生填埋等提供时间框架。如果地方政府违背这条行政命令，环境与自然资源部将有权向地方政府提起相当于刑事案件的诉讼。

2）加强技术转移和开发的制度安排

为了推动环境和气候友好型技术的转让与开发，菲律宾加强了正式和非正式制度的建设与安排。在正式制度安排上，菲律宾成立了许多政府机构来实施项目，促进环境友好型技术的开发和转让，以减少温室气体的排放并适应气候变化的影响。在非正式制度安排上，私营部门作为政府的合作伙伴，通过研发投入和技术引进的形式，在气候技术的开发和转让过程中发挥着十分重要的作用。

（1）加强政府机构建设。环境与自然资源部以及能源部是国家层面负责气候变化相关项目的两个主要机构，而且这两个机构都参与了 CDM 的实施。

此外，其他与气候变化存在联系的国家机构也逐渐地参与到气候技术的推广中，这些机构主要包括贸易和工业部、科学技术部以及旅游部等。贸易和工业部规划并实施《优先投资规划》，为环境友好型技术生产者和开发者提供激励措施，它还负责建立经济区域以吸引环境友好型技术生产者前来投资，推动经济区域内的产业提高生产效率、使用低碳技术。科学技术部旨在通过"清洁生产技术综合项目"，采用清洁生产技术，增强菲律宾工业竞争力，推动菲律宾的可持续发展。

它同样帮助工业以及其他相关的部门通过开展研发来减少污染负担、降低相关的运营成本并最终达到环境标准的要求。旅游部通过其"旅游业的草根创业与就业项目"，向国内外相关区域推动环境可持续发展的项目给予资金、技能、技术、有价值信息以及其他权利等形式的援助，通过建立小微中型企业来寻求有资格的社区成为旅游地保护的领导者。

（2）充分发挥民间组织的作用。在技术开发和转让中具有代表性的民间组织是意识到必须在商业和环境间达成平衡的菲律宾工商业会，菲律宾工商业会组建了环境委员会来推动菲律宾商业领域内环境责任的履行。菲律宾工商业会最大的活动之一就是每年的"卓越生态经济奖"，该奖项主要颁发给那些在环保行为方面具有创新和杰出表现的公司与企业。

菲律宾工业联盟依靠其可持续发展项目，通过有效的废弃物和排放管理以及原料、燃料等有效使用来降低污染物。菲律宾污染控制协会除了追求上述目标外，还致力于将高级经理、决策者、政策制定者、工厂工人以及普通大众中的环境保护、推广清洁生产、废弃物最小化、预防污染等制度化。

2. 鼓励环境友好型技术的开发与转让

1）加大政策激励力度

与气候变化相关的投资往往短期成本高、风险较高、显性收益较小，这容易成为阻碍企业投资有关气候变化领域技术研发的重要因素。为了鼓励相关主体投入到相关领域内的技术投资，菲律宾政府出台了相关政策，加大对技术投资的支持力度。

菲律宾 2009 年通过的《投资优先计划》向以下若干种情况提供优惠：生物燃料生产；可再生能源以及采取环境友好型技术的其他能源资源；坐落于传教地区和私人工厂附近的电厂；能够将能源使用率降低至少 5% 的现代化钢铁生产方式；与 CDM 相关的项目。此外，为了鼓励可再生能源项目和活动的开展，菲律宾的《可再生能源法案》为项目和活动的开展提供以下财政激励：免除可再生能源开发者七年的个人所得税；免除可再生能源机械、装备、材料等七年的进口税；对设备和机械征收特定的不动产税；在可再生能源开发者前三年的运营中，从七年的总收入中扣除净营运亏损转移，等等。菲律宾政府希望通过这些优惠措施来打消投资可再生能源技术开发企业和个体的顾虑，降低研发成本和投资风险，推动可再生能源技术等与气候变化密切相关的技术开发。

2）加强同国际社会的合作

菲律宾在气候变化相关领域技术开发遇到的最大问题是资金不足、自主研发能力不够，为此，菲律宾主动寻求发达国家的援助。美国国际开发署（United States Agency for International Development，USAID）、德国技术合作组织以及 JICA 都通过提供资金和技术帮助等形式参与到帮助菲律宾各级政府机构实施能源技术开

发的项目中。此外,世界银行、ADB 等国际性组织同样参与到菲律宾技术开发和
转让等活动中,尤其是加大对菲律宾技术开发和转让的优惠贷款支持。

9.4.4　菲律宾应对气候变化的公众意识和能力建设

公众作为气候变化影响的直接承受者,加强有关气候变化知识和信息的传播、
教育以及提升公众应对气候变化的能力对帮助公众做好应对气候变化的影响、保
护他们免受气候变化的可能影响来说是十分重大的战略。

1. 加强制度机制建设

自从递交了第一次《国家信息简报》后,菲律宾就开始着手推动各级政府、
公民社会团体、学术研究机构、私人领域以及地方共同体参与到提升公众意识的
各种活动中。

起初,监督公众意识提升和能力发展的权力被授予气候变化部门间委员会,
并将环境和自然资源委员会环境管理局作为其秘书处,后来在实践的过程中这种
权力逐渐转移到气候变化委员会。学术研究机构不断对政府的措施给予指导和补
充,这其中较为知名的学术研究机构有气候变化信息中心,现在称为科利马气候
变化中心,该中心于 1999 年成立,2000 年正式开始全面为政府机构提供服务。

2007 年成立的气候变化总统工作组被指定在全国范围内开展大量而全面的
公共信息和意识运动,教育公众有关气候变化形势及其负面的影响,并组织有关
气候变化的多部门行动。气候变化总统工作组起初由环境与自然资源部来管理,
后来则划归到能源部。从 2008 年起,总统办公室主任开始担任其组长,同时所有
的内阁成员成为工作组的成员。在这种新的机构设置下,交流与教育活动由信息
工作组和教育工作组联合执行。气候变化委员会在总统办公室的领导下,承担起
监督有关气候变化的公众意识项目。

此外,行政机构如能源部、农业部以及科学技术部等都承担起旨在提高公众
意识和增强气候变化教育的活动方案。其他主体,如阿尔拜省政府、菲律宾参议
院、学术研究机构、公民社会组织以及财政机构和商业领域都参与到提升菲律宾
公众有关气候变化意识和能力建设的活动中。

2. 开展教育与能力发展活动

菲律宾政府同其合作伙伴始终致力于制作多媒体传播材料和举办活动来提升
公众和关键相关者气候变化的意识和适应能力。这些材料包括宣传册、视频等推
广材料,并依靠电视、广播以及电影等方式进行传播。菲律宾政府开展的关于气
候变化教育的活动主要有报告会、研讨会、论坛、咨询会以及电视、广播节目等,

同时为中央政府机构、地方各级政府机构、学术研究机构、私人部门以及地方社区等开展有目的的培训。

菲律宾政府还开展并检验了能力开发项目，目前这些项目正在制度化和全国范围内推广的过程中。这些项目涉及范围广泛，主要包括以下方面：脆弱性与适应评估；气候防护规划、项目以及规范体系；降低灾害风险与气候变化适应部门战略的制定；开发并选择减缓战略；开发早期预警系统；制定应急规划。项目适用对象较为普遍，主要有国家的规划者、大学教师、技术人员、灾害管理者、青少年、公民社会组织、媒体、地方社区，值得一提的是，菲律宾十分注重对青少年气候变化知识的教育，为中小学的学生特意制作并测试了相关的课程和宣传材料。

3. 开展能力建设合作项目

菲律宾经济发展水平有限，其应对气候变化的能力建设水平不足，寻求来自发达国家的援助显得十分必要。此外，在 UNFCCC 和《京都议定书》的规定下，通过资金和技术的形式援助发展中国家开展能力建设项目同样是发达国家的责任和义务。到目前为止，在发达国家的资金援助下，菲律宾已开展诸多能力建设项目，如表 9-4 所示。

表 9-4　菲律宾开展的气候变化能力建设项目

项目名称	时间周期	资金来源	执行主体
增强低碳发展策略能力	2012～2014 年	美国政府通过 USAID 赞助	气候变化委员会
菲律宾低碳能力建设项目	2012～2014 年	欧盟、德国以及澳大利亚通过联合国开发计划署赞助	气候变化委员会
东南亚区域国家温室气体盘存可持续管理体制能力建设	2010～2013 年	美国政府和科罗拉多州立大学提供技术	环境管理局：2010～2011 年气候变化委员会：2011～2013 年
强化 CDM 综合能力	2003 年至今	全球环境战略协会	政府间气候变化委员会、环境管理局气候变化办公室、科利马气候变化中心、雅典耀政府学院
菲律宾温室气体核算与报告项目	2005～2006 年	世界资源协会	环境管理局、菲律宾环境商会、科利马气候变化中心
开发 CDM 的能力	2003～2005 年	荷兰政府通过 UNEPriso 中心	政府间气候变化委员会通过科利马气候变化中心
开发菲律宾和东亚地方、国家、区域支持气候变化活动的能力	2001～2005 年	USAID	马尼拉观测局通过科利马气候变化中心

资料来源：UNFCCC. 2017. Second National Communication the United Nations Framework Convention on Climate Change. http：//unfccc.int/resource/docs/natc/phlnc2.pdf.

9.5　菲律宾应对气候变化政策的不足与展望

9.5.1　有关气候变化的研究不足

首先，菲律宾对本国气候变化的研究并不深入，这主要是因为缺乏详细而充足的数据。这种数据缺乏主要表现在非气候数据方面，如社会经济数据和环境数据。就脆弱性评估来看，社会经济发展情景、水资源分布状况、人口与卫生健康状况以及农业与生态系统等数据严重缺乏、获取难度大。温室气体减缓和适应等相关措施对社会经济的发展存在十分重大的影响，尤其是减缓措施在短期内甚至存在较为负面的影响。把握负面影响的程度有多大、范围有多广、影响如何扩散等问题需要精确的数据进行测量。但从目前的状况来看，菲律宾并没有完整而精确的数据，这导致菲律宾不仅无法把握减少温室气体排放以及适应气候变化的具体措施对社会经济各领域的影响，而且导致菲律宾政府无法进行有效的成本收益评估，进而无法识别并优先选择最有效的减缓和适应措施。

其次，菲律宾研究机构有关气候变化对社会经济影响评估方法和必要性缺乏充分的认识，它们更加关注应对气候变化带来灾害的办法和措施，忽视对气候变化未来影响的评估和预测。菲律宾目前的重心主要在于如何发展经济上，并且往往关注自然灾害对社会经济发展的影响，而忽视自然灾害背后的气候变化因素，这种短视观点导致包括政府官员在内的人士并不重视对气候变化长期影响的评估。

最后，虽然部分研究机构对气候变化研究表现出某种兴趣，但总的来说，这些机构开展的研究往往是接受国际组织的援助。这种接受外部资助的结果是研究往往呈现出不同的结果，而且这些不同的研究往往彼此间是孤立的，缺乏交流，这就导致研究结果的真实性、可靠性往往有待检验。目前对于如何整合这些研究机构及其成果并未给予充分的重视。

就目前的状况来看，在可调动资源有限的状况下，菲律宾要提升政府机构对气候变化影响评估的重视，尤其要加强对评估方法的重视和选择，同时要对现有的气候变化研究机构进行整合重组，组建由气候变化相关部门参与的跨学科、多部门参与的专业化气候变化研究机构，建立推动多学科交叉的研究网络，重点加强对包括气候变化减缓和适应措施对社会经济影响等主题的研究，构建气候变化影响综合评价指标和体系。与此同时，搭建国内气候变化研究交流平台，组织相关政府和民间研究机构开展气候变化研讨，就各自的研究成果进行交流，推动研究成果的整合，增强其科学性。但从当前的状况来看，菲律宾对气候变化及各种措施影响的研究将因数据不足、水平有限、资金短缺等而很难在短期内获得有效改善，因此在气候变化日益严重的情况下，争取并依赖发达国家在研究方面的援助在长期内将成为趋势。

9.5.2　气候变化适应技术转让缺乏

菲律宾在推动气候变化技术尤其是适应技术转让方面做出过诸多有益的实践和努力，但就目前技术转让的情况来看，仍在融资、知识产权保护、能力建设、技术转让与推广以及合作研发等方面存在着问题。目前，在推动减缓和适应技术开发和转让方面存在着大量的资金缺位，因此，政府鼓励大量的私人部门参与到减缓和适应技术的融资和投资中显得十分必要，与此同时，政府要为国内各项政策提供引导，为适应技术私人投资提供更长期的政策确定性。对气候变化适应技术的转让来说，菲律宾政府需要处理好知识产权保护与技术过度保护的冲突，既要保证气候变化适应技术得到充分的保护，激励各主体研发气候变化适应技术，又要防止气候变化适应技术被过度保护，导致技术无法得到有效的推广和利用。此外，政府还要确保技术运用主体能够充分获取技术成本收益的信息，为国际项目提供共同研发合作、试点示范以及技术早期开展的舞台。

此外，除了加强"硬技术"的转让，菲律宾还需要加强包括监测、预警等系统在内的"软技术"转让。从目前的情况来看，菲律宾尤其要加强以下"软技术"的转让：开发并实施气候预警系统；合作研发地方适应技术；通过试点示范、培训、论坛、研讨会等方式推动技术和技能的推广；制度汇编、市场营销、消费者行为调查以及最终用途影响的评估；定量与定性评估指标；早期预警系统和降低风险系统；气候监测系统与有关热带气旋、洪涝灾害、山洪暴发以及崩塌滑坡等极端事件发生、管理、预防的信息传播系统；疾病监控、预防以及治疗系统，等等。

9.5.3　公共意识和能力建设有待加强

对菲律宾来说，传递给公众的有关气候变化的信息和材料内容以及针对机构人员的能力建设项目仍有较大的改进和增加的余地。最近一份有关气候变化感知的调查报告显示，菲律宾公众在有关气候变化的以下问题上存在认知不足：气候和环境变化的原因；活动和发展过程将如何导致气候变化；居民和社区如何帮助减缓气候变化的不利影响（Republic of the Philippines，2014）。菲律宾国内有关公众气候变化认知的调查研究报告十分不足，如柬埔寨、新加坡等东盟国家都在提交给 UNFCCC 理事会的《国家信息简报》里展示了本国公众对气候变化认知状况的调查结果，这为政府采用措施提高公众气候变化的认知提供了依据。

此外，菲律宾虽然开展了提升公众气候变化认知的项目和活动，但并未对开展情况进行评估和总结，而且其开展方式和对象较为单一，主要通过中小学教学的方式将有关气候变化的知识通过教学的方式传授给中小学生，而这些中小学生在完成中小学教育后则往往将这些有关气候变化的常识抛之脑后。这种将开展气候变化的教育集于学校的做法，将大部分公众排除在教育范围外，忽视了气候变化教育的常态性、长期性。如何保证气候变化教育的常态化、社会化，并将其融入公众的生活中正是目前菲律宾政府亟需考虑的。

9.5.4　不同机构间的行动有待协调

菲律宾开展的所有应对气候变化的措施都需要政府发挥主导作用，尤其是气候变化的影响十分广泛，需要诸多部门联合采取措施共同应对，这就意味着不同部门或机构间存在着分工和协作。从目前来看，菲律宾应对气候变化的措施涉及众多政府机构，如环境与自然资源部、科学技术部、气候变化委员会、能源部、财政部等众多平行单位，虽然这些机构间有着较为明确的分工，但也存在着某种程度上的机构重叠、职责交叉、政出多门等问题，尤其是领导牵头如果不能得到很好的处理，往往容易导致各部门不作为，最终到影响政策措施的实施效果。

如何厘清与气候变化相关的不同部门间的责任分工成为包括菲律宾在内的众多东盟国家的当务之急。在对部门责任进行定位时，要兼顾分工与协作，即明确各部门在应对气候变化中的职责定位，其职责要有明确的制度规章来界定，防止责任漂浮不定、模糊不清，与此同时，还要加强部门与其他部门的合作与沟通，在部门内部设置与其他部门对接的内设机构。在必要的情况下，可以采取类似气候变化委员会的委员会式建制，委员会地位高于各部门并由各部门派出相关人员担任委员会委员，委员会可采取轮流主席制或主任制，也可由政府首脑担任主席或主任，这样可以保证政策措施执行的有效性。

第 10 章　柬埔寨应对气候变化的政策

10.1　柬埔寨的基本概要

10.1.1　柬埔寨的自然条件

1. 地理概况

柬埔寨全名柬埔寨王国，旧称高棉，位于中南半岛，领土范围在 10°N～15°N、102°E～108°E，总面积 18.1035 万 km²（Ministry of Environment，2015）。西部及西北部与泰国接壤，东北部与老挝交界，东部及东南部与越南毗邻，南部则面向暹罗湾。柬埔寨领土为碟状盆地，三面被丘陵与山脉环绕，中部为广阔而富庶的平原，占全国面积 3/4 以上，南面濒临海洋，海岸线长达 435km。奥拉尔山是境内海拔最高的山峰，位于国土西北部，海拔达到 1813m（Ministry of Environment，2015）。境内湄公河及其分支遍布国土，东南亚最大淡水湖——洞里萨湖（又称金边湖）同样位于境内。

2. 气候条件

柬埔寨地处北回归线以南，属热带季风气候，分为雨季和旱季。其中雨季从 5 月开始，持续到 10 月，由西北风带来大量降雨，降雨量占到全年降雨量的 90%；旱季从 11 月持续到次年的 4 月，受到东北季风的影响，11～次年 3 月低温干旱，4～5 月温度较高，旱季和雨季更替时的温度甚至超过 32℃（Ministry of Environment，2015）。柬埔寨全国降雨分布受地形的影响，呈现明显的区域性特点，气温则由于受到旱季和雨季的影响则稍有波动。地势低洼地区的降雨量在 1000～1700mm 变动，地势较高地区的降雨量每年可达到 1000～2700mm，海岸地带的降雨量则可达到每年 1000～3000mm；其年平均气温在 22～28℃变动，在极端高温干旱情况下，其温度可上升至 38℃（Ministry of Environment，2015）。柬埔寨极端天气爆发较为频繁，主要的自然灾害有洪涝、旱灾以及风暴。在过去的十几年中，柬埔寨严重的洪涝灾害频繁爆发，频率大幅度增加，1991 年、1996 年、2000 年、2001 年、2011 年的洪涝灾害给柬埔寨造成了严重的损失，其中 2000 年的洪涝灾害则是 70 年以来最严重的；柬埔寨旱灾也频繁发生，遍布全国各地，其中较为严重的有 1995 年、1996 年、1998 年以及 2002 年；此外，柬埔寨每年的 8～11 月期间风暴频发，尤其是 10 月份强度最高（Ministry of Environment，2015）。可以发现，柬埔寨洪涝、旱灾的发生呈现出明显的交替状况，这给柬埔寨恢复正常的生产活动带来了极大的威胁，造成严重的经济损失。

3. 自然资源

柬埔寨境内河流众多，水资源丰富。其流域大体上可以分为三大水系：其一是湄公河及其支流，湄公河在境内长约 500km，流贯东部；其二是洞里萨河及其支流，洞里萨湖低水位时面积约 2500km^2，雨季湖面可达 1 万 km^2（中国—东盟技术转移中心，2016）；其三是流入泰国湾的河流。柬埔寨水系分布不均，以湄公河和洞里萨湖为基本水系，集中分布于柬埔寨中部和东南部地区，而作为粮食主产区之一的西北部的暹粒、马德望省和西部的菩萨省则无较大的天然河流，因而这些地区农业水资源较为缺乏（王士录，1999）。洞里萨湖是东南亚最大的天然淡水渔场，素有"鱼湖"之称，西南沿海也是重要渔场，多产鱼虾，但是由于生态环境失衡和过度捕捞，水产资源正在减少。

柬埔寨林业资源十分丰富，森林覆盖率高达 61.4%，主要分布在东部、北部和西部山区，木材储量超过 11 亿 m^3（中国—东盟技术转移中心，2016）。目前柬埔寨林业正遭受持续的、无节制的破坏，处于可持续经营改革的关键时刻，一方面其每年的原木采伐基本上都是非法的，忽视对了环境的影响；另一方面，农业和林业以外的相关政策和政府投资对林业产生严重影响（毕世鸿，2014）。

10.1.2　柬埔寨的社会经济概况

1. 柬埔寨的人口概况

世界银行数据显示，2016 年柬埔寨总人口达 1576 万人（世界银行，2017）。柬埔寨人口增长率总体呈现逐年下降的趋势，已由 20 世纪 80 年代的 2.12%下降到 1.54%，虽然人口增长率不断下降，但人口结构较为年轻，2005 年的统计数据显示，24 岁以下的人口数量占到总数量的 61%（Ministry of Environment，2015）。随着人口的不断增长，柬埔寨的人口密度同样不断提高，2016 年的全国人口平均密度达到 89 人/km^2，相较于 2009 年 78 人/km^2 增长 14.1%，位居东盟国家第 7 位（ASEAN Secretariat，2016）。在高棉政权统治时期，柬埔寨的性别比例出现某种程度的失衡，男女性别比较低，目前这种状况已逐步得到改善。在民族构成方面，柬埔寨人口绝大部分属于高棉族，其中高棉人占总人口的 90%左右，越南人占 5%，华人占 1%，其他占 4%（Central Intelligence Agency，2016）。

柬埔寨城市化水平较低，但城市化进程较快。《东盟统计年鉴》的数据显示，柬埔寨 2014 年城镇人口已达到 347 万人左右，占到总人数的 22.5%，比 2009 年的 19.5%增长了 3 个百分点（ASEAN Secretariat，2016i），增长速度较快。虽然城镇化速度较快，减贫措施取得较为明显的效果，但从目前实际情况来看，贫困群体所占比重仍比较大。世界银行数据显示，柬埔寨 2014 年贫困人口占总人口的比例仍达到 13.5%，虽然表现出不断降低的趋势，但仍然占有较大比例，土地、森林和其他自然资源的缺乏以及长期较差的健康卫生条件成为柬埔寨贫困人口居高不下的重要原因。

2. 柬埔寨的经济概况

柬埔寨是传统农业国，农业在柬埔寨经济中占有重要位置，2015 年的数据显示，其占 GDP 总量的 23.6%（ASEAN Secretariat，2016i）。柬埔寨农业人口占总人口的 85%，占全国劳动力的 78%（腾讯网，2016），可耕地面积 630 万 hm²。柬埔寨政府高度重视稻谷生产和大米出口，首相洪森提出 2015 年"百万吨大米出口计划"（新浪网，2015b），这不仅提升了本地农民的积极性，也让众多投资者更热衷于投入农业，利用先进的管理技术改良稻种、建立现代化碾米厂。

工业被视为推动柬埔寨国内经济发展的支柱之一，到 2015 年，其产值占到 GDP 总量的 34.2%（ASEAN Secretariat，2016i），但基础薄弱、门类单调。自 1991 年柬埔寨实行自由市场经济以来，国有企业普遍被国内外私商租赁经营，工业领域为 50 万名柬埔寨国民创造了就业机会。经过多年的发展，柬埔寨工业取得了一些成绩，成衣制造业和建筑业成为柬埔寨工业的两驾马车，带动着柬埔寨整个工业的发展（蒋玉山，2014）。

服务业作为柬埔寨经济发展的一个重要组成部分，在柬埔寨经济的恢复和发展中起到了重要作用，2009 年柬埔寨服务业产值占 GDP 的 37.8%，远高于柬埔寨工业产值，2015 年服务业产值占 GDP 的比重已达到 42%（ASEAN Secretariat，2016i）。2015 年，柬埔寨旅游业收入达 30.1 亿美元，占 GDP 总量的 16.3%，创造了 62 万个就业岗位（中华人民共和国驻柬埔寨王国大使馆经济商务参赞处，2016）。旅游业升温还直接带动了酒店业的发展，数据显示，2012 年底，柬埔寨全国共有酒店约 610家，客栈 1193 家，其中首都金边有酒店 208 家，客栈 261 家（中华人民共和国驻柬埔寨王国大使馆经济商务参赞处，2013）。

自 2003 年 9 月加入世界贸易组织后，柬埔寨把农业、加工业、旅游业、基础设施建设及人才培训作为优先发展领域，加速推进改革，提高政府工作效率，改善投资环境，取得一定成效。2016 年柬埔寨 GDP 总值约 202.2 亿美元，年均增长 6.9%，人均 GDP 达到 1300 美元，外贸总额达到 220 亿美元，同比增长 9.53%；2015 年国家外汇储备 49.26 亿美元，全国投资总额达到 46.44 亿美元，其中外国直接投资 14.73 亿美元，占总投资的 30.7%。

10.1.3　柬埔寨的能源消费与温室气体排放

柬埔寨是东南亚最不发达的国家之一，本国的能源产量不能满足自身发展的需要，长期依赖国外进口。如图 10-1 所示，2003～2008 年，柬埔寨的能源生产出现停滞、衰退的状况，但是从长期来看，柬埔寨的能源产量还是呈现稳步增长的趋势。与国内能源产量情况相对应，柬埔寨 2003～2008 年的一次能源消费总量呈现出衰退、停滞的状况。与国内能源产量的起伏波动相比，进口能源一直保持着稳步增长的态势，成为柬埔寨能源消费的重要来源。从长远来看，如何满足日益增长的能源需求成为柬埔寨亟需考虑的现实问题。

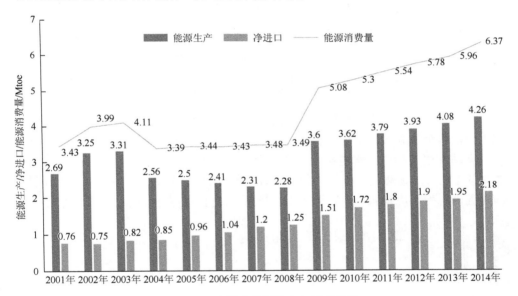

图 10-1　柬埔寨能源生产与消费状况

资料来源：IEA. 2016. Cambodia：Indicators for 2000. http：//www.iea.org/statistics/statisticssearch/report/？country=CAMBODIA&product=Indicators&year=2000.

如图 10-2 所示，与大多数的发展中国家一样，柬埔寨的电力结构严重依赖化石能源，这种情况到 2010 年才有所改善。2000 年以前，柬埔寨的电力基本上都是利用柴油发电机来进行，进入 21 世纪以后，柬埔寨的电力结构开始多样化，煤电、水电、生物质能与光伏发电逐步发展起来。尽管油电的比重在逐步下降，水电在电力结构中的比重快速提高，但是煤电在柬埔寨电力结构中却逐步居于主导地位，以化石能源为主的电力结构仍未改变。据湄公河委员会的初步勘测和估算，湄公河及其支流的水力资源占湄公河中下游总量的 33%，但并未得到有效开发。对湄公河的水力资源进行开发不仅有助于缓解柬埔寨能源短缺的情况，而且对于优化柬埔寨能源结构有着重要作用。

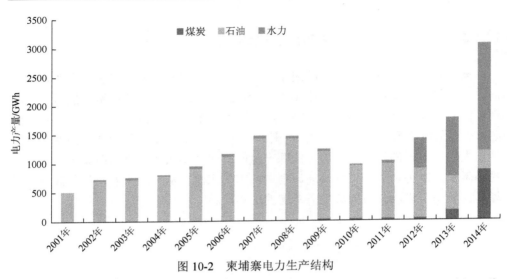

图 10-2　柬埔寨电力生产结构

资料来源：IEA. 2016. Cambodia：Electricity and Heat for 2000. http：//www.iea.org/statistics/statisticssearch/report/？
year=2000&country=CAMBODIA&product=ElectricityandHeat.

　　用电量是衡量一个国家经济发展状况的重要指标，如图 10-3 所示，进入 21 世纪，柬埔寨全国和人均用电量稳步增长，尤其是前者呈现爆发式的增长。21 世纪初，柬埔寨电力构成以水电站和柴油发电机组为主，其中水电装机容量占总装机容量的 37.9%，柴油发电机组占装机总容量的 62.1%（姚锋，2003）。这一时期柬埔寨国内电力供应紧张，全国只有 16.41%的家庭使用电灯，绝大多数地区仍未供

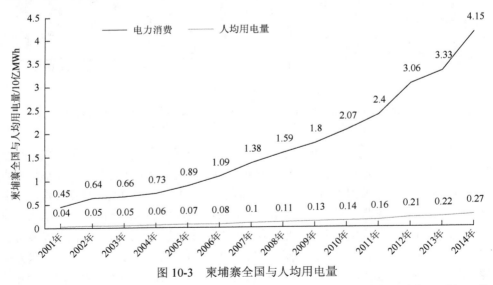

图 10-3　柬埔寨全国与人均用电量

资料来源：IEA. 2016. Cambodia：Electricity and Heat for 2000. http：//www.iea.org/statistics/statisticssearch/report/？
year=2000&country=CAMBODIA&product=ElectricityandHeat.

电，其中 84%的农村地区未通电。2002 年，柬埔寨仅有金边、西哈努克港及部分省市可供电，电价较昂贵，为 0.15～0.2 美元/(kWh)。金边 22 万户家庭中有 10 万户使用政府供电，其他家庭用电主要使用柴油发电，特别是广大农村的家庭中仅有 10%以下的家庭使用政府供电，既浪费资源又污染环境（中华人民共和国驻柬埔寨王国大使馆经济商务参赞处，2004）。近年来，柬埔寨政府十分重视电力工业的发展，实施多元化的发电模式，以扭转这种不利的供电、用电局面。柬埔寨政府大力鼓励私营公司投资水电站、太阳能发电和风能发电，努力发展可再生能源工业，并考虑采取减少进口风能和太阳能等发电产品的进口税收等优惠政策（中华人民共和国驻柬埔寨王国大使馆经济商务参赞处，2011）。

如图 10-4 所示，总体来看，柬埔寨的人均能源消耗水平增长缓慢，远远低于世界平均水平，但单位时间内的增长速度却高于后者。与全国能源生产和消费情况相对应，柬埔寨人均能源消耗水平在 2003～2008 年出现了降低，随后开始缓慢增长。从长期来看，柬埔寨 2000 年人均能源消耗量为 279.8ktoe，2013 年人均消耗量为 396.2ktoe，增幅为 41.6%。同期世界人均能源消耗量增长了 255ktoe，增幅为 15.56%。虽然柬埔寨人均能源消耗量增长速度高于世界平均水平，但是就其增长的绝对量来看，2000～2013 年柬埔寨人均能源消耗仅增长了 116.4ktoe，远低于世界人均消耗量的增长。

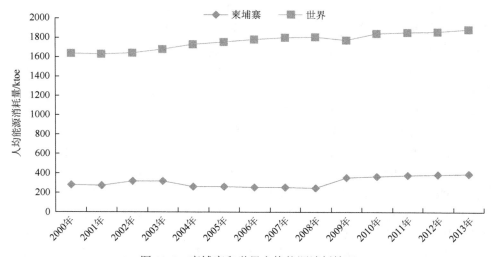

图 10-4　柬埔寨和世界人均能源消耗情况

资料来源：世界银行. 2016. 单位人均能源消耗. http://data.worldbank.org.cn/indicator/EG.USE.PCAP.KG.OE？view=chart.

如图 10-5 所示，除去个别年份，柬埔寨单位 GDP 能源消耗和世界平均水平整体上保持一致，但略低于世界平均水平。受 2003～2008 年国内能源生产、消费情况的影响，柬埔寨的单位 GDP 能源消耗急速增长，随后回落至正常水平。

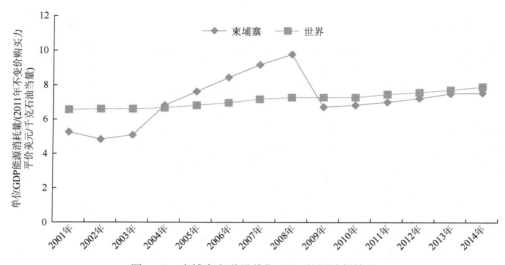

图 10-5　柬埔寨和世界单位 GDP 能源消耗情况

资料来源：世界银行. 2016. 单位 GDP 能源消耗. http: //data.worldbank.org.cn/indicator/
EG.GDP.PUSE.KO.PP.KD? view=chart.

　　世界银行的数据显示，2013 年柬埔寨的温室气体排放量达到 5573.84 千吨，占世界排放总量的份额极小（世界银行，2016c）。柬埔寨农林渔业部国务秘书丁劳表示，柬埔寨是世界上温室气体排放最少的国家，排放量仅为 0.2%，东南亚发展中国家所排放的温室气体为 5%，而欧洲国家为 11%～12%，北美洲国家排放量更是高达 20% 左右（柬华日报，2011），发达国家或地区的排放量占排放总量很大的份额。资料显示，2009 年，柬埔寨二氧化碳排放增长率达到峰值 19.38% 后，开始呈现不断下降的趋势，2013 年的排放增长率仅为 2.15%（世界银行，2016c），这与全球二氧化碳排放量增速放缓的基本趋势是一致的。

　　资料统计显示，柬埔寨 2011 年所排放的温室气体中，最主要的温室气体是二氧化碳。如图 10-6 所示，发电产生的二氧化碳成为其排放的重要来源，占排放总量的 13%，制造工业产生的二氧化碳排放量占总量的 5%，住宅等建筑物产生的二氧化碳排放量占总量的 6%，而运输产生的二氧化碳排放量占到总量的 68%，是二氧化碳最主要的来源。

　　与柬埔寨低水平的人均能源消耗、人均用电量一样，如图 10-7 所示，柬埔寨的人均二氧化碳排放量同样保持在极低的水平，远低于世界平均水平。2013 年，柬埔寨人均排放二氧化碳 0.34 吨，而同期世界人均二氧化碳排放量为 5 吨。世界单位 GDP 二氧化碳排放量呈现平稳下降的趋势，而柬埔寨的单位 GDP 二氧化碳排放量起伏波动较大，一度高于世界平均排放水平，2009 年单位 GDP 排放二氧化碳 0.41 千克，达到历史最高水平。随后缓慢降低，但仍高于世界平均水平。

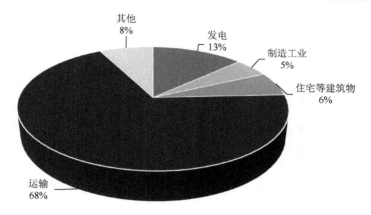

图 10-6　柬埔寨各种生产活动二氧化碳排放量占比

资料来源：世界数据图册. 2016. 柬埔寨-排放物-电力及放热造成的 CO_2 排放量总计.
https://cn.knoema.com/atlas/柬埔寨/topics/环境/排放物/CO_2 排放量发电量吨.

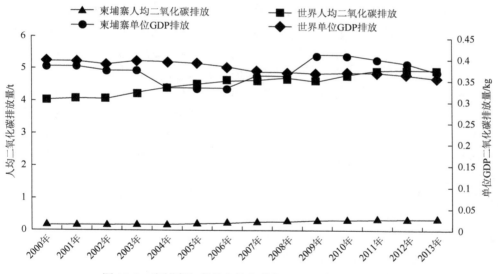

图 10-7　柬埔寨与世界人均和单位 GDP 二氧化碳排放量

资料来源：世界银行. 2016. 人均二氧化碳排放量、单位 GDP 排放量. http://data.worldbank.org.cn/indicator？tab=all.

10.2　气候变化对柬埔寨的影响

　　"东南亚经济和环境项目"工作组最新发表的一份研究报告显示，柬埔寨是东南亚最易受气候变化影响的国家之一，几乎全部地区都被列入东南亚应对气候变化最脆弱的地区。经过综合对比发现，虽然柬埔寨大多数省份遭受气候灾害的概率不是很高，但由于发展滞后，其应对气候灾害的能力很差，进而造成柬埔寨受气候变化的影响较大。

10.2.1　气候变化导致极端天气事件增多

全球气候变化给柬埔寨造成了不良影响，自然灾害和极端天气事件爆发频率逐年增多。世界银行的相关统计数据显示，2001 年的干旱天气使柬埔寨 65 万人的生活受到影响，2002 年的有 60 万人，2003 年的有 30 万人，2003 年的暴风也使17.8 万人的生活受到影响。柬埔寨每年发生的灾害中有 14%是洪涝灾害，3%是暴风，9%是流行疾病，还有 5%是干旱（Climate Change Knowledge Portal，2015）。

近年来极端天气事件和自然灾害不断加剧，台风、高温干旱、暴雨洪涝等极端事件频繁来袭，给柬埔寨造成巨大的损失。据专家研究，近 50 年来，柬埔寨的气温和降雨量逐渐发生变化。未来柬埔寨气温将持续走高，旱季降雨量减少，雨季周期延迟，同时雨季降雨量增多。2009 年 9 月的台风"凯萨娜"袭击了柬埔寨多个省份，导致 43 人死亡，87 人受伤，约 18 万人口受灾，直接经济损失超过 1.3 亿美元，2010 年柬埔寨天气异常炎热，最高气温达 41℃，而进入雨季后，暴雨和雷电多于往年，致使许多民房倒塌，48 人遭雷击死亡。气候变化还导致疾病多发，茶胶省禽流感造成近 2 万只鸭子死亡，有 8 人因感染禽流感而死亡（中国天气，2010）。2013 年，异常季风降雨给柬埔寨带来的大面积洪水灾害造成 10 亿美元的经济损失，使 168 人丧失了生命，180 万人受到影响（腾讯网，2014）。2014 年柬埔寨 12 个省份遭受洪水的袭击，约 9.5 万户家庭受灾，1.27 万 hm^{2}的农田被淹，45 人因洪水死亡（网易，2014）。洪涝旱灾以及台风风暴等自然灾害的交替发生给柬埔寨经济的发展造成严重的影响，提高对极端天气事件的适应和抗御能力十分重要。

10.2.2　气候变化影响农业生产的稳定

柬埔寨的农业生产深受洪涝、干旱的影响，其中洪涝灾害对其农业生产造成的影响最为严重。在"拉尼娜"年份，柬埔寨 25%的耕作区将遭受洪涝灾害的影响，洪涝灾害的发生不仅有可能导致农作物颗粒无收，而且会使包括灌溉设施等在内的基础设施遭受破坏（Ministry of Environment，2015）。事实上，几乎每次的洪涝灾害都会造成田亩被淹、作物绝收。随着居民生活和工业生产用水的增加，气候变化导致的降水减少，由此引发的干旱同样对柬埔寨的农业生产造成严重的威胁。柬埔寨绝大部分耕地远离河流，仅有 13%的耕地靠近河流，主要依赖雨水灌溉，然而由于柬埔寨旱季河流净流量较小，可提取的水量有限，在气候变化的背景下，更减少了河流流量。因此，柬埔寨的耕地面临着很大的旱灾风险。此外，虫灾和疾病同样影响着农作物的产量，随着气温和降水模式的改变，某些害虫的数量似乎呈现不断增长的趋势，这给农作物的产量和质量造成严重的损害。

10.2.3 气候变化影响森林正常生长

气候变化带来的极端降水和干旱等灾害都将影响森林等植被的正常生长。一方面，高强度的降水将导致流域沿岸的土壤流失，这种情况在土壤松弛、坡度陡峭以及植被破坏严重的地区表现得尤为明显，这不仅导致部分河流沿岸地区的森林遭到破坏，而且将导致土壤中营养成分的流失，影响森林等植被的生长速度。另一方面，森林受到高温干旱的影响，气候变化将延长干旱季节，给森林造成极大威胁。柬埔寨相关机构的研究显示，目前超过 400 万 hm^2 的低地森林存在 4～6 个月的干旱缺水期，随着气候变化的加剧，这种干旱缺水期将延长到 6～8 个月 (Ministry of Environment，2015)。此外，气候变化导致的高温将有可能加剧森林火灾的发生，尤其是在森林管理缺乏常态性的情况下，将会加大这种可能性。目前柬埔寨森林火灾爆发频率较高，预防森林火灾成为柬埔寨同其他东盟国家合作的重要方面。

10.2.4 气候变化导致海岸地区遭到破坏

气候变化对海岸地区的直接影响表现在海平面上升和海洋表面温度升高方面。IPCC 第四次评估报告显示，在 SRES-A1b 模式下，柬埔寨海平面年均上升大约 1.7cm。预计未来 90 年内，海平面将上升 1m，柬埔寨大约 25 000hm^2 的海岸地区将被永久淹没，在海平面上升 2m 的情况下，这个数字将上升到 38 000hm^2 (Ministry of Environment，2015)。海平面上升还将导致海岸洪水、风暴潮、湿地流失、海岸侵蚀、海水入侵等问题。此外，气候变化导致的海平面上升将导致表层海水温度升高，在加剧海岸风暴潮的同时，造成珊瑚白化，海岸物种向高纬度地区迁徙，影响海岸的生态平衡。

这些变化将给人类社会生活的各个方面，包括旅游、居住、农业、渔业、淡水供给等方面造成直接或间接的影响。随着海平面上升、海水表层温度升高，海风速度不断增加，由此掀起的巨浪不仅给沿海的基础设施造成损害，而且导致渔民无法出海捕鱼，影响他们的正常生活收入来源。海浪和沿海洪水将导致海岸景观遭到破坏甚至是淹没，这将给当地的沿海旅游业造成致命的打击，游客减少将导致海岸旅游业的收入减少。另外，由珊瑚漂白导致的生物多样性减少将产生链式反应，导致海岸鱼类减少，在沿海居民捕鱼不可持续行为的情况下，渔业资源减少将直接影响居民的收入。

10.2.5　气候变化导致健康问题不断产生

气候变化对人类健康有着直接和间接的影响。就直接影响来看，极端天气事件发生频次和强度的增加都可能导致生理紊乱甚至死亡，并会对公共健康设施造成破坏。气候变化对人类健康间接的影响表现在地理变化、传染疾病的发生以及由生态系统扰动造成的营养流失和饥饿。

疟疾是柬埔寨死亡率和发病率高的主要诱因之一，受气候变化的影响，疟疾的发生呈现时间和空间的差异。空间上，地势较高的省份爆发率要高于地势较低的省份和沿海省份；时间上，柬埔寨一些省份的疟疾主要集中发生在雨季开始和结束的时候，大量的研究显示疟疾的爆发与降水和气温密切相关，随着降雨和气温上升而呈现上升趋势（Ministry of Environment，2015）。柬埔寨的相关机构研究显示，降雨和气温的变化将对疟疾风险的变化产生重要的影响，良好的降雨和气温条件将为蚊虫产卵提供良好的环境。疟疾传播风险最高的月份是 9～11 月，主要通过蚊子来传播，月度降雨量每增加 100mm，在接下来两个月中人均蚊虫叮咬量将增加大约 30 只（Ministry of Environment，2015）。

10.2.6　气候变化导致渔业资源不稳定

《柬埔寨国家适应行动计划》对柬埔寨气候变化与渔业的关系进行了大量的研究。渔业是农村生计的一个关键组成部分，在传统饮食中占动物蛋白的比例达80%。气候变化引起的湄公河流域的水文变化，预计将延长渔业的繁荣和萧条周期，导致农村居民生活质量的稳定性减弱，从而导致柬埔寨民众的饮食结构发生变化。研究认为，渔业和水产养殖可以作为适应措施来提供补偿，如在地势较低的地区发展水产养殖有着地形上的优势，可以考虑将地势较低的农业用地作为柬埔寨适应战略的一个重要组成部分（世界银行，2011）。

10.3　柬埔寨应对气候变化的制度安排

新的科学证据证实，气候变化速度正在加剧，《亚洲政党国际会议第四次评估报告》表明，气候变化可能对柬埔寨所在的流域带来影响，加上其经济发展水平较为落后，为此柬埔寨需要更多地关注气候变化对社会经济发展的影响，迫切需要去适应这些影响。柬埔寨环境部部长赛松欧指出，柬埔寨参与应对气候变化的能力有限，但是作为联合国成员国家，柬埔寨将气候变化问题视为国家紧要的问题，承担起相应的责任，与其他国家合作共同减轻气候的变化影响（柬华日报，2015a）。作为 UNFCCC 和《京都议定书》的缔约国，柬埔寨十分致力于全球温室气体减排，在应对气候变化的制度安排方面开展了众多建设。

10.3.1 应对气候变化的政策机构

1. 国家气候变化委员会

国家气候变化委员会于 2006 年由柬埔寨政府成立，作为跨部门和多学科交叉的政府机构，主要负责准备、协调、监控与气候变化相关的政策、战略、计划以及项目的实施。国家气候变化委员会成立后，一直作为跨部门气候变化响应的协调机制。

2. 国家可持续发展委员会

在应对气候变化的过程中，柬埔寨对气候变化问题的性质进行了重新界定，最终将气候变化问题定义为发展问题。因此，柬埔寨政府于 2015 年 5 月成立国家可持续发展委员会，自此，国家气候变化委员会的职能逐渐转移到国家可持续发展委员会。国家可持续发展委员会由中央政府部委的高级代表组成，由总理担任名誉主席，环境部部长担任主席。相比于国家气候变化委员会，国家可持续发展委员会成员数量更多，涵盖大量中央政府部委，还首次将省级政府负责人纳入其中。目前，国家可持续发展委员会在改善气候变化不同方案间的协调方面作出了巨大的贡献，这主要包括推动准备《柬埔寨气候变化战略计划 2014—2023》、《部门气候变化行动方案》以及《气候变化融资框架》等。

3. 气候变化办公室

气候变化办公室隶属于环境部，于 2003 年建立，旨在负责一系列与气候变化相关的活动：气候变化方案和政策草案的规划；实施 UNFCCC 中的相关决议；评估适应气候变化不利影响和减缓温室气体排放新技术；推动能力建设和提高公众意识，等等。国际层面，办公室作为柬埔寨 UNFCCC 秘书处、IPCC、《京都议定书》以及 CDM 的联络点；国家层面，办公室协调专业领域技术工作组和气候变化相关主题间的跨部门协调。柬埔寨政府于 2009 年将气候变化办公室升格为气候变化局，这显示出政府致力于气候变化制度建设的强烈决心。

环境部于 2003 年 7 月被指派为 CDM 的国家派出局。后来，柬埔寨政府将新成立的气候变化局作为柬埔寨国家派出司的秘书处，目前，气候变化局在日本、荷兰和欧盟提供的技术和资金的帮助下，推动 CDM 项目实施中发挥着十分活跃的作用。主要活动包括强化技术和制度能力、提升公众意识、识别 CDM 项目，推动主导国的项目提案符合《京都议定书》和 UNFCCC 的要求。

10.3.2 应对气候变化的战略规划

1. 应对气候变化战略方案

柬埔寨环境部制定了《应对气候变化战略方案 2014—2023》（以下简称《方案》），以提高应对气候变化的意识，共同努力参与减少气候变化所带来的影响。《方案》是将气候变化纳入《国家可持续发展规划 2014—2018》和所有相关部门发展规划的重要手段，旨在引导政府主体，帮助非政府机构及其合作伙伴制定与温室气体减排等相关的具体措施和行动，从而提高柬埔寨应对气候变化的能力。为了确保《方案》能够合力应对气候变化，柬埔寨政府将重心放在受气候变化易产生深远影响的领域，如水资源、森林、渔业以及旅游业等脆弱领域，重点加强这些领域内的适应及减灾项目的制度能力及科学知识建设上。

2. 气候变化部门行动计划

在《方案》的指导下，柬埔寨中央政府部委制订了若干部门行动计划。截至目前，柬埔寨政府已在同气候变化密切相关的农林渔、灾害管理、教育、性别、公共健康、水资源与气象、交通运输、土地管理与城市建设规划、信息通信、旅游、工业生产、环境、能源等领域制订了部门应对气候变化的行动计划（Department of Climate Change，2016）。柬埔寨政府十分注重不同规划方案间的协调，在《方案》和《国家可持续发展规划 2014—2018》中，柬埔寨都不同程度考虑了不同领域与气候变化的关系，以及受到气候变化影响的不同程度，充分将气候变化考虑到各部门的发展规划中。

3. 气候变化融资框架

《柬埔寨气候变化融资框架》（以下简称《框架》）于 2013 年 7 月～2014 年 3 月由九个与气候变化密切相关的主要部委在气候变化技术小组气候融资小队的指导下共同参与制定，是政府管理气候变化融资的框架，主要为柬埔寨气候变化融资的管理规划制定指导方针。《框架》的核心是依据某项政策或行动的利益是否受到气候变化的影响，以此来界定并分析气候融资。《框架》以柬埔寨气候变化战略、气候变化跨部门行动规划过程以及成本分析（使用如气候公共支出以及制度评估等工具）等作为界定气候融资的依据，包括对气候支出成本和收益的额外分析，以及对国家和地方层面各种不同气候融资渠道形式的评估。此外，鉴于应对气候变化的复杂性，《框架》强调政府对特定能力开发的干预，将能够更快、更好地提升柬埔寨应对气候变化的相关能力。柬埔寨在制定《框架》的过程中受益颇多，将整个制定过程视为最终产品。整个过程和《框架》拥有广泛的参与者，表明相关主体致力于实施气候变化融资框架的强烈决心。

10.3.3　应对气候变化的法律保障

1. 柬埔寨王国宪法

《柬埔寨王国宪法》第 59 条规定：国家要保护环境和平衡自然资源，要制定和负责土地、水、大气以及野生动植物等地理生态系统，以及石油、天然气等矿产能源以及森林生产的管理政策。这为柬埔寨应对气候变化提供了宪法层面的支撑，随后相关的法律法规、政策规章都以此为基础建立起来。

2. 其他环境相关法律

以《柬埔寨王国宪法》作为应对气候变化的核心，柬埔寨政府还制定了各种环境、资源法律为宪法提供支撑。例如，柬埔寨政府 1993 年出台《柬埔寨关于建立自然保护区的皇家指令》、1994 年出台《城市土地规划与管理法》、1996 年出台《环境保护与自然资源管理法》、2001 年出台《土地法》以及《矿产资源管理与勘探开采法》。另外，柬埔寨政府于 2002 年通过了《森林法》、2006 年通过了《渔业法》、2007 年通过了《水资源管理法》、2008 年通过了《保护区法》和《生物安全法》等法律法规，以支持绿色产业的健康发展（中国—东盟环境保护合作中心，2011）。

10.4　柬埔寨应对气候变化政策的内容与实施

气候变化带来的自然灾害和极端天气事件严重威胁着柬埔寨的社会经济发展。在有关气候变化方案规划的指导下，柬埔寨从减缓、适应、技术转让和开发、公众意识和能力建设等方面出发，制定并实施了应对气候变化的具体措施，这些措施对柬埔寨政府应对气候变化、降低自然灾害的损失发挥着十分重要的作用。

10.4.1　柬埔寨应对气候变化的减缓措施

1. 开采绿色能源，弥补能源短缺

柬埔寨是个能源短缺的国家，能源产量远不能满足国内的需求，并且由于开采技术落后和人才短缺，埋藏在地下的能源很难开采并及时投入使用，近年来柬

埔寨开始鼓励拥有先进开采技术的外国公司到柬埔寨，共同合作开发能源资源。柬埔寨境内河流较多、水力资源丰富，尤其是湄公河及其支流的水力资源异常丰富，但目前并未得到有效开发。《柬埔寨水电建设总计划》规划建设的 29 个水电站中，经过论证有 7 座电站需要优先发展，需要资金为 11.4 亿美元（北极星智能电网在线，2008），水电站建设主要在柬埔寨东北和西南地区。水电能为国家提供廉价电力，并且有助于消除贫困。大唐集团的柬埔寨斯登沃代水电项目和 2010 年开工建设的华电柬埔寨额勒赛下游水电项目均采用 BOT 的投资模式，特许运营期为 30 年（人民网，2010）。

2. 加强经济特许地的治理

1993 年，柬埔寨政府通过了一项"经济土地特许经营权"计划，为鼓励对大型种植园和农场的私人投资，将统一国内外民间企业的土地使用期限统一为最长 99 年。该计划旨在通过特许地开发使人民的生活得到改善；通过可持续发展的种植、养殖及农副产品深加工项目改善自然环境、社会环境、经济环境、人文环境；通过对特许土地开发过程中所收集到的木材资源进行加工利用，为国家获得税收、创造更多的就业机会，并以此鼓励长期投资行为。土地开发使用期为 70～99 年，砍伐后按计划种植树苗或实施经由政府批准的开发项目。砍伐的树木缴纳资源税后应进行加工销售，木材出口按木材的品质缴纳不同的出口税率，同时缴纳离岸价 1%的出口手续费（毕世鸿，2014）。

柬埔寨农林渔业部报告，截至 2011 年底，柬埔寨已向 118 家公司批准了 17 个省共 119 万 hm² 经济特许地。这些特许地有效地刺激了私人领域向林业种植领域的投资，例如，在柬埔寨东部及东北部出现大规模的人工柚木林、橡胶林、腰果林等。林业种植使柬埔寨森林覆盖率有了某种程度的提高，同时为当地人民提供了就业机会，大大改善了他们的生活。但是特许地在开发过程同样会存在一些问题，很多外国投资公司更看重特许土地上的木材资源，而不愿意花费时间和资金来重新创造资源，因此森林的再植速度远远赶不上砍伐的速度；投资公司在开发过程中还存在着只顾本公司利益而忽视当地居民利益的行为，很多特许地的当地居民受到了各种伤害，被强制搬离或被限制进入农地和放牧地。

这些现象引起了柬埔寨政府甚至是联合国人权理事会的重视。2012 年 5 月 7 日，首相洪森签署了《提高经济特许地管理效率指示令》，决定暂停向公司批准经济特许地，并且指示有关部门对经济特许地的运营进行视察，将没有遵守法律和合同的经济特许地公司的土地收回，同时要确保经济特许地的运营不影响当地人民的土地和生活，并且要真正给国家和人民带来可持续的利益（中华人民共和国驻柬埔寨王国大使馆经济商务参赞处，2014）。

2015 年 9 月，柬埔寨环境部部长赛松欧参与旨在讨论 UNFCCC 执行的会议后，在接受媒体记者采访时表示：从今往后柬埔寨不再批准经济特许地给予任何公司，目前环境部正在检查拥有柬埔寨经济特许地的公司。考虑到未来的30～40 年内，柬埔寨的人口将会增加，目前环境部正在缩短部分公司的经济特许地的开发时间。为保证国家拥有足够的粮食和土地用于国民生活，环境部决定将部分公司的开发时间缩短为 50 年。另外环境部也正式停止为新公司提供经济特许地。

迄今为止，柬埔寨环境部对 113 个经济特许地开发项目进行了检查，涉及的面积共 610 296hm^2，其中 90 个项目的调查报告已递交给政府间部门委员会审批，然后再移交给政府做出判定；最后结果是，23 个项目被政府撤销经济特许地的开发执照、5 个项目被开发公司自愿还给政府管理、5 个项目决定缩小开发范围、20 个项目决定接受政府 6 个月～1 年时间的监督、37 个被认定可以继续执行开发工作，但是开发期限缩短为 50 年（柬华日报，2015b）。

此外，柬埔寨政府还积极加强与邻国的合作，共同打击跨境非法林木砍伐及贩运活动。农业部和国家林业局成立了高效率的森林犯罪监控单位，全国委员会和省级委员会携手，减少森林砍伐和火烧林地、侵占林地的行为。

10.4.2　柬埔寨应对气候变化的适应措施

《国家适应气候变化行动项目》得到了柬埔寨内阁和相关政府部门的支持。这个项目确认了 4 个部门、39 个工程，它们集中建设有利于培养公众气候变化意识的教育基础设施。《国家适应气候变化行动项目》就柬埔寨面临的气候变化威胁，明确了需要采取措施的一系列具体领域，包括农业、水资源、海岸带与人类健康。柬埔寨首相要求所有的部门尽最大的努力，把这些项目的优先工程整合到所有的计划中去，认真贯彻政策目标，推动可持续发展目标的实现。

1. 加强政策引导和支持

在向 UNFCCC 提交的 NAPA 中，根据 UNFCCC 的要求，柬埔寨确定其适应行动的优先领域为农业和林业。具体行动包括：在农业部门，发展新的高产作物品种，改进作物管理，改进极端天气事件的预警系统和灌溉系统；在林业部门，建议在其他非生产性土地上建立森林种植园、保护区，并改善森林资源管理。

《国家适应气候变化行动项目》还讨论了作为优先适应行动范围内的人类健康，主要包括沿海地区的教育和疾病控制措施，应对海平面上升及其影响的发展战略研究，提高当地居民的管理和能力建设。柬埔寨最近的相关适应政策和报告如表 10-1 所示。

表 10-1　柬埔寨有关适应需求、优先事项与行动计划的主要政府政策和报告

行动计划	负责政府部门	覆盖年份	焦点领域	概要描述
《增长、就业、平等和效率的矩形策略》	柬埔寨政府	2004	多领域	在各个部门倡议的国家政策，其目标是减少贫困和促进经济增长。柬埔寨政府意识到，气候变化是柬埔寨面临的主要挑战之一，是其发展面临的主要威胁之一，因此必须通过可持续管理和利用自然资源，以确保环境的可持续性 农业的改进措施包括：作物多样化、灌溉、研究和发展、小额信贷和改进土地管理。水资源的改善措施包括：灌溉、扩大水库，改进对湄公河流域的管理，鼓励和支持私营部门，加强灌溉系统的发展和管理
《柬埔寨食品安全与营养的战略框架》	柬埔寨政府	2008～2012 年	农业	此框架由柬埔寨农业和农村委员会通过广泛地咨询各相关部委、政府机构、发展合作伙伴和非政府组织，特别是食品安全与营养工作组后制定的。从目前的国家战略框架——包括《柬埔寨千年发展计划》《矩形和国家发展战略计划》来看，改善粮食安全和提高营养价值是柬埔寨皇家政府的发展重点。这一战略包括五个主要战略目标：增强粮食安全、加强粮食准入、改善食品的使用和效益、增强粮食供应的稳定性、改善食品的政策制度环境
《国家战略发展计划 2006—2010》	柬埔寨政府	2006～2010 年	多领域	基于矩形战略，《国家战略发展计划》综合了各项政策文件——包括千年发展目标和国家扶贫战略，为实现这些目标提供了框架和策略
《农业和水战略》	柬埔寨政府	2010～2013 年	农业、水	重点是完善制度和提升管理能力，促进《国家战略发展计划》战略总体发展目标的实现。包括六个主要计划：政策和监管、机构能力建设和人力资源、研究和教育、粮食安全、水资源和农业土地管理、农业经营和营销

资料来源：Department of Climate Change. 2016. Resources. http://camclimate.org.kh/en/documents-and-media/library/category/34-adaptation.html.

2. 发展绿色产业，走低碳经济道路

在环境保护的法律框架下，柬埔寨政府制定了《柬埔寨王国政府环境保护立体战略 2008—2013》（以下简称《战略》），该《战略》是柬埔寨绿色产业发展的路线图。保护环境与自然资源的国家政策包括国家环境行动计划、国家环境战略计划、国家土地政策、国家森林行业政策、国家水资源政策、国家渔业行业政策以及国家发展战略计划等。根据社会发展的实际情况，柬埔寨政府将会对这些战略计划不断更新，以消除其中不符合社会经济发展的规定。

1）推动战略规划落实

在《战略》的基础上，柬埔寨确定了中小企业发展、商品国际标准化、清洁生产、气候变化、能源效率、执行持久性有机污染物公约六大优先领域，致力于把六大优先领域尤其是把涉及工业的相关领域纳入国家发展计划中。为了将战略落到实处，柬埔寨政府主要做了以下几个主要工作：建立国家绿色增长秘书处、

建立绿色增长部级工作协调小组、制定绿色增长路线图、开展环保宣传、实施绿色增长示范项目等。

绿色产业发展的核心内涵是：在实现发展的同时，实现环境效益和经济效益的融合。柬埔寨的绿色产业发展有两个重要方向：第一，确定优先发展领域，包括农业、劳动密集型、资源密集型行业以及第三产业；第二，确定绿色产业发展的构架，包括国营和私营企业，为企业创造良好的发展环境等。

2）召开部级绿色增长会议

2009 年 3 月，柬埔寨召开了第一次部级绿色增长会议，2009 年 4 月召开了第二次部级绿色增长会议。会议主要包括部署和安排绿色增长工作，研究学习包括绿色建筑评级制度、环境认证制度以及有关环境管理系统的标准 ISO14001 等在内的国外先进经验。作为推动绿色发展的一项具体举措，柬埔寨政府鼓励私营企业参与实施农村地区电气化项目，这些项目能够促进当地生物质能的发展，减少二氧化碳的排放同时能够使企业获利，确保经济和环境得到有效平衡。

3）积极开展国际合作

柬埔寨积极开展环境和绿色发展的国际合作。2007 年，在 UNEP 的支持下，柬埔寨就农业、环境对人类健康的影响做了相关的研究分析。另外是关于柬埔寨电子垃圾环境管理的研究，该研究得到日本环境保护部以及《巴塞尔公约》秘书处的支持。此外，在联合国亚太经济社会委员会的支持下，柬埔寨还起草了塑料垃圾管理指导意见的草案，该草案主要目标是使塑料袋的管理能够符合"3R"标准。柬埔寨政府意图把"3R"的做法纳入固体垃圾管理中，并希望能够逐渐达到国际标准。

中国和柬埔寨作为东亚环境合作的参与者和推动者，在环境发展方面的合作，不仅对双方产生积极效应，更对整个区域的发展都会产生积极的作用。区域环境问题的日益突出和中国—东盟自由贸易区的建立，给中国—东盟绿色产业发展与合作带来了前所未有的机遇。柬埔寨和中国作为中国—东盟自由贸易区的重要成员，依靠现有平台在产业发展技术合作上开展了全方位的合作。就目前合作的实际情况来看，双方还要从以下方面来推进绿色产业的发展与合作：首先，政府不仅要制定恰当的规定及激励政策，还要促进私有企业的发展；其次，建立自由贸易区、降低关税的本身并不一定能增加贸易，这需要长期的努力，中国与柬埔寨都有传统的进出口市场，存在 10%或者 5%的比较优势，要实现这样的转型还需要时间；然后，如标准和安检手续等方面的问题也需要时间解决；最后，除了产品价格外，产品的质量也很重要。从长期来看，为了深化双方的合作水平和深度，柬埔寨和中国未来要通过更深入的合作来消除这些障碍。

从长远来看，为了推动双方在环境保护方面的合作，双方需要从以下方面着手：从促进环保产业的绿化与合作开始，依托中国—东盟自由贸易区，促进柬埔寨环保产业市场的发展，加强环境产品和环境服务的流动；环境产品和低碳产品作为经济快速发展的领域，促进彼此间相互交流和互认，有利于提升有关品牌的国际影响力；加强双方的能力建设和环境宣传合作，柬埔寨和中国通过政府、企业和社会团体间多角度、多层次、多平台的交流，更好地促进双方在环境管理方面的经验和政策交流；加强柬埔寨与中国农村环境保护与产业发展的示范与合作，两国农村人口众多，在农村环境保护方面进行合作不仅可以促进农村环境质量的改善，而且可以探索出一条符合农村实际的绿色产业发展道路，缓解农村劳动力就业问题，解决农村城镇化过程中环境保护的管理问题（中国—东盟环境保护合作中心，2011）。

3. 缓解土质退化，促进农地质量适应气候变化

1990 年，柬埔寨的森林面积为 129 440km²，覆盖率达 73.3%，随后其森林面积不断下降，2011 年时正式跌破 10 万 km²，到 2015 年则减少到 94 570km²，覆盖率只有 53.6%（世界银行，2016）。柬埔寨森林覆盖率下降有两个因素：一是木材需求量的无限增长，二是营造新林区非常有限。这从侧面反映出柬埔寨土质退化对森林产生了严重的负面影响。为了消除柬埔寨土质退化、保证柬埔寨农业用地质量并提高其适应气候变化的能力，柬埔寨政府和相关部门联合制定了"2011—2020 年防止柬埔寨土地退化"的计划。这个计划分为五个措施：保证柬埔寨农业用地质量和适应气候变化；保护生态环境资源，提高农业生产；鼓励公众积极参与保护柬埔寨土地质量；培训这方面的人才，缓解柬埔寨土质退化现象；筹集资金来实行这项计划。

10.4.3　柬埔寨应对气候变化的资金与技术援助

1. 国际社会对柬埔寨的资金援助

柬埔寨应对气候变化的能力较弱，经济发展水平有限，开展提高适应气候变化能力工作的资金缺口较大。与其他贫困国家一样，柬埔寨十分容易受到气候变化的影响，由于本国财政投入有限，争取来自发达国家或国际组织的资金援助来提高其适应气候变化的能力显得十分重要。从目前的实际情况来看，柬埔寨同瑞典等国家以及 FAO、UNDP、ADB、欧盟等保持着密切的合作，这些国家或组织为柬埔寨应对气候变化、适应气候变化提供了大量的资金援助。

2013 年 11 月，柬埔寨财经部副国务秘书罗西瓦表示，柬埔寨被列入世界上最易受到气候变化影响的十个国家之一，柬埔寨政府希望通过气候变化论坛等形式，

让其合作伙伴、援助国和民间组织扩大向柬埔寨的资金援助，提高本国适应气候变化的能力。最近 3 年内，柬埔寨筹集到超过 2.5 亿美元用于应对气候变化。接下来的两三年里，柬埔寨希望世界基金、适应气候变化基金、绿色基金会扩大对柬埔寨的资金援助。

2014 年 6 月柬埔寨环境部同 FAO 在柬埔寨首都金边签署了合作协议，开展主题为"通过微观管理活动，提高农民适应气候变化能力，保证粮食安全的可持续性"项目。该项目总额达 500 多万美元，由 GEF 提供。在签署仪式上 FAO 驻柬埔寨代表处代表布兰德斯女士强调，主要依赖于农业的国家很容易受到气候变化的影响，若不解决这一问题将对粮食安全构成严峻的挑战。该项目旨在协助受气候变化影响的农民并保障其生计（越通社，2014）。按计划，该项目将在磅通（Kampong Thom）、暹粒（Siem Raep）、柏威夏（Preah Vihear）、腊塔纳基（Ratanakiri）等省市展开，旨在通过管理活动减少由气候变化带来的损失，提高农业生产应对气候变化的能力，最终提升农民适应气候变化的能力。

2015 年 3 月，欧盟、瑞典国际开发合作署（Swedish International Development Cooperation Agency，SIDA）和 UNDP 联合宣布，将通过"柬埔寨气候变化联盟（Cambodia Climate Change Alliance，CCCA）"二期项目向柬埔寨提供 1230 万美元的资金援助，用于帮助柬埔寨应对气候变化，此项目执行期为 2014 年 7 月～2019 年 6 月。瑞典政府、欧盟以及 UNDP 同柬埔寨环境部在金边分别签署了援助协议，将分别援助柬埔寨 380 万美元、600 万欧元、115 万美元（吴哥新闻，2015）。CCCA 项目由环境部于 2010 年成立，主要目的是提高有关政府部门官员应对气候变化的能力，保障国家各项事业的可持续发展。CCCA 二期项目主要包括向研究工作和教育领域方面提供支持，开发人力资源和发展技术。

ADB 在向柬埔寨提供资金援助，帮助其提升应对气候变化的，发挥着十分重要的作用。为提升柬埔寨应对气候变化的效力，减少气候变化对农民造成的影响，2016 年 7 月，ADB 向柬埔寨国内民间组织提供 140 万美元援助，用于帮助其实施应对气候变化项目。该项目由 ADB 提供技术援助，在柬埔寨环境部的指导下，由柬埔寨国际计划组织下辖的 19 个非政府组织合作推行，旨在推动环境保护、减轻贫困并在全国 17 个特定省份推行农业水利系统修复、水源管理、清洁水供应、卫生健康、国民教育以及保健医疗等项目。ADB 称这是其援助大湄公河次区域国家推行"应对气候变化项目"的方式之一，该项目将由基层社区人民直接参与环保管理，通过发展水利养殖业、增加就业，改善农村清洁水供应、提供保健医疗服务、加强少数民族教育工作等措施，项目将使大约 21 000 户家庭，共 112 000 人受益。包括湄公河沿岸国家在内的东盟国家是 ADB 提供资金等援助的重要对象，尤其是当气候变化问题进入东盟国家的视野后，ADB 更是加大了对包括柬埔寨等在内的湄公河沿岸国家的资金援助。自 2011 年以来，ADB 向湄公河沿岸国家提供"应对气候变化项目"的经费共计 12 亿美元，其中援助柬埔寨的项目经费共 5.85 亿美元，占到 48.75%（柬华日报，2015a）。

虽然部分发达国家或国际组织向柬埔寨提供了大量的资金援助，但是从柬埔寨的实际情况来看，这些资金在某种程度上可以说是杯水车薪，对柬埔寨提升应对气候变化的能力作用甚微。国家可持续发展委员会"应对气候变化项目"相关负责人表示，柬埔寨在 2016～2018 年需要约 10 亿美元来应对气候变化，仍需要各国在资金、技术和能力建设等提供更多援助，用于执行应对气候变化项目和与其相关的环保项目（高棉日报，2016）。

2. 国际社会对柬埔寨的技术援助

国际社会对柬埔寨的技术援助主要通过 CDM 项目来实现。柬埔寨的 CDM 项目主要与使用可再生能源、工业余热、农业与牲畜废弃物产生电力、热量等有关。但在实施的过程中，柬埔寨政府发现 CDM 有很多缺陷，尤其对发达国家来说，存在交易成本过高、吸收能力较低以及投资环境不便等问题（Ministry of Environment，2015）。自从 UNFCCC 缔约方通过了技术转让和设立最不发达国家基金（Least Developed Countries Fund，LDCF）的决定后，柬埔寨于 2013 年向 UNFCCC 提交了减缓的技术需求评估和行动计划（Ministry of Environment，2013）。柬埔寨被确定为针对可再生能源的 GEF 技术需求评估项目对象，这个项目主要关注来自中国、印度、泰国等同柬埔寨有类似文化背景国家的南南技术转让，涉及维护、培训以及地方能力建设等整个转让链，目前，柬埔寨已就这个项目向 GEF 提交了有关项目开展和操作方式的草案。另外一个有关工业能源效率的 GEF 项目主要关注用谷壳生产高端产品生产技术的转让。目前向柬埔寨适应技术的转让仍处于起步阶段，减缓技术转让仍处于主要位置。

除了通过 CDM 的技术转让，柬埔寨还同其他国家或组织在此机制下开展了主要关注能源技术的合作。除了依托东盟平台同东盟其他成员国开展合作，柬埔寨还同区域外的其他国家和组织，如德国、加拿大、ADB、JICA 等开展了相关技术的合作。

柬埔寨电力设施落后，常年需要从周边国家进口，尽管如此，仍然有大量的居民无法得到基本的电力供应，电力供应主要局限于大城市和主要省会城市。2011 年，柬埔寨全国 80% 的农村人口中仅有 20% 的居民有电可用，仅 60% 的城镇住户可得到电力供应，首都金边是柬埔寨政府全力保证电力供应的重点城市，也是全国用电量最大的区域，年电力供应能力超过 1.54 亿 kWh，其次为暹粒市和西哈努克市（中华人民共和国驻柬埔寨王国大使馆经济商务参赞处，2012）。

在电力能源合作方面，柬埔寨政府根据柬埔寨、老挝、泰国和越南四方综合委员会的精神，开展多边电力能源合作，与上述三国共同建设连接四国的跨境电力能源电网及水电站。在科技转移、技术服务和人力资源建设方面，柬埔寨积极与中国、韩国、日本、澳大利亚、德国以及欧盟等国家和组织开展双边合作，争取得到其能源科技、资金、技术的支持与帮助。目前，柬埔寨进一步加强了与东盟的能源合作，签订了《东盟工业合作实验协议》、《东盟科技基金协议》、《东盟天然气管道项目谅解备忘录》以及《东盟工业、电力、自动化统一标准协议》等一系列文件。

　　同时，柬埔寨不断利用外来企业改善国内电力供应状况，依靠其先进的技术和管理经验来开展国内电力基础设施的建设。2000 年加拿大木星电力国际有限公司在柬埔寨投资 700 万美元建立了 C-1 发电厂，这是柬埔寨投资建设的第四家发电厂（东方新闻，2010）。在柬埔寨经济社会建设的过程中，日本在修路架桥、建设发电厂等方面一直给予柬埔寨大力的援助。2004 年，日本援助暹粒市的 10MW 电厂顺利落成，该电厂总投资达 1150 万美元，自落成以来一直运行良好，已能满足暹粒市 24 小时供电，保证了暹粒市的基本用电需求。此外，日本还计划在柬埔寨建设大型的水力发电厂，帮助柬埔寨将各地的输电系统联结成一个电网系统，与邻国的输电网联结起来，以解决柬埔寨国内电力缺乏的难题，满足其日益增加的电力需求。日本政府多次向柬埔寨提供电力方面的援助，援建的暹粒 10MW 发电厂和金边市配电系统总共价值约 3400 万美元，此外还提供了 482 万美元的资金援助，帮助柬埔寨用以研究如何发展电力、援建金边市的输电系统等。

　　在柬埔寨政府的努力与国际社会的援助下，柬埔寨正在努力建设多种形式的能源工业体系，其中绝大部分的电网由发达国家或组织援助建设。目前柬埔寨已建成的国家电网主要有：由 ADB 提供贷款建设的连接越南经柬埔寨茶胶省进入金边的输电网已完成招标，2007 年开工建设，2008 年已投入使用；由德国政府资助的茶胶省连接贡布省的 230kV 电网也在 2008 年建成并投入使用；2005 年由 ADB 和日本国际协力银行（Japan Bank for International Cooperation，JBIC）联合提供贷款的贡布省连接西哈努克市的电网完成考察，2010 年建成；2007 年由柬埔寨国内私人投资建设的泰国与班迭棉吉、马德望和暹粒省连接的 115kV 电网投入使用（中华人民共和国驻柬埔寨王国大使馆经济商务参赞处，2012）；从金边连接马德望、泰国，以及柬埔寨与越南的电网，已交由中国进行考察筹建。

　　3. 国际社会对柬埔寨气候变化研究项目的援助

　　柬埔寨本身遭受气候灾害的概率并不是特别大，其比较常见的自然灾害主要有洪水、干旱以及暴风等。但由于柬埔寨经济发展水平落后，基础设施不完善，其应对气候变化的能力有限，如何减少气候变化带来的不利影响和社会经济发展损失是柬埔寨迫切需要考虑的问题。因此，制定恰当的适应措施、减轻气候变化的不利影响，需要更好地了解当地的环境脆弱性，这需要在脆弱的地区进行详细的脆弱性评估。将气候变化引发自然灾害的风险管理纳入规划和管理，进一步研究制定适当的机制，以评估气候变化在不同管理方案下对作物产量等各方面的影响。在这种情况下，一些国际基金组织及国际组织对柬埔寨进行了调查研究，并提出了一系列优先适应气候变化的项目。

诸多全球性质的基金对柬埔寨气候变化的相关主题进行了研究或资助了相关研究，为柬埔寨理解本国气候变化的脆弱性、提高气候变化的适应能力提供决策依据。"GEF 小额资助计划"在当地和少数民族居住区开展了加强对洪水、干旱适应能力和生态系统恢复能力的研究，这项研究评估并记录了当地居民对气候变化，尤其是洪水、干旱等自然灾害对其的影响以及公众对极端天气事件的响应状况。气候投资基金（Climate Investment Fund，CIF）就气候恢复项目第一阶段的战略试验计划开展了准备工作，该项目旨在通过将气候恢复纳入国家和次国家地区的发展政策、计划和项目中，并为扩大重点发展领域的适应活动融资提供支持等方式，以期实现以下目标：加强利益相关者间的参与和合作；制定以科学为基础的适应计划；增强适应措施和减少灾害风险措施间的关联。LDCF 在柬埔寨资助了促进水管理和农业实践的气候弹性研究，该项目旨在通过增强柬埔寨农业部门面对气候变化的适应能力，减少气候变化对水资源供应的影响，预期实现以下成果：在气候变化的条件下，提升制定规划的能力；在局部采取相应的适当措施，以减少气候变化的风险；将在试点地区得到的经验教训传播、复制到柬埔寨其他脆弱的地区。此外，LDCF 还资助柬埔寨制定了沿海地区应对气候变化的脆弱性评估和适应方案，通过完善政府政策、提高科学认知来降低沿海地区气候变化影响的脆弱性，以期实现以下成果：增强评估气候变化风险机构的能力，并将这些风险纳入国家发展政策中；完善沿海地区的适应规划；降低生产系统对日益频繁洪水的脆弱性；增强沿海地区对气候变化的弹性。

在柬埔寨开展相关研究，除了国际性质的基金组织，还有其他国家诸如美国、瑞典等同样对柬埔寨应对气候变化的相关情况进行了研究。USADI 就减缓农村地区的脆弱性、提升生态系统的稳定性开展了研究，它指出要通过作物选择、节约用水和改进土地管理等适应措施，增强柬埔寨抵御气候变化的能力。SIDA 在对柬埔寨的气候变化情况进行研究后，提出基于柬埔寨社区的适应方案，该项目要求非政府组织、社区组织共同合作，在当地社区内推行社区适应措施，分享通过实践得到的良好政策和发展项目，以期在社区层面增强气候变化适应能力。此外，瑞典、丹麦、UNDP 和欧盟都通过参与到 CCCA，支持柬埔寨的能力发展和制度建设，增强抵御气候变化和其他自然灾害的能力，为应对和减缓气候变化风险做好准备。

10.4.4　柬埔寨应对气候变化的公众意识和能力建设

柬埔寨被认为是继越南和菲律宾之后，全球最容易受到气候变化影响的 10 个国家之一，属于东南亚地区最易受气候变化影响的国家。柬埔寨除了实施绿色环境计划，开发和引进二氧化碳排放和相关技术，还需要十分注重提高公众气候变化意识，并加强能力建设等。

柬埔寨公众和官员等群体的气候变化意识普遍不高。针对普通公众气候变化意识的调查结果显示，受访者对气候变化的起因以及影响普遍缺乏足够的认识；评估政府机构、研究机构以及相关媒体气候变化理解和识别知识以及培训需求的调查结果显示，仅仅 10%的调查者对气候变化和各领域的脆弱性拥有足够的理解，而且相对于适应来说，大部分研究机构对减缓有着更加充分的理解，对适应的认识不足。柬埔寨气候变化司与使用高棉语的媒介开展合作，如电视、广播以及地方报纸等组织了一系列增强气候变化意识的活动。此外，相关机构和组织还通过辩论赛、视频点、广播秀、海报、报纸、杂志文章、展览等形式和渠道来宣传气候变化相关的知识。自 2000 年以来，柬埔寨已开展了 80 多场培训、研讨会，涉及与气候变化相关的公共意识以及其他能力建设活动（Ministry of Environment，2015）。

柬埔寨在日本、韩国、荷兰等国家以及 UNDP、UNEP 等组织的援助下，开展了若干提高气候变化能力建设的活动和项目。据不完全统计，自 2000 年以来，柬埔寨已举办了 80 多场与气候变化相关的培训、研讨会，这些活动旨在提高柬埔寨应对气候变化的公众意识和能力建设水平（Ministry of Environment，2015）。实际上，因为众多活动并未获得记录，所以在境内开展的活动数量可能远远超过这个数字。虽然柬埔寨陆续开展能力建设活动，但国内目前并未建立记录和评估这些活动结果的体系。2003～2005 年，柬埔寨参加了由荷兰外交部通过 UNEP 发起的 "CDM 能力开发" 项目，该项目旨在帮助特定国家通过全面理解，加强制度建设和开发人力资源等方式，与发达国家平等地参与到 CDM 的规划和实施中。日本的全球环境战略协会自 2003 年以来，一直支持柬埔寨开展 CDM 的能力建设项目和探索新的市场机制，主要表现在柬埔寨在其支持下开展了若干旨在增强柬埔寨国家派出局和项目合作能力的研讨会与培训。2009 年，在丹麦国际开发局和美国乐施会的支持下，柬埔寨开展了 "气候变化能力和意识提高项目"，在此项目的支持下，组织了大量提升气候变化意识的活动，包括省级研讨会、电视广播辩论赛、新闻简报、气候变化运动、气候变化材料制作以及学生间的竞赛活动等，这些活动有利于提升柬埔寨有关气候变化的公众意识和理解，加强包括政府工作人员在内的群体的能力建设，对柬埔寨政府及国民更好地应对气候变化发挥着或多或少的作用。

10.5　柬埔寨应对气候变化政策展望

10.5.1　能力建设有待提高

应对气候变化是一个庞大而系统的工程，不仅需要众多政府机构和部门的参与，对其工作人员的素质和能力也提出了较高的要求。就目前情况来看，柬埔寨国家和地方层面的政府机构对应对气候变化都存在着众多问题。国家层面上，国家气候变化委员会和其他跨部门工作组的工作人员缺乏足够的工作经验、技术能力和管理技能，而且柬埔寨中央政府部委的工作人员对气候变化认识不足，缺乏足够的理念指导，致使工作开展遇到很大的困难；地方层面上，应对气候变化的行动最终要通过地方来实施，然而地方政府在行动中并未充分考虑到气候变化的因素，如何激励地方政府将应对气候变化纳入行动中是柬埔寨中央政府亟需充分考虑的问题。

柬埔寨在气候变化具体领域内的能力建设仍有待提高。农业在柬埔寨的国民经济发展中起着十分重要的作用，对气候变化具有强烈的敏感性，最容易遭受气候变化的影响，然而目前柬埔寨政府并未实施大量的活动，减轻农民应对气候变化风险的负担，基层技术工作人员缺乏、农业结构多样性欠缺、畜牧业知识不足等导致农民应对气候变化的能力较弱，给农民的收入稳定造成巨大的威胁。因此地方政府要加强农业领域技术人才的培训和流动，加大基层技术人才的配置，提高农民等群体对气候变化风险的认识，提供更充分的市场信息。就技术转让来看，不同主体间协调沟通欠缺、信息共享不足等严重制约了柬埔寨的技术转让，加上众多先进技术主要来自国外，需要高级专家来对其进行实时运营维护，但柬埔寨目前对这些专家缺乏足够的激励措施，从而导致这些重要专家的流失。因此，加强不同主体间沟通协调、信息共享，采取措施激励专家学者是柬埔寨在今后技术转让过程中必须考虑的问题。资金管理方面，除了缺乏资金，柬埔寨尤其缺乏有效的资金管理机制来实施适应和减缓方案，因此，柬埔寨政府需要重点关注如何加强资金管理制度建设，强化对资金使用的监督管理，保证资金能够充分有效地使用。

根本上来说，同东盟其他国家类似，柬埔寨应对气候变化主要的问题是不同部门机构、政策规划间的统筹协调困难，因此将气候变化风险纳入国家、地方层面的政策、方案、战略中才能保证应对气候变化措施的成功实施。

10.5.2　气候变化研究水平有限

柬埔寨作为最不发达国家之一，同样面临气候变化研究水平有限的困境，这与其经济发展落后密切相关。缺乏专业的研究人员，缺乏足够的研究方法、研究数据，制约着柬埔寨气候变化研究水平的提高。首先，有关柬埔寨气候变化对社会经济发展影响的研究不足，气候变化引起的灾害对宏观经济、预算绩效、消除贫困等行为都产生着十分深刻的影响，但目前柬埔寨政府并未对这种影响开展详细的研究，而且气候变化对各领域的影响并未得到深刻的探讨。正如前面所说，气候变化对疟疾的爆发有着某种影响，但这种影响由于缺乏来自海岸和高地省份的可观测数据而难以开展有效研究。其次，柬埔寨缺乏具体有效的模型和手段来研究本国的气候变化情况，目前柬埔寨对气候变化风险预测和分析的模型主要依据 IPCC 等组织提供的全球性研究模型，这些通用模型忽视了各国地方的具体情况和具体风险。例如，柬埔寨有关气候变化对海岸地区的研究主要依托国际通用的模型，使其无法精确把握具体影响状况，因此柬埔寨迫切需要区域性的气候模型和更加精确的地形图来改进分析，更加准确地模拟气候变化对海岸地区的影响。最后，柬埔寨对气候变化方案的可行性研究不足，这主要表现在对气候变化各领域行动方案的可行性认识不足，对各种减缓和适应措施的成本缺乏有效的评估，为此柬埔寨需要加强对试点项目、数据收集、需求分析的研究，评估水电以及其他可再生能源减缓温室气体排放的可行性，帮助相关部门和机构更好地制定并实施能源规划。

就目前来看，提高气候变化的研究水平主要有两种方式。一方面，柬埔寨要充分利用发达国家或国际组织的气候变化援助，尤其是要争取它们包括研究手段、工具等在内的"软援助"，不断消化吸收经验并实现再创新，必要情况下可以实行气候变化研究的外包。另一方面，柬埔寨气候变化研究水平有限的一个重要原因是与气候变化有关的不同部门间缺乏有效的数据和信息共享，从而导致这些资源无法实现有效的整合，因此，国家气候变化委员会和国家可持续发展委员会要进一步发挥带头作用，强化不同部门间的统筹协调，加强数据的整合共享，保证研究成果的有效性。

参 考 文 献

白如纯. 2015. 战后 70 年日本的东南亚外交——经济外交的开启与发展. 现代日本经济, 6: 13～20.

北极星智能电网在线. 2008. 柬埔寨发展水电需要 11.4 亿美元. http://www.chinasmartgrid.com. cn/news/20080922/146364.shtml[2016-08-01].

北京大学国家发展研究院. 2010. 胡大源：气候变化问题的不确定性. http://www.nsd.edu.cn/ teachers/professorNews/2015/0513/16508.html[2016-08-07].

毕世鸿. 2014. 柬埔寨经济社会地理. 广州：世界图书出版公司.

薄燕, 戴炳然. 2012. 全球气候变化治理中的中美欧三边关系. 上海：上海人民出版社.

布赞 B, 维夫 A, 怀尔德 D. 2003. 新安全论. 朱宁, 译. 杭州：浙江人民出版社.

陈万灵, 吴喜龄. 2014. 中国与东盟经贸合作战略与治理. 北京：社会科学文献出版社.

崔大鹏. 2003. 国际气候合作的政治经济学分析. 北京：商务印书馆.

东方新闻. 2010. 柬埔寨利用外资改善电力供应. http://news.eastday.com/epublish/big5/paper3/ 20001012/class000300010/hwz212145. htm[2016-08-03].

董亮. 2017. 日本对东盟的环境外交. 东南亚研究, 2: 73～87.

菲华网. 2016. 2015 年菲律宾人口达 1.018 亿. http://www.phhua.com/news/6921.html[2017-01-05].

凤凰网. 2008a. 小岛国联盟会议重申解决全球气候变化问题的紧迫性. http://news.ifeng.com/ world/other/detail_2008_11/06/1231172_0.shtml[2016-05-28].

凤凰网. 2008b. "厄尔尼诺"导致长时间干旱 印尼农民不想种水稻了. http://gongyi.ifeng.com/ shehui/detail_2009_08/27/443560_0.shtml[2017-01-17].

凤凰网. 2009. 世行：15 国民调显示多数人要求对气候变化有行动. http://finance.ifeng.com/roll/ 20091204/1543389.shtml[2016-05-28].

凤凰网. 2011. 中国—东盟绿色使者计划启动 环保中心有望在中国成立. http://finance.ifeng. com/roll/20111022/4892387.shtml[2016-08-18].

凤凰网. 2015a. 2015 中国—东盟环境合作论坛在南宁举行. http://news.ifeng.com/a/20150916/ 44669473_0.Shtml[2016-08-18].

凤凰网. 2015b. 泰国干旱形势持续严峻 东南亚旱灾或源自厄尔尼诺. http://news.ifeng.com/a/ 20150715/44172833_0.shtml[2016-08-06].

凤凰网. 2016. 东南亚遇严重旱灾 中国向湄公河盆地大量放水. http://news.ifeng.com/a/20160529/ 48867928_0.shtml[2016-08-01].

高棉日报. 2016. 柬需 10 亿美元应对气候变化. http://cn.thekhmerdaily.com/article/15383[2016-08-02].

国家质量监督检验检疫总局. 2016. 信息公开目录——疫情预警. http://www.aqsiq.gov.cn/xxgk_ 13386/tsxx/yqts/201601/t20160122_458879.htm[2016-08-07].

韩德培. 1998. 环境保护法教程. 北京：法律出版社.

何纯. 2007. 东盟环境合作研究. 武汉：华中师范大学.

何纯. 2009. 东盟环境合作及其发展策略研究. 求索，5：120～122.

何军明. 2008. 欧盟与东盟经济关系的新发展及其特点. 亚太经济，3：19～22.

和讯网. 2016. 当中国南方陷入洪涝，泰国菲律宾却陷入旱灾，这都是它惹的货. http: //news. hexun.com/2016-05-19/183953950.html[2016-08-06].

胡薇. 1995. "东盟的绿色和清洁"——1995 年东盟环境行动计划. 环境导报，4：39.

黄晓岚. 2009. 中日与东南亚关系中的竞争与合作研究. 现代商贸工业，21（1）：150～151.

汇通网. 2016. 印尼第一季度经济同比增速放缓至 4.92%. http: //news.fx678.com/C/20160504/ 201605041612312128.shtml[2017-01-16].

季玲. 2016. 安全观与东盟气候变化认知及政策. 国际安全研究，34（3）：114～130.

柬华日报. 2011. 柬温室气体排放仅 0.2%属世界排放量最低国. http://www.7jpz.com/article-11061-1.html.

柬华日报. 2015a. 赛松欧：柬埔寨是最易受气候变化影响的国家. http: //www.jianhuadaily.com/ index.php?option=com_k2&view=item&id=18584：2015-09-17-01-40-45[2016-07-31].

柬华日报. 2015b. 亚开行将援柬 140 万美元推动"应对气候变化"项目. http: //www.jianhuadaily. com/?option=com_k2&view=item&id=22619：140[2016-08-01].

蒋玉山. 2014. 柬埔寨：2013 年发展回顾与 2014 年展望. 东南亚纵横，2：34～40.

李晨阳. 2016. 东盟共同体建成了吗. 世界知识，2：73.

联合早报. 2016. 外长维文申明新加坡支持《巴黎协定》. http: //www.zaobao.com/news/world/story 20160423-608557[2016-04-23].

梁春艳. 2011. 加强中国—东盟区域气候合作——在可持续发展框架下减排与增汇并存. 法制 与经济旬刊，11：92～93.

刘洪霞. 2011. 中国与欧盟气候合作机制探析. 上海：上海师范大学.

卢风. 2008. 应用伦理学概论. 北京：中国人民大学出版社.

吕健华. 2010. 清洁发展机制：一种双赢的国际经济合作机制. 中国党政干部论坛，3：47.

吕忠梅. 2000. 环境法新视野. 北京：中国政法大学出版社.

马燕冰. 2007. 中国、美国——升起的龙、受伤的鹰?. 世界知识，17：36～37.

南博网. 2013. 越南出台 2012—2020 年应对气候变化国家行动计划. http: //vietnam.caexpo.com/ zcfx/zcdx/2013/04/18/3591914.html[2016-11-12].

彭宾，刘小雪，杨镇钟，等. 2012. 东盟的资源环境状况及合作潜力. 北京：社会科学文献出版社.

澎湃国际. 2016. 美国东盟国家领导人会议召开，美媒：一场"言过其实"的会晤. http: //www. thepaper.cn/newsDetail_forward_1432460[2016-11-14].

皮军. 2010. 东南亚国家对气候变化问题的政策响应. 广西财经学院学报，23（6）：5～10.

齐峰，朱新光. 2009a. 中国—东盟自由贸易区气候合作探略. 云南社会科学，1：80～84.

齐峰，朱新光. 2009b. 浅析中国—东盟气候合作. 国际问题研究，2：4～8.

齐晔，马丽. 2007. 走向更为积极的气候变化政策与管理. 人口·资源与环境，17（2）：8～12.

秦大河. 2007. 气候变化对我国经济、社会和可持续发展的挑战. 外交评论，4：6～14.

秦皇岛煤炭网. 2017. 2016 年菲律宾煤炭进口量同比增长 47.8%. http: //news.cqcoal.com/a/ xinwenzixun/guojimeitan/2017/0124/73104.html[2017-01-05].

秦南茜. 2011. 中国—东盟区域气候合作问题研究. 法制与经济（中旬刊），9：55.

人民网. 2000. 第 13 届东盟—欧盟部长级会议闭幕. http: //www.people.com.cn/GB/channel2/17/

20001212/346853.html[2016-11-12].

人民网. 2007. 气候变化加剧东南亚登革热疫情. http://env.people.com.cn/BIG5/5884209.html [2016-08-07].

人民网. 2010. 开发东南亚水电　助力"西电东送". http://energy.people.com.cn/GB/135197/ 11577455.html[2016-08-01].

人民网. 2017. 泰国苏梅岛出现登革热疫情. http://world.people.com.cn/n1/2017/0201/c1002-29053775.htm[2016-08-08].

任林. 2015. 欧盟与东南亚政策论析. 欧洲研究, 3: 27~42.

任慕. 2012. 冷战后日本与东盟地区安全合作的限制因素分析. 东南亚研究, 6: 38~44.

任卫东. 2004. 传统国家安全观: 界限、设定及其体系. 中央社会主义学院学报, 4: 68~73.

三农信息网. 2016. 厄尔尼诺或使印尼咖啡业遭受 5 年来最严重打击. http://www.gxsn.net/news/ show-94038.html[2017-01-17].

山东水利科技信息网. 2016. 新加坡开发非常规水资源打造水智慧城市. http://kjw.sdwr.gov.cn/ zxt/ssyw/gjss/201608/t20160819_221824.html[2017-01-18].

邵冰. 2011. 日本参与国际气候变化合作及其动因. 长春大学学报, 21 (5): 85~87.

世界银行. 2011. Asia East and Southeast Asia Regional and Country profiles final with new cover. http://sdwebx.worldbank.org/climateportal/countryprofile/doc/USAIDProfiles/Asia_East_and_ Southeast_AsiaRegional_and_Country_profiles_final_with_new_cover.pdf#page=69[2016-07-31].

世界银行. 2016. GEF 生物多样性利益指数. http://data.worldbank.org.cn/indicator/ER.BDV.TOTL. XQ?view=char[2017-01-05].

世界银行. 2016a. 森林面积. http：//data. worldbank. org. cn/indicator?tab=all[2016-07-28].

世界银行. 2016b. 国内生产总值（美元现价）. http://data.worldbank.org/indicator/NY.GDP.MKTP. CD?view=chart[2016-08-15].

世界银行. 2016c. 二氧化碳排放量（千吨）. http://data.worldbank.org/indicator/EN.ATM.CO2E. KT?view=chart[2016-08-15].

世界银行. 2016d. 人口总数. http://data.worldbank.org.cn/indicator/SP.POP.TOTL?view=chart[2017-01-16].

世界银行. 2016e. 人口增长率. http://data.worldbank.org.cn/indicator/SP.POP.TOTL?view=chart [2017-01-16].

世界银行. 2016f. 粗出生率、粗死亡率. http://data.worldbank.org.cn/indicator/SP.POP.TOTL? view=chart[2017-01-16].

世界银行. 2016g. 城镇人口、城镇人口增长率、城镇人口所占比例. http://data.worldbank.org.cn/ indicator/SP.POP.TOTL?view=chart[2017-01-16].

世界银行. 2016h. 出生时的预期寿命. http://data.worldbank.org.cn/indicator/SP.POP.TOTL?view= chart[2017-01-16].

世界银行. 2016i. GDP 总量、人均 GDP. http://data.worldbank.org.cn/indicator/SP.POP.TOTL?view= chart[2017-01-16].

世界银行. 2016j. GDP 增长率. http://data.worldbank.org.cn/indicator/SP.POP.TOTL?view=chart [2017-01-16].

世界银行. 2016k. 马来西亚. http://data.worldbank.org.cn/country/malaysia?view=chart[2017-03-02].

世界银行. 2016l. 65 岁和 65 岁以上的人口（占总人口的百分比）. http://data.worldbank.org.cn/

indicator/SP.POP.65UP.TO.ZS?view=chart[2016-08-05].

世界银行. 2017. 人口数量. http://data.worldbank.org.cn/indicator/SP.POP.TOTL?view=chart[2017-03-02].

搜狐网. 2010. 泰国洪涝灾害死亡人数升至 315 人经济损失巨大. http://news.sohu.com/20111018/
n322591895.shtml[2016-08-05].

搜狐网. 2016a. 泰国三地发生森林大火极度高温干旱影响救援. http://mt.sohu.com/20160511/
n448992534.shtml[2016-08-08].

搜狐网. 2016b. 2015 年菲律宾经济形势及 2016 年展望. http://mt.sohu.com/20160516/n449749152.
shtml[2017-01-05].

宿亮. 2011. 欧盟参与东亚安全治理: 行动与局限. 太平洋学报, 19 (6): 42~50.

孙伟. 2012. 后冷战时期日本与东盟安全合作的演变. 南洋问题研究, 4: 18~27.

孙学峰, 李银株. 2013. 中国与 77 国集团气候变化合作机制研究. 国际政治研究, 1: 88~102.

腾讯网. 2014. 柬埔寨多个省份出现洪水灾害已致 27 人死亡. http://news.qq.com/a/20140813/
029197.htm[2016-07-30].

腾讯网. 2016. 亚洲最穷的几个国家收入不及马云一个人. http://news.qq.com/a/20160412/017420.
htm[2016-07-29].

天津统计信息网. 2006. 工业、能源及交通. http://www.stats-tj.gov.cn/Article/ljtj/tjzswd/zytjzbjx/
gynyjjt/200612/5528.html[2016-11-09].

土流网. 2016. 为抗厄尔尼洛, 印度尼西亚巴厘实行农作物保险计划. http://www.tuliu.com/read-
23870.html[2017-01-17].

汪亚光. 2010. 东南亚国家应对气候变化合作现状. 东南亚纵横, 5: 44~48.

王士录. 1999. 当代柬埔寨经济. 昆明: 云南大学出版社.

王伟男. 2010. 国际气候话语权之争初探. 国际问题研究, 4: 5.

王伟男. 2011. 试论中国国际气候话语权的构建. 中国社会科学院研究生院学报, 1: 5~10.

王曦. 1998. 国际环境法. 北京: 法律出版社.

王小钢. 2010. "共同但有区别的责任"原则的解读——对哥本哈根气候变化会议的冷静观察.
中国人口·资源与环境, 20 (7): 31~37.

王玉主. 2011. 东盟 40 年: 区域经济合作的动力机制: 1967~2007. 北京: 社会科学文献出版社.

网易. 2014. 柬埔寨洪灾致 45 人死亡. http://money.163.com/14/0821/19/A46P2KLB00254TI5.
html[2016-07-30].

网易. 2016. 厄尔尼诺"李小龙"真的很厉害!. http://news.163.com/16/0511/03/BMOMR4PB00014.

韦红, 邢来顺. 2004. 从居高临下施教到平等对话伙伴——冷战后欧盟对东盟政策评析. 欧洲研
究, 2: 73-84.

韦红. 2004. 欧盟与东盟关系的新发展及其动因. 东南亚研究, 5: 53~57.

吴哥新闻. 2015. 柬应对气候变化项目再获逾千万美元援助. http://angkornews.com/front/detail/
2475[2016-08-01].

新华网. 2014. 马来西亚现水荒危机, 存水量仅够用三个月. http://my.xinhuanet.com/2014-02-23/
c_126177122.htm[2017-03-02].

新华网. 2016. 大宗商品价格反弹提振印尼二季度经济. http://news.xinhuanet.com/fortune/2016-
08/05/c_1119345369.htm[2017-01-16].

新加坡林业网. 2015. 新加坡发生 470 起森林火灾. http://singapore.forestry.gov.cn/article/2824/2830/

2851/2015-11/20151128-160825.html[2017-01-13].

新浪网. 2007. 泰国海平面上升 曼谷 20 年内有可能消失. http://news.sina.com.cn/w/2007-12-11/
　　152014497689.shtml[2016-08-07].

新浪网. 2014. 报告称印尼上千岛屿 26 年后或因海平面上升消失. http://news.sina.com.cn/o/
　　2014-02-26/191929572011.shtml[2017-01-18].

新浪网. 2015a. 马来西亚棕榈油产量料减少，减产速度创 17 年最高. http://finance.sina.com.cn/
　　money/future/20150126/105921397329.shtml[2017-03-03].

新浪网. 2015b. "海上丝绸之路"沿线诸国纵览. http://news.sina.com.cn/zhiku/zjgd/2015-08-10/
　　doc-ifxftkpx3728879.shtml[2016-07-29].

新民网. 2014. 联合国气候峰会在纽约召开 解决气候变化问题迫在眉睫. http://news.xinmin.cn/
　　world/2014/09/25/25496481.html[2017-03-04].

新民网. 2015. 第 14 次东盟-中日韩环境部长会议在越南河内召开. http://news.xinmin.cn/world/
　　2015/11/02/28867545.html[2016-08-18].

徐军华, 李若瀚. 2011. 论国际法语境下的"环境难民". 国际论坛, 1：14～19.

许光达. 2011. 气候变化对东南亚国家的影响及其合作应对. 广州：暨南大学.

许梅. 2006. 试析东盟—日本关系发展中的相互依存性. 暨南大学学报（哲学社会科学版），
　　28（2）：43～47.

薛澜, 俞晗之. 2012. 政策过程视角下的政府参与国际规则制定. 世界经济与政治, 9：28～44.

杨保筠. 2007. 东盟与欧盟关系三十年评析. 东南亚研究, 6：63～70.

姚锋. 2003. 柬埔寨电力市场概况. 国际电力, 6：12.

叶江. 2015. "共同但有区别的责任"原则及对 2015 年后议程的影响. 国际问题研究, 5：102～115.

郁庆治. 2007. 环境政治国际比较. 济南：山东大学出版社.

袁静. 2006. 全球气候变化问题的外交博弈. 福州：福建师范大学.

越通社. 2014. FAO 协助柬埔寨农业增强适应气候变化能力. http://zh.vietnamplus.vn/fao 协助柬
　　埔寨农业增强适应气候变化能力/26447.vnp[2016-08-01].

云南网. 2012. 中国与东盟推进新能源与可再生能源的技术合作. http://yn.yunnan.cn/html/
　　201211/12/content_2486698.htm[2016-11-08].

张海滨. 2007. 中国与国际气候变化谈判. 国际政治研究, 1：21～36.

张明亮. 2006. 中国—东盟能源合作：以油气为例. 世界经济与政治论坛, 2：70～75.

张明顺, 王义臣. 2015. 城市地区气候变化脆弱性与对策研究进展. 环境与可持续发展, 1：2.

张庆阳, 琚建华, 王卫丹, 等. 2007. 气候变暖对人类健康的影响. 气象科技, 35（2）：245～248.

张锡镇. 2005. 9·11 后美国加紧推进同东盟国家关系及我国的应对之策. 南洋问题研究, 4：1～6.

张玉来. 2008. 试析日本的环保外交. 国际问题研究, 3：61～64.

张云. 2010. 国际政治中的"弱者"逻辑. 北京：社会科学文献出版社.

赵行姝. 2008. 美国气候政策转向的政治经济学解释. 当代亚太, 6：39～54.

拯救地球. 2010. 世界范围内珊瑚礁大规模白化. http://www.savetheplanet.org.cn/gb/info/news/
　　20100718.html[2016-11-11].

郑慕强. 2010. 东盟国家能源经济的总体特征、问题及展望. 东南亚纵横, 8：30～33.

中国—东盟博览会. 2015. 菲律宾一季度经济作物普遍减产. http://www.caexpo.org/html/2015/
　　zimaoqudongtai_0604/209121.html[2016-07-26].

中国—东盟环境保护合作中心. 2011. 中国—东盟绿色产业发展与合作——政策与实践. 北京：中国环境科学出版社.

中国—东盟技术转移中心. 2016. 关于柬埔寨. http: //www.cattc.org.cn/asean. aspx#[2016-07-29].

中国绿色时报. 2012. 新加坡淡水红树林绿意盎然. http: //www.greentimes.com/green/news/hqxc/ywcz/content/2012-02/21/content_168709.htm[2017-01-13].

中华人民共和国驻柬埔寨王国大使馆经济商务参赞处. 2012. 柬埔寨电力现状和发展趋势. http: //cb.mofcom.gov.cn/article/zwrenkou/201211/20121108436231.shtml[2016-08-02].

中国日报网. 2016. 2015 年菲律宾经济形势及 2016 年展望. http: //www.chinadaily.com.cn/interface/toutiaonew/53002523/2016-05-16/cd_25304101.html[2017-01-05].

中国商网. 2005. 京都议定书-催生排污权全球大买卖. http: //app.zgswcn.com/print.php?contentid=17832[2016-11-14].

中国天气. 2010. 柬官员称气候变化导致柬埔寨自然灾害增加. http: //www.weather.com.cn/climate/qhbhyw/06/591067.shtml[2016-07-30].

中国网. 2014. 报告称印尼上千岛屿 26 年后或因海平面上升消失. http: //www.china.com.cn/news/world/2014-02/26/content_31607628.htm[2017-01-18].

中国网. 2015. 气候变化威胁东南亚经济严重影响新、马和印尼. http: //news.china.com.cn/world/2015-10/29/content_36926788.htm[2017-03-04].

中国新闻网. 2010. 印尼制定应对气候变化"国家行动"望与中国合作. http: //www.chinanews.com/gj/gj-lwxwzk/news/2010/04-12/2220565.shtml[2016-05-28].

中国新闻网. 2014. 大马遭遇十年来最严重洪灾，多人死亡，9 万人疏散. http: //www.chinanews.com/gj/2014/12-25/6912792.shtml[2017-03-02].

中国新闻网. 2016. 印尼对今年经济增长保持乐观. http: //www.chinanews.com/cj/2016/11-11/8059shtml[2017-01-16].

中华人民共和国国家发展和改革委员会. 2014. 国家应对气候变化规划（2014—2020 年）. http: //qhs.ndrc.gov.cn/zcfg/[2016-11-04].

中华人民共和国国家发展和改革委员会. 2016. 中国应对气候变化的政策与行动 2016 年度报告. http: //qhs.ndrc.gov.cn/zcfg/201611/W020161102607989331759.pdf[2016-11-04].

中华人民共和国国家统计局. 2016. 主要国家（地区）年度数据. http: //data.stats.gov.cn/easyquery.htm?cn=G0104[2017-03-02].

中华人民共和国商务部. 2016a. 自然灾害严重影响菲律宾农业生产. http: //www.mofcom.gov.cn/article/i/jyjl/j/201607/20160701359541.shtml[2017-01-05].

中华人民共和国商务部. 2016b. 台风"洛坦"造成菲农业损失近 4 亿比索. http: //www.mofcom.gov.cn/article/i/jyjl/j/201612/20161202406389.shtml[2017-01-05].

中华人民共和国商务部贸易救济调查局. 2015. 新加坡将于 2016 年 9 月 1 日起提高家用空调的最低能效标准. http: //gpj.mofcom.gov.cn/article/zuixindt/201511/20151101160985.shtml[2016-12-17].

中华人民共和国外交部. 2016. 泰国国家概况. http: //www.fmprc.gov.cn/web/gjhdq_676201/gj_676203/yz_676205/1206_676932/1206x0_676934[2016-08-05].

中华人民共和国驻菲律宾共和国大使馆经济商务参赞处. 2016. 2015 年菲律宾经济形势及 2016 年展望. http: //ph.mofcom.gov.cn/article/law/201605/20160501319042.shtml[2017-01-05].

中华人民共和国驻柬埔寨王国大使馆经济商务参赞处. 2004. 柬埔寨贸易投资指南. http://cb.mofcom.gov.cn/aarticle/xhz/sbmy/200412/20041200318534.shtml[2016-07-29].

中华人民共和国驻柬埔寨王国大使馆经济商务参赞处. 2011. 柬埔寨将加大再生能源建设. http://cb.mofcom.gov.cn/index.shtml[2016-07-30].

中华人民共和国驻柬埔寨王国大使馆经济商务参赞处. 2013. 柬埔寨 2012 年宏观经济形势. http://cb.mofcom.gov.cn/article/zwrenkou/201304/20130400073605.shtml[2016-07-29].

中华人民共和国驻柬埔寨王国大使馆经济商务参赞处. 2014. 外国企业在柬埔寨是否可以获得土地. http://cb.mofcom.gov.cn/article/ddfg/201404/20140400559836.shtml[2016-08-01].

中华人民共和国驻柬埔寨王国大使馆经济商务参赞处. 2016. 柬埔寨 2015 年宏观经济形势及 2016 年预测. http://cb.mofcom.gov.cn/article/zwrenkou/201605/20160501310896.shtml[2016-07-29].

中华人民共和国驻马来西亚大使馆经济商务参赞处. 2014a. 地理气候. http://my.mofcom.gov.cn/article/ddgk/201407/20140700648135.shtml[2017-03-01].

中华人民共和国驻马来西亚大使馆经济商务参赞处. 2014b. 马来西亚概况-人口组成. http://my.mofcom.gov.cn/article/ddgk/[2017-03-02].

中华人民共和国驻泰王国大使馆经济商务参赞处. 2015. 泰国旱季延长,甘蔗可能减产. http://th.mofcom.gov.cn/[2016-07-26].

中华人民共和国驻泰王国大使馆经济商务参赞处. 2016. 泰国一览. http://th.mofcom.gov.cn/article/ddgk[2016-08-05].

中华人民共和国驻印度尼西亚共和国大使馆经济商务参赞处. 2010. 印度尼西亚自然地理. http://id.mofcom.gov.cn/article/ddgk/zwjingji/201005/20100506903098.shtml[2016-11-09].

中华人民共和国驻印度尼西亚共和国大使馆经济商务参赞处. 2016. 印度尼西亚自然地理. http://id.mofcom.gov.cn/article/ddgk/zwjingji/201005/20100506903098.shtml[2017-01-16].

中青在线. 2016. 缅甸西部暴雨引发洪灾 已造成 12 人丧生. http://news.cyol.com/content/2016-06/14/content_12787768.htm[2016-07-24].

周方冶. 2017. 东南亚国家政治多元化及其对"一带一路"建设的影响. 东南亚研究, 4:52~80.

周训芳. 2000. 环境法学. 北京: 中国林业出版社.

朱慧. 2015. 东盟气候外交的"小国联盟"外交逻辑及其功能性分析. 江南社会学院学报, 1:34~39.

朱陆民. 2011. 论环境安全合作对东盟安全共同体建设的推动作用. 湘潭大学学报(哲学社会科学版), 1:131~134.

朱天祥. 2011. 冷战后欧盟对东亚的双层地区间外交研究. 上海: 复旦大学:156~157.

庄贵阳, 陈迎. 2001. 试析国际气候谈判中的国家集团及其影响. 太平洋学报, 2:72~78.

庄贵阳, 陈迎. 2005. 国际气候制度与中国. 北京: 世界知识出版社.

IPCC. 2014a. 气候变化 2014 综合报告决策者摘要. http://www.ipcc.ch/pdf/assessmentreport/ar5/syr/AR5_SYR_FINAL_SPM.pdf[2016-11-09].

IPCC. 2014b. 气候变化 2014 影响、适应和脆弱性. http://www.ipcc.ch/pdf/assessment-report/ar5/wg2/WGIIAR5-PartA_FINAL.pdf[2016-11-09].

ACB. 2010. ASEAN Biodiversity Outlook. http://environment.asean.org/asean-biodiversity-outlook[2017-01-05].

ACB. 2016a. ASEAN Heritage Parks. http://chm.aseanbiodiversity.org/index.php?option=com_

wrapper&view=wrapper&Itemid=110&current=110[2016-07-27].

ACB. 2016b. Job. http: //www.aseanbiodiversity.org/index. php?option=com_content&view=category &layout=blog&id=4&Itemid=145&current=144[2016-07-27].

ACE. 2010. ASEAN Plan of Action for Energy Cooperation. http: //www.wise.co.th/wise/Knowledge_ Bank/References/Energy/ASEAN_Energy_Cooperation_2010_2015.pdf[2016-07-26].

ACE. 2016. About ASEAN Center for Energy-Introduction. http: //www.aseanenergy.org/about-ace/ introduction/[2016-07-26].

ADB. 2009. The Economics of Climate Change in Southeast Asia: A Regional Review. https: //www. adb.org/sites/default/files/publication/29657/economics-climate-change-se-asia.pdf[2016-11-10].

ADB. 2013. The Environments of the Poor in Southeast Asia, East Asia and the Pacific. http: //www. adb.org/sites/default/files/publication/42100/environments-poor-southeast-asia.pdf[2016-07-25].

ADB. 2015a. Southeast Asia and the economics of Global Climate Stabilization. https: //www.adb. org/sites/default/files/publication/178615/sea～economics～global～climate～stabilization.pdf [2016-11-11].

ADB. 2015b. Viet Nam: Greater Mekong Subregion Biodiversity Conservation Corridors Project – Additional Financing. http: //www.adb.org/sites/default/files/project-document/171785/40253-035-ippf-02.pdf[2016-08-20].

Adhikari B. 2009. Reduced emissions from deforestation and degradation: Some issues and considerations. Journal of Forest and Livelihood, 8 (1): 14-24.

Aquino A P, Deriquito J A P, Festejo M A. 2013. Ecological solid waste management act: Environmental protection through proper solid waste practice. Retrieved August, 22: 2015.

ASEAN Cooperation on Environment. 2016a. ASEAN Cooperation on Climate Change. http: // environment.asean.org/awgcc/[2016-11-10].

ASEAN Cooperation on Environment. 2016b. ASEAN Cooperation on Transboundary Haze Pollution. http: //environment.asean.org/asean-cooperation-on-transboundary-haze-pollution/[2016-07-27].

ASEAN Cooperation on Environment. 2016c. ASEAN Initiative on Environmentally Sustainable Cities. http: //asean.org/resources_cat/asean-publications-3/[2016-07-28].

ASEAN Cooperation on Environment. 2016d. ASEAN Cooperation on Environmentally Sustainable City. http: //environment.asean.org/asean-working-group-on-environmentally-sustainable-cities/ [2016-07-28].

ASEAN Secretariat. 2000. Second ASEAN State of the Environment Report 2000. website: http: // environment.asean.org/category/publications/page/4/[2016-07-26].

ASEAN Secretariat. 2005. ASEAN Strategy Plan of Action on Water Resources Management. http: // environment.asean.org/files/ASEAN%20Strategic%20Plan%20of%20Action%20on%20Water% 20Resources%20Management.pdf[2016-06-27].

ASEAN Secretariat. 2007a. ASEAN Declaration on Environmental Sustainability. http: //environment. asean.org/asean-declaration-on-environmental-sustainability-2/[2016-07-24].

ASEAN Secretariat. 2007b. ASEAN Declaration on the 13th session of the Conference of the Parties to the UNFCCC and the 3rd session of the CMP to the Kyoto Protocol. http: //environment.asean. org/asean-declaration-on-the-13th-session-of-the-conference-of-the-parties-to-the-unfccc-and-the-

3rd-session-of-the-cmp-to-the-kyoto-protocol-2007/[2016-07-31].

ASEAN Secretariat. 2008a. ASEAN Climate Change Initiative. website Association of Southeast Asian Nations：http: //asean.org/resource/publications-2[2016-07-25].

ASEAN Secretariat. 2008b. The ASEAN Charter. http: //asean.org/wp-content/uploads/images/archive/publications/ASEAN-Charter.pdf[2016-07-30].

ASEAN Secretariat. 2009a. Fourth ASEAN State of the Environment Report 2009. http: //environment.asean.org/wp-content/uploads/2015/06/Fourth-ASEAN-State-of-the-Environment-Report-2009.pdf[2016-11-09].

ASEAN Secretariat. 2009b. ASEAN Joint Statement on Climate Change to COP-15 to the UNFCCC and CMP-5 to the Kyoto Protocol. http: //environment.asean.org/asean-joint-statement-on-climate-change-to-the-15th-session-of-the-conference-of-the-parties-to-the-united-nations-framework-convention-on-climate-change-and-the-5th-session-of-the-conference-of-parti/[2016-07-25].

ASEAN Secretariat. 2009c. Climate Change-ASEAN Experiences. http: //www.adb.org/sites/default/files/publication/42100/environments-poor-southeast-asia.pdf[2016-07-26].

ASEAN Secretariat. 2009d. ASEAN Socio-Cultural Community Blueprint. Jakarta：ASEAN Secretariat [2016-07-30].

ASEAN Secretariat. 2011a. ASEAN Action Plan on Joint Response to Climate Change. http: //environment.asean.org/wp-content/uploads/2015/06/ANNEX-8-Lead-Countries-for-ASEAN-Action-Plan-on-Joint-Response-to Climate-Change-27-March-2013.pdf[2016-08-01].

ASEAN Secretariat. 2011b. ASEAN Leaders' Statement on Climate Change to COP-17 to the UNFCCC and CMP-7 to the Kyoto Protocol. http: //www.asean.org/storage/archive/documents/19th%20summit/ASEAN_Leaders'_Statement_on_Climate_Change.pdf[2016-07-30].

ASEAN Secretariat. 2012a. Joint Communique The First ASEAN-US Dialogue Manila，8-10 September 1977. http: //asean.org/?static_post=joint-communique-the-first-asean-us-dialogue-manila-8-10-september-1977[2016-11-13].

ASEAN Secretariat. 2012b. Joint Communique The Second ASEAN-US Dialogue Washington D. C.，2-4 August 1978. http: //asean.org/?static_post=joint-communique-the-second-asean-us-dialogue-washington-dc-2-4-august-1978[2016-11-13].

ASEAN Secretariat. 2012c. Press Statement 14th US-ASEAN Dialogue Manila，Philippines May 23-24，1998. http: //asean.org/?static_post=press-statement-14th-us-asean-dialogue-manila-philippines-may-23-241998[2016-11-13].

ASEAN Secretariat. 2012d. Joint Press Statement 16th US-ASEAN Dialogue Washington D. C.，29 November 2001. http: //asean.org/?static_post=joint-press-statement-16th-us-asean-dialogue-washington-dc-29-november-2001[2016-11-13].

ASEAN Secretariat. 2013a. Chairman's Statement of the 16th ASEAN-Japan Summit. http: //asean.org/chairman-s-statement-of-the-16th-asean-japan-summit/[2016-11-14].

ASEAN Secretariat. 2013b. ASEAN-FAO Regional Conference on Food Security. http: //www.asean.org/storage/images/archive/PR-ASEAN-FAO-Regional-Conference-FS.pdf[2016-07-25].

ASEAN Secretariat. 2013c. ASEAN Multi-Sectoral Framework on Climate Change and Food Security. http: //ccmin.aippnet.org/pdfs/ASEANCCFrameworkANNEX%2013AFCCfinal.pdf[2016-07-26].

ASEAN Secretariat. 2013d. ASEAN Peatland Management Strategy 2006-2020. http: //haze.asean. org/category/publications/[2016-07-27].

ASEAN Secretariat. 2014a. ASEAN Joint Statement on Climate Change 2014. http: //environment. asean.org/wp-content/uploads/2015/06/ASEAN-Joint-Statement-on-Climate-Change-2014.pdf [2016-07-30].

ASEAN Secretariat. 2014b. Mid-term review of the ASEAN socio-cultural community blueprint (2009-2015). http: //asean.org/storage/2017/09/2.-Feb-2014-Mid-Term-Review-of-the-ASCC-Blueprint-2009-2015-Executive-Summary.pdf[2016-08-1].

ASEAN Secretariat. 2015a. ASEAN Statistical Yearbook 2014. http: //www.asean.org/storage/images/ 2015/July/ASEAN～Yearbook/July%202015%20～%20ASEAN%20Statistical%20Yearbook% 202014.pdf[2016-11-11].

ASEAN Secretariat. 2015b. ASEAN Joint Statement on Climate Change. http: //environment.asean. org/download/climate-change/agreement/ASEAN-Joint-Statement-on-Climate-Change-Adopted. pdf[2016-07-25].

ASEAN Secretariat. 2015c. Declaration on ASEAN Post 2015 Environmental Sustainability and Climate Change Agenda. http: //environment.asean.org/download/climate-change/agreement/ Declaration-on-ASEAN-Post-2015-Environmental-Sustainability-and-Climate-Change-Agenda. pdf[2016-07-30].

ASEAN Secretariat. 2015d. ASEAN Environmental Education Action Plan 2014-2018. http: // environment.asean.org/wp-content/uploads/2015/06/ASEAN_Environmental_Education_Action_ Plan_2014-2018.pdf[2016-07-27].

ASEAN Secretariat. 2015e. ASEAN Guidelines on Eco-schools. http: //environment.asean.org/wp-content/uploads/2015/06/ASEAN-Guidelines-on-Eco-schools.pdf[2016-07-26].

ASEAN Secretariat. 2015f. Overview ASEAN Plus Three Cooperation. http: //asean.org/asean/ external-relations/asean-3/[2016-07-30].

ASEAN Secretariat. 2015g. Chairman's Statement of the 18th ASEAN-China Summit. http: //asean. org/chairmans-statement-of-the-18th-asean-china-summit-kuala-lumpur/[2016-07-30].

ASEAN Secretariat. 2015h. Chairman's Statement of the 10th East Asia Summit. http: //asean.org/ asean/external-relations/east-asia-summit-eas/[2016-07-30].

ASEAN Secretariat. 2015i. Declaration on Institutionalising the Resilience of ASEAN and its Communities and Peoples to Disasters and Climate Change. http: //www.asean.org/storage/ images/2015/april/26th_asean_summit/DECLARATION%20ON%20INSTITUTIONALISING%20-%20Final. pdf[2016-08-01].

ASEAN Secretariat. 2015j. Chairman's Statement of the 18th plus Three Summit. http: //asean.org/ wp-content/uploads/images/2015/November/27th-summit/statement/Chairman-Statement-APT-FINAL.pdf[2016-08-16].

ASEAN Secretariat. 2016a. Establishment. http: //asean.org/asean/about-asean/overview/[2016-11-08].

ASEAN Secretariat. 2016b. ASEAN Community Features. http: //www.aseanstats.org/wp-content/ uploads/2017/01/25content-ACIF. pdf[2016-11-08].

ASEAN Secretariat. 2016c. ASEAN Socio-Cultural Community Blueprint 2025. http: //asean.org/

storage/2016/01/ASCC-Blueprint-2025.pdf[2016-07-27].

ASEAN Secretariat. 2016d. Rehabilitation and Sustainable Use of Peatland Forests in South East Asia Project. http: //asean.org/resources_cat/asean-publications-3/[2016-07-26].

ASEAN Secretariat. 2016e. ASEAN Long Term Strategic Plan for Water Resources Management. http: //environment.asean.org/files/ASEAN%20Strategic%20Plan%20of%20Action%20on%20Water%20Resources%20Management.pdf[2016-07-27].

ASEAN Secretariat. 2016f. External Relationships. http: //asean.org/asean/external-relations/[2016-07-30].

ASEAN Secretariat. 2016g. ASEAN Community Vision 2025. http: //asean.org/storage/2016/01/ASEAN-2025-Forging-Ahead-Together-2nd-Reprint-Dec-2015.pdf[2016-07-30].

ASEAN Secretariat. 2016h. Overview of ASEAN-China Dialogue Relations. http: //asean.org/?static_post=overview-asean-china-dialogue-relations[2016-11-09].

ASEAN Secretariat. 2016i. ASEAN Statistical Yearbook 2015. http: //www.aseanstats.org/wp-content/uploads/2016/10/ASEAN-Statistical-Yearbook-2015_small_size.pdf[2017-03-02].

Asia Europe Foundation. 2016. 11th ASEM Summit Chair's Statements. http: //eeas.europa.eu/statements-eeas/docs/asem11_chair_statement_final_draft_july_16.pdf[2016-07-30].

Central Intelligence Agency. 2016. 柬埔寨概况. https: //www.cia.gov/library/publications/the-world-factbook/geos/cb.html[2016-07-29].

Climate Change Knowledge Portal. 2015. Key Natural Hazard Statistics. http: //sdwebxworldbank.org/climateportal/index.cfm?page=country_impacts_nat_hazard&ThisRegion=Africa&ThisCcode=KHM[2016-07-30].

Coral Triangle Initiative on Coral Reefs. 2016. Fisheries and Food Security About CTI-CFF. http: //www.coraltriangleinitiative.org/about-us[2016-07-27].

Department of Climate Change Department. 2016. Resources. http: //www.camclimate.org.kh/en/documents-and-media/library/category/128-climate-change-action-plan.html[2016-07-31].

Department of Environment and Natural Resources. 2016. The Philippine National REDD-plus Strategy. website：http: //www.un-redd.org/#!partner-countries/vl8tq[2016-07-28].

Department of Statistics of Malaysia. 2016. Statistical Handbook 2016. http: //overseas.sogou.com/english?query=Malaysia%20Statistical%20Handbook%202016&b_o_e=1&ie=utf8&fr=common_nav[2017-03-03].

Department of Statistics. 2016. Yearbook of Statistic Singapore 2016. http: //www.singstat.gov.sg/docs/default-source/default-document-library/publications/publications_and_papers/reference/yearbook_2016/yos2016a.pdf[2017-01-10].

Energy Market Authority. 2016. Singapore energy statistic 2016. https: //www.ema.gov.sg/cmsmedia/Publications_and_Statistics/Publications/SES/2016/Singapore%20Energy%20Statistics%202016.pdf[2017-01-10].

European Commission. 2004. Communication from the commission：A new partnership with South East Asia. http: //trade.ec.europa.eu/doclib/docs/2004/july/tradoc_116277.pdf[2016-11-12].

Framework Convention on Climate Change. http: //unfccc.int/resource/docs/natc/indonc2.pdf[2017-01-16].

Greater Mekong Subregion Core Environment Program. 2010. Greater Mekong Subregion Biodiversity Conservation Corridors Initiative. http: //www.gms-eoc.org/uploads/resources/230/attachment/

00_FS_Final_CAM_HM_11Oct_HM_16. 00hrs.pdf[2016-08-20].

Haze Action Online. 2016. ASEAN Peatland Management Initiative. http: //haze.asean.org/category/ publications/[2016-07-26].

International Center for Climate Governance. 2015. The common framework for climate policy in South-East Asia. http: //www.iccgov.org/wp-content/uploads/2015/05/13_Reflection_January_2013. pdf[2016-07-26].

International Development Law Organization and the Centre for International Sustainable Development Law. 2011a. The ASEAN on Climate Change: Recognizing or Pro-actively Addressing the Issue?. http: //cisdl.org/public/docs/news/5._Melodie_Sahraie_2. pdf[2016-07-26].

International Development Law Organization and the Centre for International Sustainable Development Law. 2011b. Sustainable Development Law on Climate Change Working Paper Series, the ASEAN Actions on Climate Change: Recognizing or Pro-Actively Adressing the Issue?. http: // www.idlo.int/[2016-08-12].

IPCC. 2001. Climate Change 2001: Impacts, Adaptation, and Vulnerability. http: //www.ipcc.ch/ ipccreports/tar/wg2/pdf/WGII_TAR_full_report.pdf[2016-07-28].

IPCC. 2007. IPCC Fourth Assessment Report: Climate Change 2007. http: //www.ipcc-wg2.gov/ AR4/website/fi.pdf[2016-07-26].

Koh K L, Bhullar L. 2010. Adaptation to Climate Change in the ASEAN Region. London: University College London.

Letchumanan R. 2010. Climate change: Is southeast asia up to the challenge?: Is there an asean policy on climate change?. Lse Ideas London School of Economics & Political Science.

Lian K K, Bhullar L. 2011. Governance on adaptation to climate change in the asean region. Carbon & Climate L. Rev: 82~90.

Lim S, Lee K T. 2011. Leading global energy and environmental transformation: Unified ASEAN biomass-based bio-energy system incorporating the clean development mechanism. Biomass and Bioenergy, 35 (7): 2479-2490.

Lizée P, Peou S. 1993. Cooperative Security and the Emerging Security Agenda in Southeast Asia: The Challenges and Opportunities of Peace in Cambodia. York: York University.

Malaysian Investment Development Authority. 2010. Malaysia ranks 5th for CDM projects. http: // www.mida.gov.my/home/855/news/malaysia-ranks-5th-for-cdm-projects[2017-03-06].

MEA. 2005. Ecosystems and Human Well-being: Synthesis. Washington: Island Press.

Mekong River Commission. 2014. Social Impact Monitoring and Vulnerability Assesment 2011. http: // www.mrcmekong.org/assets/Publications/technical/tech-No42-SIMVA-baseline2011.pdf[2016-07-26].

Ministry of Energy. 2014. Energy Efficiency Promotion Measures in Thailand. http: //www.unece.org/ fileadmin/DAM/energy/se/pp/eneff/5th_Forum_Tunisia_Nov.14/4_November/Prasert_Sinsukprasert. pdf[2016-08-09].

Ministry of Environment of Kingdom of Cambodia. 2015. Cambodia's Second National Communication. http: //unfccc.int/resource/docs/natc/khmnc2. pdf[2016-08-07].

Ministry of Environment of Kingdom of Cambodia. 2016. Climate Change Action Plan for Education. http: //www.camclimate.org. kh/[2016-07-26].

Ministry of Environment. 2013. Technology Needs Assessment and Technology Action Plans for Climate Change Mitigation. http: //unfccc.int/ttclear/misc_/StaticFiles/gnwoerk_static/TNR_CRE/e9067c6e3b97459989b2196f12155ad5/baea83372fbd4fa2ab1b982a16b72f4a.pdf[2016-08-02].

Ministry of Environment. 2014. Climate Change Adaption Learning Event—Summary Report and Follow—Up Actions. http: //camclimate.org.kh/[2016-07-30].

Ministry of Environment. 2015. Cambodia's Second National Communication Submitted under the United Nations Framework Convention on Climate Change. http: //unfccc.int/resource/docs/natc/khmnc2.pdf[2016-07-29].

Ministry of Environmental Conservation and Forestry. 2012. Myanmar's Initial National Communication under the United Nations Framework Convention on Climate Change. http: //unfccc.int/resource/docs/natc/mmrnc1.pdf[2016-07-29].

Ministry of National Development. 2009. Sustainable Singapore Blueprint 2009. https: //www.nccs.gov.sg/sites/nccs/files/Sustainable_Spore_Blueprint.pdf[2016-12-15].

Ministry of National Development. 2016. Singapore's Climate Action Plan: A Climate-Resilient Singapore, For a Sustainable Future. https: //www.nccs.gov.sg/sites/nccs/files/NCCS_Adaptation_FA_webview%2027-06-16.pdf[2016-12-17].

Ministry of Natural Resources and Environment Malaysia. 2011. Malaysia second national communication to the United Nations Framework Convention on Climate Change. http: //unfccc.int/resource/docs/natc/malnc2.pdf[2017-03-01].

Ministry of Trade and Industry of Republic of Singapore. 2016. Economic survey of Singapore2015. https: //www.mti.gov.sg/ResearchRoom/SiteAssets/Pages/Economic-Survey-of-Singapore-2015/FullReport_AES2015.pdf[2017-01-10].

National Council on Climate Change of Republic of Indonesia. 2009. National Economic, Environment and Development Study for Climate Change. https: //unfccc.int/files/adaptation/application/pdf/indonesianeeds.pdf[2017-01-27].

National Disaster Management Agency. 2009. Struktur Organisasi. www.bnpb.go.id/website/index.php?option=com_content&task=view&id=2048&Itemid=127[2017-01-21].

National Environment Agency Environment Building. 2011. Singapore's Second National Communication. https: //www.nccs.gov.sg/sites/nccs/files/singapore%27S%20Second%20national%20communications%20nov%202010.pdf[2016-12-15].

National Environment Agency Environment Building. 2014. Singapore's Third National Communication and First Biennial Update Report. https: //www.nccs.gov.sg/sites/nccs/files/NCBUR2014_1.pdf[2017-01-10].

National Parks. 2017. Biodiversity. https: //www.nparks.gov.sg/biodiversity[2017-01-13].

National University of Malaysia. 2008. National Policy on Climate Change. http: //www.ukm.my/myc/pdf/workshop/DAY%20ONE_SESSION1/Prof%20Pereira_for%20NRE.pdf[2017-03-04].

Nature Serve. 2015. Climate Change Vulnerability Index. http: //www.natureserve.org/conservation-tools/climate-change-vulnerability-index[2017-01-18].

NCCS. 2011. Climate Change & Singapore: Challenges. Opportunities. Partnerships. https: //www.nccs.gov.sg/sites/nccs/files/singapore%27S%20second%20national%20communications%20nov

%202010.pdf[2016-12-15].

NCCS. 2012. https: //www.nccs.gov.sg/sites/nccs/files/NCCS-2012.pdf[2016-07-29].

NCCS. 2016a. Singapore's Climate Action Plan: Take Action Today, for a Carbon-Efficient Singapore. https: //www.nccs.gov.sg/sites/nccs/files/NCCS_Mitigation_FA_webview%2027-06-16.pdf[2017-01-10].

NCCS. 2016b. International Actions. https: //www.nccs.gov.sg/climate-change-and-singapore/international-actions[2017-12-18].

Office of Natural Resources and Environmental Policy and Planning. 2011. Thailand's second national communication under the United Nations Framework Convention on Climate Change. http: //unfccc.int/resource/docs/natc/thainc2.pdf[2016-08-05].

Office of Natural Resources and Environmental Policy and Planning. 2000. Thailand's Initial National Communication: under the United Nations Framework Convention on Climate Change. http: //unfccc.int/resource/docs/natc/thainc1.pdf[2016-08-08].

PRIMEX. 2016. Greater Mekong Subregion (GMS) Biodiversity Conservation Corridors Project. http: //www.primexinc.org/portfolio/greater-mekong-subregion-gms-biodiversity-conservation-corridors-project/[2016-08-20].

RECOFTC. 2016. Forests, climate change, and equity in Lao PDR. http: //www.un-redd.org/#! partner-countries/vl8tq[2016-07-29].

Republic of Indonesia. 2009. Indonesia Climate Change Sectoral Roadmap: Synthesis Report. http: // adaptation-undp.org/sites/default/files/downloads/indonesia_climate_change_sectoral_roadmap_iccsr.pdf[2017-01-21].

Republic of Indonesia. 2013. Indonesia Climate Change Sectoral Roadmap: Synthesis Report. http: // adaptation-undp.org/sites/default/files/downloads/indonesia_climate_change_sectoral_roadmap_iccsr.pdf[2017-01-21].

Republic of the Philippines. 2014. Philippines. Second national communication to the United Nations Framework Convention on Climate Change. http: //unfccc.int/resource/docs/natc/phlnc2.pdf [2017-01-05].

Riyanti D F T. 2012. Disaster risk reduction and climate change adaptation in Indonesia. International Journal of Disaster Resilience in the Built Environment, 3 (2): 166~180.

Royal Government of Cambodia. 2014. National Strategic Development Plan 2014-2018. http: //www. cdc-crdb.gov.kh/cdc/documents/NSDP_2014-2018.pdf[2016-07-29].

Southeast Asia START Regional Center. 2006. Final Technical Report AIACC AS07 Southeast Asia Regional Vulnerability to Changing Water Resource and Extreme Hydrological Events due to Climate Change. http://www.start.or.th/index.php/component/jdownloads/send/21-technical-reports/ 152-seastarttr15[2016-08-06].

Southeast Asia START Regional Center. 2008. Climate change impacts inKrabi province, Thailand: A study of environmental, social and economic challenge. http: //startcc.iwlearn.org/doc/Doc_eng_11.pdf[2016-08-06].

State Ministry of Environment. 2007. National Action Plan Addressing Climate Change. http: // theredddesk.org/sites/default/files/indonesia_national_action_plan_addressing_climate_change. pdf[2018-01-21].

State Ministry of Environment. 2010. Indonesia Second National Communication Under The United Nations Framework Convention on Climate Change. http://unfccc.int/resource/docs/natc/indonc2. pdf[2017-01-16].

Statement Ministry of Environment. 2009. National Action Plan Addressing Climate Change. http://theredddesk.org/sites/default/files/indonesia_national_action_plan_addressing_climate_change. pdf[2017-01-21].

Stefania M. 2016. Eco Refugees Seek Asylum. http://www.al.terne.torg/envirohealth/19179/[2016-11-12].

Trevisan J. 2013. The common framework for climate policyin South-East Asia，ICCG Reflection No. 13/2013：2.

UNEP DTU CDM/JI pipeline Analysis and Database. 2016. CDM projects by type. http://www. cdmpipeline.org/[2016-07-29].

UNEP DTU PARTNERSHIP. 2016. CDM Pipeline. http://www.cdmpipeline.org/[2016-07-26].

UNFCCC. 2014. Clean Development Mechanism Executive Board-Annual report 2014. http://unfccc. int/essential_background/background_publications_htmlpdf/items/2625[2016-07-28].

UNFCCC. 2016a. Distribution of registered projects by Host Party. http://cdm.unfccc.int/Statistics/ Public/CDMinsights/index.html#reg[2017-01-21].

UNFCCC. 2016b. Distribution of CERs issued by Host Party. http://cdm.unfccc.int/Statistics/Public/ CDMinsights/index.html#reg[2016-08-08].

United Nations Development Programme Country Office. 2007. Strengthening national capacity to address climate change adaptation. http://www.fao.org/docrep/014/i2155e/i2155e00.pdf[2017-01-26].

UN-REDD. 2016a. Revised Standard Joint Programme Document. http://www.un-redd.org/#!partner-countries/vl8tq[2016-08-04].

UN-REDD. 2016b. National Joint Programme（NJP）Submission Form to the UN-REDD Programme Policy Board. http：//www. un-redd. org/#!partner-countries/vl8tq[2016-07-28].

UN-REDD. 2016c. UN-REDD Viet Nam Phase II Programme：Operationalising REDD+in Viet Nam. http://www.un-redd.org/#!partner-countries/vl8tq[2016-07-28].

UN-REDD. 2016d. UN Collaborative Programme on Reducing Emission From Deforestation and Forest Degradation in Developing Countries National Programme Document. http://mptf.undp. org/document/[2016-07-28].

UN-REDD. 2016e. National Programme Document-Cambodia. http://www.un-redd.org/#!partner-countries/vl8tq[2016-08-05].

UN-REDD. 2016f. Final Evaluation of the UN-REDD Cambodia National Programme Report. http:// www.un-redd.org/#!partner-countries/vl8tq[2016-07-29].

UN-REDD. 2016g. National Programme Semi-Annual Report. http://www.un-redd.org/#!partner-countries/vl8tq[2016-07-29].

UN-REDD. 2016h. Indonesia Signed National Programme Document. http://www.un-redd.org/#! partner-countries/vl8tq[2016-07-29].

UN-REDD. 2016i. Indonesia REDD+National Strategy. http://www.un-redd.org/#!partner-countries/ vl8tq[2016-07-29].

UN-REDD. 2016j. Lao PDR Final R-PP draft submission with annexes. http://www.un-redd.org/#!

partner-countries/vl8tq[2016-08-06].

World Resources Institute. 2011. Reefs at Risk：A Map-Based Indicator of Threats to the World's Coral Reefs. https: //portals.iucn.org/library/sites/library/files/documents/Bios-Eco-Mar-Cor-028. pdf[2017-01-18].

WWF Global. 2016. What is the Heart of Borneo?. http: //wwf.panda.org/what_we_do/where_we_ work/borneo_forests/[2016-07-26].

WWF. 2007. Climate Change in Indonesia：Implications for Humans and Nature. http: //d2ouvy59p0dg6k. cloudfront.net/downloads/inodesian_climate_change_impacts_report_14nov07.pdf[2017-01-18].

Zhu X G，Qi F. 2007. China-ASEAN cooperation on climate change. China International Studies，2： 91～105.